베이직 회로이론

Simplified Fundamentals of Circuit Theory

지은이 **김민회** mhkim8@hanbat.ac.kr

연세대학교 기계전자공학부에서 학사 과정을 2006년에 마치고, 서울대학교 전기·컴퓨터공학과에서 석·박사 과정을 2013년에 마쳤다. 2013년에 국립한밭대학교에 부임하여 현재까지 공과대학 창의융합학과에 재직 중이다. 주로 회로 및 반도체 관련 교과목을 강의하고 있으며, 근래에는 인공지능을 위한 반도체 소자 연구를 진행하고 있다. 2004년에는 과학교육진흥 유공자 표창, 2021년에는 대학 원격교육 우수사례 공모전에서 수상한 바 있다.

베이직 회로이론

초판발행 2025년 12월 22일

지은이 김민회 / **펴낸이** 전태호
펴낸곳 한빛아카데미(주) / **주소** 서울시 서대문구 연희로2길 62 한빛아카데미(주) 2층
전화 02-336-7112 / **팩스** 02-336-7199
등록 2013년 1월 14일 제 2017-000063호 / **ISBN** 979-11-7340-048-3 93560

총괄 박현진 / **책임편집** 김평화 / **기획 · 편집** 심진성
디자인 이아란 / **전산편집** 라미경 / **제작** 박성우, 김정우
영업 김성삼, 이정훈, 임현기, 이성훈, 김주성, 심지연

이 책에 대한 의견이나 오탈자 및 잘못된 내용에 대한 수정 정보는 아래 이메일로 알려주십시오.
파본은 구매처에서 교환하실 수 있습니다. 책값은 뒤표지에 표시되어 있습니다.

홈페이지 www.hanbit.co.kr / 이메일 question@hanbit.co.kr

기본 개념과 핵심 예제로 배우는

베이직 회로이론

김민회 지음

Simplified Fundamentals of Circuit Theory

한빛아카데미
Hanbit Academy, Inc.

기초부터 차근차근, 개념을 이해하며 회로를 알아가자!

현대 사회는 반도체 기술을 기반으로 한 자동화와 인공지능을 중심으로 빠르게 변화하고 있다. 이러한 사회에서 회로에 대한 지식은 전기전자공학 전공자뿐 아니라 기계공학, 재료공학, 그리고 다양한 융합공학 학과의 학생들까지 공통적으로 알아야 할 필수 지식이 되었다.

그러나 많은 학생들이 고등학교 과정에서 수학과 물리 교육을 충분히 받지 못한 채 대학에 입학하게 되면서, 회로이론을 낯설고 복잡한 과목으로 인식하곤 한다. 교수자 또한 학생들의 수학적, 물리적 기초 지식 부족으로 인해 수업 진행에 어려움을 겪는 경우가 많다. 이러한 교육 환경 속에서 '기초가 부족한 학생들도 쉽게 이해할 수 있는 회로이론 입문서'가 필요하다는 생각을 오래전부터 품어왔고, 마침 좋은 기회가 생겨 이 책을 집필하게 되었다.

기존의 회로이론 도서들은 훌륭한 내용과 깊이를 지니고 있지만, 입문자가 이해하기에는 지나치게 수학적이거나 다루는 내용이 방대한 경우가 많다. 이에 이 책은 수학과 물리의 기초가 다소 부족한 학생들도 학습을 이어갈 수 있도록 구성했다. 물리적 현상은 직관적으로 이해할 수 있도록 개념 설명에 집중했고, 복잡한 수학적 증명은 과감히 생략했다. 다만, 보다 깊이 있는 이해를 원하는 학생들을 위해 [Level up!] 요소를 추가하여 내용을 보충했다. 또한 의외로 많은 학생들이 어려워하는 단위와 접두어 변환 부분은 1.3절의 소단원으로 구성하여 충분히 연습할 수 있도록 했다. 이 책이 회로이론을 처음 배우는 학생들이 기초 부족으로 좌절하지 않고, '이해의 즐거움'을 느끼며 학업을 이어나갈 수 있는 작은 디딤돌이 되길 바란다.

누구를 위한 책인가?

이 책은 전기전자공학을 전공하는 대학교 1, 2학년 학생을 주대상으로 한다. 이 밖에 융합공학, 기계공학, 재료공학, 안전공학, 메카트로닉스공학 등 전기전자 또는 반도체 분야를 배우기 시작한 타 전공 학생들을 위한 입문서이기도 하다. 특히 대학교 1학년 교양 수준의 기초 과목에 어려움을 느꼈던 학생도 '개념 설명 → 예제 풀이 → 연습문제'의 단계적 흐름을 통해 부담 없이 학습할 수 있도록 구성했다.

이 책의 구성

이 책은 크게 3부로 나눌 수 있으며, 각 부에서 다루는 내용은 다음과 같다.

1 회로의 개념과 기본 회로(1~5장)

- **1장** : 전하, 전류, 전압, 전력 등 회로의 기본 물리량과 단위의 개념을 이해한다.
- **2장** : 저항의 직·병렬 연결 관계를 통해 전류와 전압의 분배 원리를 이해하고, 복잡한 저항 회로를 해석하는 능력을 기른다.
- **3장** : 키르히호프의 전류·전압 법칙을 기반으로 회로 해석의 기본 원리를 학습한다.
- **4장** : 노드 전압법과 메시 전류법을 이용해 방정식을 세우고 복잡한 회로를 체계적으로 해석하는 방법을 익힌다.
- **5장** : 중첩의 원리와 테브난-노턴 등가 회로를 이해하여 복잡한 회로를 단순화하고 최대 전력 전달 조건을 이해한다.

2 에너지 저장 소자와 시변 회로(6~8장)

- **6장** : 커패시터와 인덕터의 특성과 전류·전압 관계를 학습한다.
- **7장** : 시간에 따라 변화하는 회로를 1차 및 2차 미분방정식으로 해석하고, 과도 응답과 정상 응답의 특성을 분석한다.
- **8장** : 정현파 전원의 페이저 표현을 통해 교류 회로의 전압·전류 관계와 전력 계산법을 익힌다.

3 응용 회로(9~10장)

- **9장** : 2-포트 회로망의 행렬 표현과 파라미터를 이용한 회로 간 연결 특성을 분석한다.
- **10장** : 연산 증폭기의 기본 동작 원리를 이해하고, 비교기·가산기 등 응용 회로의 동작을 학습한다.

감사의 글

이 책이 세상에 나올 수 있도록 처음부터 끝까지 함께해준 한빛아카데미(주) 관계자 여러분께 진심으로 감사드립니다. 학생들이 조금이라도 더 쉽게 이해할 수 있도록 전체적인 구성을 세심하게 제안하고, 가독성 있게 다듬어준 덕분에 더욱 다가가기 쉬운 책으로 완성될 수 있었습니다. 매주 주말마다 집필에 몰두하느라 가족들과 함께하지 못한 시간에도 늘 이해와 응원을 보내준 가족들에게 고마운 마음을 전합니다. 가족의 기다림과 격려가 이 책을 완성할 수 있었던 가장 큰 힘이었습니다. 마지막으로 학문에 대한 열정과 자유로운 사고의 기반을 마련해주신 박사 과정 지도교수님이신 이신두 교수님께 마음 깊이 우러나는 존경과 감사를 드립니다.

지은이 **김민회**

학습목표

해당 장에서 학습할 내용을 소개합니다.

학습목표

- 저항의 직렬 연결과 병렬 연결을 이해하고 각 상황에서의 전류와 전압 특성을 이해한다.
- 복잡하게 연결된 저항의 직렬 연결과 병렬 연결을 이해하고, 각 상황에서의 전류와 전압 특성을 이해한다.
- 휘스톤 브릿지 회로를 이해한다.

수업 맛보기

해당 장의 개요를 설명하고,
전체적인 학습 흐름을 보여줍니다.

수업 맛보기

이 장에서는 가장 간단한 회로 중 하나인 저항의 직렬 회로와 병렬 회로에 대해서 이해한다. 1장에서 배운 저항의 특성을 기반으로 저항이 직렬 혹은 병렬 연결된 회로에서 각 소자에 흐르는 전류, 인가된 전압, 소모되는 전력을 구하는 해석 방법을 학습한다. 또한 원하는 전류와 전압을 얻기 위한 직렬 회로와 병렬 회로의 설계에 대해서도 학습한다. 마지막으로 직렬도 병렬도 아닌 회로인 휘스톤 브릿지에 대한 해석을 학습한다. 저항의 직렬과 병렬은 직관적인 풀이가 가능할 정도로 간단하기도 하지만 모든 회로의 기본이 되는 만큼 해석과 설계를 모두 충실히 학습하도록 한다.

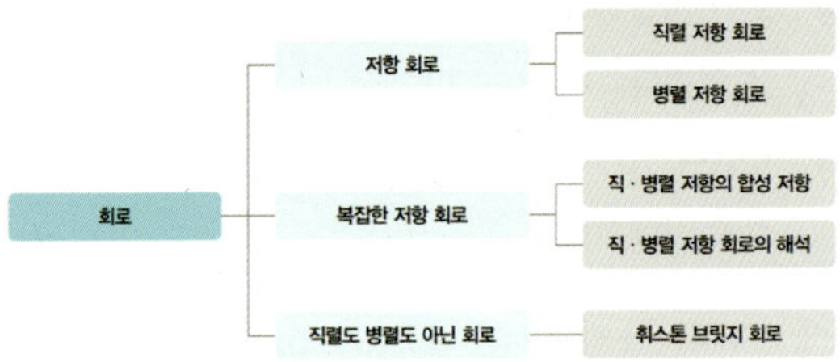

Basic check

10초 동안 40 [C]의 전하가 도선의 단면적을 일정한 흐름으로 통과했다. 이때 전류 I는 얼마인가?

답 $I = 40\,[\mathrm{C}] / 10\,[\mathrm{s}] = 4\,[\mathrm{A}]$

Basic check

기본 개념을 잘 이해했는지 확인하는
문제와 답을 제시합니다.

예제 1-1

도선에 전류가 일정하게 흐르고 있다. 1시간 동안 7,200 [C]의 전하가 흘렀다. 이때 전류 I는 얼마인가?

풀이

1시간은 3,600초이다. 식 (1.1)을 이용해 저항을 계산하면 다음과 같다.

$$I = \frac{Q}{t} = \frac{7{,}200\,[\mathrm{C}]}{3{,}600\,[\mathrm{s}]} = 2\,[\mathrm{A}]$$

예제

본문에서 다룬 개념을 적용한 문제와
그에 대한 풀이를 제시합니다.

Level up!

본문을 이해하는 데 도움이 되는
심화 개념을 설명합니다.

Level up! 적분으로 표현한 전류와 전하의 관계

식 (1.2)에서 전류를 전하의 미분식으로 표현할 수 있음을 배웠다. 그렇다면 이를 다음과 같이 적분식으로도 표시할 수 있다.

$$q(t) = \int_{t_1}^{t} i(t)dt + q(t_1) \quad \cdots ①$$

식 ①은 시간에 따라 단면적을 지나간 모든 전류를 더하면 총 전하량이 된다는 의미이다. 우변 끝의 항 $q(t_1)$은 이미 전류가 흐르고 있는 상황에서 계산을 시작했을 때 이를 수학적으로 맞춰주기 위한 항이다.

CHAPTER 02

개념복습

개념 정리하기

구분	직렬 연결	병렬 연결
전류	$I_1 = I_2$ (동일)	$I_1 : I_2 = \frac{1}{R_1} : \frac{1}{R_2}$ (저항의 역수의 비)
전압	$V_1 : V_2 = R_1 : R_2$ (저항의 비)	$V_1 = V_2$ (동일)
합성 저항	$R_t = R_1 + R_2$	$\frac{1}{R_t} = \frac{1}{R_1} + \frac{1}{R_2}$

개념 점검하기 다음 문제에서 옳은 것을 골라라.

(1) 직렬 연결된 저항에 인가되는 전압의 비는 (저항의 비, 저항의 역수의 비)이다.

(2) 병렬 연결된 저항에 흐르는 전류의 비는 (저항의 비, 저항의 역수의 비)이다.

(3) 직렬 연결된 저항에 흐르는 전류는 (저항의 비이다, 저항의 역수의 비이다, 같다)

(4) 병렬 연결된 저항에 인가되는 전압은 (저항의 비이다, 저항의 역수의 비이다, 같다)

개념 정리하기

해당 장에서 배운 주요 식이나 개념을 정리합니다.

개념 점검하기

해당 장에서 배운 핵심 내용을 간단한 질문을 통해 점검합니다.

CHAPTER 02

연습문제

기본 문제

본문에서 다룬 개념을 기본적인 문제를 통해 확인합니다.

기본 문제

2.1 다음 회로에서 $R_1 = 20\,[\mathrm{k}\Omega]$, $R_2 = 60\,[\mathrm{k}\Omega]$, $R_3 = 30\,[\mathrm{k}\Omega]$일 때, 단자 a와 b 사이의 합성 저항 R_t를 구하라.

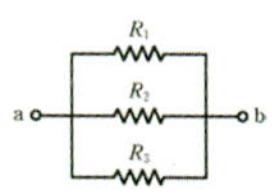

그림 2-25

도전 문제

한 단계 심화된 문제를 통해 실력을 더욱 탄탄히 다집니다.

도전 문제

2.21 다음 회로에서 V_0는 10 [V]이다. 접지 노드를 기준으로 2 [V], 7 [V] 노드가 회로에서 존재하도록하는 저항값 R_1, R_2, R_3를 구하라.

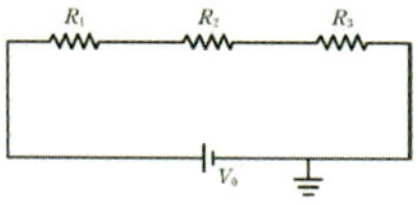

그림 2-45

기출 문제

기출 문제를 통해 공무원 및 산업기사 시험에 대비합니다.

기출 문제

2.27 다음 회로에서 3 [Ω]의 저항에 흐르는 전류 I [A]는? (2020년 지방공무원 9급)

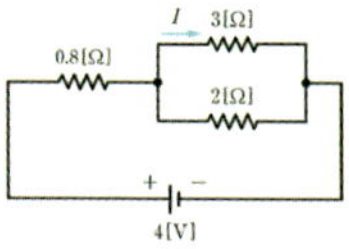

그림 2-51

① 0.4 ② 0.8 ③ 1.2 ④ 2

▪ 강의 보조 자료

한빛아카데미 홈페이지에서 '교수회원'으로 가입하신 분은 인증 후 교수용 강의 보조 자료를 제공받을 수 있습니다. 한빛아카데미 홈페이지 상단의 〈교수전용공간〉 메뉴를 클릭하세요.

http://www.hanbit.co.kr/academy

▪ 온라인 자료 안내

이 책의 〈연습문제 답안〉은 다음 경로에서 다운로드할 수 있습니다.

한빛아카데미 홈페이지 접속 → [도서명] 검색 → 도서 상세 페이지의 [부록 /예제소스]

▪ 학과별 권장 학습 범위

이 책은 회로에 대한 지식이 필요한 다양한 학과에서 활용할 수 있습니다. 모든 장을 학습하는 것이 가장 바람직하나 학과별 특성에 따라 권장하는 학습 범위를 제시하니 수업에 참고하기 바랍니다.

학부 및 학과	권장 학습 범위
전기전자공학	전체 장
기계 · 재료 · 안전 · 메카트로닉스공학 등	1～6장, 10장
자율전공학부	1～5장

목차

CHAPTER 01 회로의 기초

CHAPTER 02 저항 회로

CHAPTER 03 회로 해석의 기초

CHAPTER 04 노드 해석과 메시 해석

CHAPTER 05 회로 해석을 위한 등가 회로

CHAPTER 06 커패시터와 인덕터

CHAPTER 07 시변 RL, RC, RLC 회로

CHAPTER 08 교류 회로

CHAPTER 09 2-포트 회로망

CHAPTER 10

연산 증폭기

CHAPTER

01

회로의 기초

CONTENTS

학습목표

- 회로에서 사용되는 물리량인 전하, 전류, 전압, 저항, 전력의 개념을 이해한다.
- 전원의 개념과 회로 기호에 대해서 살펴본다.
- 물리량의 접두어를 활용해 값을 표현하는 방법을 살펴본다.

수업 맛보기

이 장에서는 회로를 해석하기 위해 필요한 물리량들을 알아본다. 또한 기초적인 회로 기호에 대해 학습하고 회로 물리량의 단위 변환법에 대해서도 알아본다. 이후에 배울 회로 해석을 위해 회로 물리량의 개념을 정확하게 숙지하고, 회로 물리량의 접두어 사용법을 반복적으로 연습해 기본적인 계산에 실수가 없도록 하자.

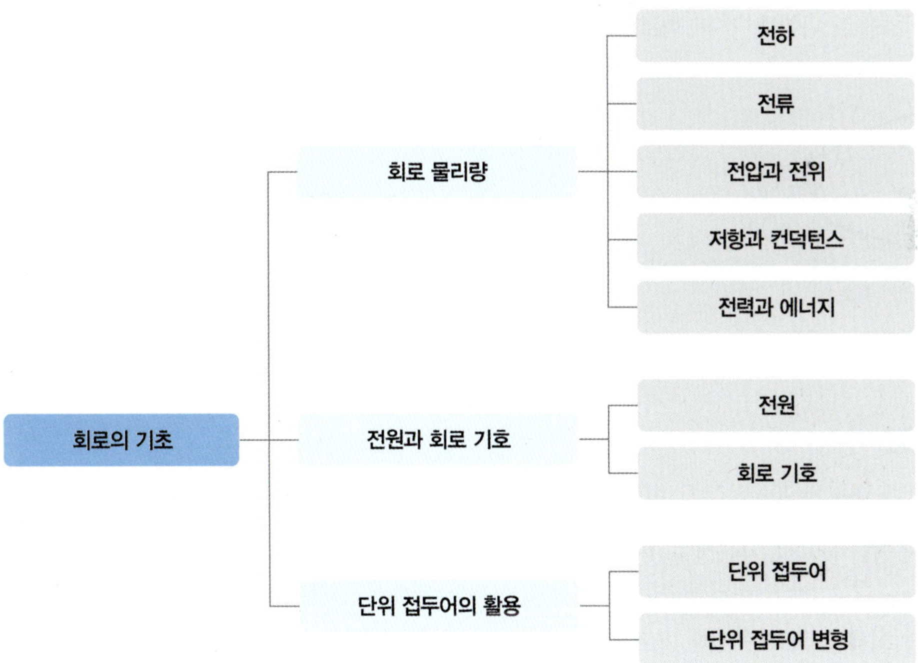

LESSON 1.1

회로 물리량

✓ **기본 개념** | 전하 | 전류 | 전압 | 저항 | 옴의 법칙 | 전력

1. 전기 회로와 물리량

전기 회로와 회로도

[그림 1-1(a)]와 같이 건전지에 전선으로 전구를 연결하면 밝게 빛이 난다. 이와 같이 전기적인 소자들을 연결한 것을 **전기 회로**electrical circuit라고 한다. 이러한 전기 회로를 [그림 1-1(b)]와 같이 간단하게 기호들로 나타낸 것을 **회로도**라고 한다.

(a) 전기 회로　　(b) 회로도

그림 1-1 전기 회로와 회로도

기본 물리량

주어진 회로가 어떻게 동작하는지 이해하는 과정을 '회로를 해석한다'고 하고, 이를 통해 회로의 각 소자에 흐르는 전류와 인가되는 전압을 구한다. 반대로 어떤 기능을 하는 회로를 만드는 것을 '회로를 설계한다'고 한다. 이러한 회로의 해석과 설계를 위해서는 먼저 회로에 사용되는 기본적인 물리량을 이해할 필요가 있다. [표 1-1]에 대표적인 물리량을 정리했다.

표 1-1 대표적인 물리량

물리량	영문	기호	단위	단위 이름	의미
전하	charge	Q	[C]	Coulomb	전기 현상의 원인
전류	current	I	[A]	Ampere	전하의 단위 시간당 흐름
전압	voltage	V	[V]	Volt	두 위치에서의 전위의 차이
전위	potential	V	[V]	Volt	단위 전하가 가지는 전기적 위치 에너지
저항	resistance	R	[Ω]	Ohm	전류를 흐르지 못하게 방해하는 정도
컨덕턴스	conductance	G	[S]	Siemens	전류를 잘 흐르게 하는 정도, $1/R$
전력	power	P	[W]	Watt	단위 시간당 에너지, $P=VI$
에너지	energy	E	[J]	Joule	일을 할 수 있는 능력이나 양

2. 전하

전하

전하는 전기적인 현상을 일으키는 원인으로, 전기의 양을 나타낸다고도 할 수 있다. 질량을 가진 물체가 있어야 중력이 나타나는 것처럼 전기적 현상들은 전하가 있어야 나타난다. 전하는 영어로 electric charge 또는 charge라 쓰고, 기호는 q나 Q를 사용한다. 단위는 [C]를 사용하고 쿨롱[Coulomb]이라 읽는다. 전하는 양과 음의 두 가지의 극성을 가지고 있다. 서로 같은 극성을 가진 전하들은 서로 미는 힘이 작용하고 다른 극성을 가진 전하들은 서로 당기는 힘이 작용한다.

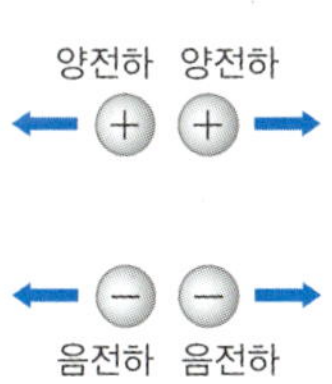

(a) 극성이 같은 전하들 사이에서 미는 힘의 작용

(b) 극성이 다른 전하들 사이에서 당기는 힘의 작용

그림 1-2 전하에 작용하는 힘

전자

전하를 가진 물체는 무엇이 있을까? 가장 대표적인 것이 **전자**이다. 물질을 쪼개다보면 원자까지 나눌 수 있는데 이런 원자는 중심에는 원자핵이 있고 주변에는 전자가 있다. 전자는 음의 전하량을 가지고 있고, 하나의 전자는 -1.6×10^{-19} [C]의 전하량을 가지고 있다.

일반적으로 전선에 전기가 흐른다는 것은 전자들이 움직인다는 의미이다. 원자핵에는 양성자가 포함되어 있는데 이름에서 알 수 있는 것처럼 양의 전하량을 가지고 있다. 양성자 한 개는 전자와 크기는 같고 반대의 극성을 가진다.

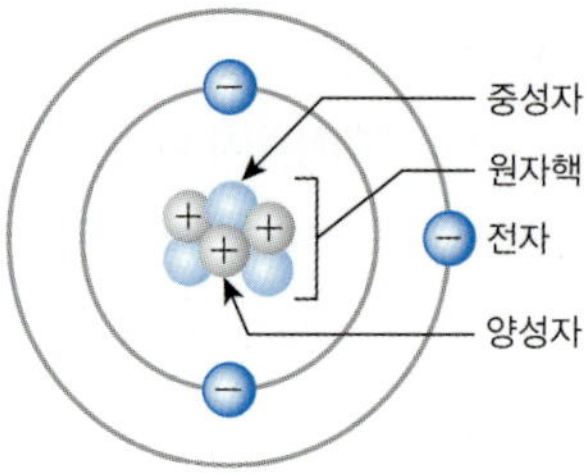

그림 1-3 원자의 구조

3. 전류

전류

전하가 움직일 때 우리는 '전류가 흐른다'고 표현한다. 즉, **전류**란 전하의 흐름으로 단위 시간당 흐르는 전하량을 의미한다. 전류는 영어로 current라 쓰고, 기호는 i나 I를 사용한다. 단위는 [A]를 사용하고 암페어Ampere라 읽는다. [그림 1-4]는 같은 시간 동안 동일한 단면적을 지난 전하의 양을 나타낸 것인데, 그림 (a)는 두 개의 전하가 지나간 것이고, 그림 (b)는 네 개의 전하가 지나간 것이다. 즉, 그림 (b)에 그림 (a)의 두 배에 해당하는 전류가 흐른 것이다.

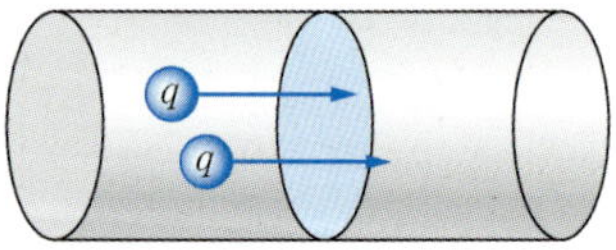

(a) 적은 전류가 흐르는 경우

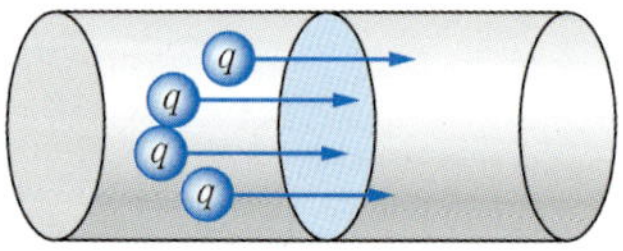

(b) 많은 전류가 흐르는 경우

그림 1-4 전류의 개념

일정한 전류의 계산

이런 전류를 정확히 정의하기 위해서 우리는 1초 동안 도선의 단면적을 지나가는 전하의 총량이 1[C]일 경우 1[A]의 전류가 흐른 것으로 정의한다. 즉, 도선의 단면적을 일정 시간 동안 지나간 총 전하량을 그 시간으로 나누어서 구한다. 그렇다면 일정한 전하가 지속적으로 흐르는 도선에서 2초 동안 도선의 단면적을 지난 총 전하가 4[C]이라면 전류는 얼마일까? 4[C]/2[s]로 계산되어서 2[A]이다.

여기서 우리는 [C/s]는 [A]와 같은 단위임을 알 수 있다. 일정한 전하가 흐르는 경우의 전류를 식으로 나타내면 다음과 같다.

$$I = \frac{Q}{t} \tag{1.1}$$

TIP 일정한 전하가 흐르는 경우의 전류 = 단면적을 통과하는 총 전하량을 시간으로 나눔

Basic check

10초 동안 40 [C]의 전하가 도선의 단면적을 일정한 흐름으로 통과했다. 이때 전류 I는 얼마인가?

답 $I = 40\,[\mathrm{C}] / 10\,[\mathrm{s}] = 4\,[\mathrm{A}]$

예제 1-1

도선에 전류가 일정하게 흐르고 있다. 1시간 동안 7,200 [C]의 전하가 흘렀다. 이때 전류 I는 얼마인가?

풀이

1시간은 3,600초이다. 식 (1.1)을 이용해 저항을 계산하면 다음과 같다.

$$I = \frac{Q}{t} = \frac{7{,}200\,[\mathrm{C}]}{3{,}600\,[\mathrm{s}]} = 2\,[\mathrm{A}]$$

변하는 전류의 계산

[예제 1-1]에서는 일정한 전류가 흐르는 상황을 가정했다. 하지만 시간이 변하면서 전류값이 변하는 경우도 있다. 이런 경우에는 미분식을 활용해 계산한다. 식 (1.2)는 시간에 따라 변하는 전류를 식으로 나타낸 것으로, 전하량 q를 시간으로 미분한 것의 의미는 전하가 단면적을 지나간다는 것이 특정 공간에 존재하는 전하가 빠져나가서 전하의 양이 변한다는 것임을 알 수 있다. 참고로 전류가 시간에 따라 변하는 경우에는 일반적으로 소문자인 i로 전류를 표시한다.

$$i(t) = \frac{dq(t)}{dt} \tag{1.2}$$

Basic check

$q(t) = 2t$일 때, 전류 $i(t)$를 구하라.

답 $i(t) = \dfrac{dq(t)}{dt} = \dfrac{d(2t)}{dt} = 2\,[\mathrm{A}]$

전자와 전류의 방향

우리는 전류의 방향을 양의 전하가 움직이는 방향으로 정의한다. 일반적으로 도선에 흐르는 전류는 전자에 의한 전류인데, 전자는 음의 전하를 가지고 있다. 따라서 **전자의 이동 방향과 전류의 방향은 반대**가 된다.

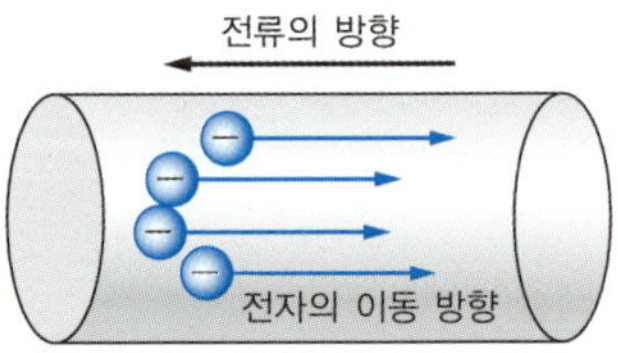

그림 1-5 전자의 이동 방향과 전류의 방향

음의 전류

전류값이 음인 경우는 양인 경우와 전류의 방향이 반대라는 의미이다.

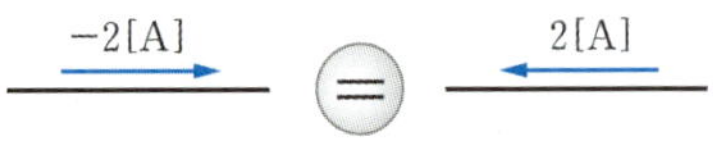

그림 1-6 음의 전류의 의미

Level up! **적분으로 표현한 전류와 전하의 관계**

식 (1.2)에서 전류를 전하의 미분식으로 표현할 수 있음을 배웠다. 그렇다면 이를 다음과 같이 적분식으로도 표시할 수 있다.

$$q(t) = \int_{t_1}^{t} i(t)dt + q(t_1) \quad \cdots ①$$

식 ①은 시간에 따라 단면적을 지나간 모든 전류를 더하면 총 전하량이 된다는 의미이다. 우변 끝의 항 $q(t_1)$은 이미 전류가 흐르고 있는 상황에서 계산을 시작했을 때 이를 수학적으로 맞춰주기 위한 항이다.

4. 전압과 전위

전압

전압 voltage 은 두 위치 사이에서의 단위 전하당 전기적 위치 에너지의 차이를 의미한다. 여기서 단위 전하당 전기적 위치 에너지를 전위 electric potential 라고 한다. 먼저 전위에 대해서 알아보자.

전위

전위는 단위 전하당 전기적 위치 에너지를 의미한다. 에너지는 일을 할 수 있는 양을 의미하는데, 먼저 익숙한 역학적 위치 에너지에 대해 살펴보자. 역학적 위치 에너지를 간단하게 설명하면 [그림 1-7]처럼 공을 언덕 위 높은 위치에 두면 생기는 에너지이다. [그림 1-7]처럼 언덕 위에 있는 공을 잡고 있다가 놓아주면 밑으로 미끄러져 내려가는 운동을 하면서 큰 운동 에너지가 생길 것이다. 즉, 언덕 위에 있는 공은 지금은 가만히 있어서 에너지가 없는 것 같지만 사실은 잠재된 potential 역학적 위치 에너지를 가지고 있는 것이다.

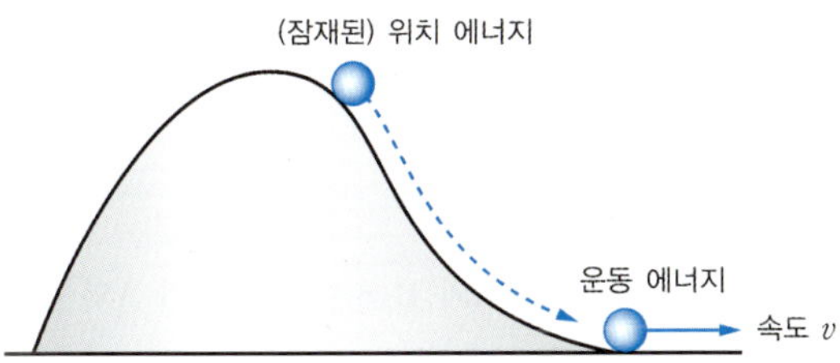

그림 1-7 역학적 위치 에너지의 개념

전기적 위치 에너지도 이와 유사하다. [그림 1-8]과 같이 고정된 양전하 Q_0와 Q_A가 있는 경우를 살펴보자. 이 순간 Q_A는 고정되어 있어서 Q_A는 에너지가 없는 것처럼 보인다. 하지만 Q_0와 Q_A는 모두 양전하이기 때문에 서로 미는 힘이 작용한다. 따라서 Q_A가 고정된 것이 해제되면 Q_A는 오른쪽으로 힘을 받고 이동하게 된다. 즉, 운동 에너지를 가지게 되는 것이다. 이와 같이 Q_A는 가만히 있을 때도 사실은 잠재된 전기적 위치 에너지를 가지고 있는 것이다.

그림 1-8 전기적 위치 에너지의 개념

실제 전위는 Q_A가 단위 전하(간단하게 설명하면 1 [C])일 때의 전기적 위치 에너지로 정의한다. 전위의 기호는 V를 사용한다. 단위도 [V]를 사용하고 볼트 Volt 라고 읽는다. 전위의 단위 [V]는 에너지의 단위인 [J]을 전하의 단위인 [C]으로 나눈 것과 같다. 즉, [V] = [J/C]이다.

Basic check

어떤 위치에서 2[C]의 전하가 6[J]의 전기적 위치 에너지를 가지고 있다. 이 위치에서 전위를 구하라.

답 $V = 6\,[J]/2\,[C] = 3\,[V]$

전압과 전위의 관계

전압은 두 위치에서의 전위의 차이이다. 전위와 마찬가지로 기호는 V를 사용한다. 단위도 [V]를 사용하고 볼트[Volt]라고 읽는다. [그림 1-9]와 같이 전기 회로에 전구가 연결되어 있다고 하자. 이 때 전구의 위쪽과 아래쪽이 각각 1.5[V], 0[V]이면 이 두 위치 사이의 전압은 1.5[V]가 된다.

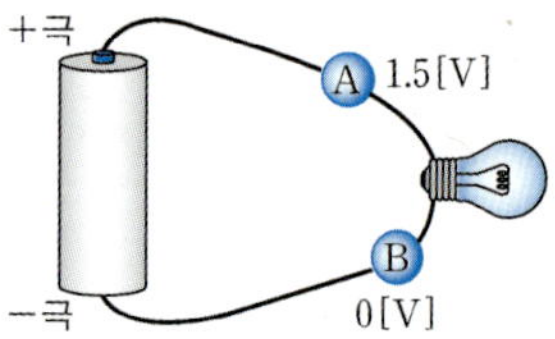

그림 1-9 회로에서의 전압 개념

예제 1-2

[그림 1-10]과 같이 A, B, C 세 위치에서의 전위가 표시되어 있다. A와 B 사이의 전압과 A와 C 사이의 전압을 구하라.

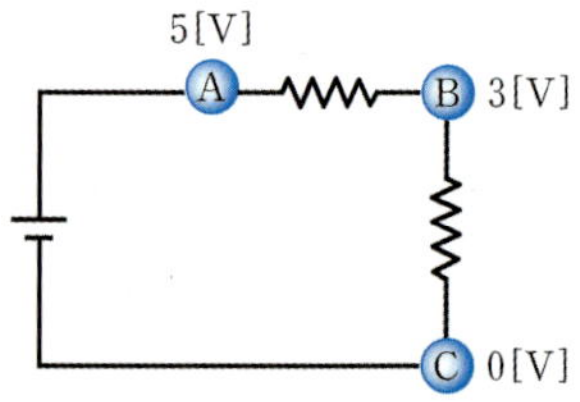

그림 1-10 [예제 1-2]의 회로

풀이

A와 B 사이의 전압은 $5 - 3 = 2\,[V]$이고, A와 C 사이의 전압은 $5 - 0 = 5\,[V]$이다.

5. 저항과 컨덕턴스

전압과 전류의 관계

물체에 전압을 인가하면서 저항을 측정하는 실험을 하면 [그림 1-11]처럼 전압의 크기가 한 배, 두 배, 세 배가 될 때 전류도 크기가 한 배, 두 배, 세 배가 된다.

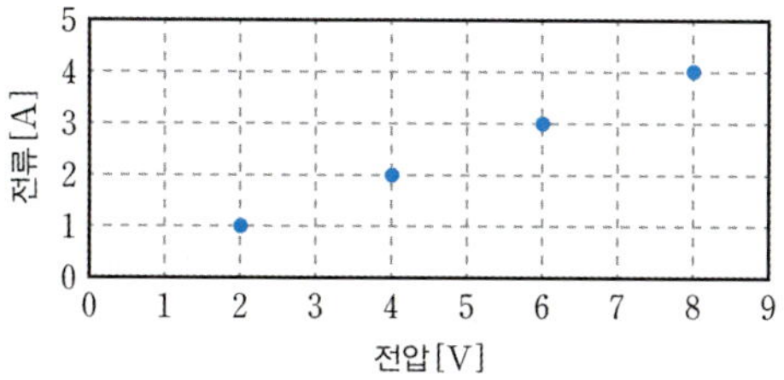

그림 1-11 전압과 전류의 관계

즉, **전압과 전류는 비례($I \propto V$)하고** 여기에 비례상수를 넣어서 등식으로 만들면 다음과 같다.

$$IR = V \tag{1.3}$$

식 (1.3)을 **옴의 법칙**Ohm's law이라 하고, 여기서 비례상수 R이 바로 저항이다. 식 (1.4)와 같이 이항해 적기도 한다.

$$I = \frac{V}{R}, \quad R = \frac{V}{I} \tag{1.4}$$

저항

저항resistance은 전압과 전류의 비례 관계를 나타내는 값으로 얼마나 전류의 흐름을 방해하는지를 나타낸다. 즉, 저항값이 클수록 같은 전압이 인가되었을 때 전류는 적게 흐르게 된다. 저항의 기호는 R을 사용한다. 단위는 [Ω]을 사용하고 옴ohm이라고 읽는다. 저항의 단위 [Ω]은 전압의 단위 [V]를 전류의 단위인 [A]로 나눈 것과 같다. 즉, [Ω] = [V/A]로 물체에 1 [V]의 전압이 인가되었을 때 1 [A]의 전류가 흐르면 이 물체의 저항은 1 [Ω]이다.

Basic check

저항값을 가진 두 물체 A, B에 같은 전압을 인가했다. A에는 2[mA]가 흘렀고, B에는 3[mA]가 흘렀다. 어느 물체의 저항이 더 큰 값인가?

답 전류의 흐름을 방해하는 정도가 저항이므로, 저항이 클수록 전류는 적게 흐른다. 따라서 같은 전압을 인가했을 때 더 적은 전류가 흐르는 물체 A의 저항이 더 크다.

예제 1-3

저항값을 지닌 물체에 3[A]의 전류가 흐르고, 저항의 양쪽 끝에 12[V]의 전압이 인가되고 있다. 이 물체의 저항 R은 얼마인가?

풀이

옴의 법칙인 식 (1.4)를 이용해 저항을 구할 수 있다.

$$R = \frac{V}{I} = \frac{12\,[\mathrm{V}]}{3\,[\mathrm{A}]} = 4\,[\mathrm{V/A}] = 4\,[\Omega]$$

예제 1-4

저항이 5[Ω]인 물체에 10[V]가 인가되었다. 이 물체에 흐르는 전류 I는 얼마인가?

풀이

옴의 법칙인 식 (1.4)를 이용해 전류를 구할 수 있다.

$$I = \frac{V}{R} = \frac{10\,[\mathrm{V}]}{5\,[\Omega]} = 2\,[\mathrm{V}/\Omega] = 2\,[\mathrm{A}]$$

컨덕턴스

컨덕턴스conductance는 물체에 전류가 얼마나 잘 흐르는지를 나타내는 값으로 저항의 역수로 구할 수 있다. 컨덕턴스의 기호는 G를 사용한다. 단위는 [S]를 사용하고 지멘스Siemens로 읽는다. [S]는 [1/Ω]과 같다.

Basic check

저항이 2 [Ω]일 때, 컨덕턴스 G를 구하라.

답 $G = \frac{1}{R} = \frac{1}{2\,[\Omega]} = 0.5\,[\mathrm{S}]$

Level up! **컨덕턴스와 전도도**

컨덕턴스는 '전도도'라고도 하는데, 전도도를 conductance와 conductivity 두 개의 의미로 사용하기도 한다. 따라서 전도도라고 쓰여있을 때는 둘 중 어느 의미로 사용되었는지 주의해야 한다. 이 책에서는 이러한 혼동을 피하기 위해서 컨덕턴스로 적는다. 참고로 conductivity는 비저항의 역수로 물질의 전기적 성질을 나타날 때 사용하는 지표이다.

6. 전력과 에너지

전기적 에너지

전력을 이해하기 위해서는 에너지의 개념을 다시 한번 살펴봐야 한다. **에너지**energy는 일을 할 수 있는 능력을 말하는데, 전기적 에너지는 전기적인 현상으로 일을 할 수 있는 능력을 의미한다. 에너지의 기호는 E를 사용한다. 단위는 [J]를 사용하고 줄Joule로 읽는다.

전력

전력power은 단위 시간당 전기 에너지가 일을 할 수 있는 능력을 의미하고, 기호는 P를 사용한다. 단위는 [W]를 사용하고 와트Watt로 읽는다. 간단하게 표현하면 1초에 얼마만큼의 일을 할 수 있는지를 의미한다. 즉, 1 [J]의 일을 1초 동안 했을 때 1 [W]의 전력이 사용된 것으로 [W] = [J/s]로 나타낼 수 있다.

Basic check

2초 동안 일정한 전력으로 10 [J]의 일을 했을 때, 사용된 전력 P를 구하라.

답 $P = \frac{\text{에너지}}{\text{시간}} = \frac{10\,[\mathrm{J}]}{2\,[\mathrm{s}]} = 5\,[\mathrm{J/s}] = 5\,[\mathrm{W}]$

변하는 전력의 계산

앞의 예에서는 전력이 일정한 상황을 가정했다. 하지만 시간이 변하면서 전력이 변하는 경우도 있다. 이런 경우에는 미분식을 활용해 계산한다. 참고로 시간에 따라 변하는 전력은 소문자 p로 나타낸다.

$$p(t) = \frac{dE(t)}{dt} \tag{1.5}$$

전압과 전류를 이용한 전력의 계산

전력은 식 (1.6)과 같이 전압과 전류의 곱으로도 구할 수 있다.

$$P = IV \tag{1.6}$$

이 식은 1 [V]의 전압이 인가되었을 때 1 [A]의 전류가 흐르면 1 [W]의 전력이 공급된다는 의미이다. 이 식의 단위를 살펴보면 I의 단위는 [A]이고 V의 단위는 [V]이다. 따라서 [W]와 [AV]가 같음을 알 수 있다.

Basic check

1.5 [V]의 건전지로 2 [A]의 전류를 흘려보내고 있다. 이때 공급되는 전력 P를 구하라.

답 $P = IV = 2\,[\text{A}] \times 1.5\,[\text{V}] = 3\,[\text{AV}] = 3\,[\text{W}]$

LESSON 1.2

전원과 회로 기호

✓ **기본 개념 |** 전원 | 전압 전원의 기호 | 전류 전원의 기호 | 전력의 공급과 소모 | 저항기의 기호 | 도선의 기호

1. 전원

전압 전원

우리는 회로에 에너지를 공급하기 위해서 전원을 이용한다. 전원은 대표적으로 전압 전원과 전류 전원이 있다. **전압 전원**은 전압을 공급해주는 소자 혹은 장치로 일상생활에서 볼 수 있는 건전지나 실험에서 사용하는 전원 공급 장치(파워 서플라이power supply)가 대표적이다. 회로도 상에서 전압 전원의 기호는 [그림 1-13]과 같다.

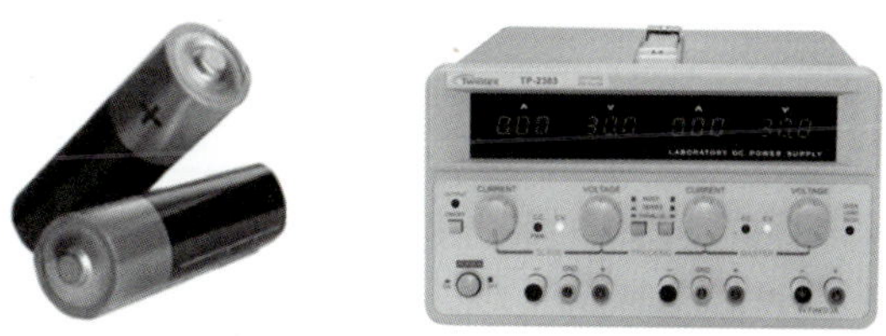

(a) 건전지 (b) 전원 공급 장치

그림 1-12 전압 전원의 예시

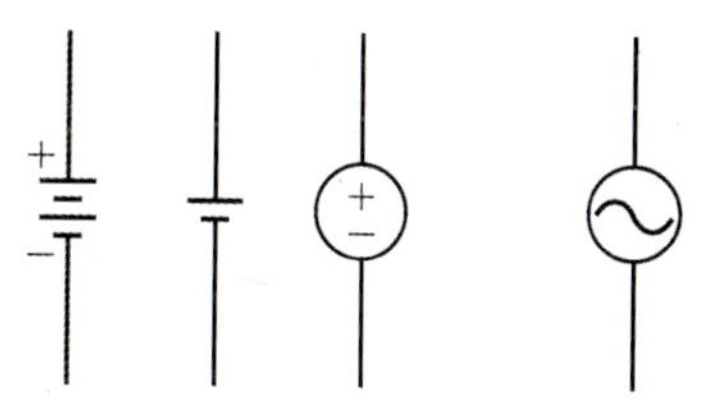

(a) 직류 (b) 교류

그림 1-13 전압 전원의 기호

전류 전원

전류 전원은 일정한 전류를 공급해주는 소자 혹은 장치로 일상생활에서는 접하기 어렵고 복잡한 회로로 구성된다. 회로도 상에서 전류 전원의 기호는 [그림 1-14]와 같다.

그림 1-14 전류 전원의 기호

전력의 공급과 소모

[그림 1-15]는 5 [V]의 전원에서 2 [A]의 전류가 흘러나가서 저항에 흘러들어가는 회로이다.

전압 전원을 보면 양극(+)에서 양의 전류가 흘러나가고 있다. 이 경우 전원이 전력을 공급하는 상황이다. 즉, 10 [W] (= 5 [V] × 2 [A])의 전력이 전압 전원에 의해서 공급되는 것이다.

저항에는 5 [V]가 인가되어 있는데 전압이 더 높은 쪽으로 전류가 흘러들어가고 있다. 이 경우 전력이 소모되고 있다고 한다. 즉, 10 [W]의 전력이 저항에서 소모되는 것이다.

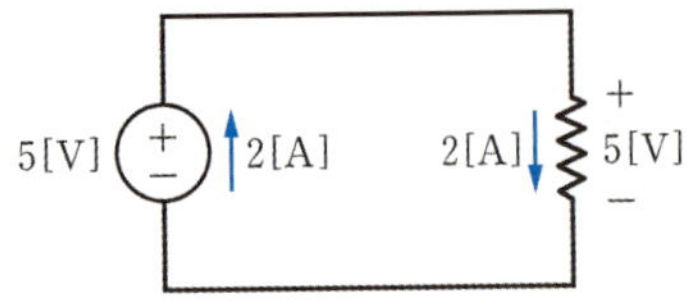

그림 1-15 전압 전원 공급 회로

이처럼 **전력의 공급과 소모는 반대되는 개념**으로, 식 (1.7)과 같은 관계를 가진다. 10 [W]의 전력이 공급된다는 것은 −10 [W]의 전력이 소모된다는 것과 같은 뜻이다. 또한 10 [W]의 전력이 소모된다는 것은 −10 [W]의 전력이 공급된다는 것과 같은 뜻이다.

$$(\text{공급된 전력}) = -(\text{소모된 전력}) \tag{1.7}$$

Basic check

전압 전원이 5 [W]의 전력을 공급하고 있다. 전원이 소모하는 전력을 구하라.

답 5 [W] = −(소모된 전력)이므로 (소모된 전력) = −5 [W]이다.

Level up! **전류 전원을 위한 건전지는 왜 없을까?**

건전지는 화학 작용에 의해 양극과 음극에 일정한 전위 차이를 만들어서 전압 전원으로 사용될 수 있다. 이때 전류는 이 건전지에 연결된 회로의 저항값에 의해서 결정된다. 즉, 전압은 일정하고 흐르는 전류는 변하는 것이다. 전류 전원으로 동작하려면 전원에 연결되는 회로의 저항값이 변해도 일정한 전류가 흘러야 하는데 이 의미는 전류 전원의 전압값이 변한다는 의미이다. 현재는 이러한 동작은 복잡한 회로의 연결에 의해서만 가능하고 건전지와 같은 식으로는 구현될 수 없다.

2. 회로 기호

저항기의 기호

저항이 있는 물체를 **저항기**resistor 라고 부른다. 저항기를 줄여서 **저항**이라고 부르는 경우도 많다. 저항에는 고정된 저항값을 가지는 고정 저항과 저항값이 변하는 가변 저항이 있다. 회로도 상에서 저항의 기호는 [그림 1-17]과 같다.

(a) 고정 저항기

(b) 가변 저항기

그림 1-16 저항기

(a) 고정 저항 기호 (b) 가변 저항 기호

그림 1-17 저항기의 기호

도선의 기호

소자와 소자의 전기적인 연결을 의미하는 도선은 회로도에서 실선으로 표시한다. 실제 도선은 작은 저항을 가지고 있지만 회로도에서 도선은 저항이 0[Ω]인 이상적인 상황을 가정한다. 도선을 회로도 상에서 아무리 길게 그려도 저항은 0[Ω]이다. 실제 도선은 [그림 1-18]과 같이 도체(주로 구리)를 선으로 만들고 이것을 고무와 같은 절연체로 둘러싸서 만든다.

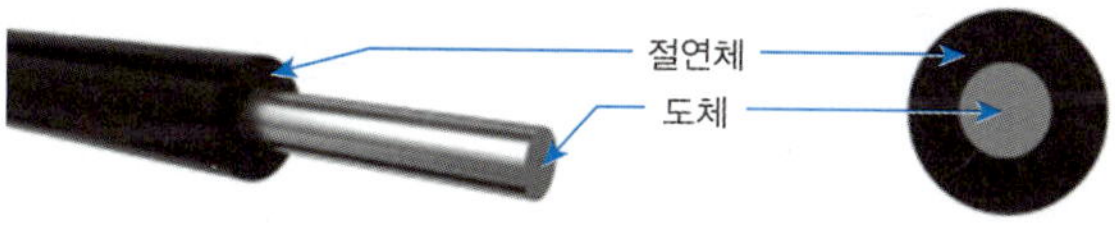

그림 1-18 도선의 구성

또한 [그림 1-19]에서 볼 수 있듯이 회로도 상에서 도선을 꺾어서 그리든 구부러지게 그리든 하나의 실선으로 이어져서 그린다면 모두 같은 의미가 된다. 도선이 이어질 때는 이어진 부분을 굵은 점으로 표시하기도 한다. 이와 다르게 연결되지 않은 채로 교차할 때는 작은 곡선을 이용해 표시한다.

(a) 도선의 표시 (b) 도선의 접속 (c) 도선의 연결되지 않은 교차

그림 1-19 도선의 기호

LESSON 1.3

단위 접두어의 활용

기본 개념 | 단위 접두어 | 10^3배

1. 단위 접두어

회로에서는 값을 간단히 표현하기 위해 **단위 접두어**를 사용한다. 회로에서 전류값을 구하다 보면 0.000012 [A]나 120,000 [A]와 같이 매우 작거나 큰 값을 표현하는 경우가 있다. 이런 값들은 정확한 자릿수를 한눈에 파악하기가 불편한데, 이때 단위 접두어를 사용하면 매우 편리하다. 단위 접두어는 주로 10^3배에 해당하는 기호들을 자주 사용한다. [표 1-2]에 대표적인 단위 접두어가 나타내는 자릿수를 표시했다.

표 1-2 대표적인 단위 접두어의 자릿수

단위 접두어	기호	인수	예시
giga (기가)	G	10^9	$1\,[\mathrm{GW}] = 1{,}000{,}000{,}000\,[\mathrm{W}] = 10^9\,[\mathrm{W}]$
mega (메가)	M	10^6	$1\,[\mathrm{M\Omega}] = 1{,}000{,}000\,[\Omega] = 10^6\,[\Omega]$
kilo (킬로)	k	10^3	$1\,[\mathrm{kV}] = 1{,}000\,[\mathrm{V}] = 10^3\,[\mathrm{V}]$
		$10^0 = 1$	
milli (밀리)	m	10^{-3}	$1\,[\mathrm{mV}] = 0.001\,[\mathrm{V}] = 10^{-3}\,[\mathrm{V}]$
micro (마이크로)	μ	10^{-6}	$1\,[\mu\mathrm{A}] = 0.000001\,[\mathrm{A}] = 10^{-6}\,[\mathrm{A}]$
nano (나노)	n	10^{-9}	$1\,[\mathrm{nC}] = 0.000000001\,[\mathrm{C}] = 10^{-9}\,[\mathrm{C}]$
pico (피코)	p	10^{-12}	$1\,[\mathrm{pJ}] = 0.000000000001\,[\mathrm{J}] = 10^{-12}\,[\mathrm{J}]$

2. 단위 접두어 변형

작은 값의 단위 접두어 변형

이제 단위 접두어를 이용해 값을 나타내는 방법을 연습해보자.

0.0012 [A]는 0이 아닌 숫자가 소수점 아래 셋째 자리에서 처음으로 나온다. 그렇다면 10^{-3}을 나타내는 m를 써서 표현하면 편리하다. 식 (1.8)과 같이 10^{-3}을 나타내는 m를 쓰기 위해서 10^3과 10^{-3}을 순서대로 곱해준다. 그 후에 0.0012에 10^3을 곱한 1.2를 계산하고 10^{-3} [A]를 [mA]로 바꿔주면 된다.

$$0.0012\,[\mathrm{A}] = 0.0012 \times 10^3 \times 10^{-3}\,[\mathrm{A}] = 1.2\,[\mathrm{mA}] \tag{1.8}$$

그렇다면 0.0000012 [A]는 접두어를 사용해 어떻게 표현하면 좋을까? 0.0000012 [A]는 0이 아닌 숫자가 소수점 아래 여섯째 자리에서 처음으로 나온다. 보통 단위 접두어는 세 자리를 기준으로 표현하기 때문에 10^{-6}을 나타내는 μ로 나타내면 식 (1.9)와 같다.

$$0.000012\,[\mathrm{A}] = 0.0000012 \times 10^6 \times 10^{-6}\,[\mathrm{A}] = 1.2\,[\mu\mathrm{A}] \tag{1.9}$$

Basic check

0.0000025 [A]와 0.21 [V]를 각각 단위 접두어 μ와 m를 사용해 나타내라.

답

- $0.0000025\,[\mathrm{A}] = 0.0000025 \times 10^6 \times 10^{-6}\,[\mathrm{A}] = 2.5\,[\mu\mathrm{A}]$
- $0.21\,[\mathrm{V}] = 0.21 \times 10^3 \times 10^{-3}\,[\mathrm{A}] = 210\,[\mathrm{mA}]$

큰 값의 단위 접두어 변형

이제 큰 값의 단위 접두어 변형도 연습해보자. 1,200,000 [V]는 일곱 자리 숫자이다. 그렇다면 10^6을 나타내는 M를 써서 표현하면 편리하다. 식 (1.10)과 같이 10^6을 나타내는 M를 쓰기 위해서 10^{-6}과 10^6을 순서대로 곱해준다. 그 후에 1,200,000에 10^{-6}을 곱한 1.2를 계산하고 10^6 [V]를 [MV]로 바꿔주면 된다.

$$1{,}200{,}000\,[\mathrm{V}] = 1{,}200{,}000 \times 10^{-6} \times 10^6\,[\mathrm{V}] = 1.2\,[\mathrm{MV}] \tag{1.10}$$

그렇다면 1,200 [V]는 단위 접두어를 사용해 어떻게 표현하면 좋을까? 1,200 [V]는 네 자리 숫자이다. 보통 단위 접두어는 세 자리를 기준으로 표현하기 때문에 10^3을 나타내는 k로 나타내면 적절하다. 이는 식 (1.11)과 같이 나타낼 수 있다.

$$1{,}200\,[\mathrm{V}] = 1{,}200 \times 10^{-3} \times 10^3\,[\mathrm{V}] = 1.2\,[\mathrm{kV}] \tag{1.11}$$

Basic check

2,500,000 [V]와 25,000,000,000 [V]를 각각 단위 접두어 M과 G를 사용해 나타내라.

답

- $2{,}500{,}000\,[\mathrm{V}] = 2{,}500{,}000 \times 10^{-6} \times 10^{6}\,[\mathrm{V}] = 2.5\,[\mathrm{MV}]$
- $25{,}000{,}000{,}000\,[\mathrm{V}] = 25{,}000{,}000{,}000 \times 10^{-9} \times 10^{9}\,[\mathrm{V}] = 25\,[\mathrm{GV}]$

다른 단위 접두어로 변형

이번에는 단위 접두어가 있는 표현을 다른 단위 접두어로 바꾸는 법을 연습해보자. 1,200 [pJ]은 숫자가 세 자리이기 때문에 10^{-3}과 10^{3}을 순서대로 곱해준다. 단위 접두어 p는 10^{-12}으로 적는다. 1,200에 10^{-3}을 곱한 1.2를 계산하고 10^{3}과 10^{-12}을 곱한 10^{-9} [J]을 [nJ]로 바꿔주면 된다. 이는 식 (1.12)와 같이 나타낼 수 있다.

$$1{,}200\,[\mathrm{pJ}] = 12{,}000 \times 10^{-3} \times 10^{3} \times 10^{-12}\,[\mathrm{J}] = 1.2 \times 10^{-9}\,[\mathrm{J}] = 1.2\,[\mathrm{nJ}] \tag{1.12}$$

Basic check

160,000 [kV]를 단위 접두어 M을 사용해 나타내라.

답 $160{,}000\,[\mathrm{kJ}] = 160{,}000 \times 10^{-3} \times 10^{3} \times 10^{3}\,[\mathrm{J}] = 160 \times 10^{6}\,[\mathrm{J}] = 160\,[\mathrm{MJ}]$

단위 접두어는 다른 단위 접두어로 변형은 가능하지만, **두 개 이상의 단위 접두어를 함께 사용할 수 없다는 것을 주의**해야 한다.

Level up! **단위 접두어는 꼭 10^{3}을 기준으로 써야 할까?**

일반적으로 10^{3}배가 될 때마다 접두어를 사용하는 경우가 많다. 하지만 반드시 그래야 하는 것은 아니다. 10^{-2}을 나타내는 centi가 대표적이고, 기호로는 c를 사용한다. 우리는 흔히 0.01 [m]를 1 [cm]로 변환해 사용한다.

CHAPTER 01

개념복습

개념 정리하기

물리량	영문	기호	단위	단위 이름	의미
전하	charge	Q	[C]	Coulomb	전기 현상의 원인
전류	current	I	[A]	Ampere	전하의 단위 시간당 흐름
전압	voltage	V	[V]	Volt	두 위치에서의 전위의 차이
전위	potential	V	[V]	Volt	단위 전하가 가지는 전기적 위치 에너지
저항	resistance	R	[Ω]	Ohm	전류를 흐르지 못하게 방해하는 정도
컨덕턴스	conductance	G	[S]	Siemens	전류를 잘 흐르게 하는 정도, $1/R$
전력	power	P	[W]	Watt	단위 시간당 에너지, $P = VI$
에너지	energy	E	[J]	Joule	일을 할 수 있는 능력이나 양

개념 점검하기 다음 문제에서 옳은 것을 골라라.

(1) 전하의 단위는 ([C], [A], [V])이고 (Ampere, Coulomb, Volt)라고 읽는다.

(2) 전류는 단위 시간당 (공급된 전력, 흐르는 전류, 전압의 변화)을/를 의미한다.

(3) 전압은 두 위치에서의 (전류, 전위, 전력)의 차이를 의미한다.

(4) 저항은 인가된 전압과 흐르는 전류가 (비례, 반비례)한다.

(5) 전력은 (전류와 전압의 곱, 전류를 전압으로 나눈 값)으로 구할 수 있다.

(6) 소자에 공급된 전력과 소모된 전력은 (양, 음)의 관계가 있다.

(7) 전선이 만나지 않고 교차할 때는 (굵은 점으로 표시, 작은 곡선을 이용해 표시)한다.

(8) 접두어는 주로 (10^2, 10^3, 10^4)배 단위를 주로 사용한다.

CHAPTER 01

연습문제

기본 문제

1.1 다음 표를 보고 주어진 물음에 답하라.

물리량	영문	기호	단위	단위 이름	의미
전하	charge	Q	(A)	Coulomb	전기 현상의 원인
전류	current	I	[A]	Ampere	전하의 단위 시간당 흐름
전압	voltage	V	[V]	Volt	(B)
전위	potential	V	[V]	Volt	단위 전하가 가지는 전기적 위치 에너지
저항	resistance	R	[Ω]	Ohm	전류를 흐르지 못하게 방해하는 정도
컨덕턴스	conductance	G	[S]	Siemens	전류를 잘 흐르게 하는 정도, $1/R$
전력	(C)	P	[W]	(D)	(E)
에너지	energy	E	[J]	Joule	일을 할 수 있는 능력이나 양

(a) (A)에 들어갈 전하의 단위를 작성하라.
(b) (B)에 들어갈 전압의 의미를 작성하라.
(c) (C)에 들어갈 전력의 영어 단어를 작성하라.
(d) (D)에 들어갈 전력의 단위 이름을 작성하라.
(e) (E)에 들어갈 전력의 의미를 작성하라.

1.2 3[V]의 전위에 4[C]의 전하가 놓여 있다. 전기적 위치 에너지 V를 구하라.

1.3 다음 그림과 같이 전압 전원에 여러 개의 저항이 연결된 회로가 있다. 각 위치에서의 전위가 표현되어 있다.

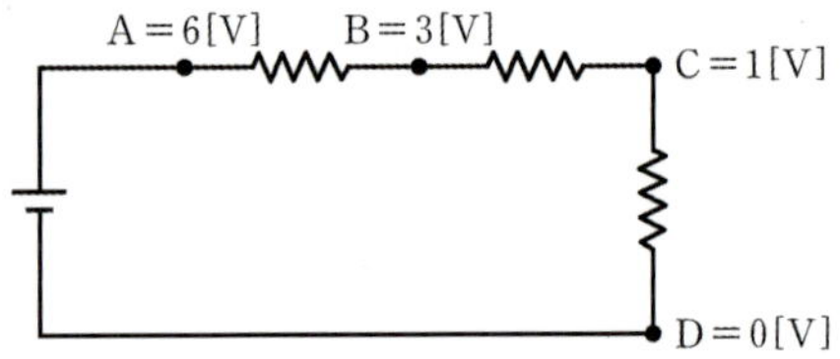

그림 1-20

(a) A와 B 사이의 전압 V_{AB}를 구하라.
(b) A와 C 사이의 전압 V_{AC}를 구하라.
(c) B와 D 사이의 전압 V_{BD}를 구하라.

1.4 다음 회로에서 저항 R과 컨덕턴스 G를 구하라.

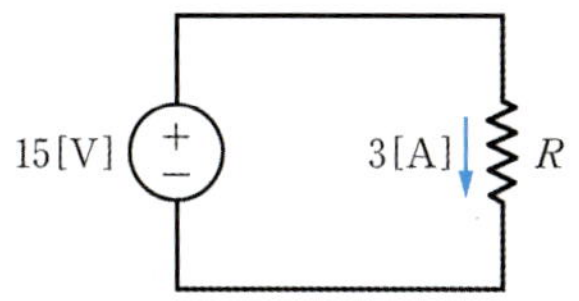

그림 1-21

1.5 다음 회로에서 전류 I를 구하라.

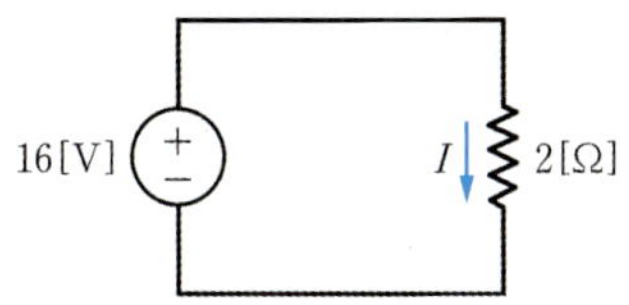

그림 1-22

1.6 다음 회로에서 저항에서 소모되는 전력 P와 전원에서 공급되는 전력 P를 구하라.

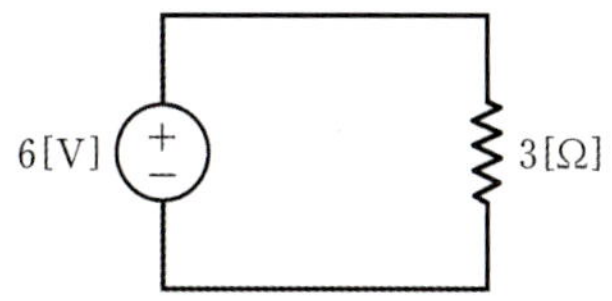

그림 1-23

1.7 다음 전압 전원 중에서 공급하는 전력이 음인 것을 골라라.

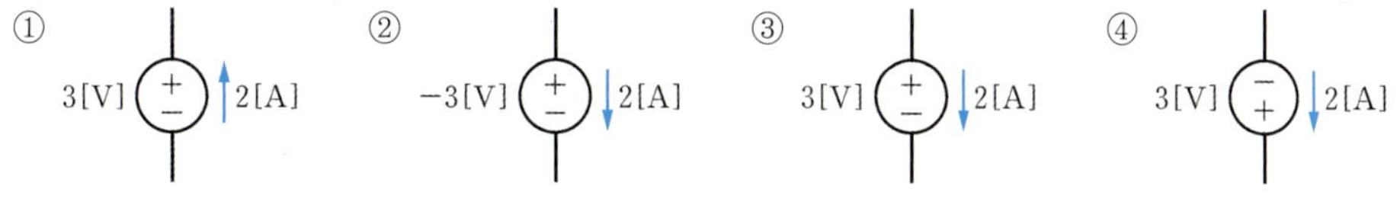

그림 1-24

1.8 다음 회로에서 A, B, C가 전기적으로 동일한 도선의 배치가 아닌 것은?

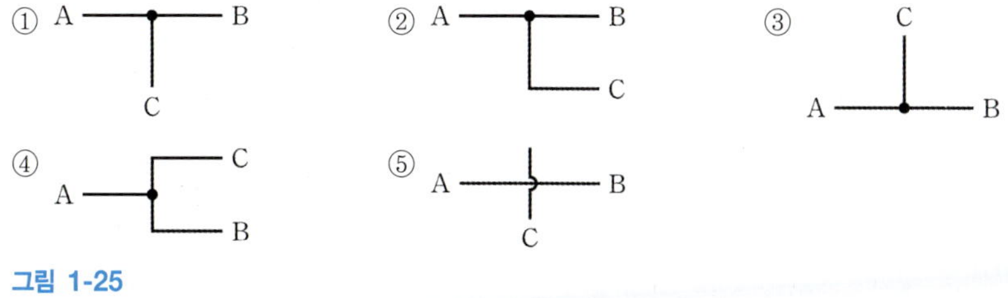

그림 1-25

1.9 다음 값들을 제시된 단위 접두어를 사용해 나타내라.

(a) 0.000035 [A]를 [mA]로 나타내라.
(b) 25,000 [nA]를 [μA]로 나타내라.
(c) 38,400 [V]를 [kV]로 나타내라.
(d) 0.066 [MV]를 [kV]로 나타내라.
(e) 0.0027 [mW]를 [μW]로 나타내라.

1.10 다음 식은 시간에 따른 전하량을 나타낸 것이다. 전류의 식과 $t = 2$일 때의 전류 I를 구하라.

$$q(t) = 3t^2\,[\text{C}]$$

1.11 다음 식은 시간에 따른 에너지를 나타낸 것이다. $t = 1$일 때의 전력 P를 구하라.

$$E(t) = 2e^{(-0.5t+1)}\,[\text{J}]$$

1.12 다음 그림은 어떤 저항에 인가된 전압과 전류의 관계를 나타낸 그래프이다. 이 저항 R의 값을 구하라.

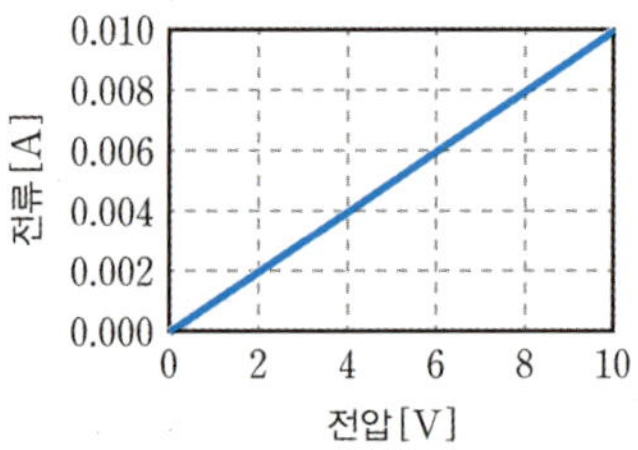

그림 1-26

도전 문제

1.13 다음 회로에서 저항 R을 [kΩ] 단위로 구하라.

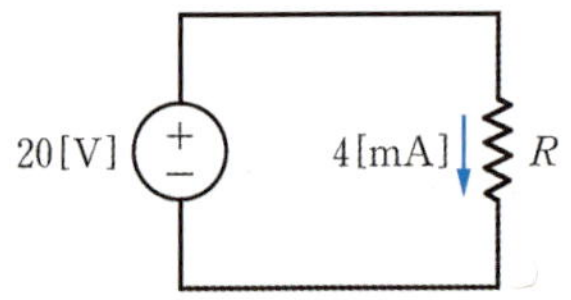

그림 1-27

1.14 다음 회로에서 전류 I를 [mA] 단위로 구하라.

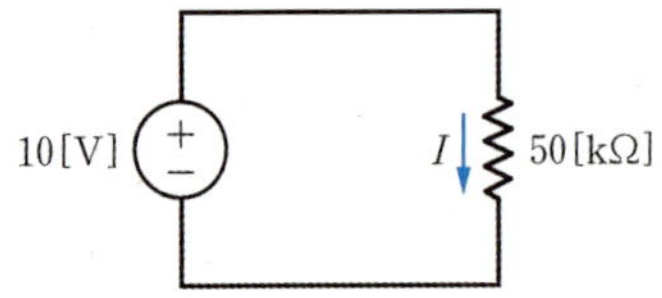

그림 1-28

1.15 다음 회로에서 저항에서 소모되는 전력 P를 [mW] 단위로 구하라.

그림 1-29

1.16 다음 그림은 어떤 저항에 인가된 전압과 전류의 관계를 나타낸 그래프이다. 이 저항 R의 값을 구하라.

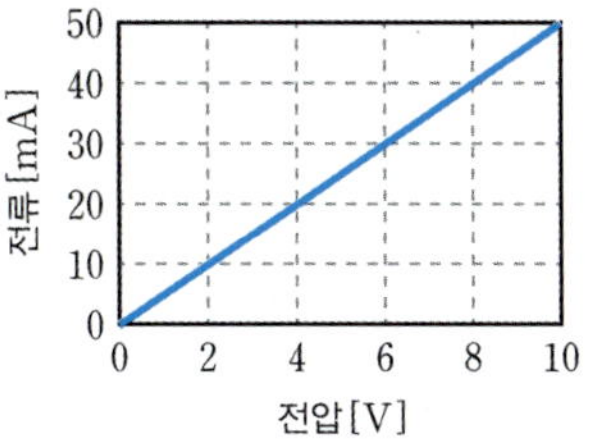

그림 1-30

기출 문제

1.17 어떤 전하가 100[V]의 전위차를 갖는 두 점 사이를 이동하면서 10[J]의 일을 할 수 있다면 이 전하의 전하량은? (2018 서울시 공무원)

① 0.1[C]　② 1[C]　③ 10[C]　④ 100[C]

1.18 10[V]의 직류 전원에 10[Ω]의 저항이 연결된 회로에 대한 설명으로 옳지 않은 것은? (2010 지방공무원 9급)

① 10[Ω] 저항에 흐르는 전류를 측정하면 1[A]이다.
② 10[Ω] 저항 양단의 전압을 측정하면 10[V]이다.
③ 회로를 개방한 후 10[Ω] 저항 양단의 전압을 측정하면 0[V]이다.
④ 회로를 개방한 후 전원 양단의 전압을 측정하면 0[V]이다.

1.19 3[V]의 건전지로 동작하는 손전등을 5분간 켰을 때 흐르는 전류가 0.5[A]로 일정했다고 할 때, 손전등에서 소비한 에너지를 [J] 단위의 값으로 나타낸 것은? (2012 지방공무원 9급)

① 1.5　② 1.5×10^2　③ 4.5　④ 4.5×10^2

CHAPTER

02

저항 회로

CONTENTS

학습목표

- 저항의 직렬 연결과 병렬 연결을 이해하고 각 상황에서의 전류와 전압 특성을 이해한다.
- 복잡하게 연결된 저항의 직렬 연결과 병렬 연결을 이해하고, 각 상황에서의 전류와 전압 특성을 이해한다.
- 휘스톤 브릿지 회로를 이해한다.

수업 맛보기

이 장에서는 가장 간단한 회로 중 하나인 저항의 직렬 회로와 병렬 회로에 대해서 이해한다. 1장에서 배운 저항의 특성을 기반으로 저항이 직렬 혹은 병렬 연결된 회로에서 각 소자에 흐르는 전류, 인가된 전압, 소모되는 전력을 구하는 해석 방법을 학습한다. 또한 원하는 전류와 전압을 얻기 위한 직렬 회로와 병렬 회로의 설계에 대해서도 학습한다. 마지막으로 직렬도 병렬도 아닌 회로인 휘스톤 브릿지에 대한 해석을 학습한다. 저항의 직렬과 병렬은 직관적인 풀이가 가능할 정도로 간단하기도 하지만 모든 회로의 기본이 되는 만큼 해석과 설계를 모두 충실히 학습하도록 한다.

LESSON 2.1

저항의 직렬 회로와 병렬 회로

✔ **기본 개념** | 직렬 연결 | 병렬 연결 | 직렬 회로 | 병렬 회로 | 개별 저항 | 합성 저항

1. 직렬 저항 회로

직렬 연결

저항은 저항의 양 끝에 연결할 수 있는 두 개의 단자를 가지고 있는 2단자 소자이다. [그림 2-1]을 살펴보자. 두 개의 저항이 있을 때, 그림 (a)와 같이 한 단자를 맞잡는 것과 같은 경우를 **직렬 연결**이라고 한다. 이때 그림 (b), (c)와 같이 연결된 단자에 다른 소자가 추가로 연결되거나 양 단자를 모두 짝지어 연결한 경우는 직렬 연결이 아니다. 즉, 직렬 연결은 저항끼리 한 단자씩만 연결되고 그 연결된 단자에 다른 소자가 끼어들지 않아야 한다.

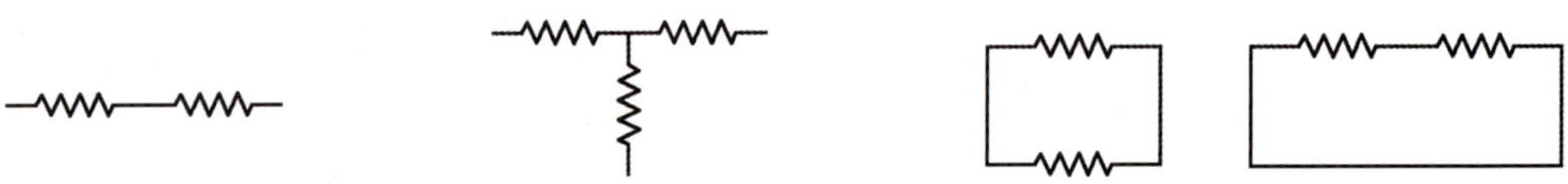

(a) 직렬 연결 (b) 다른 소자가 끼어든 경우 (c) 양 단자를 모두 연결한 경우

그림 2-1 저항의 직렬 연결과 직렬 연결이 아닌 경우

세 개 이상의 직렬 연결

[그림 2-2]를 살펴보자. 저항의 직렬 연결은 옆사람과 마치 한 손을 잡고 있는 것과 같은 연결로, 그림 (a)와 같이 연속적 이루어지면 이 저항들은 모두 직렬 연결되었다고 한다. 연결이 네 개든, 다섯 개든 그림 (b), (c)와 같이 연결 관계가 지속되면 모든 저항이 직렬 연결된 것이라고 한다.

(a) 저항 세 개의 직렬 연결 (b) 저항 네 개의 직렬 연결

(c) 저항 여러 개의 직렬 연결

그림 2-2 저항이 다수인 경우의 직렬 연결

합성 저항

여러 개의 저항을 동일한 역할을 하는 하나의 저항으로 나타낼 때, 그 하나의 저항을 **합성 저항**이라고 한다. 합성 저항은 기존의 저항들과 회로를 동일하게 작동시키게 한다. 저항들이 합성 저항으로 바뀔 경우에는 저항에 동일한 전압이 인가되고 같은 전류가 흘러야 한다. 예를 들어, [그림 2-3(a)]의 두 개의 저항 R_1, R_2가 [그림 2-3(b)]의 합성 저항 R_t로 바뀔 경우에 각각의 회로에서 저항에 인가된 전압 V와 V_t, 흐르던 전류 I와 I_t는 같아야 한다.

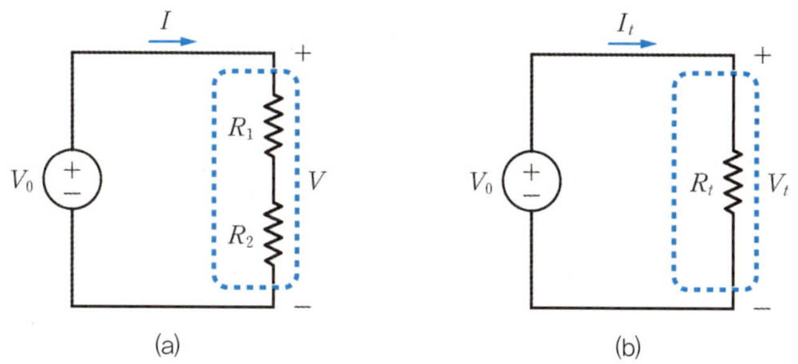

그림 2-3 합성 저항의 개념

직렬 연결된 저항의 합성 저항

직렬 연결된 회로에서 합성 저항은 각 저항의 값들을 더해서 구할 수 있다. 두 개의 저항이 직렬 연결된 경우에는 식 (2.1)과 같이 구할 수 있다.

$$R_t = R_1 + R_2 \tag{2.1}$$

세 개 이상의 직렬 연결된 저항들의 합성 저항은 식 (2.2)와 같이 그 저항값들을 모두 더하여 구할 수 있다.

$$R_t = R_1 + R_2 + R_2 \cdots + R_n = \sum_{k=1}^{n} R_k \tag{2.2}$$

Basic check

직렬 연결된 두 개의 저항값이 각각 $2\,[\Omega]$과 $3\,[\Omega]$이다. 이 두 저항의 합성 저항 R_t를 구하라.

답 $R_t = 2 + 3 = 5\,[\Omega]$

직렬 저항 회로의 전류와 전압

[그림 2-4]와 같이 직렬 연결된 저항들에 전원이 연결된 회로에 대하여 생각해보자. 먼저 개별 저항에 흐르는 전류를 살펴보자. 전류는 전하의 흐름이다. 직렬 연결된 저항 회로는 특별히 두 갈래로 갈라지거나 하지 않기 때문에 전하가 갑자기 사라지거나 없어지지 않는 한 모든 영역에서 일정한 전류가 흐른다. 이것은 여러 관들이 일직선으로 연결된 배관에 물이 흐를 때 모든 관들에 일정한 물이 흐르는 것과 같다. 따라서 R_1과 R_2에 흐르는 전류 I_1, I_2는 전원에서 흘러나가는 전류 I_t와 같다. 즉, 직렬 연결에서는 개별 저항들에 흐르는 전류값이 모두 같으며, 이를 식 (2.3)과 같이 나타낼 수 있다.

$$I_1 = I_2 = I_3 = \cdots = I_n = I_t \tag{2.3}$$

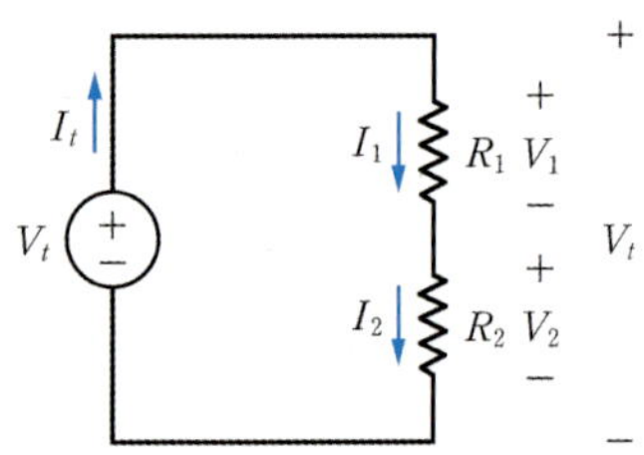

그림 2-4 직렬 연결된 저항 회로

이번에는 개별 저항에 인가되는 전압을 살펴보자. 개별 저항에 인가되는 전압은 옴의 법칙을 통해 구할 수 있다. R_1에 인가되는 전압 V_1은 I_1R_1이고, R_2에 인가되는 전압 V_2는 I_2R_2다. 앞서 살펴본 바와 같이 직렬 연결에서 개별 저항에 흐르는 전류는 모두 같기 때문에 $V_1 = I_tR_1$, $V_2 = I_tR_2$로 나타낼 수 있다. 이를 이용하여 비례식으로 나타내면 식 (2.4)와 같다.

$$V_1 : V_2 = I_tR_1 : I_tR_2 = R_1 : R_2 \tag{2.4}$$

세 개 이상의 저항이 직렬 연결된 회로에서 개별 저항에 인가되는 전압과 저항의 관계는 식 (2.5)와 같다.

$$V_1 : V_2 : V_3 : \cdots : V_n = R_1 : R_2 : R_3 : \cdots : R_n \tag{2.5}$$

Basic check

[그림 2-4]에서 두 개의 저항값이 각각 $4\,[\Omega]$과 $8\,[\Omega]$이다. 이 두 저항에 인가되는 전압의 비 $V_1 : V_2$를 구하라.

답 $V_1 : V_2 = 1 : 2$

앞서 설명한 바와 같이 직렬 연결된 저항으로 이루어진 회로에서는 직렬 연결된 저항 전체에 인가된 전압은 개별 저항들에 그 저항값의 비로 분배된다. 이를 식 (2.6)과 같이 나타낼 수 있다.

$$V_1 = (\text{전체 전압}) \times \frac{R_1}{R_1 + R_2}, \qquad V_2 = (\text{전체 전압}) \times \frac{R_2}{R_1 + R_2} \tag{2.6}$$

다수의 저항(n개의 저항)이 직렬 연결된 경우 R_k에 인가되는 전압 V_k는 식 (2.7)과 같이 구할 수 있다.

$$V_k = (\text{전체 전압}) \times \frac{R_k}{R_1 + R_2 + R_3 + \cdots + R_n} \tag{2.7}$$

예제 2-1

다음 회로에서 $R_1 = 2\,[\Omega]$, $R_2 = 3\,[\Omega]$, $V_0 = 10\,[\text{V}]$일 때, 합성 저항 R_t와 전원에서 흘러나가는 전류 I_t를 구하라. 그 다음 R_1, R_2에 흐르는 전류 I_1, I_2와 각 저항에 인가된 전압 V_1, V_2를 구하라.

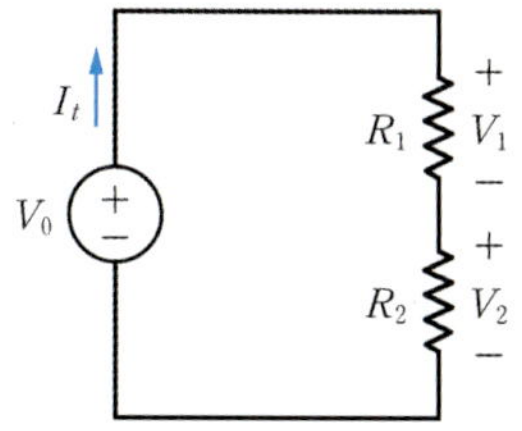

그림 2-5 [예제 2-1]의 회로

풀이

R_1, R_2는 직렬 연결되어 있으므로, 그 합성 저항은 $R_1 + R_2 = 5\,[\Omega]$이다. 그렇다면 이 회로는 $10\,[\text{V}]$ 전원에 $5\,[\Omega]$의 저항이 연결된 것과 같기 때문에 $I_t = 10\,[\text{V}] / 5\,[\Omega] = 2\,[\text{A}]$이다. 직렬 연결된 저항 회로에서 각 저항에 흐르는 전류는 모두 같기 때문에 $I_1 = I_2 = I_t = 2\,[\text{A}]$이다. 각 저항에 인가된 전압은 $V_1 = I_1R_1 = 2\,[\text{A}] \cdot 2\,[\Omega] = 4\,[\text{V}]$, $V_2 = I_2R_2 = 2\,[\text{A}] \cdot 3\,[\Omega] = 6\,[\text{V}]$이다.

여기서 각 저항에 인가된 전압을 모두 더하면 전체 전압이 되어야 한다. 이 회로에서는 $V_1 + V_2 = 4 + 6 = 10\,[\text{V}]$로 전원 전압인 $10\,[\text{V}]$와 같다.

2. 병렬 저항 회로

병렬 연결

이제 [그림 2-6]과 같은 저항의 병렬 연결에 대해서 알아보자. 그림 (a), (b)와 같이 저항이 양 단자를 서로 맞잡을 때 **병렬 연결**되었다고 한다. 이때 그림 (c), (d)와 같이 연결된 단자에 다른 소자가 추가로 연결되어도 파란색으로 표시한 부분의 두 저항은 여전히 병렬 연결이다.

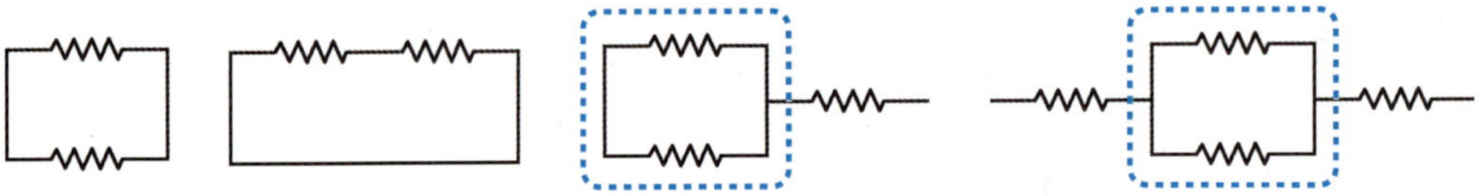

(a) (b) (c) (d)

그림 2-6 저항의 병렬 연결

세 개 이상의 병렬 연결

[그림 2-7]을 살펴보자. 저항의 병렬 연결은 옆사람과 마치 두 손을 잡고 있는 것과 같은 연결로, 그림 (a)와 같이 여러 개의 저항이 서로 양 손을 맞잡은 것과 같은 연결이 이루어지면 이 저항들은 모두 **병렬 연결**되었다고 한다. 연결이 네 개든, 다섯 개든 그림 (b), (c)와 같이 연결 관계가 지속되면 모든 저항이 병렬 연결된 것이라고 한다.

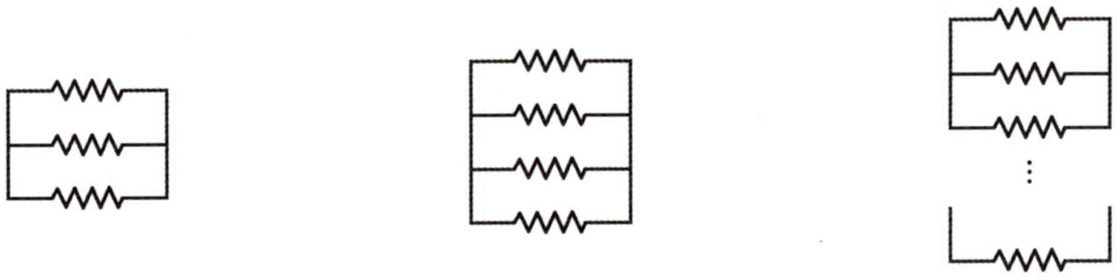

(a) 저항 세 개의 병렬 연결 (b) 저항 네 개의 병렬 연결 (c) 저항 여러 개의 병렬 연결

그림 2-7 저항이 다수인 경우의 병렬 연결

병렬 연결된 저항의 합성 저항

병렬 연결된 회로에서 합성 저항은 직렬 연결된 경우와 달리 각 저항의 역수의 합이 합성 저항의 역수값이 된다. 두 개의 저항이 병렬 연결된 경우는 식 (2.8)과 같이 구할 수 있다.

$$\frac{1}{R_t} = \frac{1}{R_1} + \frac{1}{R_2} \tag{2.8}$$

이를 다시 적으면 식 (2.9)와 같다.

$$R_t = \frac{1}{\frac{1}{R_1} + \frac{1}{R_2}} \tag{2.9}$$

세 개 이상의 병렬 연결된 저항들의 합성 저항은 식 (2.10)과 같이 각 저항값들의 역수를 모두 더한 후 다시 역수를 취하여 구할 수 있다.

$$\frac{1}{R_t} = \frac{1}{R_1} + \frac{1}{R_2} + \frac{1}{R_3} + \cdots + \frac{1}{R_t} = \sum_{k=1}^{n} \frac{1}{R_k}$$
$$R_t = \frac{1}{\frac{1}{R_1} + \frac{1}{R_2} + \frac{1}{R_3} + \cdots + \frac{1}{R_t}} = \frac{1}{\sum_{k=1}^{n} R_k} \tag{2.10}$$

이런 **병렬 저항의 합을 구하는 식**을 간단하게 $\boldsymbol{R_1 // R_2}$**과 같이** $\boldsymbol{//}$**기호로 사용**하기도 한다.

Basic check

병렬 연결된 두 개의 저항값이 각각 3[Ω]과 6[Ω]이다. 이 두 저항의 합성 저항 R_t를 구하라.

답 $R_t = R_1 // R_2 = \frac{1}{\frac{1}{3} + \frac{1}{6}} = \frac{1}{\frac{2}{6} + \frac{1}{6}} = \frac{1}{\frac{3}{6}} = 2\,[\Omega]$

병렬 저항 회로의 전류와 전압

[그림 2-8]과 같이 병렬 연결된 저항들에 전원이 연결된 회로에 대하여 생각해보자. 먼저 개별 저항에 인가된 전압을 살펴보자. 병렬 연결된 저항들에는 모두 전원 전압이 동일하게 인가된다. 이것은 높은 곳과 낮은 곳을 연결하는 관이 여러 개인 것과 같은 상황이다. 관이 여러 개이지만 높낮이는 모두 동일한 것처럼 각 저항에 인가되는 전압은 동일하다. 따라서 R_1과 R_2에 인가되는 전압 V_1, V_2는 전원 전압 V_t와 같다. 즉, 직렬 연결에서는 개별 저항들에 인가되는 전압값이 모두 같다.

$$V_1 = V_2 = V_3 = \cdots = V_n = V_t \tag{2.11}$$

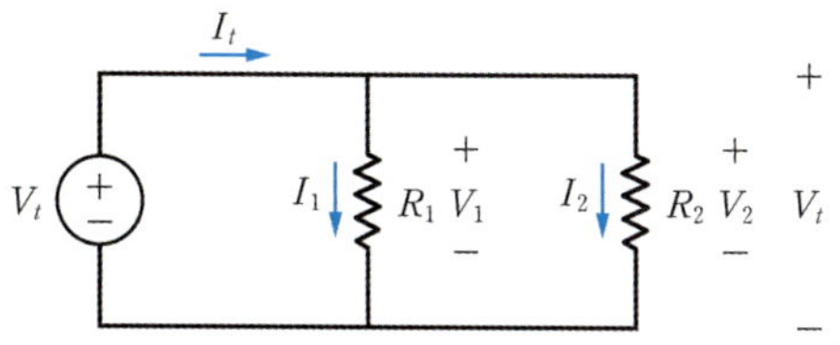

2-8 병렬 연결된 저항 회로

이번에는 개별 저항에 흐르는 전류를 살펴보자. 개별 저항에 흐르는 전류는 옴의 법칙을 통하여 구할 수 있다. R_1에 흐르는 전류 I_1은 V_1/R_1이고, R_2에 흐르는 전류 I_2는 V_2/R_2이다. 바로 전에 살펴본 것과 같이 병렬 연결에서 개별 저항에 인가되는 전압은 모두 같기 때문에 $I_1 = V_t/R_1$, $I_2 = V_t/R_2$로 나타낼 수 있다. 이를 이용하여 비례식으로 나타내면 식 (2.12)와 같다.

$$I_1 : I_2 = V_t/R_1 : V_t/R_2 = \frac{1}{R_1} : \frac{1}{R_2} \tag{2.12}$$

세 개 이상의 저항이 병렬 연결된 회로에서 개별 저항에 흐르는 전류와 저항의 관계는 식 (2.13)과 같다.

$$I_1 : I_2 : I_3 : \cdots : I_n = \frac{1}{R_1} : \frac{1}{R_2} : \frac{1}{R_3} : \cdots : \frac{1}{R_n} \tag{2.13}$$

Basic check

[그림 2-8]에서 두 개의 저항값이 각각 20 [Ω]과 30 [Ω]이다. 이 두 저항에 흐르는 전류의 비 $I_1 : I_2$를 구하라.

답 $I_1 : I_2 = 1/20 : 1/30 = 3 : 2$

앞서 설명한 바와 같이 병렬 연결된 저항으로 이루어진 회로에서는 병렬 연결된 저항 전체에 흐르는 전류는 개별 저항값의 역수의 비로 저항들에 분배된다. 이를 식 (2.14)와 같이 나타낼 수 있다.

$$I_1 = (\text{전체 전류}) \times \frac{\frac{1}{R_1}}{\frac{1}{R_1} + \frac{1}{R_2}}, \quad I_2 = (\text{전체 전류}) \times \frac{\frac{1}{R_2}}{\frac{1}{R_1} + \frac{1}{R_2}} \tag{2.14}$$

다수의 저항(n개의 저항)이 병렬 연결된 경우에는 다음 식과 같이 전류값을 구할 수 있다.

$$I_k = (\text{전체 전류}) \times \frac{\frac{1}{R_k}}{\frac{1}{R_1} + \frac{1}{R_2} + \frac{1}{R_3} + \cdots + \frac{1}{R_n}} \tag{2.15}$$

예제 2-2

다음 회로에서 $R_1 = 20\,[\Omega]$, $R_2 = 30\,[\Omega]$, $I_0 = 12\,[\text{A}]$일 때, R_1과 R_2에 흐르는 전류 I_1, I_2를 구하라.

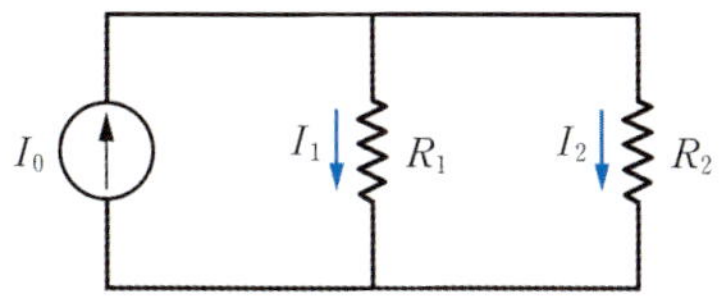

그림 2-9 [예제 2-2]의 회로

풀이

R_1, R_2는 병렬로 연결되어 있으므로, 전류는 그 저항의 역수의 비로 나누어진다.

$$I_1 : I_2 = \frac{1}{R_1} : \frac{1}{R_2} = \frac{1}{20} : \frac{1}{30} = 3 : 2$$

그러므로 I_1, I_2는 다음과 같이 구할 수 있다.

$$I_1 = 12 \times \frac{3}{3+2} = 7.2\,[\text{A}]$$

$$I_2 = 12 \times \frac{2}{3+2} = 4.8\,[\text{A}]$$

이 계산은 다음과 같이 한 번에 할 수도 있다.

$$I_1 = 12 \times \frac{\frac{1}{R_1}}{\frac{1}{R_1} + \frac{1}{R_2}} = 12 \times \frac{\frac{1}{20}}{\frac{1}{20} + \frac{1}{30}} = 12 \times \frac{\left(\frac{1}{20}\right) \times 60}{\left(\frac{1}{20} + \frac{1}{30}\right) \times 60}$$

$$= 12 \times \frac{3}{3+2} = 7.2\,[\text{A}]$$

$$I_2 = 12 \times \frac{\frac{1}{R_2}}{\frac{1}{R_1} + \frac{1}{R_2}} = 12 \times \frac{\frac{1}{30}}{\frac{1}{20} + \frac{1}{30}} = 12 \times \frac{\left(\frac{1}{30}\right) \times 60}{\left(\frac{1}{20} + \frac{1}{30}\right) \times 60}$$

$$= 12 \times \frac{2}{3+2} = 4.8\,[\text{A}]$$

예제 2-3

다음 회로에서 $R_1 = 6\,[\Omega]$, $R_2 = 12\,[\Omega]$, $R_3 = 12\,[\Omega]$, $I_0 = 12\,[\text{A}]$일 때, 전류 I_1, I_2를 구하라.

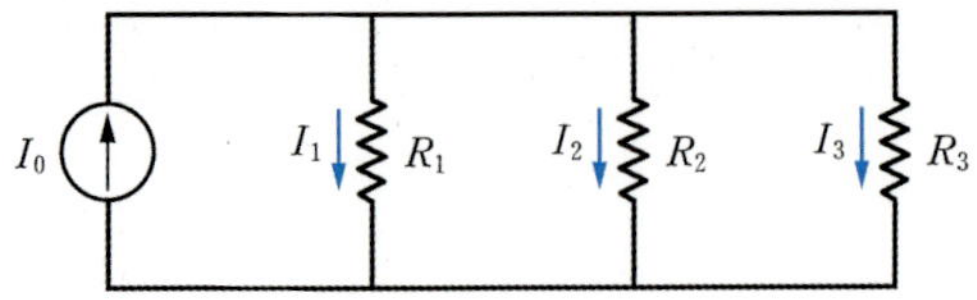

그림 2-10 [예제 2-3]의 회로

풀이

R_1, R_2, R_3는 병렬로 연결되어 있어서 전류는 그 지항의 역수의 비로 나누어진다.

$$I_1 : I_2 : I_3 = \frac{1}{R_1} : \frac{1}{R_2} : \frac{1}{R_3} = \frac{1}{6} : \frac{1}{12} : \frac{1}{12} = 2:1:1$$

그러므로 I_1, I_2, I_3는 다음과 같이 구할 수 있다.

$$I_1 = 12 \times \frac{2}{2+1+1} = 6\,[\text{A}]$$

$$I_2 = 12 \times \frac{1}{2+1+1} = 3\,[\text{A}]$$

$$I_3 = 12 \times \frac{1}{2+1+1} = 3\,[\text{A}]$$

이 계산은 다음과 같이 한 번에 할 수도 있다.

$$I_1 = I_0 \times \frac{\frac{1}{R_1}}{\frac{1}{R_1} + \frac{1}{R_2} + \frac{1}{R_3}} = 12 \times \frac{\frac{1}{6}}{\frac{1}{6} + \frac{1}{12} + \frac{1}{12}} = 12 \times \frac{\left(\frac{1}{6}\right) \times 12}{\left(\frac{1}{6} + \frac{1}{12} + \frac{1}{12}\right) \times 12}$$

$$= 12 \times \frac{2}{2+1+1} = 6\,[\text{A}]$$

$$I_2 = I_0 \times \frac{\frac{1}{R_2}}{\frac{1}{R_1} + \frac{1}{R_2} + \frac{1}{R_3}} = 12 \times \frac{\frac{1}{12}}{\frac{1}{6} + \frac{1}{12} + \frac{1}{12}} = 12 \times \frac{\left(\frac{1}{6}\right) \times 12}{\left(\frac{1}{6} + \frac{1}{12} + \frac{1}{12}\right) \times 12}$$

$$= 12 \times \frac{1}{2+1+1} = 3\,[\text{A}]$$

$$I_3 = I_0 \times \frac{\frac{1}{R_3}}{\frac{1}{R_1}+\frac{1}{R_2}+\frac{1}{R_3}} = 12 \times \frac{\frac{1}{12}}{\frac{1}{6}+\frac{1}{12}+\frac{1}{12}} = 12 \times \frac{\left(\frac{1}{6}\right)\times 12}{\left(\frac{1}{6}+\frac{1}{12}+\frac{1}{12}\right)\times 12}$$

$$= 12 \times \frac{1}{2+1+1} = 3\,[\mathrm{A}]$$

예제 2-4

다음 회로에서 $R_1 = 20\,[\Omega]$, $R_2 = 30\,[\Omega]$, $V_0 = 60\,[\mathrm{V}]$일 때, 합성 저항 R_t와 전원에서 흘러나가는 전류 I_t를 구하라. 그 다음 R_1, R_2에 인가되는 전압 V_1, V_2와 전원에서 흘러나가는 전류 I_1, I_2를 구하라.

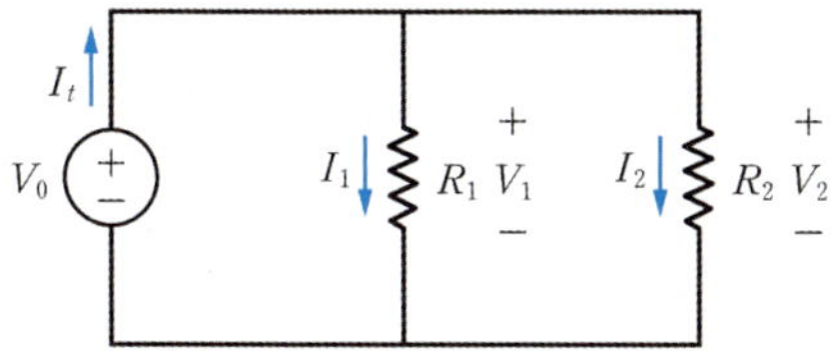

그림 2-11 [예제 2-4]의 회로

풀이

R_1, R_2는 병렬 연결되어 있으므로, 그 합성 저항을 구하면 다음과 같다.

$$R_t = \frac{1}{\frac{1}{20}+\frac{1}{30}} = \frac{1}{\frac{3}{60}+\frac{2}{60}} = \frac{1}{\frac{5}{60}} = 12\,[\Omega]$$

그렇다면 이 회로는 60 [V] 전원에 12 [Ω]의 저항이 연결된 것과 같기 때문에 $I_t = 60\,[\mathrm{V}]/12\,[\Omega] = 5\,[\mathrm{A}]$이다. 병렬 연결된 저항 회로에서 각 저항에 인가되는 전압은 모두 같기 때문에 $V_1 = V_2 = V_t = 60\,[\mathrm{V}]$이다. 각 저항에 인가된 전류는 $I_1 = V_1/R_1 = 60\,[\mathrm{V}]/20\,[\Omega] = 3\,[\mathrm{A}]$, $I_2 = V_2/R_2 = 60\,[\mathrm{V}]/30\,[\Omega] = 2\,[\mathrm{A}]$이다. 식 (2.15)를 적용하여 구해도 같은 전류값을 얻을 수 있다.

여기서 각 저항에 흐르는 전류를 모두 더하면 전체 전류가 되어야 한다.
이 회로에서는 $I_1 + I_2 = 2\,[\mathrm{A}] + 3\,[\mathrm{A}] = 5\,[\mathrm{A}]$로 전체 전류인 5 [A]와 같다.

Level up! 직렬 연결과 병렬 연결 저항의 합성 저항식 유도

1 직렬 연결된 저항 회로의 합성 저항식

두 저항에 인가되는 전압 V_1과 V_2는 각각 $R_1 I_1$, $R_2 I_2$가 된다. 그리고 전체 전압 V_0는 개별 저항에 인가되는 전압의 합인 $V_1 + V_2$다. 직렬 연결은 저항에 흐르는 전류가 옆으로 빠져나갈 가지가 없어서 일정하게 유지되므로 $I_1 = I_2 = I_0$다. 이에 따라 식 ①과 같이 되고, 이는 식 ②와 같이 나타낼 수 있다.

$$V_0 = V_1 + V_2 = R_1 I_1 = R_1 I_0 + R_2 I_0 = (R_1 + R_2) I_0 \qquad \cdots ①$$

$$V_0 = (R_1 + R_2) I_0 \qquad \cdots ②$$

우리가 합성 저항으로 구하고자 하는 것은 두 저항을 하나로 나타냈을 때 전체 전압과 전체 전류를 연결해주는 저항값이다. 즉, 식 ③을 만족시키는 R_t를 찾는 것이다.

$$V_0 = R_t I_0 \qquad \cdots ③$$

식 ③을 식 ②와 비교하면 식 ④를 구할 수 있다.

$$R_t = R_1 + R_2 \qquad \cdots ④$$

2 병렬 연결된 저항 회로의 합성 저항식

두 저항에 인가되는 전류 I_1과 I_2는 각각 V_1/R_1과 V_2/R_2가 된다. 그리고 전체 전류 I_0는 개별 저항에 인가되는 전류의 합인 $I_1 + I_2$다. 병렬 연결은 각 저항에 걸리는 전압이 일정하여 $V_1 = V_2 = V_0$이다. 이에 따라 식 ⑤와 같이 되고, 이는 식 ⑥과 같이 나타낼 수 있다.

$$I_0 = I_1 + I_2 = V_1/R_1 + V_2/R_2 = V_0/R_1 + V_0/R_2 = V_0(1/R_1 + 1/R_2) \qquad \cdots ⑤$$

$$V_0 = \frac{1}{\frac{1}{R_1} + \frac{1}{R_2}} I_0 \qquad \cdots ⑥$$

우리가 합성 저항으로 구하고자 하는 것은 두 저항을 하나로 나타냈을 때 전체 전압과 전체 전류를 연결해주는 저항값이다. 즉, 식 ⑦을 만족시키는 R_t를 찾는 것이다.

$$V_0 = R_t I_0 \qquad \cdots ⑦$$

식 ⑦을 식 ⑥과 비교하면 식 ⑧을 구할 수 있다.

$$R_t = \frac{1}{\frac{1}{R_1} + \frac{1}{R_2}} \qquad \cdots ⑧$$

LESSON 2.2

복잡한 저항 회로

기본 개념 | 직·병렬 회로 | 직·병렬 저항

1. 직·병렬 저항의 합성 저항

2.1절에서는 직렬 혹은 병렬로 연결된 저항만 있는 회로에 대해 학습했다. 이제부터는 직렬 연결과 병렬 연결된 저항들이 모두 있는 직·병렬 회로를 해석해보자.

[그림 2-12]의 회로는 저항들이 직렬 혹은 병렬만으로 이루어지지 않았다. R_1과 R_2는 직렬 연결이고 R_3, R_4, R_5는 병렬 연결이다. 이런 경우에 직렬, 병렬 부분을 하나의 합성 저항으로 바꾸어 회로를 간단하게 만들어가면 된다.

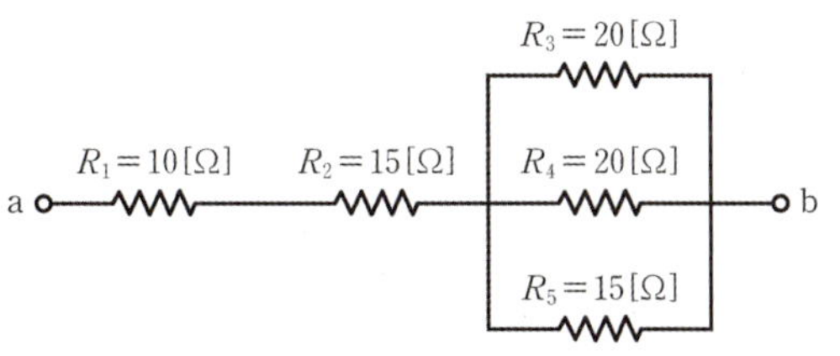

그림 2-12 직렬 연결과 병렬 연결된 저항이 모두 있는 회로

R_3, R_4, R_5가 병렬 연결이므로 합성 저항은 다음과 같다.

$$R_{3-5} = \frac{1}{\frac{1}{R_3}+\frac{1}{R_4}+\frac{1}{R_5}} = \frac{1}{\frac{1}{20}+\frac{1}{20}+\frac{1}{15}} = \frac{1}{\frac{3}{60}+\frac{3}{60}+\frac{4}{60}} = \frac{1}{\frac{10}{60}} = 6\,[\Omega] \tag{2.16}$$

따라서 [그림 2-12]는 [그림 2-13(a)]와 같이 다시 그릴 수 있다.

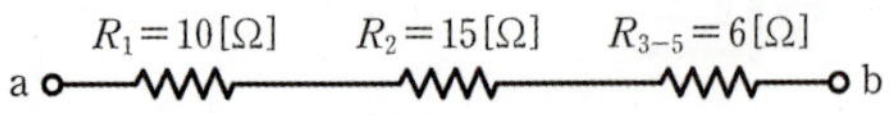

(a) 병렬 연결된 저항들이 합성 저항으로 대체된 회로

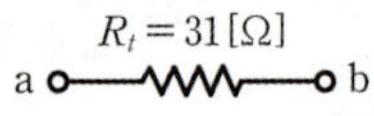

(b) 하나의 합성 저항으로 대체된 회로

그림 2-13 합성 저항으로 대체된 회로들

이제 이 회로는 세 개의 직렬 연결된 저항들로 이루어진 회로이다. 따라서 이 회로의 전체 저항 R_t를 구하면 다음과 같다.

$$R_t = R_1 + R_2 + R_{3-5} = 10 + 15 + 6 = 31\,[\Omega] \tag{2.17}$$

하나의 합성 저항으로 대체된 회로는 [그림 2-13(b)]와 같다. 그러므로 [그림 2-12]의 단자 a와 b 사이의 저항과 [그림 2-13(b)]의 단자 a와 b 사이의 저항은 같다. 이런 식으로 복잡한 직·병렬 회로의 합성 저항은 직렬이나 병렬 연결된 저항들을 순서대로 계산하는 방식으로 구한다.

예제 2-5

다음 회로에서 $R_1 = 20\,[\Omega]$, $R_2 = 5\,[\Omega]$, $R_3 = 60\,[\Omega]$, $R_4 = 30\,[\Omega]$, $R_5 = 20\,[\Omega]$일 때, 단자 a와 b 사이의 전체 합성 저항 R_t를 구하라.

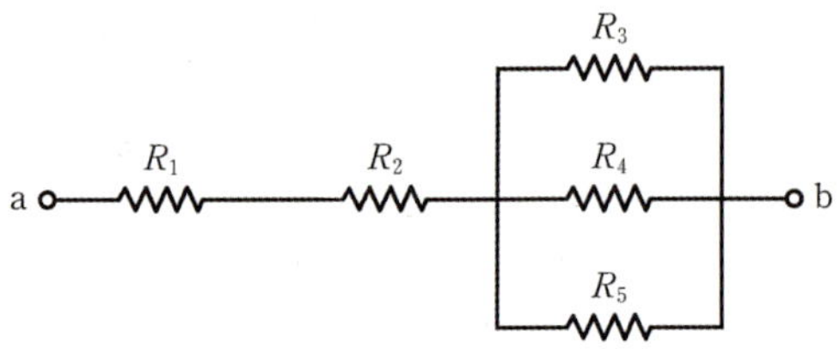

그림 2-14 [예제 2-5]의 회로

풀이

R_3, R_4, R_5는 병렬 연결되어 있기 때문에 그 합성 저항은 다음과 같다.

$$R_{3-5} = \frac{1}{\frac{1}{R_3} + \frac{1}{R_4} + \frac{1}{R_5}} = \frac{1}{\frac{1}{60} + \frac{1}{30} + \frac{1}{20}} = \frac{1}{\frac{1}{60} + \frac{2}{60} + \frac{3}{60}} = \frac{1}{\frac{6}{60}} = 10\,[\Omega]$$

그렇다면 이 회로는 세 개의 직렬 저항 R_1, R_2, R_{3-5}로 이루어진 회로이므로 전체 합성 저항은 다음과 같이 구할 수 있다.

$$R_t = R_1 + R_2 + R_{3-5} = 20 + 5 + 10 = 35\,[\Omega]$$

예제 2-6

다음 회로에서 $R_1 = 10\,[\Omega]$, $R_2 = 15\,[\Omega]$, $R_3 = 12\,[\Omega]$, $R_4 = 8\,[\Omega]$, $R_5 = 8\,[\Omega]$일 때, 단자 a와 b 사이의 전체 합성 저항 R_t를 구하라.

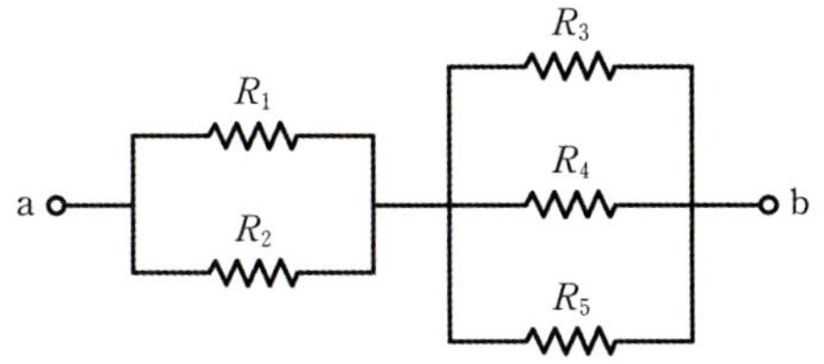

그림 2-15 [예제 2-6]의 회로

풀이

R_1, R_2와 R_3, R_4, R_5는 각각 병렬 연결되어 있고, 각각의 합성 저항은 다음과 같다.

$$R_{1-2} = \frac{1}{\frac{1}{R_1} + \frac{1}{R_2}} = \frac{1}{\frac{1}{10} + \frac{1}{15}} = \frac{1}{\frac{3}{30} + \frac{2}{30}} = \frac{1}{\frac{5}{30}} = 6\,[\Omega]$$

$$R_{3-5} = \frac{1}{\frac{1}{R_3} + \frac{1}{R_4} + \frac{1}{R_5}} = \frac{1}{\frac{1}{12} + \frac{1}{8} + \frac{1}{8}} = \frac{1}{\frac{2}{24} + \frac{3}{24} + \frac{3}{24}} = \frac{1}{\frac{8}{24}} = 3\,[\Omega]$$

그렇다면 이 회로는 두 개의 직렬 저항 R_{1-2}, R_{3-5}으로 이루어진 회로이므로

$$R_t = R_{1-2} + R_{3-5} = 6 + 3 = 9\,[\Omega]$$

2. 직·병렬 저항 회로의 해석

이제 직·병렬 저항이 있는 회로를 해석해보자. 직·병렬 회로를 해석한다는 것은 각 소자에 인가되는 전압과 전류를 구하는 것이다. 직·병렬 저항 회로는 다음과 같은 순서에 따라 수월하게 해석할 수 있다.

직·병렬 저항 회로를 해석하는 순서

1. 전체 합성 저항 구하기
2. 전체 전류 구하기
3. 개별 저항들의 전압과 전류 구하기

이 순서에 따라 [그림 2-16(a)]의 회로를 해석해보자.

1 전체 합성 저항 구하기

R_3, R_4, R_5가 병렬 연결이므로 합성 저항 R_{3-5}를 구하면 식 (2.18)과 같다.

$$R_{3-5} = \frac{1}{\frac{1}{R_3}+\frac{1}{R_4}+\frac{1}{R_5}} = \frac{1}{\frac{1}{30}+\frac{1}{30}+\frac{1}{10}} = \frac{1}{\frac{1}{30}+\frac{1}{30}+\frac{3}{30}} = \frac{1}{\frac{5}{30}} = 6\,[\Omega] \tag{2.18}$$

회로는 세 개의 직렬 저항(R_1, R_2, R_{3-5})으로 이루어진 [그림 2-16(b)]와 같은 회로이므로 전체 합성 저항은 다음과 같다.

$$R_t = R_1 + R_2 + R_{3-5} = 1+3+6 = 10\,[\Omega] \tag{2.19}$$

즉, 이 회로는 [그림 2-16(c)]와 같은 전체 합성 저항으로 대체된 회로로 그릴 수 있다.

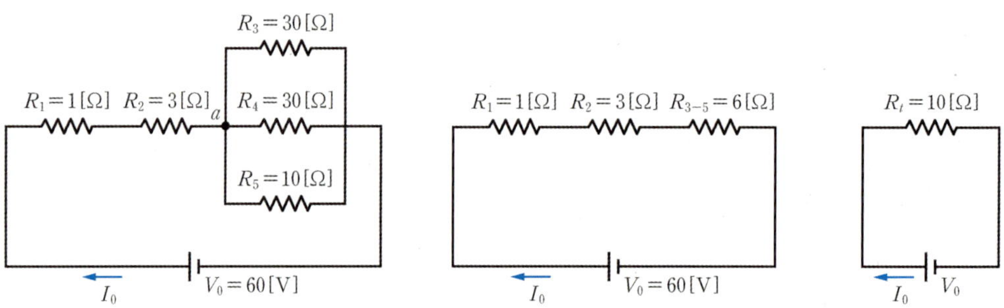

(a) 직 · 병렬 회로

(b) 세 개의 저항을 합성 저항으로 대체한 회로

(c) 전체 합성 저항을 이용한 합성 회로

그림 2-16 복잡한 저항 회로의 단순화

2 전체 전류 구하기

[그림 2-16(a)]에 흐르는 전체 전류 I_0를 구하면 다음과 같다.

$$I_0 = \frac{60\,[\text{V}]}{10\,[\Omega]} = 6\,[\text{A}] \tag{2.20}$$

[그림 2-16]과 같이 직렬로 연결된 R_1과 R_2에 흐르는 전류 I_1과 I_2는 다음과 같다.

$$I_1 = I_2 = I_0 = 6\,[\text{A}] \tag{2.21}$$

3 개별 저항들의 전압과 전류 구하기

이 6 [A]의 전류는 노드 a에서 세 개의 저항을 만나기 때문에 세 개의 전류로 나눠진다. 이때 흐르는 전류는 저항의 역수의 비로 나누어진다. 따라서 R_3, R_4, R_5에 흐르는 전류 I_3, I_4, I_5는 각각 다음과 같이 구할 수 있다.

$$I_3 = 6\,[\mathrm{A}] \times \frac{\frac{1}{R_3}}{\frac{1}{R_3}+\frac{1}{R_4}+\frac{1}{R_5}} = 6\,[\mathrm{A}] \times \frac{\frac{1}{30\,[\Omega]}}{\frac{1}{30\,[\Omega]}+\frac{1}{30\,[\Omega]}+\frac{1}{10\,[\Omega]}} = 1.2\,[\mathrm{A}] \tag{2.22a}$$

$$I_4 = 6\,[\mathrm{A}] \times \frac{\frac{1}{R_4}}{\frac{1}{R_3}+\frac{1}{R_4}+\frac{1}{R_5}} = 6\,[\mathrm{A}] \times \frac{\frac{1}{30\,[\Omega]}}{\frac{1}{30\,[\Omega]}+\frac{1}{30\,[\Omega]}+\frac{1}{10\,[\Omega]}} = 1.2\,[\mathrm{A}] \tag{2.22b}$$

$$I_5 = 6\,[\mathrm{A}] \times \frac{\frac{1}{R_5}}{\frac{1}{R_3}+\frac{1}{R_4}+\frac{1}{R_5}} = 6\,[\mathrm{A}] \times \frac{\frac{1}{10\,[\Omega]}}{\frac{1}{30\,[\Omega]}+\frac{1}{30\,[\Omega]}+\frac{1}{10\,[\Omega]}} = 3.6\,[\mathrm{A}] \tag{2.22c}$$

앞에서 구한 전류값으로 각 저항에 인가된 전압을 구할 수 있다.

$$V_1 = I_1 \times R_1 = 6\,[\mathrm{A}] \times 1\,[\Omega] = 6\,[\mathrm{V}] \tag{2.23a}$$

$$V_2 = I_2 \times R_2 = 6\,[\mathrm{A}] \times 3\,[\Omega] = 18\,[\mathrm{V}] \tag{2.23b}$$

$$V_3 = I_3 \times R_3 = 1.2\,[\mathrm{A}] \times 30\,[\Omega] = 36\,[\mathrm{V}] \tag{2.23c}$$

$$V_4 = I_4 \times R_4 = 1.2\,[\mathrm{A}] \times 30\,[\Omega] = 36\,[\mathrm{V}] \tag{2.23d}$$

$$V_5 = I_5 \times R_5 = 3.6\,[\mathrm{A}] \times 10\,[\Omega] = 36\,[\mathrm{V}] \tag{2.23e}$$

앞선 방식과 다르게 전압부터 구하여 해석할 수도 있다. [그림 2-16(b)]는 직렬 연결된 저항 회로이다. 따라서 전체 전압이 저항의 비로 분배된다.

$$V_1 = 60\,[\mathrm{V}] \times \frac{R_1}{R_1+R_2+R_{3-5}} = 60\,[\mathrm{V}] \times \frac{1\,[\Omega]}{1\,[\Omega]+3\,[\Omega]+6\,[\Omega]} = 6\,[\mathrm{V}] \tag{2.24a}$$

$$V_2 = 60\,[\mathrm{V}] \times \frac{R_2}{R_1+R_2+R_{3-5}} = 60\,[\mathrm{V}] \times \frac{3\,[\Omega]}{1\,[\Omega]+3\,[\Omega]+6\,[\Omega]} = 18\,[\mathrm{V}] \tag{2.24b}$$

$$V_{3-5} = 60\,[\mathrm{V}] \times \frac{R_{3-5}}{R_1+R_2+R_{3-5}} = 60\,[\mathrm{V}] \times \frac{6\,[\Omega]}{1\,[\Omega]+3\,[\Omega]+6\,[\Omega]} = 36\,[\mathrm{V}] \tag{2.24c}$$

R_3, R_4, R_5는 병렬 연결이므로 V_3, V_4, V_5는 V_{3-5}와 같은 36 [V]이다. 이 전압으로 옴의 법칙을 이용하여 각각의 전류를 구할 수 있다.

$$I_1 = \frac{V_1}{R_1} = \frac{6\,[\mathrm{V}]}{1\,[\Omega]} = 6\,[\mathrm{A}] \tag{2.25a}$$

$$I_2 = \frac{V_2}{R_2} = \frac{18\,[\mathrm{V}]}{3\,[\Omega]} = 6\,[\mathrm{A}] \tag{2.25b}$$

$$I_3 = \frac{V_3}{R_3} = \frac{36\,[\mathrm{V}]}{30\,[\Omega]} = 1.2\,[\mathrm{A}] \tag{2.25c}$$

$$I_4 = \frac{V_4}{R_4} = \frac{36\,[\mathrm{V}]}{30\,[\Omega]} = 1.2\,[\mathrm{A}] \tag{2.25d}$$

$$I_5 = \frac{V_5}{R_5} = \frac{36\,[\mathrm{V}]}{10\,[\Omega]} = 3.6\,[\mathrm{A}] \tag{2.25e}$$

전압부터 구해도 전류부터 구한 것과 동일한 결과를 얻을 수 있다. 전체적으로 구한 값을 표시하면 [그림 2-17]과 같다.

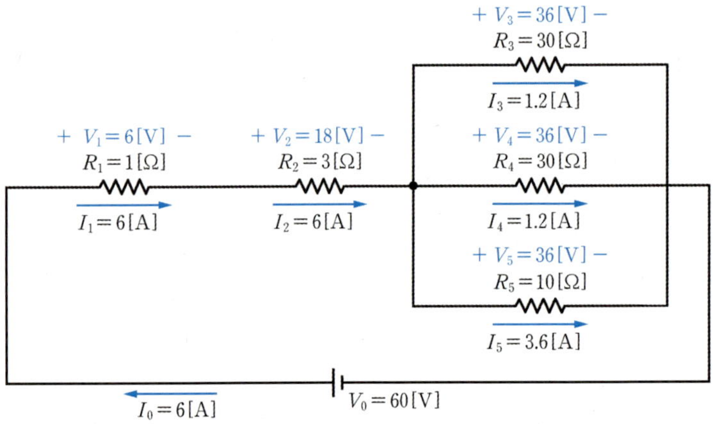

그림 2-17 [그림 2-16a]의 회로 해석 결과

이렇게 전압과 전류를 구하고 나면 각 저항에서 소모되는 전력도 구할 수 있다.

$$P_1 = V_1 \times I_1 = 6\,[\mathrm{V}] \times 6\,[\mathrm{A}] = 36\,[\mathrm{W}] \tag{2.26a}$$

$$P_2 = V_2 \times I_2 = 18\,[\mathrm{V}] \times 6\,[\mathrm{A}] = 108\,[\mathrm{W}] \tag{2.26b}$$

$$P_3 = V_3 \times I_3 = 36\,[\mathrm{V}] \times 1.2\,[\mathrm{A}] = 43.2\,[\mathrm{W}] \tag{2.26c}$$

$$P_4 = V_4 \times I_4 = 36\,[\mathrm{V}] \times 1.2\,[\mathrm{A}] = 43.2\,[\mathrm{W}] \tag{2.26d}$$

$$P_5 = V_5 \times I_5 = 36\,[\mathrm{V}] \times 3.6\,[\mathrm{A}] = 129.6\,[\mathrm{W}] \tag{2.26e}$$

이렇게 개별 저항에서 소모된 전력을 모두 더한 값은 360 [W]다. 한편, 이 회로는 전원이 60 [V]이고 전체 전류는 6 [A]로 전원이 공급하는 전력은 360 [W]가 된다. 즉, [그림 2-16(a)]는

60 [V]의 전원이 360 [W]를 공급하고 개별 저항들이 360 [W]를 소모하는 회로이다. 이처럼 회로 해석을 했을 때 소모된 전력과 공급한 전력이 같아야 바르게 구해진 것이다. 두 전력이 다르다면 계산이 잘못된 것이므로 다시 검산해야 한다.

예제 2-7

다음 회로에서 $R_1 = 10\,[\Omega]$, $R_2 = 15\,[\Omega]$, $R_3 = 12\,[\Omega]$, $R_4 = 8\,[\Omega]$, $R_5 = 8\,[\Omega]$, $V_0 = 360\,[\text{V}]$일 때, 주어진 물음에 답하라.

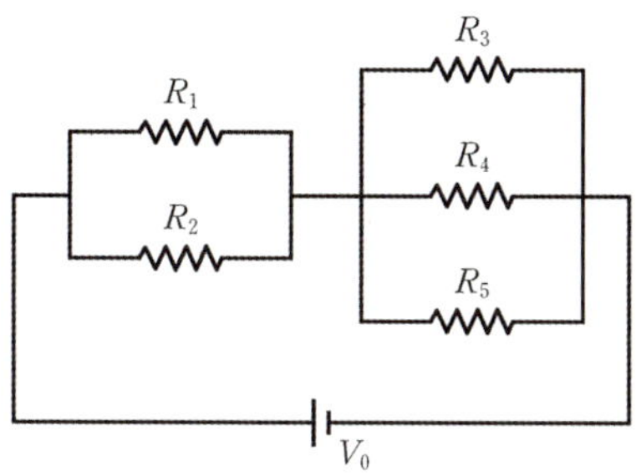

그림 2-18 [예제 2-7]의 회로

(a) 각 저항에 인가되는 전압 V와 전류 I를 구하라.
(b) 각 저항에서 소모되는 전력과 전원이 공급하는 전력 P를 구하라.

풀이

(a) R_1, R_2와 R_3, R_4, R_5는 각각 병렬 연결되어 있으므로 각각의 합성 저항은 다음과 같다.

$$R_{1-2} = \frac{1}{\frac{1}{R_1} + \frac{1}{R_2}} = \frac{1}{\frac{1}{10} + \frac{1}{15}} = \frac{1}{\frac{3}{30} + \frac{2}{30}} = \frac{1}{\frac{5}{30}} = 6\,[\Omega]$$

$$R_{3-5} = \frac{1}{\frac{1}{R_3} + \frac{1}{R_4} + \frac{1}{R_5}} = \frac{1}{\frac{1}{12} + \frac{1}{8} + \frac{1}{8}} = \frac{1}{\frac{2}{24} + \frac{3}{24} + \frac{3}{24}} = \frac{1}{\frac{8}{24}} = 3\,[\Omega]$$

이 회로는 두 개의 직렬 저항(R_{1-2}, R_{3-5})으로 이루어진 회로로 볼 수 있으므로 전체 합성 저항은 다음과 같다.

$$R_t = R_{1-2} + R_{3-5} = 6 + 3 = 9\,[\Omega]$$

즉, 이 회로에 흐르는 전체 전류는 다음과 같다.

$$I_0 = \frac{V_0}{R_t} = \frac{360\,[\text{V}]}{9\,[\Omega]} = 40\,[\text{A}]$$

여기서 전류를 먼저 구하는 방법과 전압을 먼저 구하는 방법으로 나누어진다.

각 저항에 흐르는 전류를 먼저 구하는 방법으로 계산해보자. 이 40[A]의 전류는 R_1, R_2로 나누어지고, 이때 흐르는 전류는 저항의 역수의 비로 나누어진다.

$$I_1 = 40\,[\mathrm{A}] \times \frac{\frac{1}{R_1}}{\frac{1}{R_1}+\frac{1}{R_2}} = 40\,[\mathrm{A}] \times \frac{\frac{1}{10\,[\Omega]}}{\frac{1}{10\,[\Omega]}+\frac{1}{15\,[\Omega]}} = 24\,[\mathrm{A}]$$

$$I_2 = 40\,[\mathrm{A}] \times \frac{\frac{1}{\mathrm{R}_1}}{\frac{1}{R_1}+\frac{1}{\mathrm{R}_2}} = 40\,[\mathrm{A}] \times \frac{\frac{1}{15\,[\Omega]}}{\frac{1}{10\,[\Omega]}+\frac{1}{15\,[\Omega]}} = 16\,[\mathrm{A}]$$

이렇게 나누어진 전류는 하나로 모인 후에 다시 R_3, R_4, R_5로 나누어지고, 이때 흐르는 전류는 다음과 같다.

$$I_3 = 40\,[\mathrm{A}] \times \frac{\frac{1}{R_3}}{\frac{1}{R_3}+\frac{1}{R_4}+\frac{1}{R_5}} = 40\,[\mathrm{A}] \times \frac{\frac{1}{12\,[\Omega]}}{\frac{1}{12\,[\Omega]}+\frac{1}{8\,[\Omega]}+\frac{1}{8\,[\Omega]}} = 10\,[\mathrm{A}]$$

$$I_4 = 40\,[\mathrm{A}] \times \frac{\frac{1}{R_4}}{\frac{1}{R_3}+\frac{1}{R_4}+\frac{1}{R_5}} = 40\,[\mathrm{A}] \times \frac{\frac{1}{8\,[\Omega]}}{\frac{1}{12\,[\Omega]}+\frac{1}{8\,[\Omega]}+\frac{1}{8\,[\Omega]}} = 15\,[\mathrm{A}]$$

$$I_5 = 40\,[\mathrm{A}] \times \frac{\frac{1}{R_5}}{\frac{1}{R_3}+\frac{1}{R_4}+\frac{1}{R_5}} = 40\,[\mathrm{A}] \times \frac{\frac{1}{8\,[\Omega]}}{\frac{1}{12\,[\Omega]}+\frac{1}{8\,[\Omega]}+\frac{1}{8\,[\Omega]}} = 15\,[\mathrm{A}]$$

이 전류값으로 개별 저항에 인가된 전압을 구할 수 있다.

$$V_1 = I_1 \times R_1 = 24\,[\mathrm{A}] \times 10\,[\Omega] = 240\,[\mathrm{V}]$$
$$V_2 = I_2 \times R_2 = 16\,[\mathrm{A}] \times 15\,[\Omega] = 240\,[\mathrm{V}]$$
$$V_3 = I_3 \times R_3 = 10\,[\mathrm{A}] \times 12\,[\Omega] = 120\,[\mathrm{V}]$$
$$V_4 = I_4 \times R_4 = 15\,[\mathrm{A}] \times 8\,[\Omega] = 120\,[\mathrm{V}]$$
$$V_5 = I_5 \times R_5 = 15\,[\mathrm{A}] \times 8\,[\Omega] = 120\,[\mathrm{V}]$$

이번에는 전압을 먼저 구하는 방법으로 계산해보자. [그림 2-19]는 [그림 2-18]의 등가 회로이다.

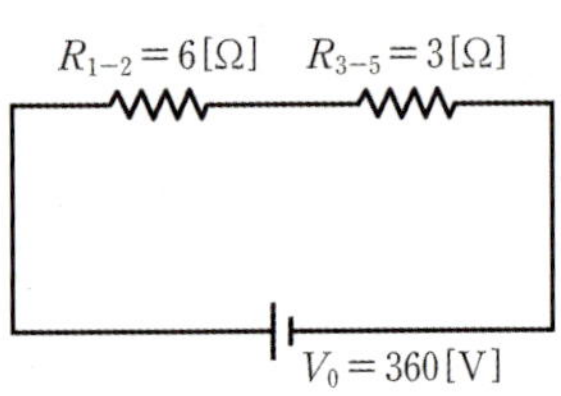

그림 2-19 [그림 2-18]의 등가 회로

여기서 두 개의 직렬 저항(R_{1-2}, R_{3-5})에 인가된 전압을 구할 수 있다.

$$V_{1-2} = 360\,[\mathrm{V}] \times \frac{R_{1-2}}{R_{1-2}+R_{3-5}} = 360\,[\mathrm{V}] \times \frac{6\,[\Omega]}{6\,[\Omega]+3\,[\Omega]} = 240\,[\mathrm{V}]$$

$$V_{3-5} = 360\,[\mathrm{V}] \times \frac{R_{3-5}}{R_{1-2}+R_{3-5}} = 360\,[\mathrm{V}] \times \frac{3\,[\Omega]}{6\,[\Omega]+3\,[\Omega]} = 120\,[\mathrm{V}]$$

R_1, R_2와 R_3, R_4, R_5가 각각 병렬 연결이므로 각각의 저항에 인가된 전압은 다음과 같다.

$$V_{1-2} = V_1 = V_2 = 240\,[\mathrm{V}]$$
$$V_{3-5} = V_3 = V_4 = V_5 = 120\,[\mathrm{V}]$$

이 전압값으로 각 저항에 흐르는 전류를 구할 수 있다.

$$I_1 = \frac{V_1}{R_1} = \frac{240\,[\mathrm{V}]}{10\,[\Omega]} = 24\,[\mathrm{A}]$$

$$I_2 = \frac{V_2}{R_2} = \frac{240\,[\mathrm{V}]}{15\,[\Omega]} = 16\,[\mathrm{A}]$$

$$I_3 = \frac{V_3}{R_3} = \frac{120\,[\mathrm{V}]}{12\,[\Omega]} = 10\,[\mathrm{A}]$$

$$I_4 = \frac{V_4}{R_4} = \frac{120\,[\mathrm{V}]}{8\,[\Omega]} = 15\,[\mathrm{A}]$$

$$I_5 = \frac{V_5}{R_5} = \frac{120\,[\mathrm{V}]}{8\,[\Omega]} = 15\,[\mathrm{A}]$$

(b) 각 지항에서 소모되는 전력을 구하면 다음과 같다.

$$P_1 = V_1 \times I_1 = 240\,[\mathrm{V}] \times 24\,[\mathrm{A}] = 5{,}760\,[\mathrm{W}]$$
$$P_2 = V_2 \times I_2 = 240\,[\mathrm{V}] \times 16\,[\mathrm{A}] = 3{,}840\,[\mathrm{W}]$$
$$P_3 = V_3 \times I_3 = 120\,[\mathrm{V}] \times 10\,[\mathrm{A}] = 1{,}200\,[\mathrm{W}]$$
$$P_4 = V_4 \times I_4 = 120\,[\mathrm{V}] \times 15\,[\mathrm{A}] = 1{,}800\,[\mathrm{W}]$$
$$P_5 = V_5 \times I_5 = 120\,[\mathrm{V}] \times 15\,[\mathrm{A}] = 1{,}800\,[\mathrm{W}]$$

전원에 의해서 공급되는 전력을 구하면 다음과 같다.

$$P_0 = V_0 \times I_0 = 360\,[\mathrm{V}] \times 40\,[\mathrm{A}] = 14{,}400\,[\mathrm{W}]$$

이 값은 각 저항에서 소모되는 전력의 합과 같다.

LESSON

2.3 휘스톤 브릿지 회로

✓ 기본 개념 | 직렬도 병렬도 아닌 회로

[그림 2-20]의 회로는 직렬 연결된 저항도, 병렬 연결된 저항도 없다. 예를 들어, 노드 c를 살펴보면 R_3와 R_4가 한쪽 단자들끼리 맞잡고 있지만 R_6도 연결되어 있어서 R_3와 R_4는 직렬 연결이 아니다. 또한 한쪽 단자들끼리만 연결되어 있기 때문에 양쪽 단자들이 모두 연결되어야 하는 병렬 연결도 아니다. 이런 식으로 [그림 2-20]의 회로는 모든 노드에서 직렬 연결도 병렬 연결도 아니다. 이러한 회로의 해석은 3장 이후에 배우는 방법으로 해석할 수 있다.

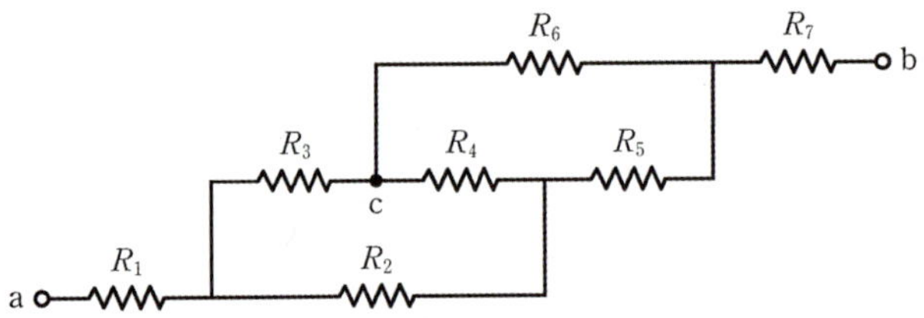

그림 2-20 직렬 연결도 병렬 연결도 아닌 회로

휘스톤 브릿지 회로의 해석

[그림 2-21(a)]는 직렬 연결도 병렬 연결도 아닌 회로이다. 하지만 하나의 조건이 만족되면 R_5를 생략할 수 있게 되어, 직렬 연결도 병렬 연결도 아님에도 불구하고 합성 저항을 구할 수 있고 회로의 해석도 가능하다. 그 조건은 **마주보는 저항끼리의 곱이 같다**는 조건으로 다음과 같이 나타낸다.

$$R_1 : R_2 = R_3 : R_4 \tag{2.27a}$$

$$R_2 R_3 = R_1 R_4 \tag{2.27b}$$

이렇게 마주보는 저항끼리의 곱이 같다는 조건이 만족되는 [그림 2-21(a)]와 같은 회로를 **휘스톤 브릿지**Wheatstone bridge **회로**라고 한다. 이 조건이 만족되면 [그림 2-21(b)]의 회로처럼 R_5가 없는 회로로 생각할 수 있다. 그렇다면 R_1과 R_2, R_3와 R_4는 각각 직렬 연결이 되고, R_{1-2}과 R_{3-4}는 병렬 연결이 되어 쉽게 합성 저항을 구할 수 있다.

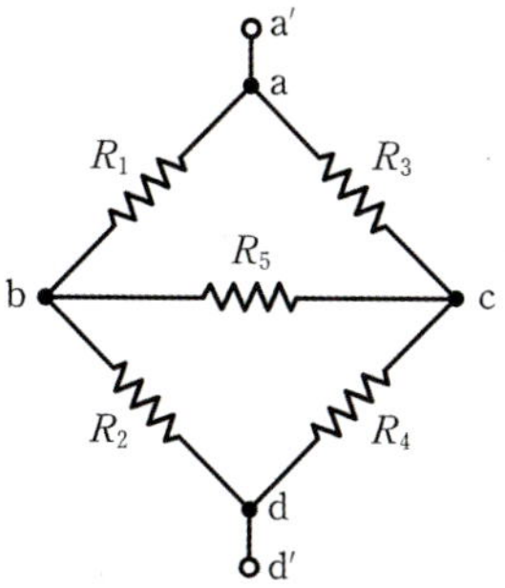

(a) 휘스톤 브릿지 회로

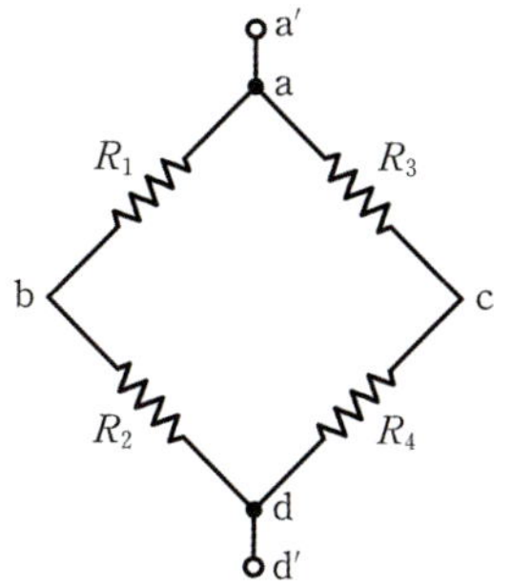

(b) 브릿지가 없는 휘스톤 브릿지 회로

그림 2-21 휘스톤 브릿지 회로의 해석

예제 2-8

다음 회로에서 $R_1 = 3\,[\Omega]$, $R_2 = 6\,[\Omega]$, $R_3 = 6\,[\Omega]$, $R_4 = 12\,[\Omega]$, $R_5 = 8\,[\Omega]$일 때, a'와 d' (즉, a와 d) 사이의 합성 저항 R_t를 구하라.

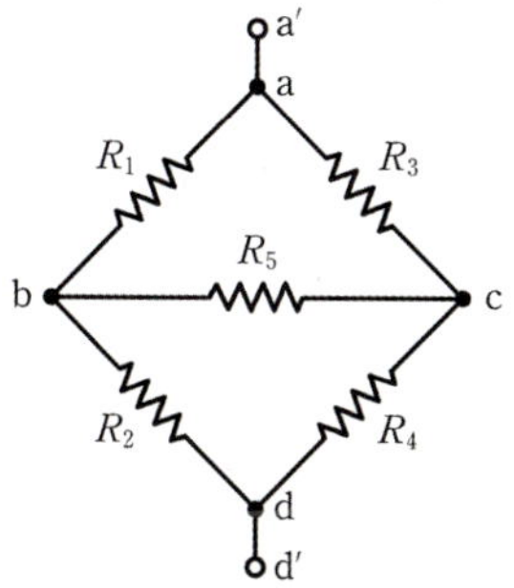

그림 2-22 [예제 2-8]의 회로

풀이

먼저 이 회로의 마주보는 저항끼리의 곱을 구해보면 $R_2R_3 = R_1R_4$, $6 \times 6 = 3 \times 12$로 휘스톤 브릿지 조건을 만족한다. 그러므로 R_5를 생략할 수 있다. R_1, R_2와 R_3, R_4는 각각 직렬 연결되어 있으므로 다음과 같이 계산할 수 있다.

$$R_{1-2} = R_1 + R_2 = 3\,[\Omega] + 6\,[\Omega] = 9\,[\Omega]$$
$$R_{3-4} = R_3 + R_4 = 6\,[\Omega] + 12\,[\Omega] = 18\,[\Omega]$$

이 회로는 두 개의 병렬 연결된 저항(R_{1-2}, R_{3-4})으로 이루어진 회로이므로 a'와 d' (즉, a와 d)사이의 합성 저항은 다음과 같다.

$$R_t = \frac{1}{\dfrac{1}{R_{1-2}} + \dfrac{1}{R_{3-4}}} = \frac{1}{\dfrac{1}{9} + \dfrac{1}{18}} = 6\,[\Omega]$$

예제 2-9

다음 회로에서 $R_1 = 3\,[\Omega]$, $R_2 = 6\,[\Omega]$, $R_3 = 6\,[\Omega]$, $R_4 = 12\,[\Omega]$, $R_5 = 8\,[\Omega]$일 때, $V_0 = 36\,[\mathrm{V}]$일 때, R_1, R_2, R_3, R_4에 인가되는 전압 V와 흐르는 전류 I를 구하라.

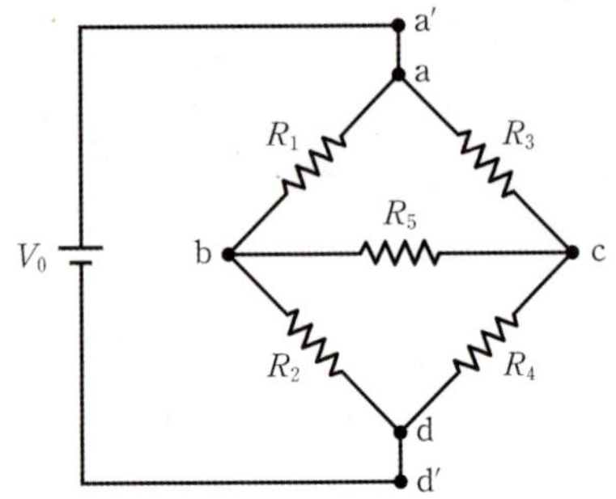

그림 2-23 [예제 2-9]의 회로

풀이

앞선 [예제 2-8]을 통해 a′와 d′ 사이의 저항 회로는 휘스톤 브릿지임을 알았다. 그러므로 [그림 2-24]와 같은 등가 회로로 나타낼 수 있다.

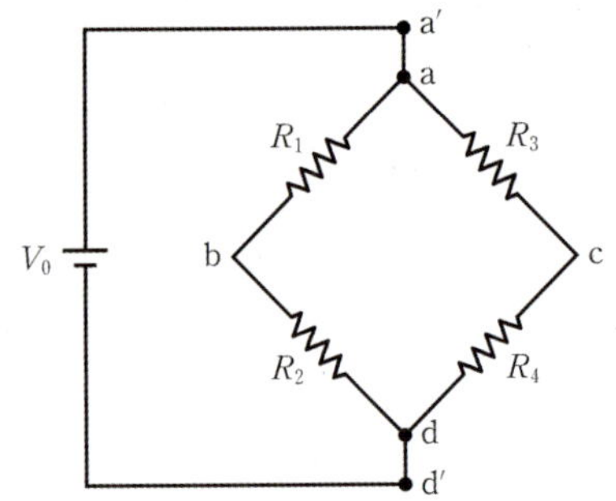

그림 2-24 [그림 2-22]의 등가 회로

R_1, R_2는 직렬 연결이므로 전체 전압 V_0가 두 개의 저항에 나뉘어서 다음과 같이 인가된다.

$$V_1 = V_0 \times \frac{R_1}{R_1 + R_2} = 36\,[\mathrm{V}] \times \frac{3\,[\Omega]}{3\,[\Omega] + 6\,[\Omega]} = 12\,[\mathrm{V}]$$

$$V_2 = V_0 \times \frac{R_2}{R_1 + R_2} = 36\,[\mathrm{V}] \times \frac{6\,[\Omega]}{3\,[\Omega] + 6\,[\Omega]} = 24\,[\mathrm{V}]$$

마찬가지로 R_3, R_4는 직렬 연결이므로 전체 전압 V_0가 두 개의 저항에 나뉘어서 다음과 같이 인가된다.

$$V_3 = V_0 \times \frac{R_3}{R_3 + R_4} = 36\,[\mathrm{V}] \times \frac{6[\Omega]}{6[\Omega] + 12[\Omega]} = 12\,[\mathrm{V}]$$

$$V_4 = V_0 \times \frac{R_3}{R_3 + R_4} = 36\,[\mathrm{V}] \times \frac{12\,[\Omega]}{6\,[\Omega] + 12\,[\Omega]} = 24\,[\mathrm{V}]$$

이제 이 전압값들로 전류값을 구할 수 있다.

$$I_1 = \frac{V_1}{R_1} = \frac{12\,[\mathrm{V}]}{3\,[\Omega]} = 4\,[\mathrm{A}]$$

$$I_2 = \frac{V_2}{R_2} = \frac{24\,[\mathrm{V}]}{6\,[\Omega]} = 4\,[\mathrm{A}]$$

$$I_3 = \frac{V_3}{R_3} = \frac{12\,[\mathrm{V}]}{6\,[\Omega]} = 2\,[\mathrm{A}]$$

$$I_4 = \frac{V_4}{R_4} = \frac{24\,[\mathrm{V}]}{6\,[\Omega]} = 2\,[\mathrm{A}]$$

Level up! **휘스톤 브릿지에서 가운데 저항 R_5에 전류가 흐르지 않는 이유**

회로를 이해하기 위해서 먼저 R_5가 없고 전원이 연결된 회로인 [그림 2-23]을 살펴보자. R_1과 R_2, R_3와 R_4는 각각 직렬 연결된 저항들이다. 따라서 전원 V_0가 R_1과 R_1과 R_2, R_3와 R_4에 그 저항비대로 각각 인가된다.

$$V_1 = V_0 \times \frac{R_1}{R_1 + R_2}, \quad V_2 = V_0 \times \frac{R_2}{R_1 + R_2}$$

$$V_3 = V_0 \times \frac{R_3}{R_3 + R_4}, \quad V_4 = V_0 \times \frac{R_4}{R_3 + R_4}$$

그런데 만약 $R_1 : R_2 = R_3 : R_4$인 경우에는 다음 관계가 성립한다.

$$V_1 = V_0 \times \frac{R_1}{R_1 + R_2} = V_0 \times \frac{1}{1 + \dfrac{R_2}{R_1}}$$

$$= V_0 \times \frac{1}{1 + R_4/R_3} = V_0 \times \frac{R_3}{R_3 + R_4} = V_3$$

즉, V_1과 V_3가 같아진다. 이와 유사한 전개로 V_2와 V_4는 같다. 따라서 두 사이가 R_5로 연결되더라도 R_5의 양단(양쪽 끝)에 전위차가 없어서 전류가 흐르지 않는다. 전류가 흐르지 않는 저항은 저항의 존재 유무가 회로의 다른 부분에 영향을 끼치지 못한다. 따라서 R_5가 있더라도 없는 것처럼 생각할 수 있다.

CHAPTER 02

개념복습

개념 정리하기

구분	직렬 연결	병렬 연결
전류	$I_1 = I_2$ (동일)	$I_1 : I_2 = \frac{1}{R_1} : \frac{1}{R_2}$ (저항의 역수의 비)
전압	$V_1 : V_2 = R_1 : R_2$ (저항의 비)	$V_1 = V_2$ (동일)
합성 저항	$R_t = R_1 + R_2$	$\frac{1}{R_t} = \frac{1}{R_1} + \frac{1}{R_2}$

개념 점검하기 다음 문제에서 옳은 것을 골라라.

(1) 직렬 연결된 저항에 인가되는 전압의 비는 (저항의 비, 저항의 역수의 비)이다.

(2) 병렬 연결된 저항에 흐르는 전류의 비는 (저항의 비, 저항의 역수의 비)이다.

(3) 직렬 연결된 저항에 흐르는 전류는 (저항의 비이다, 저항의 역수의 비이다, 같다)

(4) 병렬 연결된 저항에 인가되는 전압은 (저항의 비이다, 저항의 역수의 비이다, 같다)

(5) 휘스톤 브릿지 회로는 사각형으로 배열된 저항 중에서 서로 마주보는 저항의 곱이 (같을, 다를) 때 성립한다.

(6) 직렬로 연결된 두 개의 저항이 있을 때 그 접점에 다른 저항이 연결된다면 처음 두 개의 저항은 (여전히 직렬 연결이다, 병렬 연결이다, 직렬 연결도 병렬 연결도 아니다.)

(7) 병렬 연결된 두 개의 저항이 있을 때 그 접점 중 하나에 다른 저항이 연결된다면 처음 두 개의 저항은 (직렬 연결이다, 여전히 병렬 연결이다, 직렬 연결도 병렬 연결도 아니다.)

CHAPTER 02

연습문제

기본 문제

2.1 다음 회로에서 $R_1 = 20\,[\mathrm{k\Omega}]$, $R_2 = 60\,[\mathrm{k\Omega}]$, $R_3 = 30\,[\mathrm{k\Omega}]$일 때, 단자 a와 b 사이의 합성 저항 R_t를 구하라.

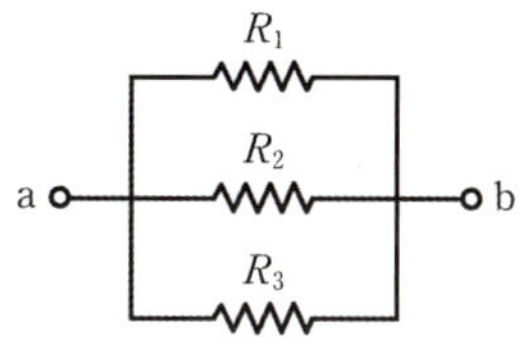

그림 2-25

2.2 다음 회로에서 $R_1 = 40\,[\mathrm{k\Omega}]$, $R_2 = 40\,[\mathrm{k\Omega}]$, $R_3 = 40\,[\mathrm{k\Omega}]$, $R_4 = 40\,[\mathrm{k\Omega}]$일 때, 단자 a와 b 사이의 합성 저항 R_t를 구하라.

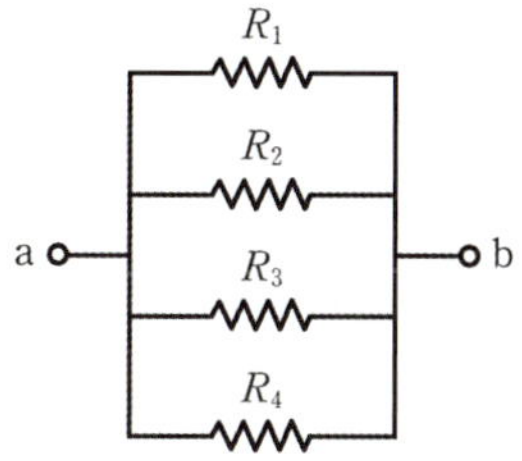

그림 2-26

2.3 다음 회로에서 $R_1 = 200\,[\Omega]$, $R_2 = 330\,[\Omega]$, $R_3 = 470\,[\Omega]$일 때, 단자 a와 b 사이의 합성 저항 R_t를 구하라.

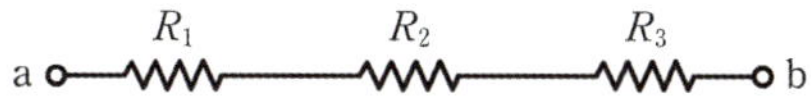

그림 2-27

2.4 다음 회로에서 $R_1 = 10\,[\mathrm{k\Omega}]$, $R_2 = 10\,[\mathrm{k\Omega}]$, $R_3 = 10\,[\mathrm{k\Omega}]$, $R_4 = 10\,[\mathrm{k\Omega}]$일 때, 단자 a와 b 사이의 합성 저항 R_t를 구하라.

그림 2-28

2.5 다음 회로에서 $R_1 = 10\,[\mathrm{k}\Omega]$, $R_2 = 40\,[\mathrm{k}\Omega]$, $R_3 = 40\,[\mathrm{k}\Omega]$, $R_4 = 20\,[\mathrm{k}\Omega]$, $R_5 = 25\,[\mathrm{k}\Omega]$일 때, 단자 a와 b 사이의 합성 저항 R_t를 구하라.

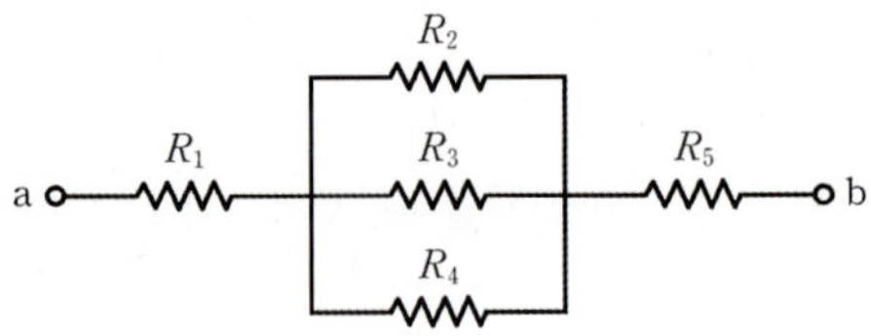

그림 2-29

2.6 다음 회로에서 $R_1 = 100\,[\Omega]$, $R_2 = 300\,[\Omega]$, $R_3 = 600\,[\Omega]$, $R_4 = 600\,[\Omega]$, $R_5 = 300\,[\Omega]$, $R_6 = 200\,[\Omega]$일 때, 단자 a와 b 사이의 합성 저항 R_t를 구하라.

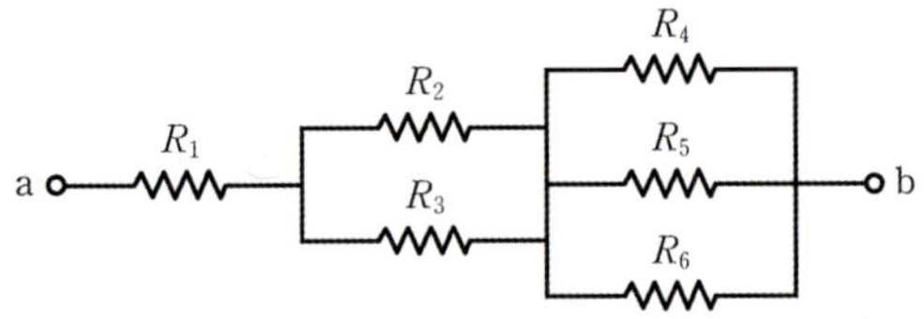

그림 2-30

2.7 다음 회로에서 $V_0 = 10\,[\mathrm{V}]$일 때, 주어진 물음에 답하라.

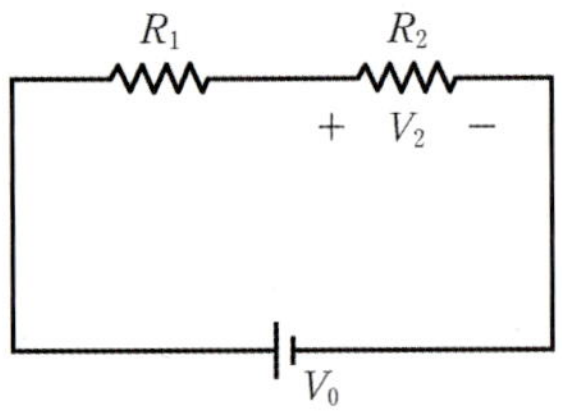

그림 2-31

(a) $R_1 = 200\,[\Omega]$, $R_2 = 300\,[\Omega]$일 때, R_2에 인가되는 전압 V_2를 구하라.

(b) $R_1 = 200\,[\Omega]$, $R_2 = 800\,[\Omega]$일 때, R_2에 인가되는 전압 V_2를 구하라.

(c) $R_1 = 200\,[\Omega]$, $R_2 = 9{,}800\,[\Omega]$일 때, R_2에 인가되는 전압 V_2를 구하라.

2.8 다음 회로에서 $I_0 = 30\,[\mathrm{A}]$일 때, 주어진 물음에 답하라.

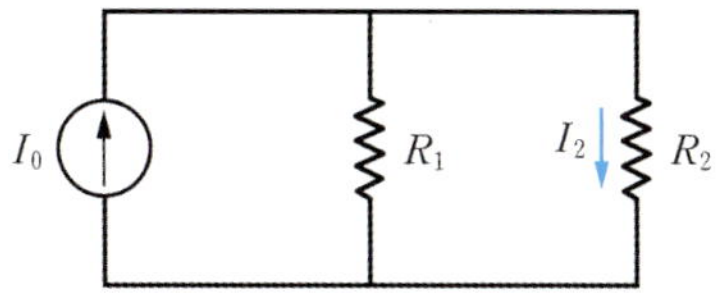

그림 2-32

(a) $R_1 = 3\,[\Omega]$, $R_2 = 6\,[\Omega]$일 때, R_2에 흐르는 전류 I_2를 구하라.

(b) $R_1 = 10\,[\Omega]$, $R_2 = 10\,[\Omega]$일 때, R_2에 흐르는 전류 I_2를 구하라.

2.9 다음 회로에서 $I_0 = 132\,[\mathrm{A}]$일 때, 주어진 물음에 답하라.

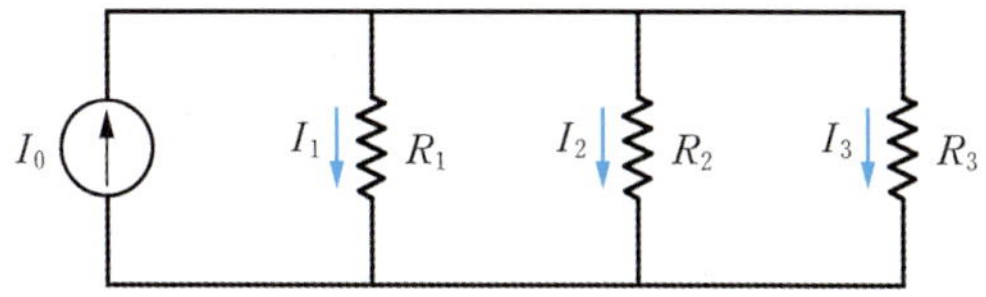

그림 2-33

(a) $R_1 = 10\,[\Omega]$, $R_2 = 20\,[\Omega]$, $R_3 = 30\,[\Omega]$일 때, R_1에 흐르는 전류 I_1을 구하라.

(b) $R_1 = 20\,[\Omega]$, $R_2 = 20\,[\Omega]$, $R_3 = 20\,[\Omega]$일 때, R_1에 흐르는 전류 I_1을 구하라.

(c) $R_1 = 20\,[\Omega]$, $R_2 = 20\,[\Omega]$, $R_3 = 10\,[\Omega]$일 때, R_1에 흐르는 전류 I_1을 구하라.

2.10 다음 회로에서 $R_1 = 3\,[\Omega]$, $R_2 = 6\,[\Omega]$, $V_0 = 30\,[\mathrm{V}]$일 때, 주어진 물음에 답하라.

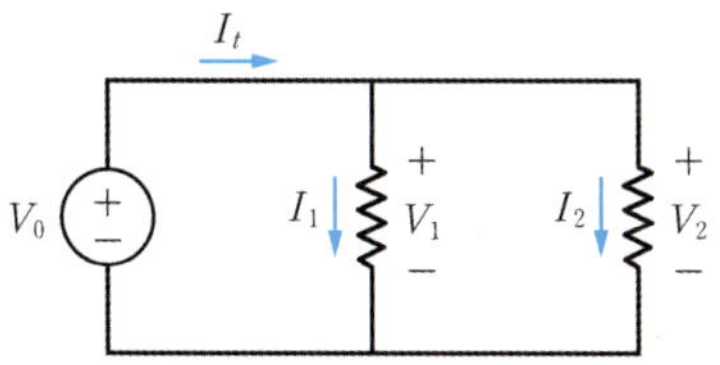

그림 2-34

(a) R_1과 R_2의 병렬 합성 저항 R_t를 구하라.

(b) 두 저항에 흐르는 전류의 합인 전체 전류 I_t를 구하라.

(c) 각 저항에 흐르는 전류 I_1, I_2를 구하라.

2.11 다음 회로에서 $R_1 = 3\,[\mathrm{k}\Omega]$, $R_2 = 3\,[\mathrm{k}\Omega]$, $R_3 = 4\,[\mathrm{k}\Omega]$, $V_0 = 20\,[\mathrm{V}]$일 때, 주어진 물음에 답하라.

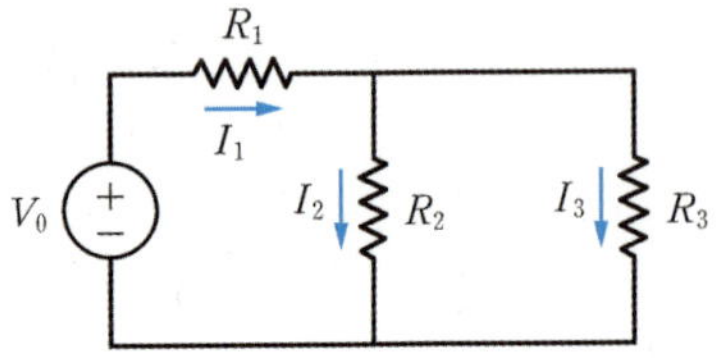

그림 2-35

(a) 세 저항의 합성 저항 R_t를 구하라.

(b) 전류 I_1을 구하라.

(c) 전류 I_2, I_3를 구하라.

(d) 각 저항에 인가되는 전압의 크기 V_1, V_2, V_3를 구하라.

2.12 다음 회로에서 $R_1 = 3\,[\mathrm{k}\Omega]$, $R_2 = 3\,[\mathrm{k}\Omega]$, $R_3 = 4\,[\mathrm{k}\Omega]$, $V_0 = 20\,[\mathrm{V}]$일 때, 각 저항에 인가되는 전압 V_1, V_2, V_3와 전류 I_1, I_2, I_3를 구하라.

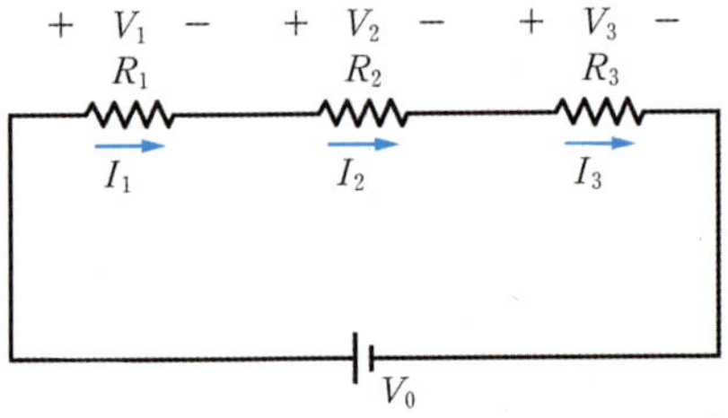

그림 2-36

2.13 다음 회로에서 $R_1 = 36\,[\mathrm{k}\Omega]$, $R_2 = 72\,[\mathrm{k}\Omega]$, $R_3 = 12\,[\mathrm{k}\Omega]$, $V_0 = 40\,[\mathrm{V}]$일 때, 각 저항에 인가되는 전압 V_1과 전류 I_1, I_2, I_3를 구하라. 단, 세 저항에 인가되는 전압은 모두 같다.

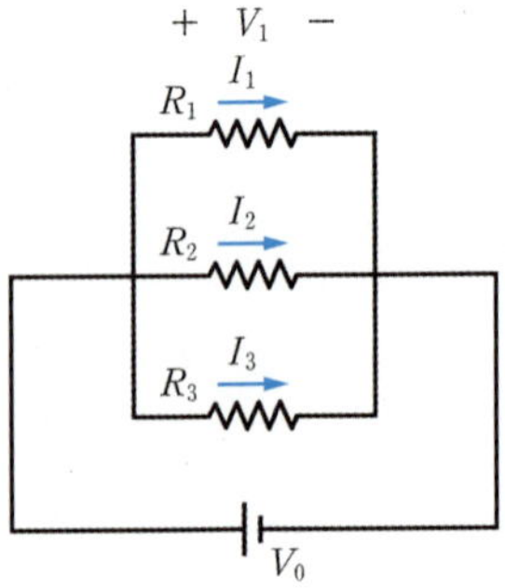

그림 2-37

2.14 다음 회로에서 $R_1 = 80\,[\Omega]$, $R_2 = 240\,[\Omega]$, $R_3 = 120\,[\Omega]$, $R_4 = 360\,[\Omega]$, $R_5 = 200\,[\Omega]$일 때, 점 a와 b 사이의 합성 저항을 구하라.

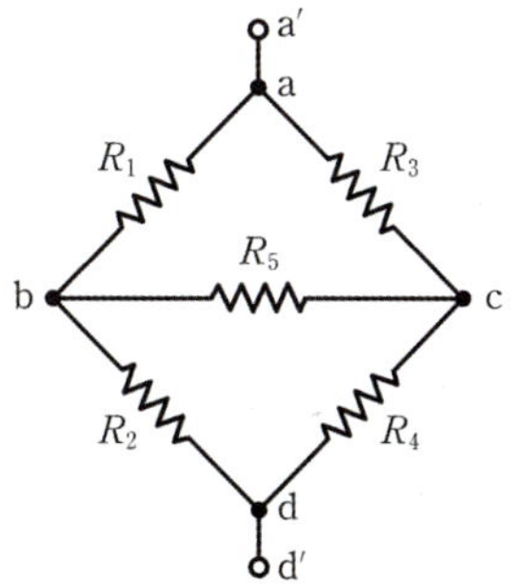

그림 2-38

2.15 다음 회로에서 $R_1 = 32\,[\Omega]$, $R_2 = 32\,[\Omega]$, $R_3 = 16\,[\Omega]$, $R_4 = 10\,[\Omega]$, $R_5 = 40\,[\Omega]$, $V_0 = 32\,[\mathrm{V}]$일 때, 전체 전류 I_t를 구하라.

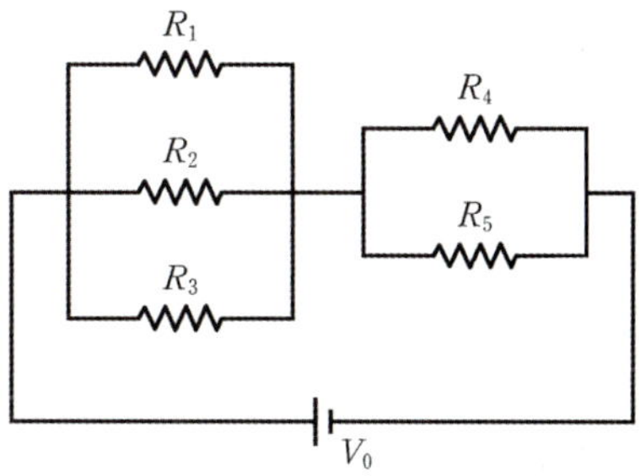

그림 2-39

도전 문제

2.16 다음 회로에서 $R_1 = 32\,[\mathrm{k}\Omega]$, $R_2 = 32\,[\mathrm{k}\Omega]$, $R_3 = 16\,[\mathrm{k}\Omega]$, $R_4 = 10\,[\mathrm{k}\Omega]$, $R_5 = 40\,[\mathrm{k}\Omega]$, $V_0 = 320\,[\mathrm{V}]$일 때, 주어진 물음에 답하라.

(a) 전체 전류 I_t를 구하라.

(b) 각 저항에 흐르는 전류 I의 크기를 구하라.

(c) 각 저항에 인가되는 전압 V의 크기를 구하라.

(d) 각 저항에서 소모되는 전력 P를 구하라.

(e) 전원이 공급하는 전력 P를 구하라.

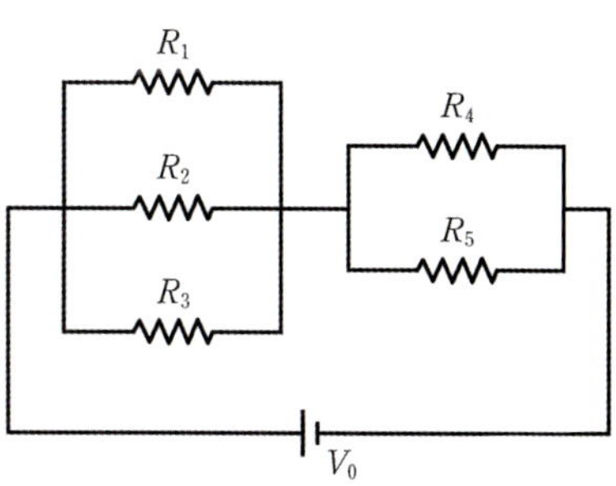

그림 2-40

2.17 다음 회로에서 $R_1 = 50\,[\Omega]$, $R_2 = 300\,[\Omega]$, $R_3 = 300\,[\Omega]$, $R_4 = 200\,[\Omega]$, $R_5 = 100\,[\Omega]$, $V_0 = 30\,[\mathrm{V}]$일 때, 주어진 물음에 답하라.

(a) 전체 전류 I_t를 구하라.

(b) 각 저항에 흐르는 전류 I의 크기를 구하라.

(c) 각 저항에 인가되는 전압 V의 크기를 구하라.

(d) 각 저항에서 소모되는 전력 P를 구하라.

(e) 전원이 공급하는 전력 P를 구하라.

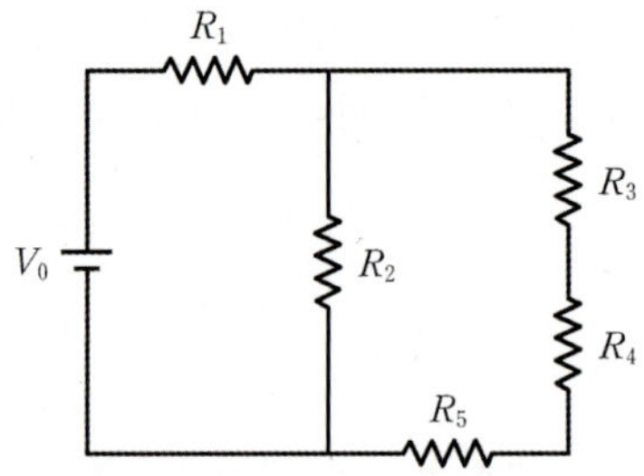

그림 2-41

2.18 다음 회로에서 $R_1 = 3\,[\mathrm{k}\Omega]$, $R_2 = 7\,[\mathrm{k}\Omega]$, $R_3 = 5\,[\mathrm{k}\Omega]$, $R_4 = 5\,[\mathrm{k}\Omega]$, $R_5 = 5\,[\mathrm{k}\Omega]$, $V_0 = 30\,[\mathrm{V}]$일 때, 주어진 물음에 답하라.

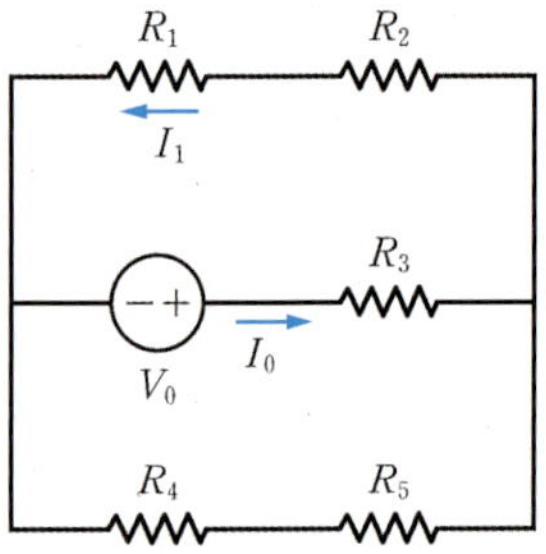

그림 2-42

(a) 전원에서 나가는 전류 I_0를 구하라.

(b) R_1에 흐르는 전류 I_1을 구하라.

2.19 다음 회로에서 $R_1 = 32\,[\mathrm{k}\Omega]$, $R_2 = 16\,[\mathrm{k}\Omega]$, $R_3 = 16\,[\mathrm{k}\Omega]$, $R_4 = 8\,[\mathrm{k}\Omega]$, $R_5 = 40\,[\mathrm{k}\Omega]$, $V_0 = 480\,[\mathrm{V}]$일 때, 주어진 물음에 답하라.

(a) 전체 전류 I_t를 구하라.

(b) R_1에 인가되는 전압 V_1의 크기를 구하라.

(c) R_1에서 소모되는 전력 P_1을 구하라.

(d) R_5에서 소모되는 전력 P_5를 구하라.

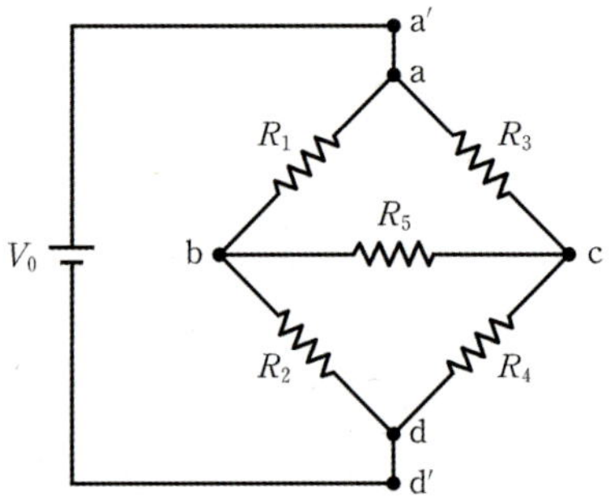

그림 2-43

2.20 다음 회로에서 $R_1 = 60\,[\mathrm{k\Omega}]$, $R_2 = 30\,[\mathrm{k\Omega}]$, $R_3 = 20\,[\mathrm{k\Omega}]$, $R_5 = 40\,[\mathrm{k\Omega}]$, $V_0 = 10\,[\mathrm{V}]$일 때, R_5에 전류가 흐르지 않도록 하는 R_4의 값을 구하라.

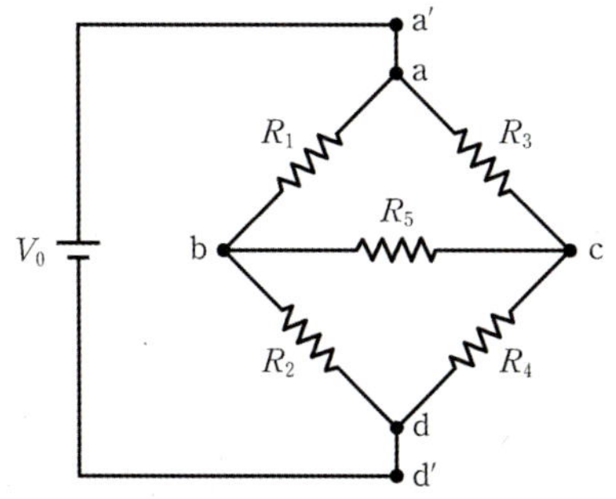

그림 2-44

2.21 다음 회로에서 V_0는 $10\,[\mathrm{V}]$이다. 접지 노드를 기준으로 $2\,[\mathrm{V}]$, $7\,[\mathrm{V}]$ 노드가 회로에서 존재하도록하는 저항값 R_1, R_2, R_3를 구하라.

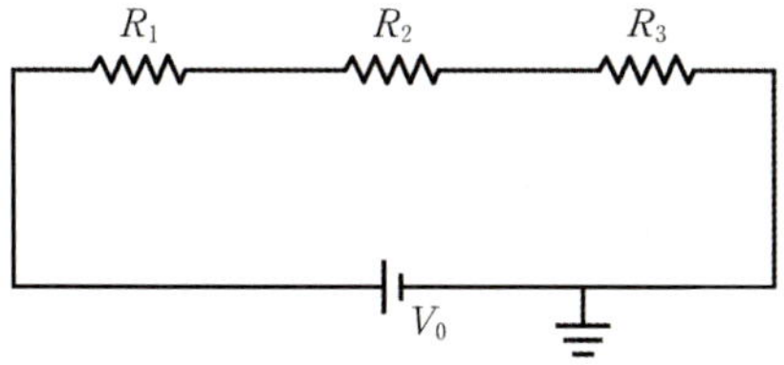

그림 2-45

2.22 다음 그림은 회로도의 일부분이다. V_0가 $20\,[\mathrm{V}]$일 때, 접지 노드를 기준으로 $3\,[\mathrm{V}]$, $8\,[\mathrm{V}]$, $14\,[\mathrm{V}]$ 노드가 회로에 존재하도록 저항의 직렬 연결을 이용한 회로도를 그리려고 한다. 주어진 물음에 답하라. 단, 저항값들의 합은 $10\,[\mathrm{k\Omega}]$이다.

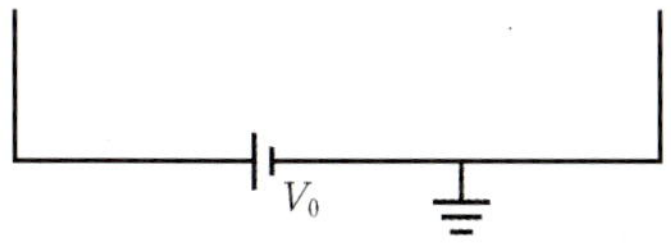

그림 2-46

(a) 필요한 저항 R의 개수를 구하라.

(b) 각 저항에 인가되는 전압 V의 크기를 구하라.

(c) 저항들의 비를 구하라.

(d) 각 저항들의 값을 구하고 회로도를 완성하라.

2.23 다음 회로에서 $I_0 = 132$ [A]일 때, $I_1 : I_2 : I_3$는 2 : 3 : 6이다.

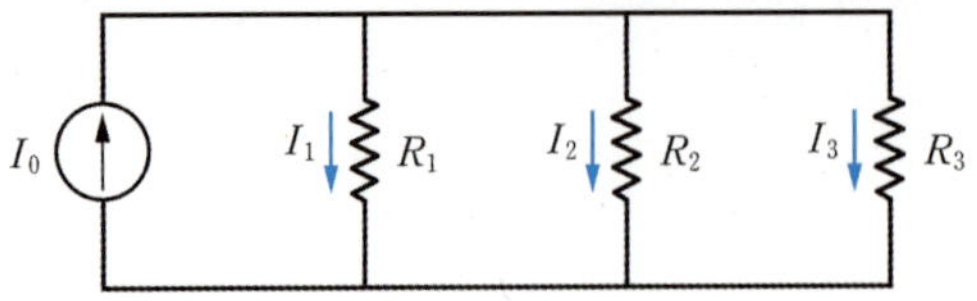

그림 2-47

(a) R_1, R_2, R_3의 비를 구하라.

(b) 저항들의 합이 60 [kΩ]이라고 가정할 때, R_1, R_2, R_3를 구하라.

기출 문제

2.24 다음 회로에서 전류 I_s [mA]는? (2017 지방공무원 9급)

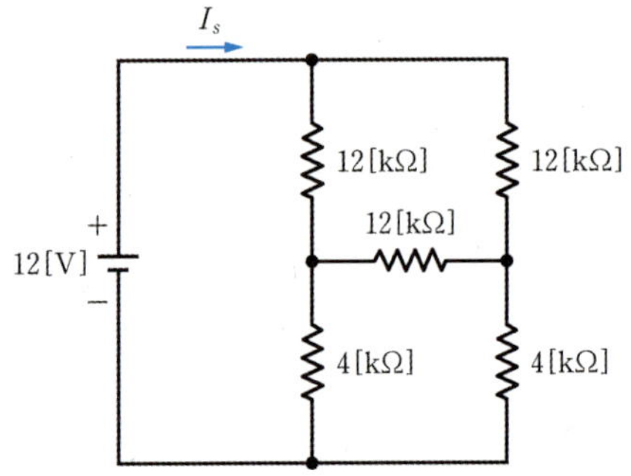

그림 2-48

① 0.5 ② 1.0 ③ 1.5 ④ 2.0

2.25 다음 회로에서 저항 R에 인가되는 전압이 6 [V]일 때, 저항 R [Ω]은? (2021 국가공무원 9급)

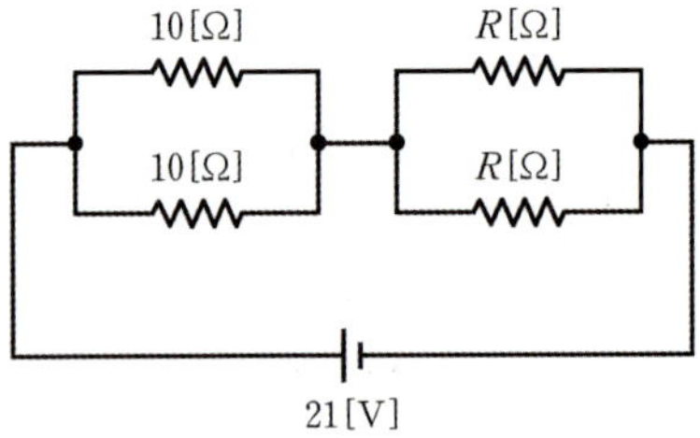

그림 2-49

① 2 ② 4 ③ 10 ④ 25

2.26 다음 회로에서 1[Ω]의 저항에 흐르는 전류 I[A]는? (2020년 국가공무원 9급)

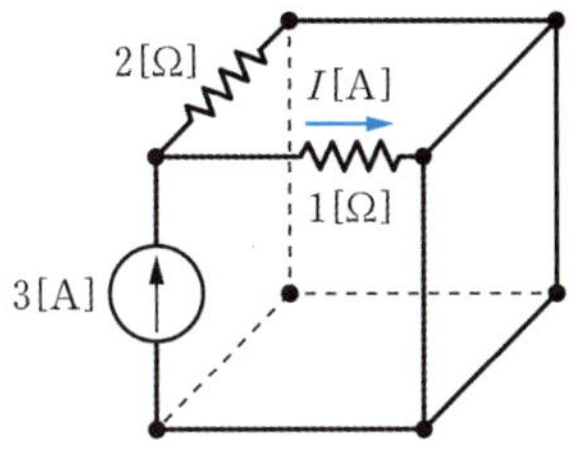

그림 2-50

① 1 ② 2 ③ 3 ④ 4

2.27 다음 회로에서 3[Ω]의 저항에 흐르는 전류 I[A]는? (2020년 지방공무원 9급)

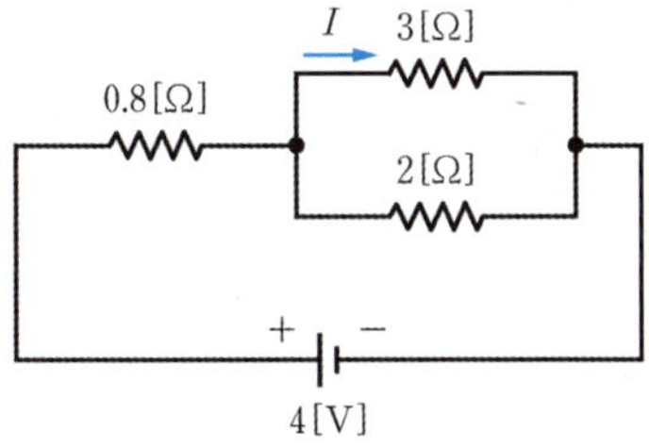

그림 2-51

① 0.4 ② 0.8 ③ 1.2 ④ 2

CHAPTER

03

회로 해석의 기초

CONTENTS

학습목표

- 회로 해석을 위한 용어와 의미를 이해한다.
- 키르히호프의 전압 법칙과 전류 법칙을 이해한다.

수업 맛보기

이 장에서는 회로에 사용되는 여러 용어들을 살펴본다. 4장에서 배울 회로 해석에서 의미가 혼동되지 않도록 단자, 분기, 노드, 독립 전원, 종속 전원, 개방 회로, 단락 회로의 개념을 정확히 파악해야 한다. 회로 관련 용어를 알아본 후에는 회로 해석에 가장 기본적으로 적용되는 키르히호프의 전류 법칙과 전압 법칙에 대해 학습한다. 키르히호프의 법칙은 4장의 노드 해석과 메시 해석의 기초가 되므로 확실하게 이해하도록 한다.

LESSON 3.1

회로 용어

✔ 기본 개념 | 단자 | 분기 | 노드 | 독립 전원 | 종속 전원 | 개방 회로 | 단락 회로

1. 단자와 분기와 노드

단자

단자terminal는 전류가 들어오거나 나가는 출입구와 같은 역할을 한다. [그림 3-1]에서 저항의 양쪽 끝처럼 전류가 들어오거나 나가는 a와 b가 단자가 된다. 단자임을 나타내기 위해서 끝부분에 작은 원을 그리는 경우가 많다. 저항의 양쪽 끝만을 단자라고 부르지 않고 어떤 전기 소자나 회로의 끝부분은 모두 단자라고 부를 수 있다.

분기

분기branch는 두 가지 의미로 사용된다. 하나는 두 단자 사이를 연결하는 회로 부분을 의미한다. 예를 들어, [그림 3-1]에서는 저항이 있는 부분이 분기가 된다. 분기의 다른 하나의 의미는 주로 사용되는 것은 아니지만 회로가 두 개 이상으로 나누어진 상태를 뜻한다.

그림 3-1 저항의 단자와 분기

노드

노드node, 접점는 두 개 이상의 분기들이 만나는 지점을 의미한다. 좀 더 쉽게 말하면 두 개 이상의 전기 부품이 만나는 부분이다. 예를 들어, [그림 3-2(a)]의 c가 노드가 된다. 마찬가지로 네 개의 저항이 만나는 [그림 3-2(b)]의 e도 노드다.

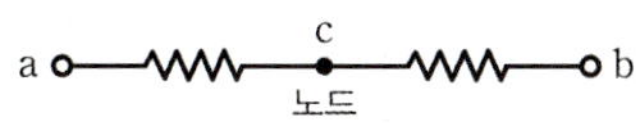

(a) 두 개의 저항으로 이루어진 회로의 노드

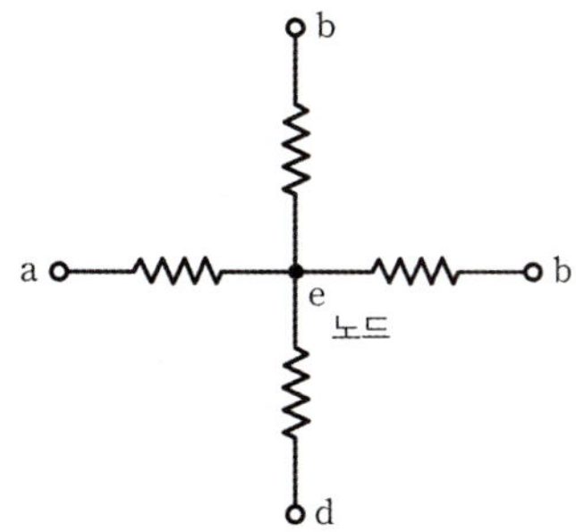

(b) 네 개의 저항으로 이루어진 회로의 노드

그림 3-2 저항의 노드

저항끼리 만나는 곳뿐만 아니라 [그림 3-3]의 a나 b와 같이 전원과 만나거나 어떤 소자끼리 만나는 곳도 모두 노드라고 한다.

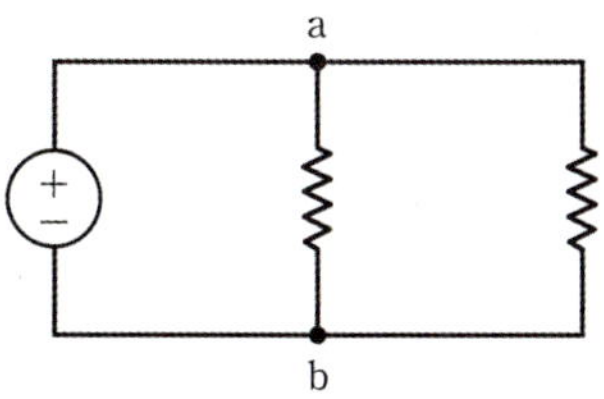

그림 3-3 노드의 예시

Basic check

네 개의 저항이 직렬로 연결된 회로와 병렬로 연결된 회로에서 노드의 수를 각각 구하라.

답 직렬 : 3개, 병렬 : 2개

예제 3-1

다음 회로에서 노드의 수를 구하라.

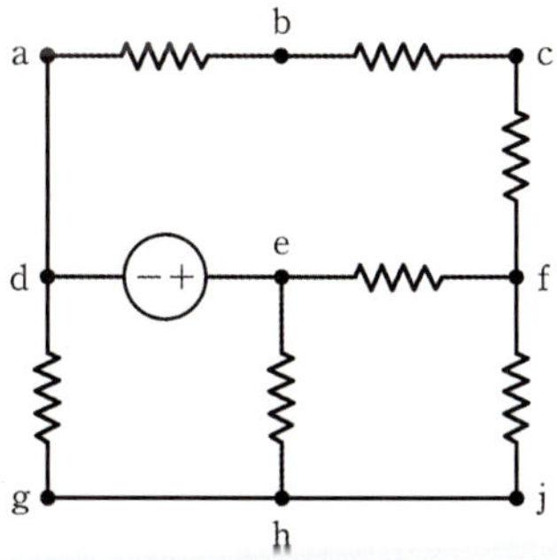

그림 3-4 [예제 3-1]의 회로

풀이

b, c, e, f는 모두 서로 다른 노드다. 이 노드들 사이에는 모두 저항과 같은 부품이 있기 때문이다. 하지만 a와 d는 같은 노드다. 왜냐하면 a와 d 사이에는 저항과 같은 부품이 없기 때문이다. 마찬가지로 g, h, j도 같은 노드이다. 따라서 노드는 총 6개이다.

2. 독립 전원과 종속 전원

독립 전원

회로의 다른 부분에 영향을 받지 않으면서 전압이나 전류를 공급하는 전원을 **독립 전원**independent source이라고 한다. [그림 3-5(a)]와 같이 다른 부분의 영향을 받지 않고 전압을 공급하는 전원을 **독립 전압 전원**이라 하고, [그림 3-5(b)]와 같이 다른 부분의 영향을 받지 않고 전류를 공급하는 전원을 **독립 전류 전원**이라 한다. 독립 전원은 둘레를 원형으로 표시하고, 전압 전원의 경우 양음(±)을 표시하고 전류 전원인 경우 전류가 흐르는 방향으로 화살표를 표시한다.

(a) 독립 전압 전원 (b) 독립 전류 전원

그림 3-5 독립 전원

종속 전원

회로의 다른 부분의 영향을 받아서 전압이나 전류를 공급하는 전원을 종속 전원dependent source이라고 한다. 종속 전압 전원은 [그림 3-6(a)]와 같이 나타내고, 종속 전류 전원은 [그림 3-5(b)]와 같이 나타낸다. 종속 전원은 둘레를 마름모로 표시하고, 전압 전원의 경우 양음(±)을 표시하고 전류 전원인 경우 전류가 흐르는 방향으로 화살표를 표시한다.

(a) 종속 전압 전원 (b) 종속 전류 전원

그림 3-6 종속 전원

종속 전원이라는 개념을 예시를 들어서 살펴보자. [그림 3-7]을 살펴보면 저항에 인가되는 전압을 V_R이라고 하고 종속 전류 전원 위에 $2V_R$이라고 적혀있다. 즉, 이 종속 전류 전원은 저항에 인가되는 전압에 두 배가 되는 전류가 흐르도록 하는 전원인 것이다. 예를 들어, 저항에 1 [V]가 인가되었다면 이 종속 전원은 2 [A]의 전류를 흘려보내고, 저항에 2 [V]가 인가되면 4 [A]의 전류를 흘려보낸다.

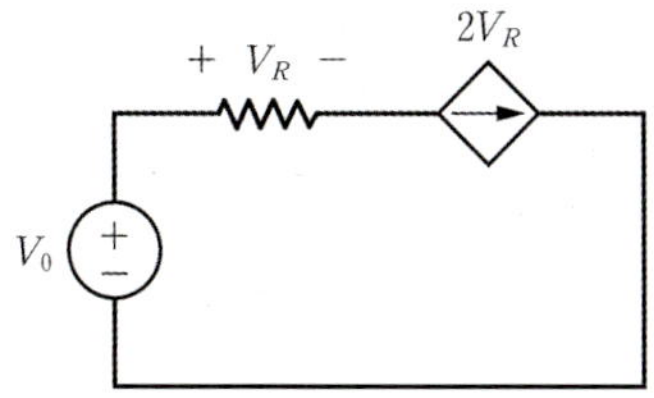

그림 3-7 종속 전원이 포함된 회로

Basic check

[그림 3-7]의 회로에서 V_R이 3 [V]일 때, 종속 전류 전원의 전류 I를 구하라.

답 $I = 6$ [A]

예제 3-2

다음 회로를 보고 주어진 물음에 답하라.

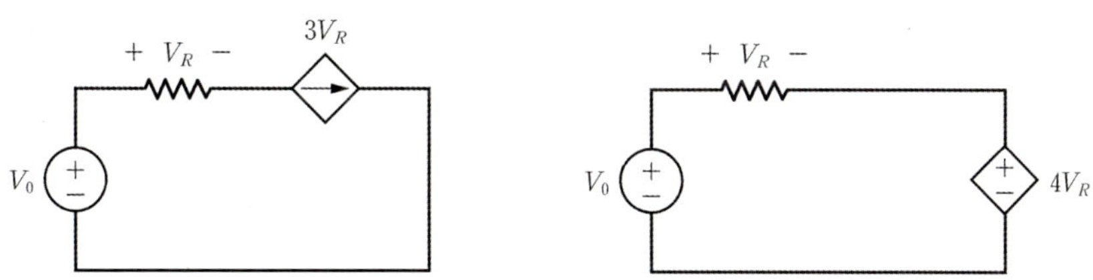

(a) 종속 전류 전원이 포함된 회로 (b) 종속 전압 전원이 포함된 회로

그림 3-8 [예제 3-2]의 회로

(a) [그림 3-8(a)]에서 V_R이 4 [V]일 때, 종속 전류 전원에 흐르는 전류 I를 구하라.
(b) [그림 3-8(b)]에서 V_R이 2 [V]일 때, 종속 전압 전원이 인가하는 전압 V를 구하라.

풀이

(a) 종속 전류 전원은 저항에 인가되는 전압의 세 배의 전류를 흐르게 하므로 $I = 12$ [A]이다.
(b) 종속 전압 전원은 저항에 인가되는 전압의 네 배의 전압이 인가되게 하므로 $V = 8$ [V]이다.

3. 개방 회로와 단락 회로

개방 회로

회로가 끊어져서 전류가 흐를 수 없는 상태를 **개방 회로**open circuit라고 한다. 예를 들어, [그림 3-9(b)]의 a와 b 사이는 서로 끊어져 있는데, 이런 경우에 우리는 개방되어 있다고 말한다. 회로가 끊어져 있으므로 전류는 흐를 수 없다. 즉, 저항이 무한대가 된다. 이런 저항 회로뿐만 아니라 [그림 3-9(a)]처럼 어떤 회로에서 나온 두 단자가 끊어져 있으면 개방 회로라고 부른다.

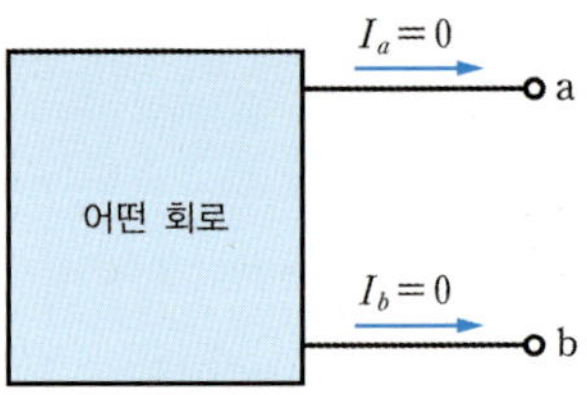

(a) 개방 회로의 기본 형태

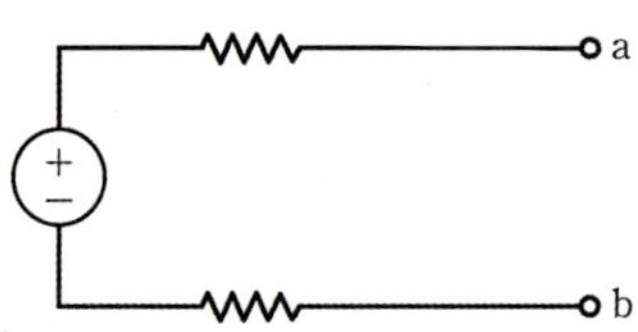

(b) 개방 회로의 예시

그림 3-9 개방 회로

단락 회로

회로가 저항이 없는 도선으로 이어져서 전류가 흐를 수 있는 상태를 **단락 회로**short circuit라고 한다. 예를 들어, [그림 3-10(a)]의 a와 b 사이는 서로 이어져 있는데, 이런 경우에 우리는 단락되어 있다고 말한다. 회로가 이어져 있으므로 전류는 흐를 수 있다. 즉, 저항이 0인 상태이다. 이런 저항 회로 뿐만 아니라 [그림 3-10(b)]처럼 어떤 회로에서 나온 두 단자가 이어져 있으면 단락 회로라고 부른다.

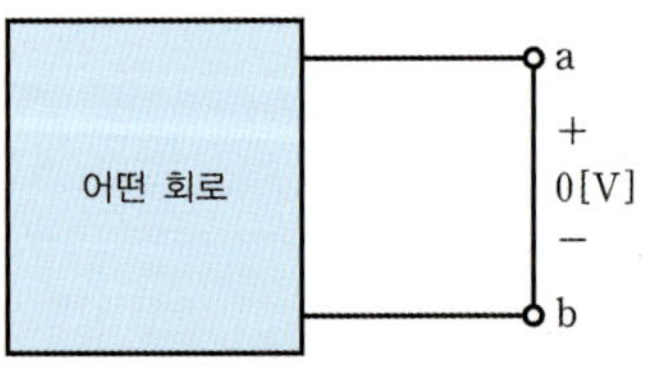

(a) 단락 회로의 기본 형태

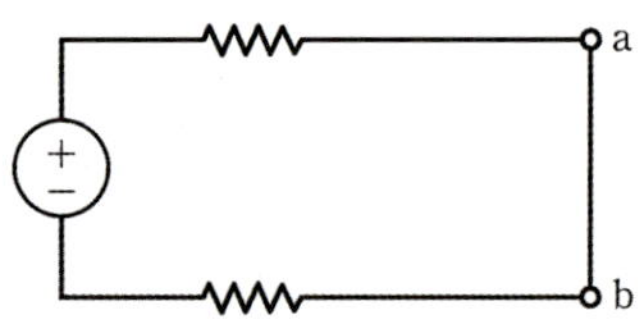

(b) 단락 회로의 예시

그림 3-10 단락 회로

Basic check

다음 문제에서 옳은 것을 골라라.

(a) 개방 회로의 저항 R은 (0, 무한대)이다.
(b) 단락 회로의 저항 R은 (0, 무한대)이다.

답 (a) 무한대, (b) 0

Level up! **개방된 저항에 흐르는 전류와 인가되는 전압**

개방된 도선에 연결된 저항에 흐르는 전류와 인가되는 전압은 얼마나 될까? [그림 3-11]의 I처럼 개방된 도선에는 전류가 흐르지 않는다. 따라서 개방된 도선과 직렬로 연결된 저항에도 전류는 흐를 수 없다. 즉, $I_R = 0$이다. 저항에 인가되는 법칙은 옴의 법칙으로 구할 수 있다.

$$V_R = RI_R = R \times 0 = 0$$

따라서 개방된 저항에 인가되는 전압은 0이다.

한편, a와 b 사이의 전압 V_{ab}는 V_0의 양극의 전압과 V_a가 같고, V_0의 음극의 전압과 V_b가 같으므로 $V_{ab} = V_0$이다.

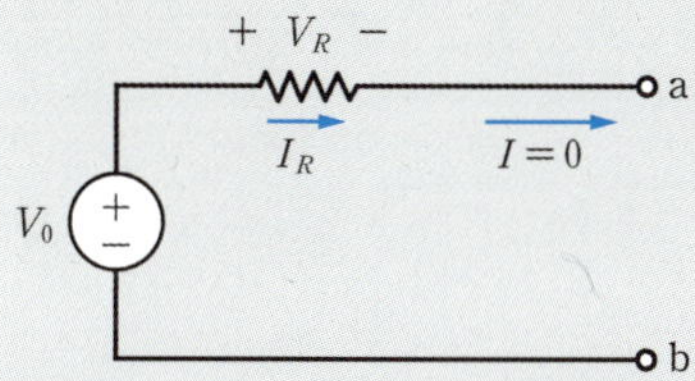

그림 3-11 개방 회로에 흐르는 전류와 인가되는 전압

Level up! **단락된 도선에 인가되는 전압**

[그림 3-10(b)]와 같은 상황에서 a와 b 사이에 인가된 전압은 얼마일까? 도선이 단락된 경우는 저항이 0이다. 옴의 법칙에 의해서 a와 b 사이에 전류가 흐르더라도 저항이 0이기 때문에 V_R은 다음과 같이 구할 수 있다.

$$V_R = RI_R = 0 \times I_R = 0$$

따라서 a와 b 사이에 인가되는 전압은 0이다.

예제 3-3

다음 회로를 보고 주어진 물음에 답하라. 단, $R_1 = 1\,[\mathrm{k}\Omega]$, $R_2 = 2\,[\mathrm{k}\Omega]$, $R_3 = 2\,[\mathrm{k}\Omega]$, $R_4 = 4\,[\mathrm{k}\Omega]$이다.

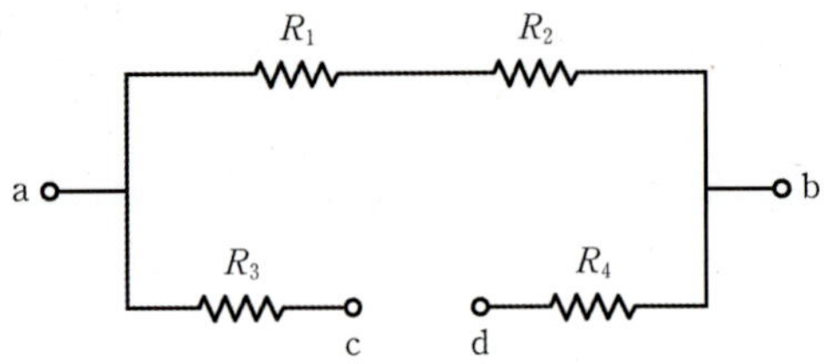

그림 3-12 [예제 3-3]의 회로

(a) c와 d 사이가 개방되어 있을 때, a와 b 사이의 합성 저항 R_T를 구하라.

(b) c와 d 사이가 단락되어 있을 때, a와 b 사이의 합성 저항 R_T를 구하라.

풀이

(a) c와 d가 개방되어 있으면 R_3와 R_4에는 전류가 흐르지 않는다. 그러므로 a와 b 사이의 합성 저항은 R_1과 R_2의 합으로 결정되어 $3\,[\mathrm{k}\Omega]$이 된다.

(b) c와 d가 단락되어 있으면 R_3와 R_4에 전류가 흐를 수 있다. 그러므로 a와 b 사이의 합성 저항은 R_1과 R_2의 합과 R_3와 R_4의 합이 병렬 연결된 것과 같다. 따라서 $(R_1 + R_2) // (R_3 + R_4) = 2\,[\mathrm{k}\Omega]$이 된다.

LESSON 3.2

키르히호프의 법칙

✔ 기본 개념 | 키르히호프의 전류 법칙 | 키르히호프의 전압 법칙

1. 키르히호프의 전류 법칙

회로의 한 노드에 들어오는 전류의 합은 나가는 전류의 총합과 같은데, 이를 **키르히호프의 전류 법칙**Kirchhoff's Current Law, KCL이라고 한다. 이 개념을 그림으로 이해해보자. [그림 3-13]과 같이 물이 배관을 타고 흐를 때, 배관이 만나는 위치에서 세 개의 배관을 타고 흘러들어오는 물의 양은 두 개의 배관을 타고 흘러나가는 물의 양과 같아야 한다.

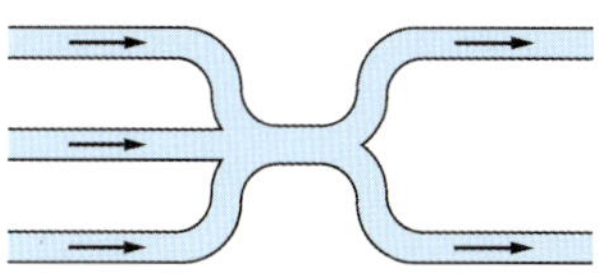

그림 3-13 키르히호프의 전류 법칙을 설명하기 위한 그림

[그림 3-14]는 키르히호프의 전류 법칙을 설명하기 위한 회로의 일부다.

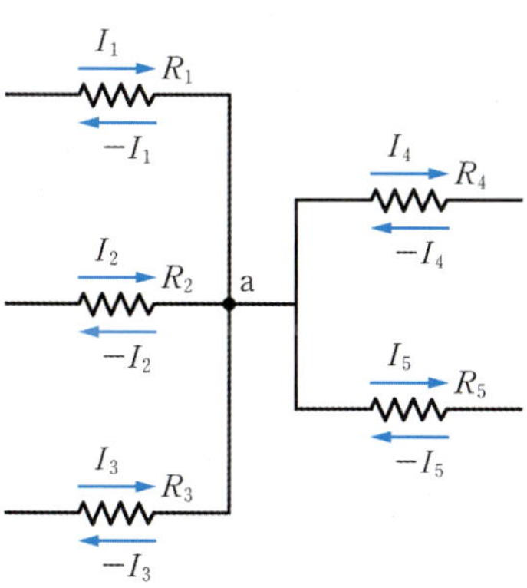

그림 3-14 키르히호프의 전류 법칙을 설명하기 위한 회로의 일부

[그림 3-13]의 경우와 마찬가지로 [그림 3-14]의 도선에서 하나의 노드 a로 흘러들어오는 전류들의 합은 흘러나가는 전류들의 합과 같아야 한다.

따라서 다음 식이 성립한다.

$$I_1 + I_2 + I_3 = I_4 + I_5 \tag{3.1}$$

여기서 식을 모두 좌변으로 이항하면 식 (3.2)와 같다.

$$I_1 + I_2 + I_3 + (-I_4) + (-I_5) = 0 \tag{3.2}$$

여기서 $(-I_4) + (-I_5)$는 [그림 3-14]의 오른쪽 저항들에서 볼 수 있는 것처럼 R_4와 R_5를 타고 노드 a로 들어오는 전류이다. 그러므로 이 식은 노드 a로 흘러들어오는 모든 전류들의 합은 0이라는 의미를 가진다. 여기서 들어오는 모든 전류의 합이 0이라는 것이 이해하기 어려운 면이 있는데, 보통 몇 개는 양의 전류값을 몇 개는 음의 전류값을 가지는 경우이다. 즉, 실제로는 흘러나가는 전류를 흘러들어오는 전류로 표현하면 음의 전류값으로 나타낼 수 있어서 식 (3.2)를 만족시킬 수 있다. 마찬가지로 식 (3.1)을 모두 우변으로 이항하면 식 (3.3)과 같다.

$$0 = (-I_1) + (-I_2) + (-I_3) + I_4 + I_5 \tag{3.3}$$

여기서 $(-I_1)$, $(-I_2)$, $(-I_3)$는 [그림 3-14]의 왼쪽 저항들에서 볼 수 있는 것처럼 R_1과 R_2와 R_3를 타고 노드 a로부터 흘러나오는 전류이다. 그러므로 이 식은 노드 a로 흘러나가는 모든 전류들의 합은 0이라는 의미를 가진다.

따라서 키르히호프의 전류 법칙을 일반화하면, 한 노드로 흘러들어오는 모든 전류의 합과 흘러나가는 전류의 합은 0이라고 할 수 있으며, 다음과 같이 나타낼 수 있다.

$$\sum_{k=1}^{n} I_{k,\ \text{들어오는 전류}} = \sum_{k=1}^{n} I_{k,\ \text{나가는 전류}} \tag{3.4}$$

이를 식 (3.5)와 같이 이항하여 나타낼 수 있는데, 다시 적으면 한 노드로 흘러들어오는(혹은 흘러나가는) 모든 전류의 합은 0이라는 의미이다.

$$I_1 + I_2 + I_3 + \cdots + I_n = \sum_{k=1}^{n} I_k = 0 \tag{3.5}$$

키르히호프의 전류 법칙은 이와 같이 다양하게 표현할 수 있지만, 모두 같은 의미이다. 또한 [그림 3-14]는 저항만 있는 회로로 표현되었지만 저항 대신 전원이나 다른 전자 소자가 포함된 회로여도 이 법칙은 그대로 성립한다. 키르히호프의 전류 법칙을 적용할 때는 전류의 방향에 따라서 부호가 변경될 수 있기 때문에 주의해서 적용해야 한다.

Basic check

어떤 회로가 있고, 하나의 노드에 네 개의 저항이 연결되어 있다. 각 저항을 따라서 노드로 흐르는 전류가 2 [A], 3 [A], −6 [A]일 때, 나머지 하나의 저항을 따라서 노드로 흘러들어오는 전류 I_4를 구하라.

답 $I_1 + I_2 + I_3 + I_4 = 0$이므로 $2 + 3 + (-6) + I_4 = 0$이다. 따라서 $I_4 = 1$ [A]이다.

예제 3-4

다음은 어떤 회로의 일부이다. $I_1 = 2$ [A], $I_2 = 4$ [A], $I_3 = 5$ [A], $I_5 = 4$ [A]일 때, I_4를 구하라.

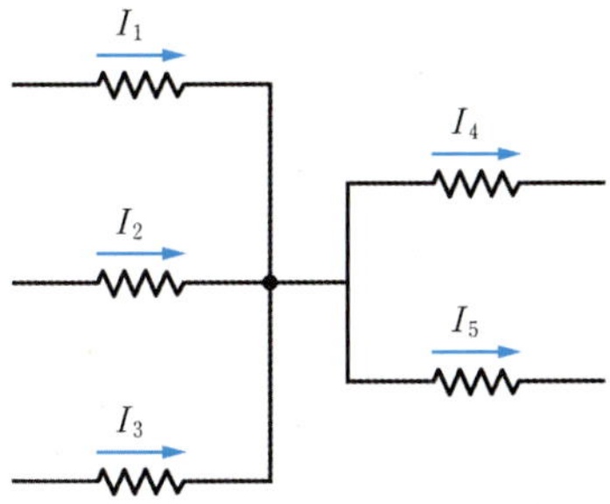

그림 3-15 [예제 3-4]의 회로

풀이

한 노드로 들어오는 전류의 합은 나가는 전류의 합과 같다는 키르히호프의 전류 법칙을 적용할 수 있다. 이 법칙을 적용하면 $I_1 + I_2 + I_3 = I_4 + I_5$이므로, $2 + 4 + 5 = I_4 + 4$다. 따라서 $I_4 = 7$ [A]이다.

예제 3-5

다음은 어떤 회로의 일부이다. $I_1 = 2$ [A], $I_2 = -4$ [A], $I_3 = -5$ [A], $I_4 = 4$ [A]일 때, I_5를 구하라.

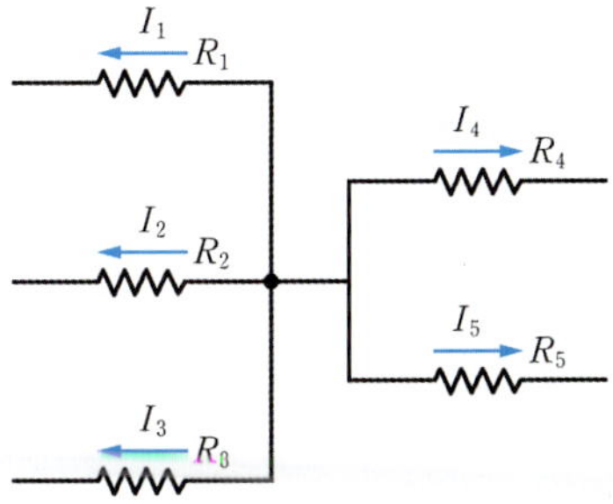

그림 3-16 [예제 3-5]의 회로

풀이

회로의 모든 전류가 나가는 방향으로 표시되어 있으므로 한 노드에서 나가는 전류의 합은 모두 0이라는 키르히호프의 전류 법칙을 적용할 수 있다. 이 법칙을 적용하면 $I_1 + I_2 + I_3 + I_4 + I_5 = 0$이므로, $2 + (-4) + (-5) + 4 + I_5 = 0$이다. 따라서 $I_5 = 3\,[\text{A}]$이다.

예제 3-6

다음 회로에서 $I_1 = 3\,[\text{A}]$, $I_2 = 2\,[\text{A}]$, $I_3 = 1\,[\text{A}]$, $I_4 = 2\,[\text{A}]$일 때, I_R을 구하라.

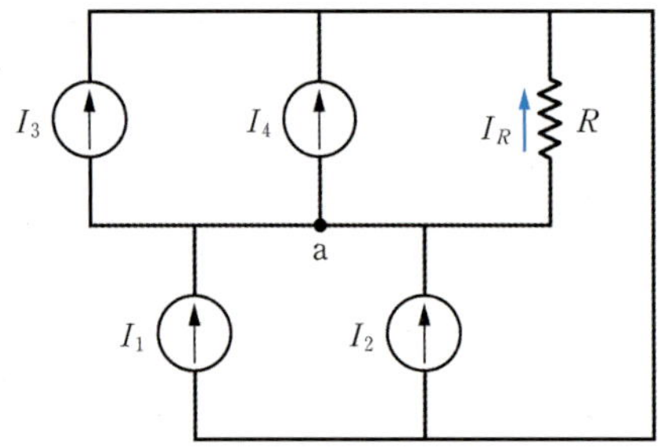

그림 3-17 [예제 3-6]의 회로

풀이

노드 a에 키르히호프의 전류 법칙을 적용하면 $I_1 + I_2 = I_3 + I_4 + I_R$이므로 $3 + 2 = 1 + 2 + I_R$이다. 따라서 $I_R = 2\,[\text{A}]$이다.

2. 키르히호프의 전압 법칙

회로에서 어떤 경로를 따라서 전압을 더해나가면 그 합은 0이 되는데, 이를 **키르히호프의 전압 법칙**Kirchhoff's Voltage Law, KVL이라고 한다. 이 개념을 바로 이해하기는 매우 어렵기 때문에 [그림 3-18]의 회로를 통해 알아보자.

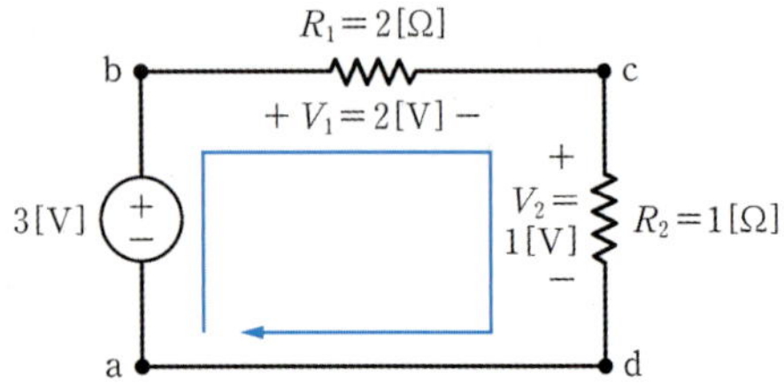

그림 3-18 키르히호프의 전압 법칙을 설명하기 위한 회로

[그림 3-18]에서 전압 전원의 3 [V]는 R_1과 R_2에 각각 2 [V]와 1 [V]씩 나뉘어서 인가될 것이다. a에서 출발해서 파란색 경로를 따라서 다시 a로 돌아온다고 생각해보자. a에서 전압 전원을 지나서 b로 가면 3 [V]의 전압이 올라간다. b에서 R_1을 건너서 c로 이동하면 전압은 2 [V] 감소하게 된다. 그리고 c에서 R_2를 건너서 다시 d로 이동하면 전압은 1 [V] 감소하게 된다. d와 a는 같은 노드이기 때문에 출발점인 a로 돌아온 것과 같다. 이러한 전압 변화를 모두 더하면 $+3-2-1=0$ [V]가 된다. 즉, 하나의 경로를 따라서 올라간 전압은 더하고 내려간 전압은 빼나가면서 처음 자리로 돌아오면 그 값은 0이 된다. 이것이 키르히호프의 전압 법칙의 의미이다.

이를 식으로 나타내면 다음과 같다.

$$V_1 + V_2 + V_3 + \cdots + V_n = \sum_{k=1}^{n} V_k = 0 \tag{3.6}$$

식 (3.6)은 모두 전압을 더하는 것으로만 표현된 것 같지만, 전압값이 음일 수 있기 때문에 빼는 경우도 포함된 것으로 볼 수 있다.

이번에는 경로를 반대로 도는 경우를 생각해보자. 즉, a → c → b → a로 도는 경로이다. a에서 c로 가면 1 [V]의 전압이 올라간다. 그리고 c에서 b로 가면 2 [V]의 전압이 올라간다. b에서 a로 가면 전원 전압에 의해서 3 [V]가 내려가게 되어 3 [V]만큼 전압이 내려가는 것이다. 따라서 $1+2+(-3)=0$ [V]로 키르히호프의 전압 법칙이 성립하게 된다. 키르히호프의 전압 법칙을 적용할 때는 경로를 따라서 전압값이 올라가게 되면 더하고, 내려가게 되면 빼주어야 한다.

Basic check

[그림 3-18]의 회로에서 전압 전원은 6 [V], V_1은 4 [V]일 때, V_2를 구하라.

답 $V_2 = 6 - 4 = 2$ [V]

예제 3-7

다음 회로를 보고 주어진 물음에 답하라.

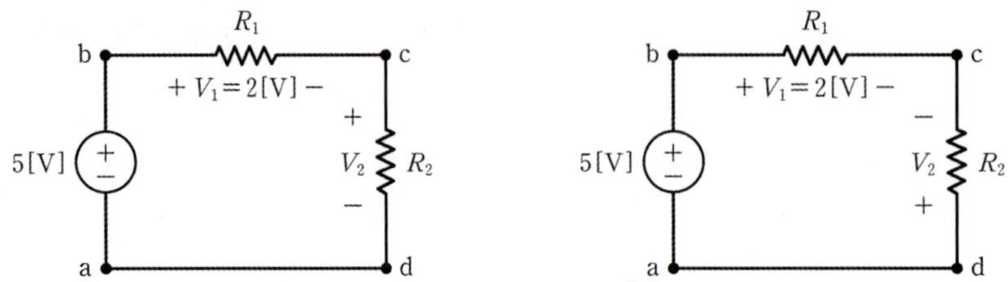

(a) V_2를 $V_c - V_d$로 표시한 경우　(b) V_2의 $V_d - V_c$로 표시한 경우

그림 3-19 [예제 3-7]의 회로

(a) [그림 3-19(a)]에서 V_2의 값을 구하라.

(b) [그림 3-19(b)]에서 V_2의 값을 구하라.

풀이

(a) d와 a 사이에는 소자가 없이 도선으로 연결되어 있어서 같은 노드이므로 a → b → c → a로 돌아오는 경로를 생각해보자. 이 경로를 따라 키르히호프의 전압 법칙을 적용하면 $5 - 2 - V_2 = 0$이다. 따라서 $V_2 = 3\,[\text{V}]$이다.

(b) 마찬가지로 키르히호프의 전압 법칙을 적용하면 $5 - 2 + V_2 = 0$이다. 따라서 $V_2 = -3\,[\text{V}]$이다.

예제 3-8

다음 회로를 보고 주어진 물음에 답하라.

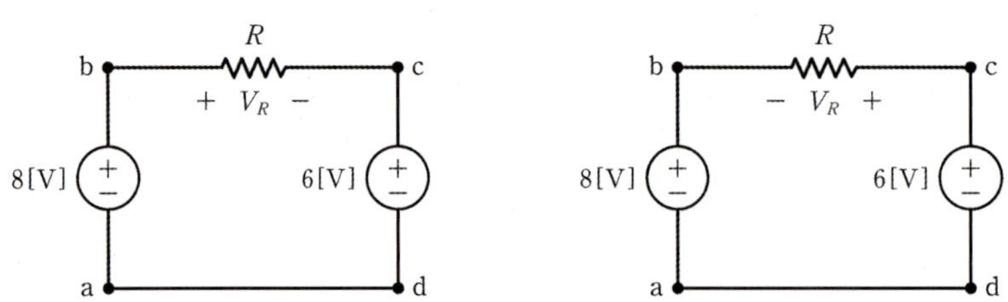

(a) V_R을 $V_b - V_c$로 표시한 경우　(b) V_R의 $V_c - V_b$로 표시한 경우

그림 3-20 [예제 3-8]의 회로

(a) [그림 3-20(a)]에서 V_R의 값을 구하라.

(b) [그림 3-20(b)]에서 V_R의 값을 구하라.

풀이

(a) a → b → c → a로 돌아오는 경로를 생각해보자. 이 경로를 따라서 키르히호프의 전압 법칙을 적용하면 $8 - V_R - 6 = 0$이다. 따라서 $V_R = 2$ [V]이다.

(b) 마찬가지로 키르히호프의 전압 법칙을 적용하면 $8 + V_R - 6 = 0$이다. 따라서 $V_R = -2$ [V]이다.

예제 3-9

다음 회로에서 $V_{R1} = 3$ [V]일 때, V_{R2}, V_{R3}를 구하라.

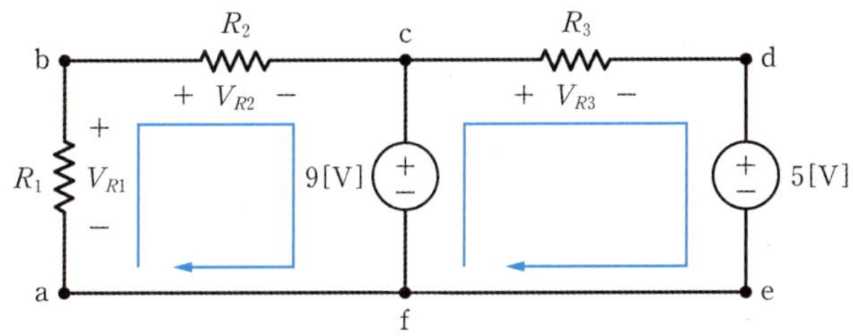

그림 3-21 [예제 3-9]의 회로

풀이

이 회로에서 a와 f와 e는 모두 하나의 노드이며, 두 가지 경로를 생각할 수 있다.

먼저 a → b → c → a로 돌아오는 경로를 생각해보자. 이 경로를 따라서 키르히호프의 전압 법칙을 적용하면 $V_{R1} - V_{R2} - 9 = 0$이므로 $3 - V_{R2} - 9 = 0$이다. 따라서 $V_R = -6$ [V]이다.

다음으로 f → c → d → f로 돌아오는 경로를 생각해보자. 이 경로를 따라서 키르히호프의 전압 법칙을 적용하면 $9 - V_{R3} - 5 = 0$이므로 $V_{R3} = 4$ [V]이다.

CHAPTER 03

개념복습

개념 정리하기

개념	설명
단자(terminal)	전기 소자의 전류 출입구
분기(branch)	두 단자 사이를 연결하는 부분
노드(node)	분기와 분기가 만나는 부분
독립 전원(independent source)	회로의 다른 부분에 영향을 받지 않는 전원
종속 전원(dependent source)	회로의 다른 부분에 영향을 받는 전원
개방 회로(open circuit)	두 단자가 연결이 끊어져서 전류가 흐를 수 없는 회로 : 무한대 저항, 흐르는 전류 0[A]
단락 회로(short circuit)	두 단자가 저항이 없는 도선으로 연결된 회로 : 저항 0, 두 단자 사이의 전압 0[V]
키르히호프의 전류 법칙	한 노드에 들어오는 전류의 합은 나가는 전류의 총합과 같다.
키르히호프의 전압 법칙	회로의 경로를 따라서 전압을 더해나가며 처음 위치로 돌아오면 합이 0이 된다.

개념 점검하기 다음 문제에서 옳은 것을 골라라.

(1) 회로의 다른 부분에 영향을 받지 않는 전원은 (독립 전원, 종속 전원)이다.

(2) 두 단자가 연결이 끊어져서 전류가 흐를 수 없는 회로는 (개방 회로, 단락 회로)이다.

(3) 단락 회로에서 두 단자 사이의 전압은 (양, 0, 음)이다.

(4) 한 노드로 들어오는 모든 전류의 합은 (양, 0, 음)이다.

(5) 한 노드에서 나가는 모든 전류의 합은 (양, 0, 음)이다.

(6) 회로의 경로를 따라서 소자에 인가된 전압을 더해나가며 처음 위치로 돌아오면 그 합은 (양, 0, 음)이다.

(7) 한 노드에서 (한 개, 두 개 이상)의 전압값을 가진다.

CHAPTER 03

연습문제

기본 문제

3.1 다음 회로에서 노드의 수를 구하라.

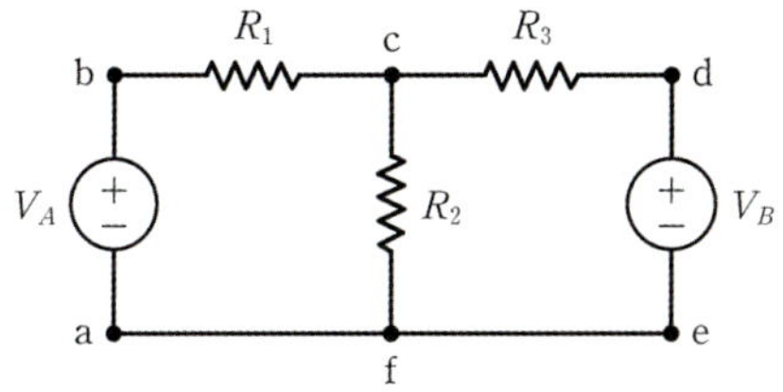

그림 3-22

3.2 다음 회로에서 노드의 수를 구하라.

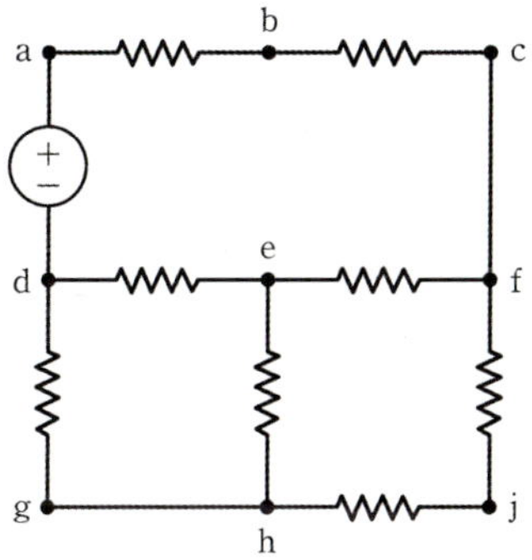

그림 3-23

3.3 다음 기호 중 종속 전류 전원을 나타내는 것을 골라라.

그림 3-24

3.4 다음 기호 중 다른 곳의 전압에 의해서 전류가 결정되는 전압 제어 전류 전원을 나타내는 것을 골라라. 단, V_R은 어떤 저항에 인가되는 전압, I_R은 어떤 저항에 흐르는 전류를 의미하는 것으로 가정한다.

그림 3-25

3.5 다음 설명 중 옳은 것을 골라라.

① 개방된 두 노드 사이에는 무한대의 전류가 흐를 수 있다.
② 단락된 두 노드 사이에 인가되는 전압은 0 [V]이다.
③ 개방된 두 노드 사이는 0 [Ω]의 저항으로 연결된 것과 같다.
④ 단락된 두 노드 사이는 무한대의 저항으로 연결된 것과 같다.

3.6 다음 회로에서 $R_1 = 200\,[\Omega]$, $R_2 = 300\,[\Omega]$, $R_3 = 400\,[\Omega]$, $R_4 = 500\,[\Omega]$일 때, a와 b 사이의 합성 저항 R_T를 구하라.

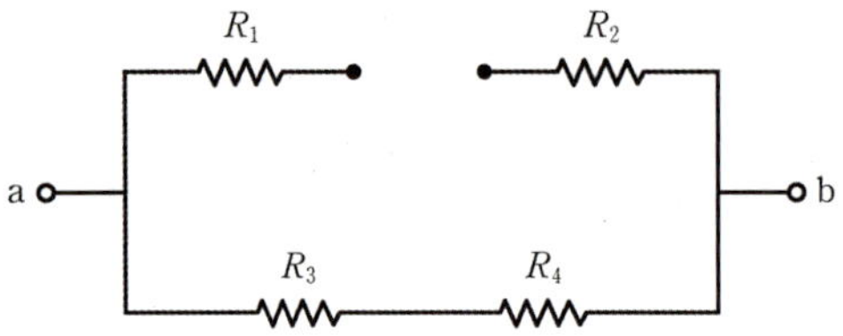

그림 3-26

3.7 다음은 어떤 회로의 일부이다. $I_1 = 3\,[\mathrm{A}]$, $I_2 = 5\,[\mathrm{A}]$, $I_4 = 2\,[\mathrm{A}]$, $I_5 = 4\,[\mathrm{A}]$일 때, I_3를 구하라.

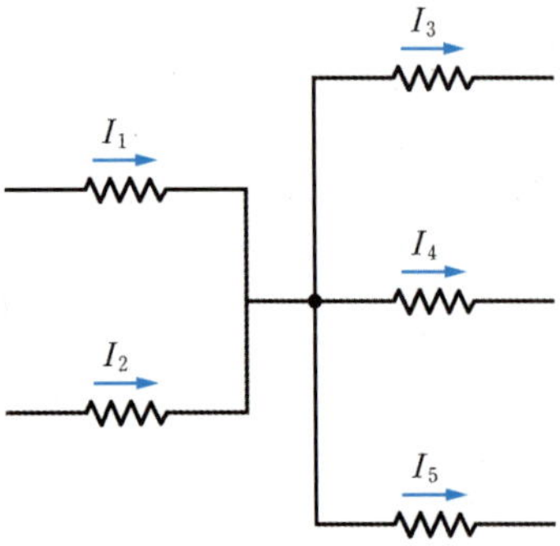

그림 3-27

3.8 다음 회로에서 $V_0 = 8\,[\mathrm{V}]$, $V_1 = 3\,[\mathrm{V}]$일 때, V_2를 구하라.

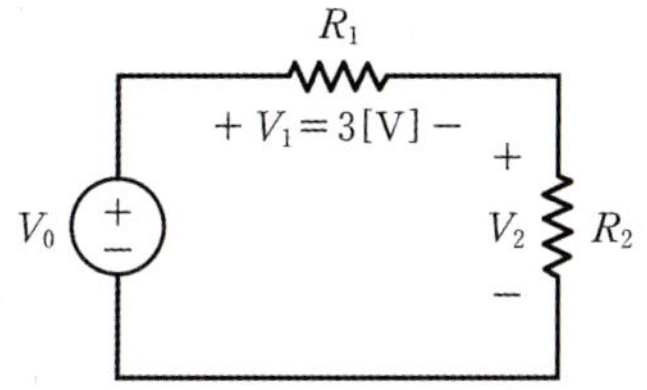

그림 3-28

3.9 다음 회로에서 $V_0 = 10\,[\mathrm{V}]$, $V_1 = 4\,[\mathrm{V}]$일 때, V_2를 구하라.

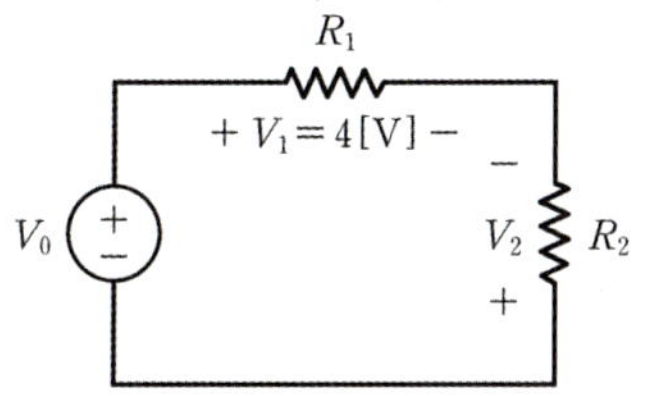

그림 3-29

3.10 다음 회로에서 $V_1 = 4\,[\mathrm{V}]$, $V_2 = 8\,[\mathrm{V}]$일 때, V_R을 구하라.

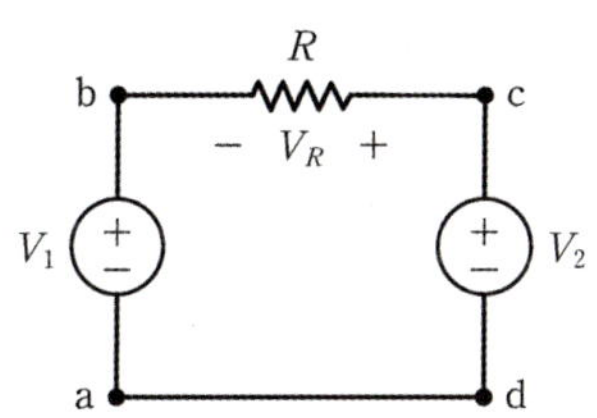

그림 3-30

3.11 다음 회로에서 $V_1 = 4\,[\mathrm{V}]$, $V_2 = 6\,[\mathrm{V}]$일 때, V_R을 구하라.

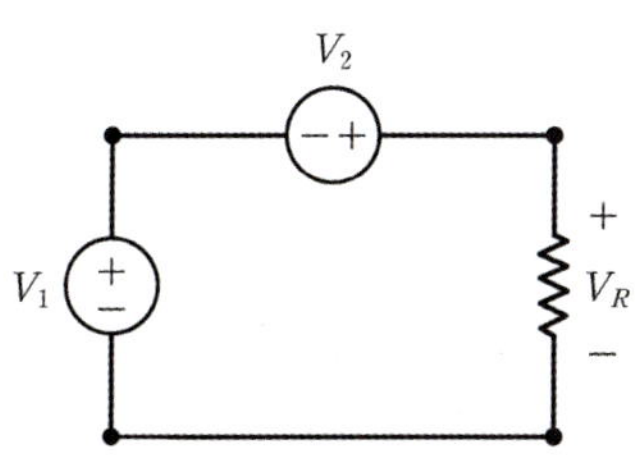

그림 3-31

도전 문제

3.12 다음 회로에서 노드의 수를 구하라.

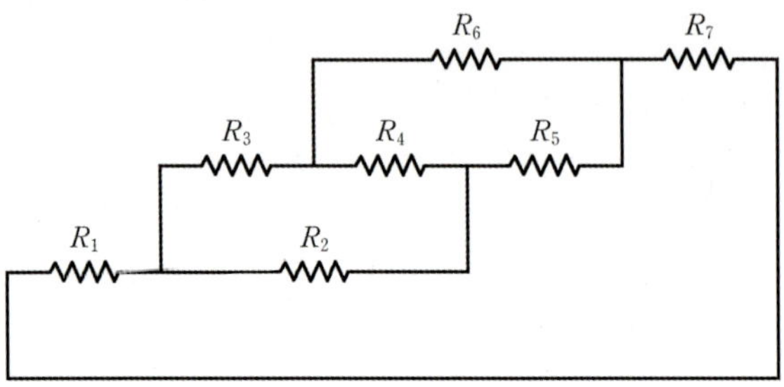

그림 3-32

3.13 다음 회로에서 $V_1 = 6\,[\mathrm{V}]$, $V_2 = 10\,[\mathrm{V}]$, $V_{R1} = 3\,[\mathrm{V}]$일 때, V_{R2}와 V_{R3}를 구하라.

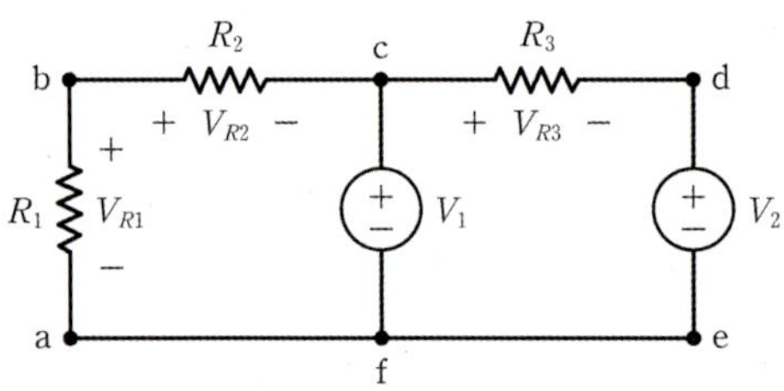

그림 3-33

3.14 다음 회로에서 $R_1 = 100\,[\Omega]$, $R_2 = 200\,[\Omega]$, $R_3 = 350\,[\Omega]$, $R_4 = 250\,[\Omega]$, $I_0 = 30\,[\mathrm{A}]$일 때, 주어진 물음에 답하라.

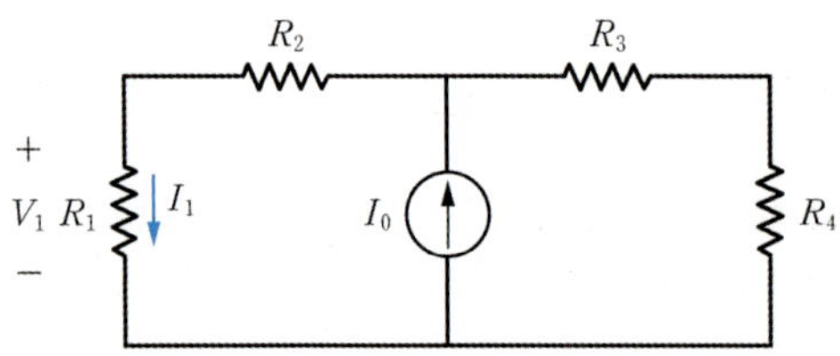

그림 3-34

(a) R_1에 흐르는 전류 I_1을 구하라.

(b) R_1에 인가되는 전압 V_1을 구하라.

(c) R_1에서 소모되는 전력 P_1을 구하라.

(d) R_3에서 소모되는 전력 P_3를 구하라.

3.15 다음 회로에서 $V_1 = 2\,[\mathrm{V}]$, $V_2 = 3\,[\mathrm{V}]$, $V_3 = 1\,[\mathrm{V}]$, $V_6 = 8\,[\mathrm{V}]$일 때, V_4, V_5, V_7을 구하라.

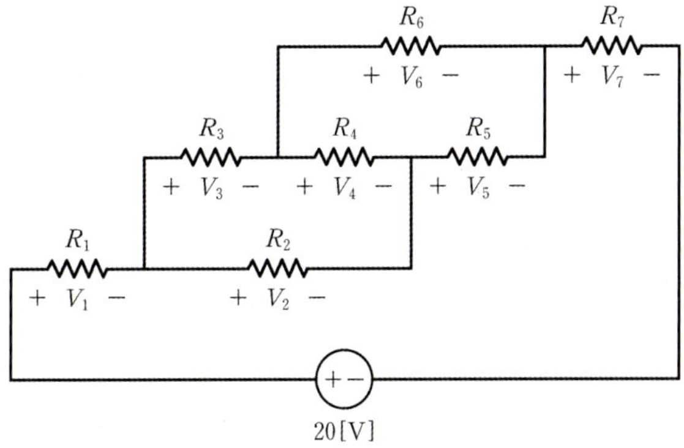

그림 3-35

3.16 다음 회로에서 $I_0 = 10\,[\mathrm{A}]$, $I_2 = 3\,[\mathrm{A}]$, $I_6 = 2\,[\mathrm{A}]$일 때, I_1, I_3, I_4, I_5, I_7을 구하라.

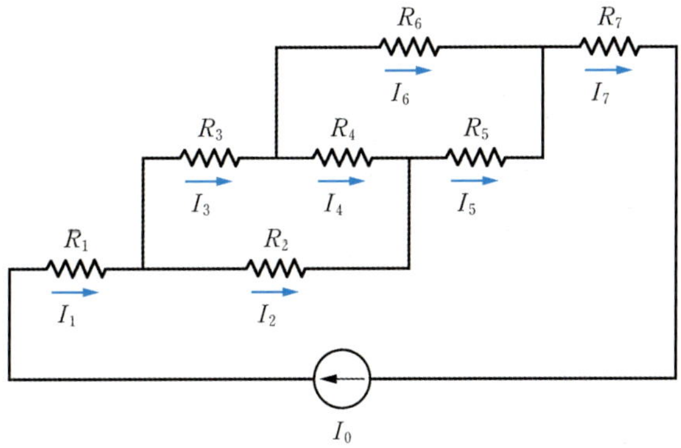

그림 3-36

3.17 다음 회로에서 $R_1 = 20\,[\mathrm{k\Omega}]$, $R_2 = 30\,[\mathrm{k\Omega}]$, $R_3 = 25\,[\mathrm{k\Omega}]$, $R_4 = 50\,[\mathrm{k\Omega}]$, $V_0 = 10\,[\mathrm{V}]$일 때, 주어진 물음에 답하라.

(a) a와 b 사이가 단락되었을 때, R_1과 R_2에 흐르는 전류 I_1, I_2를 구하라.

(b) a와 b 사이가 개방되었을 때, R_1과 R_2에 흐르는 전류 I_1, I_2를 구하라.

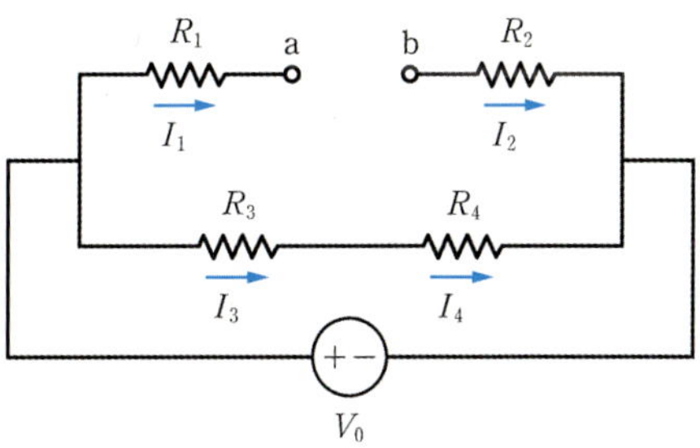

그림 3-37

기출 문제

3.18 다음 회로에서 전류 I_1[A]는? (2020 지방공무원 9급)

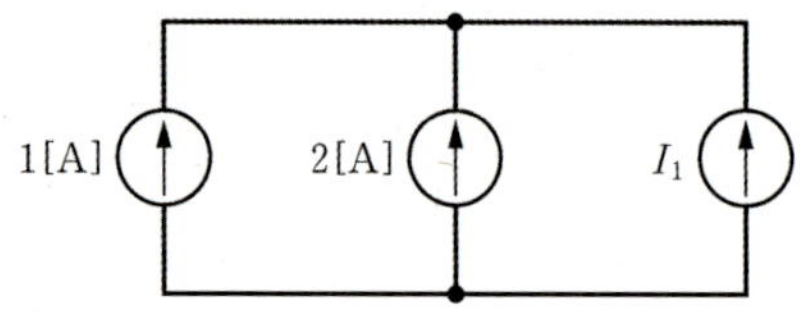

그림 3-38

① −1　　② 1　　③ −3　　④ 3

3.19 다음 회로에서 3[Ω]의 저항에 흐르는 전류[A]와 전력[W]은? (2009 지방공무원 9급)

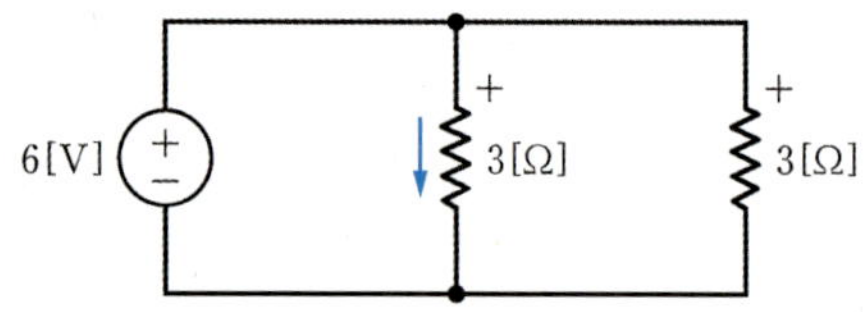

그림 3-39

① 1, 3　　② 2, 12　　③ 4, 12　　④ 4, 48

3.20 다음 회로에서 I_1[A], I_2[A]의 값은? (2009 지방공무원 9급)

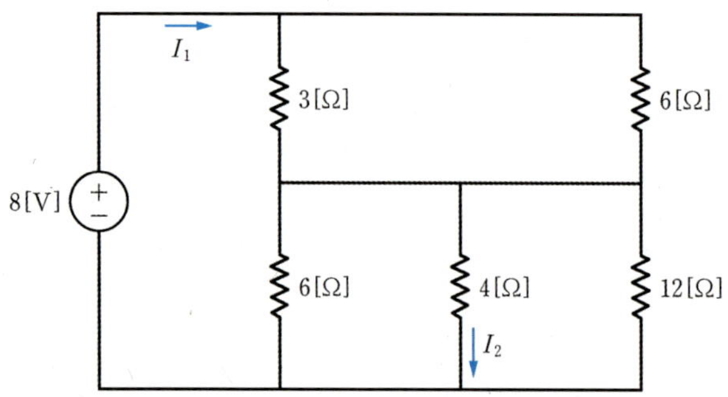

그림 3-40

① 4, 3　　② 4, 2　　③ 3, 1　　④ 2, 1

3.21 다음 회로에서 저항 $R[\Omega]$의 값은? (2019 지방공무원 9급)

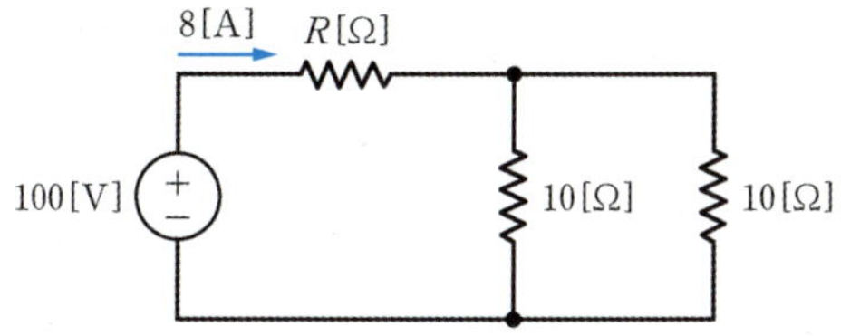

그림 3-41

① 2.5　　② 5.0　　③ 7.5　　④ 10.0

3.22 다음은 회로의 일부분을 나타낸 것이다. $3[\Omega]$의 저항을 측정하는 전압계가 $6[V]$를 나타낼 때, A와 B 사이의 전압[V]은? (2012 지방공무원 9급)

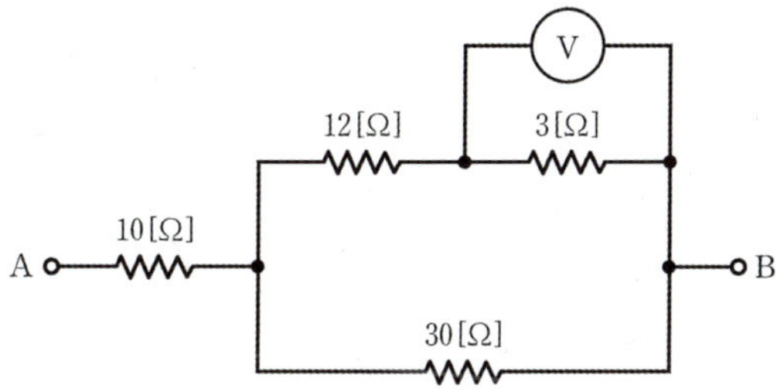

그림 3-42

① 15　　② 20　　③ 30　　④ 60

CHAPTER

04

노드 해석과 메시 해석

CONTENTS

학습목표

- 노드 해석을 통한 회로 해석을 이해하고 적용한다.
- 메시 해석을 통한 회로 해석을 이해하고 적용한다.
- 회로 해석에서 노드 해석과 메시 해석의 적용 방법의 특징을 비교하여 이해한다.

수업 맛보기

이 장에서는 3장에서 배운 키르히호프의 법칙을 바탕으로 좀 더 복잡한 회로를 해석하는 노드 해석과 메시 해석에 대해 배운다. 노드 해석은 키르히호프의 전류 법칙을, 메시 해석은 키르히호프의 전압 법칙을 좀 더 확장하여 적용한 것으로 볼 수 있다. 회로의 해석은 경우에 따라서 노드 해석과 메시 해석 중 더 편리한 해석 방법이 존재할 수 있고, 노드 해석과 메시 해석을 동시에 사용할 수도 있다는 것을 기억하자.

LESSON 4.1

노드 해석

✔ 기본 개념 | 노드 | 키르히호프의 전류 법칙 | 슈퍼 노드

1. 노드 해석의 기초

노드 해석 방법

두 분기가 만나는 곳을 **노드**라고 하며, **노드 해석** nodal analysis 이란 노드에 키르히호프의 전류 법칙을 적용하여 해석하는 방법이다. 이 방법은 키르히호프의 전류 법칙을 적용해서 노드들의 전압을 구하고 그 전압값으로부터 전류값을 구하는 순서로 진행된다.

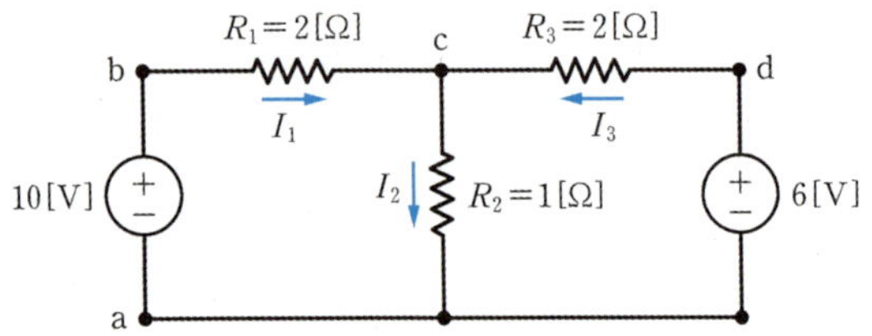

그림 4-1 노드 해석을 위한 예시 회로

이를 이해하기 위해서 먼저 [그림 4-1]의 회로를 예시로 살펴보자. 회로를 해석하기 위해 노드 c에서 키르히호프의 전류 법칙을 적용하여 노드 c의 전압 V_c를 구하고 이를 통해서 각 저항과 전압에 흐르는 전류를 구해야 한다.

노드 해석을 할 때는 먼저 두 가지를 정하고 시작해야 한다. 첫 번째는 전류의 방향을 정하는 것이고, 두 번째는 전압의 기준이 되는 노드를 정하는 것이다. 이번 예시에서는 [그림 4-1]의 화살표처럼 I_1과 I_3는 노드 c로 들어오는 전류로 설정하고 I_2는 나가는 전류로 가정했다. 전압의 기준이 되는 노드는 a로 정하고 이를 0[V]로 가정했다.

노드 c에 키르히호프의 전류 법칙을 적용하면 다음과 같다.

$$I_1 + I_3 = I_2 \tag{4.1}$$

이제 각 전류들을 옴의 법칙을 이용해서 저항에 인가되는 전압을 이용하여 나타내면 식 (4.2)와 같다.

$$\text{저항에 흐르는 전류} = \frac{\text{저항 양쪽 노드의 전압차}}{\text{저항}} \tag{4.2}$$

예를 들어, I_1은 저항 R_1의 양단에 인가되는 전압 차이($V_b - V_c$)를 저항 R_1으로 나눈 값이다.[1]

$$I_1 = \frac{V_b - V_c}{R_1} \tag{4.3a}$$

$$I_2 = \frac{V_c - V_a}{R_2} \tag{4.3b}$$

$$I_3 = \frac{V_d - V_c}{R_3} \tag{4.3c}$$

a를 기준 노드로 정하고 그 전압을 0 [V]로 가정했기 때문에 V_a는 0 [V]다. V_b는 10 [V] 전원에 의해서 V_a보다 10 [V] 높은 전압이므로 10 [V]가 된다. 비슷하게 V_d는 V_a보다 6 [V] 높은 전압이므로 6 [V]가 된다.

그러므로 앞의 식을 다시 정리하면 다음과 같이 나타낼 수 있다.

$$I_1 = \frac{V_b - V_c}{R_1} = \frac{10 - V_c}{2} \tag{4.4a}$$

$$I_2 = \frac{V_c - V_a}{R_2} = \frac{V_c - 0}{1} \tag{4.4b}$$

$$I_3 = \frac{V_d - V_c}{R_3} = \frac{6 - V_c}{2} \tag{4.4c}$$

이 세 개의 식을 식 (4.1)에 대입하면 식 (4.5)를 얻을 수 있다.

$$\begin{gathered} \frac{10 - V_c}{2} + \frac{6 - V_c}{2} = V_c \\ 10 - V_c + 6 - V_c = 2V_c \\ 16 = 4V_c \\ \therefore\ V_c = 4\,[\text{V}] \end{gathered} \tag{4.5}$$

이제 노드 c의 전압을 알았기 때문에 이를 이용해서 I_1, I_2, I_3를 구할 수 있다.

---

1 전류의 방향을 정하면 그 방향에 맞게 전압값의 차이를 정해야 한다. 예를 들어, 노드 b에서 노드 c로 흘러가는 전류는 전압이 높은 곳에서 낮은 곳으로 흐른다는 정의에 의해서 V_b에서 V_c를 빼줘야 한다. 나머지 전류도 마찬가지다.

$$I_1 = \frac{10 - V_c}{2} = \frac{10-4}{2} = 3\,[\mathrm{A}] \tag{4.6a}$$

$$I_2 = V_c = 4\,[\mathrm{A}] \tag{4.6b}$$

$$I_3 = \frac{6 - V_c}{2} = \frac{6-4}{2} = 1\,[\mathrm{A}] \tag{4.6c}$$

추가적으로 각 저항에 인가되는 전압도 구할 수 있다. 예를 들어, V_{R1}은 $V_b - V_c$이므로 6 [V]다.

$$V_{R1} = V_{bc} = V_b - V_c = 10 - 6 = 4\,[\mathrm{V}] \tag{4.7a}$$

$$V_{R2} = V_{ca} = V_c - V_a = 6 - 0 = 6\,[\mathrm{V}] \tag{4.7b}$$

$$V_{R3} = V_{dc} = V_d - V_c = 6 - 4 = 2\,[\mathrm{V}] \tag{4.7c}$$

이렇게 회로를 해석하여 얻은 값들을 나타내면 [그림 4-2]와 같다.

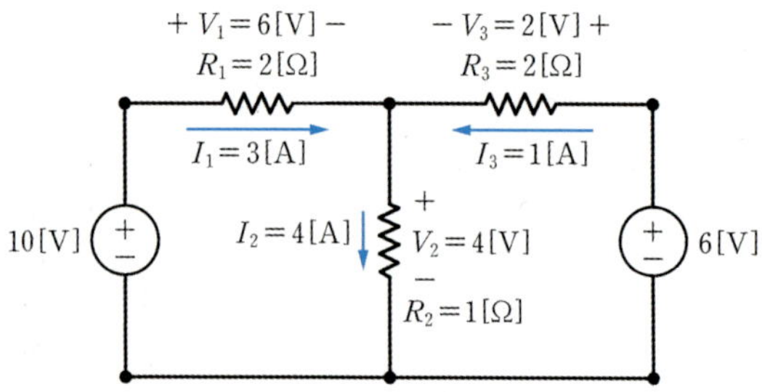

그림 4-2 [그림 4-1]의 노드 해석 결과

Basic check

[그림 4-1]의 회로에서 전압 전원의 값이 정해지지 않은 상태라고 하자. $I_1 = 2\,[\mathrm{A}]$, $I_2 = 5\,[\mathrm{A}]$일 때, I_3를 구하라.

답 노드 해석을 위해 식 (4.1)에 대입하면 $2 + I_3 = 5$가 되므로 $I_3 = 3\,[\mathrm{A}]$이다.

예제 4-1

다음 회로에서 $R_1 = 1\,[\Omega]$, $R_2 = 2\,[\Omega]$, $R_3 = 4\,[\Omega]$일 때, 주어진 물음에 답하라. 단, V_a는 0 [V]라고 가정한다.

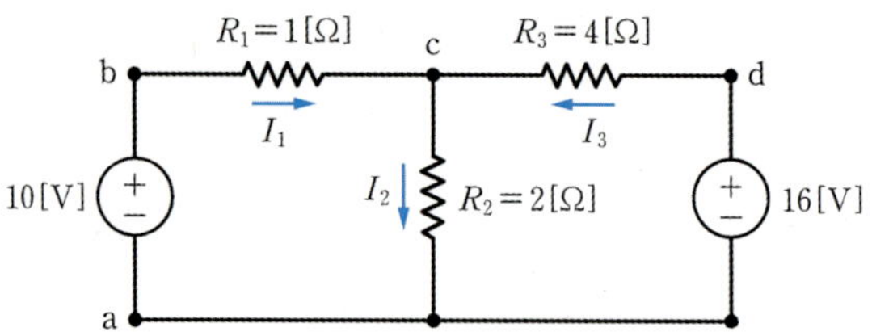

그림 4-3 [예제 4-1]의 회로

(a) 노드 해석을 이용해서 전압 V_c를 구하라.

(b) 전류 I_1, I_2, I_3를 구하라.

(c) 전압 V_{bc}를 구하라.

풀이

(a) 노드 c에 키르히호프의 전류 법칙을 적용하면 V_c는 다음과 같이 구할 수 있다.

$$I_1 + I_3 = I_2$$

$$\frac{V_b - V_c}{1} + \frac{V_d - V_c}{4} = \frac{V_c - V_a}{2}$$

$$\frac{10 - V_c}{1} + \frac{16 - V_c}{4} = \frac{V_c - 0}{2}$$

$$40 - 4V_c + 16 - V_c = 2V_c$$

$$56 = 7V_c$$

$$\therefore \ V_c = 8\,[\mathrm{V}]$$

(b) 노드 c의 전압을 알았으므로 전류 I_1, I_2, I_3는 다음과 같이 구할 수 있다.

$$I_1 = \frac{10 - V_c}{1} = \frac{10 - 8}{1} = 2\,[\mathrm{A}]$$

$$I_2 = \frac{V_c - 0}{2} = \frac{8 - 0}{2} = 4\,[\mathrm{A}]$$

$$I_3 = \frac{16 - V_c}{4} = \frac{16 - 8}{4} = 2\,[\mathrm{A}]$$

(c) 이로부터 R_1에 인가되는 전압 V_{bc}는 다음과 같이 구할 수 있다.

$$V_{bc} = V_b - V_c = 10 - 8 = 2\,[\mathrm{V}]$$

예제 4-2

다음 회로에서 $R_1 = 3\,[\Omega]$, $R_2 = 1\,[\Omega]$, $R_3 = 3\,[\Omega]$, $R_4 = 3\,[\Omega]$, $R_5 = 2\,[\Omega]$이고, $V_A = 9\,[\mathrm{V}]$, $V_B = 12\,[\mathrm{V}]$일 때 주어진 물음에 답하라. 단, V_a는 $0\,[\mathrm{V}]$라고 가정한다.

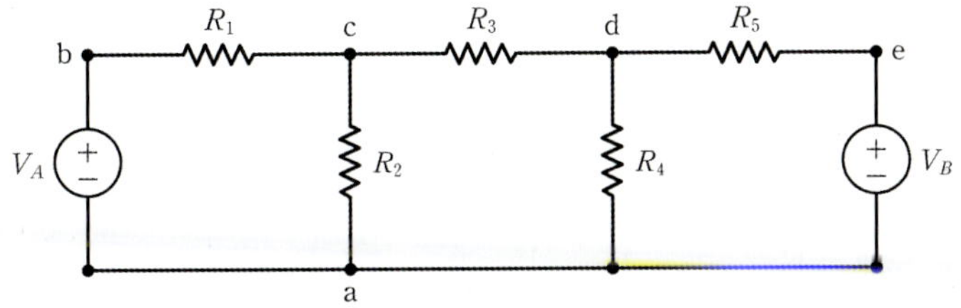

그림 4-4 [예제 4-2]의 회로

(a) 노드 해석을 이용해서 전압 V_c와 V_d를 구하라.

(b) R_3에 흐르는 전류의 크기와 방향을 구하라.

(c) 노드 c와 d에서 나가는 모든 전류의 합이 0임을 이용해서 노드 해석식을 구하라.

풀이

(a) 노드 해석을 위해서 [그림 4-5]처럼 전류의 방향을 설정하고 노드 a를 기준 전압으로 설정했다고 가정하자.

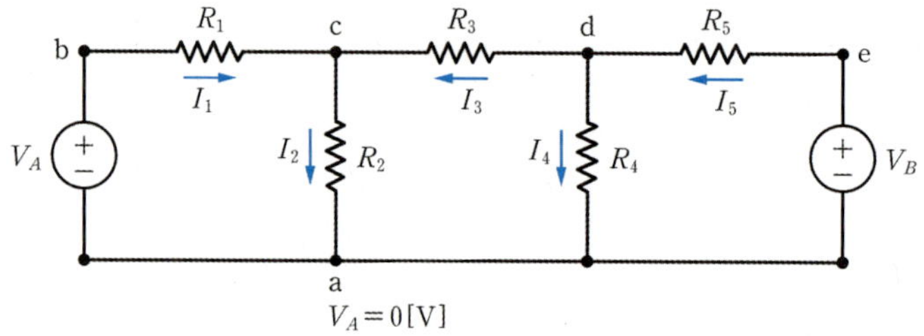

그림 4-5 전류 방향과 기준 전압을 표시한 회로

먼저 노드 c에 키르히호프의 전류 법칙을 적용하면

$$I_1 + I_3 = I_2$$

$$\frac{V_b - V_c}{R_1} + \frac{V_d - V_c}{R_3} = \frac{V_c - V_a}{R_2}$$

$$V_b = V_A = 9[\mathrm{V}]$$

가 되고, 이에 따라

$$\frac{9 - V_c}{3} + \frac{V_d - V_c}{3} = \frac{V_c - 0}{1} \quad \cdots ①$$

$$9 - V_c + V_d - V_c = 3V_c$$

$$9 = 5V_c - V_d \quad \cdots ②$$

가 된다. 이제 노드 d에 키르히호프의 전류 법칙을 적용하면

$$I_5 = I_3 + I_4$$

$$\frac{V_e - V_d}{R_5} = \frac{V_d - V_c}{R_3} + \frac{V_d - 0}{R_4}$$

$$V_e = V_B = 12[\mathrm{V}]$$

가 되고, 이에 따라

$$\frac{12 - V_d}{2} = \frac{V_d - V_c}{3} + \frac{V_d - 0}{3} \quad \cdots ③$$

$$36 - 3V_d = 2V_d - 2V_c + 2V_d$$

$$36 = -2V_c + 7V_d \qquad \cdots ④$$

가 된다. 이제 식 ②와 식 ④를 연립하여 풀면 다음과 같이 V_c, V_d를 구할 수 있다.

$$V_c = 3\,[\mathrm{V}], \quad V_d = 6\,[\mathrm{V}]$$

(b) R_3에 흐르는 I_3는 다음과 같이 구할 수 있다.

$$I_3 = \frac{V_d - V_c}{R_3} = \frac{6-3}{3} = 2\,[\mathrm{A}]$$

양의 값이므로 전류는 노드 d에서 c 방향으로 흐른다. 만약 음의 값이 나오면 노드 c에서 노드 d로 양의 전류가 흐른다는 뜻이다.

(c) 노드 c에 키르히호프의 전류 법칙을 적용하면

$$\frac{V_c - V_b}{R_1} + \frac{V_c - V_d}{R_3} + \frac{V_c - V_a}{R_2} = 0$$

$$\frac{V_c - 9}{3} + \frac{V_c - V_d}{3} + \frac{V_c - 0}{1} = 0 \qquad \cdots ⑤$$

이 된다. 이제 노드 d에 키르히호프의 전류 법칙을 적용하면

$$\frac{V_d - V_c}{R_3} + \frac{V_d - V_a}{R_4} + \frac{V_d - V_e}{R_5} = 0$$

$$\frac{V_d - V_c}{3} + \frac{V_d - 0}{3} + \frac{V_d - 12}{2} = 0 \qquad \cdots ⑥$$

이 된다. 식 ⑤, 식 ⑥을 각각 식 ②, 식 ④와 비교해보자. 식 ②와 식 ④를 정리하면 식 ⑤와 식 ⑥과 같은 식임을 알 수 있다. 즉, 전류의 방향을 어떤 식으로 정하더라도 그 결과값은 같다.

노드 해석에서 식의 개수

노드 해석에서는 회로의 각 노드에서 키르히호프 전류 법칙을 적용해 방정식을 세운다. 하지만 기준reference 노드 하나는 전압을 0으로 두고 해석하므로, 실제로는 전체 노드 수에서 1을 뺀 개수의 노드 식이 필요하다. 예를 들어, 노드가 총 5개라면 4개의 식을 세운다.

Level up! **노드 해석에서 임의로 정한 전류 방향이 유효한가?**

노드 해석을 할 때 전류 방향을 임의로 정해서 해석을 한다. 이렇게 방향을 모른 채로 회로를 해석해도 될까? 결론부터 말하자면 임의로 정해도 된다. 만약 방향을 반대로 가정하고 풀었다면 반대 부호의 값이 나오기 때문이다.

예를 들어, [예제 4-2]의 노드 d에서 a로 흐르는 전류를 I_3라고 가정하고 구한다면 그 전류값은 2[A]이다. 하지만 만약 반대 방향으로 I_3를 가정했다면 그 값은 −2[A]가 나오게 된다. 그래서 결국 같은 방향의 같은 크기를 나타내게 된다. 즉, 노드 해석 시 임의로 전류의 방향을 정해도 무방하다.

Level up! **노드 해석을 할 때, 기준 전압은 왜 정하는 것일까?**

전압은 기본적으로 두 전위의 차이다. 따라서 노드의 전압을 구하라는 말은 엄격한 정의로는 틀린 말이 된다. 하지만 일반적으로 어떤 기준이 되는 노드의 전압을 가정하고 그 노드의 전압과의 차이를 물어보게 된다. 따라서 이런 기준이 되는 전압을 정해주는 것이다. 보통 전압 전원의 음극을 기준으로 가정하면 풀이를 위한 계산이 좀 더 단순해지는 경우가 많다.

2. 노드 해석의 응용

전압 전원이 있는 경우의 노드 해석

일반적으로 노드 해석은 전압 기준으로 잡은 노드를 제외한 모든 노드에서 노드 해석식을 세운다. 그런데 전압 전원이 있는 노드에서는 노드 해석을 하지 않는다. 앞의 [예제 4-2]를 보면 총 5개의 노드가 있고, 이 중에서 전압 기준으로 잡은 노드 a를 제외한 4개의 노드에서 식을 세워야 한다. 그러나 실제로는 노드 c와 d, 두 개의 노드에서만 식을 세웠다. 노드 b와 e에서는 전압 전원과 연결되어 있어서 이미 그 점의 전압을 직접적으로 구할 수 있기 때문이다.

또한 전압 전원은 옴의 법칙을 적용하여 전압으로 전류를 표현할 수 없다. 이러한 이유로 전압 전원이 있는 노드는 노드 해석을 하지 않고 그 노드의 전압을 연결된 전원 전압으로 바로 표시하는 방법을 사용한다. 하지만 때때로 이러한 해석 방법이 적용되기 어려운 회로들이 있다. [그림 4-6]의 회로를 살펴보자.

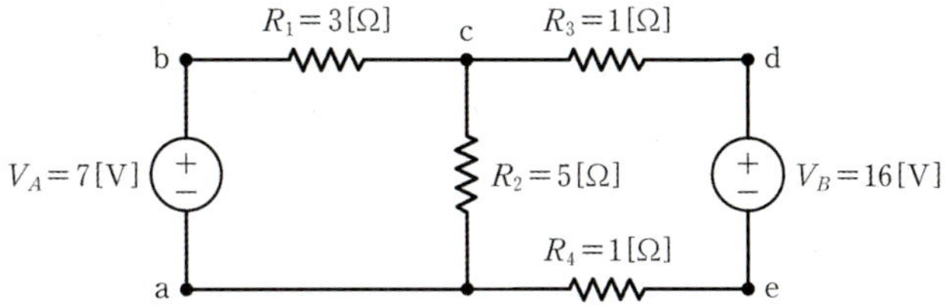

그림 4-6 전압 전원이 있는 경우의 노드 해석을 위한 회로

[그림 4-6]의 회로는 총 5개의 노드로 이루어져 있다. a를 전압 기준 노드로 가정하자. 그렇다면 우리는 4개의 노드 해석식을 세워야 한다.

먼저 노드 c에서 식을 세우면 식 (4.8)을 얻을 수 있다.

$$\frac{V_b - V_c}{R_1} + \frac{V_d - V_c}{R_3} = \frac{V_c - V_a}{R_2}$$

$$\frac{V_b - V_c}{3} + \frac{V_d - V_c}{1} = \frac{V_c - 0}{5} \tag{4.8}$$

노드 b의 전압이 V_A이므로 다음 식과 같이 나타낼 수 있다.

$$V_b = V_A = 7\,[\mathrm{V}] \tag{4.9}$$

하지만 노드 d와 e는 b와 다르게 기준이 되는 a와 직접적으로 인접하지 않고 전압 전원과 인접해 있어서 노드 식을 세울 수도 없고, V_b처럼 그 값을 쉽게 알 수 없다.

슈퍼 노드를 이용한 노드 해석

우리는 노드 d의 전압 V_d가 노드 e의 전압 V_e 보다 16 [V] 높다는 것을 통해 $V_d - V_e = 16\,[\mathrm{V}]$라는 식을 세울 수 있지만 두 노드에서 노드 해석식을 세울 수 없게 된다. 따라서 이런 경우에는 슈퍼 노드라는 방법을 이용한다. **슈퍼 노드**supernode는 두 개의 노드와 그 사이의 마디를 하나의 노드처럼 간주하는 노드이다.

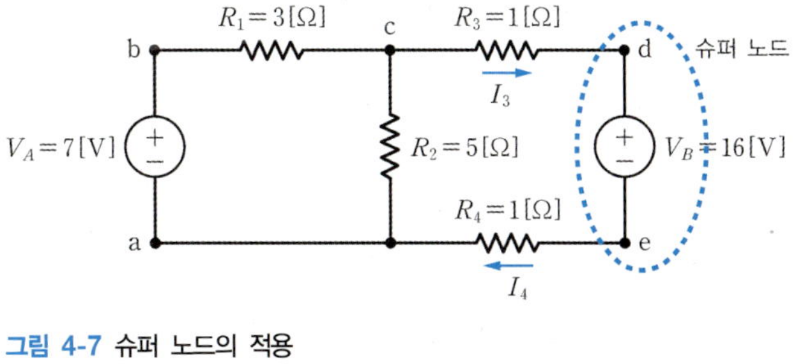

그림 4-7 슈퍼 노드의 적용

예를 들어, [그림 4-7]의 노드 d와 노드 e, 그리고 이 두 사이의 전압 전원을 하나의 노드처럼 생각한다. 이 슈퍼 노드에서 노드 해석을 적용하면 c에서 d로 흘러가는 전류 I_3는 e에서 a로 흘러가는 전류 I_4와 같다. 그러므로 노드 해석식을 세우면 다음과 같다.

$$\frac{V_c - V_d}{R_3} = \frac{V_e - V_a}{R_4}$$

$$\frac{V_c - V_d}{1} = \frac{V_e - 0}{1} \tag{4.10}$$

추가적으로 슈퍼 노드의 전압 전원 V_B에 의해서 제약식[2] 식 (4.11)을 구할 수 있다.

$$V_d - V_e = 16 \tag{4.11}$$

이렇게 식 (4.8) ~ 식 (4.11)을 이용해서 V_b, V_c, V_d, V_e 값을 구할 수 있다.

이러한 방법을 바탕으로 노드 해석하는 방법을 순서대로 나타내면 다음과 같다.

노드 해석 방법의 순서

1. 전압 기준이 되는 노드를 정한다.
2. 전압 기준이 되는 노드를 제외한 노드들에서 키르히호프의 전류 법칙을 이용하여 노드 식을 세운다.
3. 만약 전압 전원과 인접한 노드라면 전압 전원으로부터 바로 전압을 구할 수 있는 경우에는 그 값을 구한다.
4. 3과 같은 경우가 아니라면 전압 전원의 양쪽 노드를 슈퍼 노드로 설정한다.
5. 설정된 슈퍼 노드에서 노드 해석식을 구하고 제약식을 함께 구한다.
6. 연립 방정식을 풀어 각 노드의 전압을 구한다.

Basic check

[그림 4-7]의 회로에서 $V_B = 12\,[\mathrm{V}]$일 때, V_d와 V_e의 전압 차이 V_{de}를 구하라.

답 V_{de}는 V_B와 같으므로 $12\,[\mathrm{V}]$이다.

2 전압이나 전류에 대해서 추가되는 식을 말한다.

예제 4-3

다음 회로에서 $R_1 = 2[\Omega]$, $R_2 = 7[\Omega]$, $R_3 = 5[\Omega]$, $R_4 = 4[\Omega]$이고, $V_A = 20[\mathrm{V}]$, $V_B = 5[\mathrm{V}]$일 때, 주어진 물음에 답하라. 단, V_a는 $0[\mathrm{V}]$라고 가정한다.

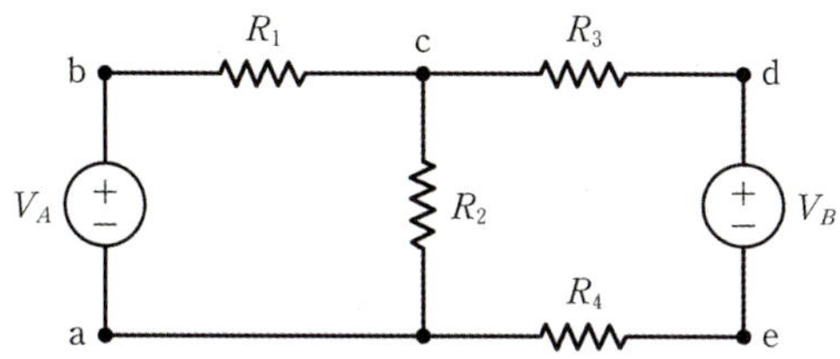

그림 4-8 [예제 4-3]의 회로

(a) 노드 c에서 노드 해석식을 구하라.
(b) 노드 b에서의 전압 V_b를 구하라.
(c) 노드 d와 e를 슈퍼 노드로 설정하고 이 슈퍼 노드에서의 노드 해석식을 구하라.
(d) 슈퍼 노드에서 제약식을 구하라.
(e) 전압 V_c, V_d, V_e를 구하라.
(f) 각 저항에 흐르는 전류를 [그림 4-9]와 같이 정했을 때, 전류 I_1, I_2, I_3, I_4를 구하라.

풀이

(a) 먼저 노드 c에서 키르히호프의 전류 법칙을 적용하면 식 ①을 얻을 수 있다.

$$\frac{V_b - V_c}{R_1} + \frac{V_d - V_c}{R_3} = \frac{V_c - V_a}{R_2}$$

$$\frac{V_b - V_c}{2} + \frac{V_d - V_c}{5} = \frac{V_c - 0}{7} \qquad \cdots ①$$

(b) 노드 b는 V_A 전원의 양극에 있는 노드이므로 식 ②를 얻을 수 있다.

$$V_b = V_A = 20[\mathrm{V}] \qquad \cdots ②$$

(c) 슈퍼 노드에서 나가는 전류의 합이 0임을 이용하여 식 ③을 얻을 수 있다.

$$\frac{V_d - V_c}{R_3} + \frac{V_e - V_a}{R_4} = 0$$

$$\frac{V_d - V_c}{5} + \frac{V_e - 0}{4} = 0 \qquad \cdots ③$$

(d) 슈퍼 노드에서 $V_B = 5[\mathrm{V}]$의 전압 전원이 있는 것을 이용하여 식 ④를 얻을 수 있다.

$$V_d - V_e = 5 \qquad \cdots ④$$

(e) 식 ①과 식 ②를 합쳐서 정리하면 다음 식을 구할 수 있다.

$$\frac{20-V_c}{2}+\frac{V_d-V_c}{5}=\frac{V_c}{7}$$

$$700-35V_c+14V_d-14V_c=10V_c$$

$$700=59V_c-14V_d \qquad \cdots ⑤$$

식 ③과 식 ④를 합쳐서 정리하면 다음 식을 구할 수 있다.

$$\frac{V_c-V_d}{5}=\frac{V_d-5}{4}$$

$$4V_c-4V_d=5V_d-25$$

$$25=-4V_c+9V_d \qquad \cdots ⑥$$

식 ⑤와 식 ⑥을 연립하여 풀면, 다음과 같이 V_c, V_d를 구할 수 있다.

$$V_c=14\,[\mathrm{V}], \quad V_d=9\,[\mathrm{V}]$$

이 값을 식 ④에 넣으면 V_e는 다음과 같이 구해진다.

$$V_e=4\,[\mathrm{V}]$$

(f) [그림 4-9]는 각 저항에 흐르는 전류의 방향을 표시한 것이다.

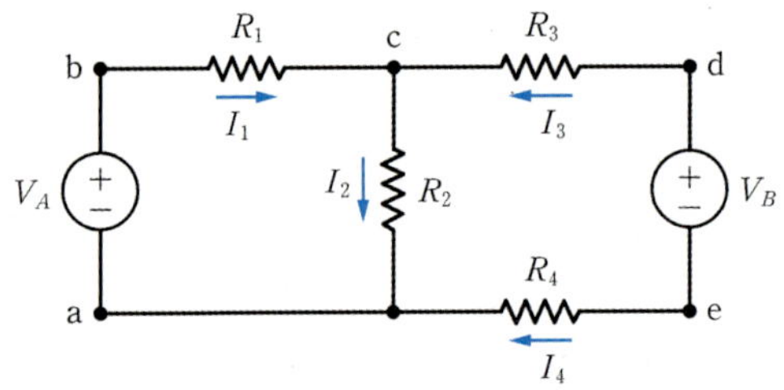

그림 4-9 [그림 4-8]의 전류 방향 표시

옴의 법칙을 이용하여 각 저항에 흐르는 전류를 구할 수 있다.

$$I_1=\frac{V_b-V_c}{R_1}=\frac{20-14}{2}=3\,[\mathrm{A}]$$

$$I_2=\frac{V_c-V_a}{R_2}=\frac{14-0}{7}=2\,[\mathrm{A}]$$

$$I_3=\frac{V_d-V_c}{R_3}=\frac{9-14}{5}=-1\,[\mathrm{A}]$$

$$I_4=\frac{V_e-V_a}{R_4}=\frac{4-0}{4}=1\,[\mathrm{A}]$$

종속 전원이 있는 경우의 노드 해석

회로에 종속 전원이 있는 경우에도 동일한 노드 해석을 할 수 있다. [그림 4-10]의 회로를 예시로 노드 해석을 진행해보자.

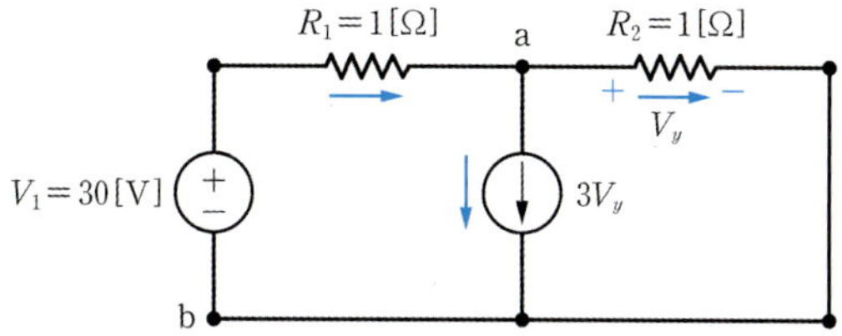

그림 4-10 종속 전원이 있는 회로

노드 b를 기준 노드로 정하고 노드 a에서 키르히호프 전류 법칙을 이용해서 식을 구하면 식 (4.12)를 구할 수 있고, 이를 정리하면 식 (4.13)과 같다.

$$\frac{30 - V_a}{1} = \frac{V_a - 0}{1} + 3V_y \tag{4.12}$$

$$V_a = V_y \tag{4.13}$$

두 식을 연립하여 풀면 $V_a = 6\,[\mathrm{V}]$다. R_1의 오른쪽으로 흐르는 전류는 $I_{R1} = \dfrac{30-6}{1} = 24\,[\mathrm{A}]$, R_2의 오른쪽으로 흐르는 전류는 $I_{R2} = \dfrac{6-0}{1} = 6\,[\mathrm{A}]$이다. 이와 같이 종속 전원이 있는 경우에도 종속 전원이 없는 경우와 마찬가지 방법으로 회로를 해석한다.

예제 4-4

다음 회로에서 $R_1 = 2\,[\Omega]$, $R_2 = 1\,[\Omega]$, $R_3 = 3\,[\Omega]$, $V_1 = 40\,[\mathrm{V}]$일 때, 주어진 물음에 답하라. 단, 노드 c를 기준 노드로 가정한다.

(a) 노드 a에서 노드 해석식을 구하라.
(b) 노드 b에서 노드 해석식을 구하라.
(c) 제약식을 구하라.
(d) 전압 V_a, V_b, V_y를 구하라.
(e) R_1, R_2의 오른쪽으로 흐르는 전류 I_1, I_2를 구하라.

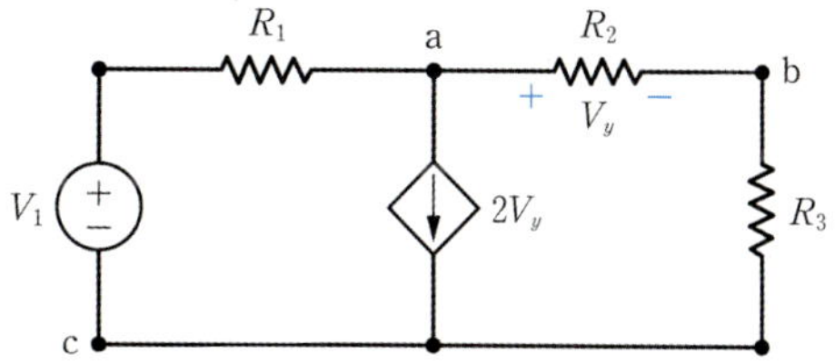

그림 4-11 [예제 4-4]의 회로

풀이

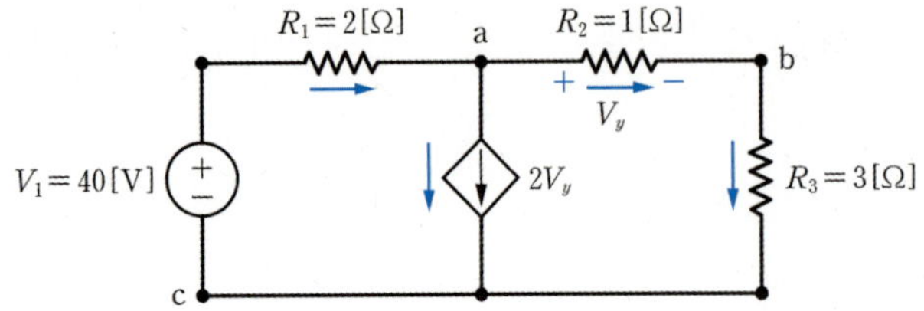

그림 4-12 [그림 4-11]의 전류 방향과 기준 전압의 표시

(a) 노드 a에서 [그림 4-12]와 같이 전류 방향을 정하고 식을 세우면 식 ①을 얻을 수 있다.

$$\frac{40 - V_a}{2} = 2V_y + \frac{V_a - V_b}{1} \quad \cdots ①$$

(b) 노드 a에서 [그림 4-12]와 같이 전류 방향을 정하고 식을 세우면 식 ②를 얻을 수 있다.

$$\frac{V_a - V_b}{1} = \frac{V_b - 0}{3} \quad \cdots ②$$

(c) 종속 전원과 관련된 제약식을 세우면 식 ③과 같다.

$$V_y = V_a - V_b \quad \cdots ③$$

(d) 식 ①과 식 ②를 정리하면 다음 식을 얻을 수 있다.

$$40 = 3V_a - 2V_b + 4V_y \quad \cdots ④$$
$$0 = 3V_a - 4V_b \quad \cdots ⑤$$

식 ④, ⑤와 식 ③을 연립하여 풀면 다음과 같이 V_a, V_b, V_y를 구할 수 있다.

$$V_a = 16[V], \quad V_b = 12[V], \quad V_y = 4[V]$$

(e) 옴의 법칙을 이용하여 각 저항에 흐르는 전류를 구할 수 있다.

$$I_1 = \frac{40 - 16}{2} = 12[A]$$

$$I_2 = \frac{16 - 12}{1} = 4[A]$$

LESSON

4.2 메시 해석

✔ 기본 개념 | 루프 | 메시 | 키르히호프의 전압 법칙 | 슈퍼 메시

1. 메시 해석의 기초

루프와 메시

소자가 연결되어서 하나의 닫힌 경로를 만드는 것을 회로의 **루프**loop라고 하며, 폐회로라고도 한다. 루프는 시작점과 끝점이 같고 같은 소자를 반복해서 지나지 않는 경로를 의미한다. [그림 4-13]의 회로에서 여러 개의 루프를 찾을 수 있다. 이 중에서 [그림 4-14]의 작은 세 개의 루프처럼 루프 안에 다른 루프가 없는 경우를 **메시**mesh라고 한다.

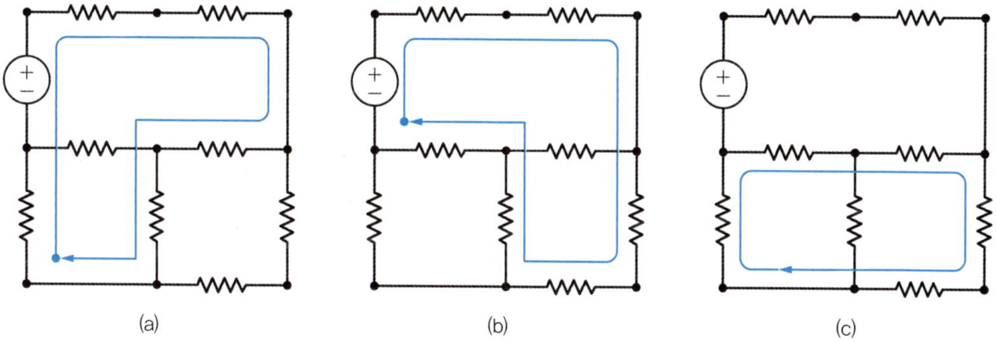

그림 4-13 회로의 루프

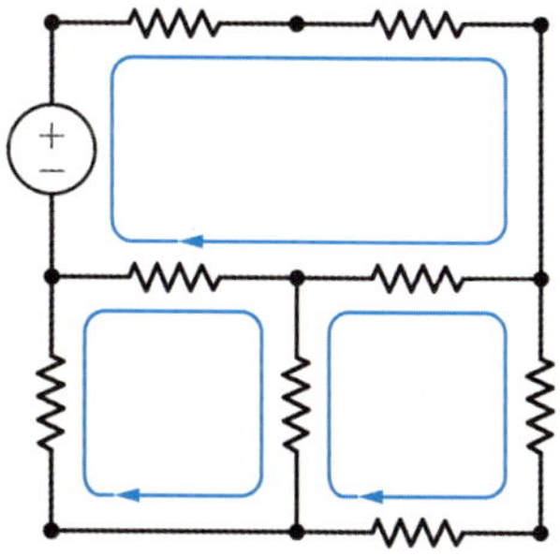

그림 4-14 회로의 메시

Basic check

[그림 4-8]의 회로에서 메시의 개수를 구하라.

답 2개

메시 해석 방법

메시 해석mesh analysis이란 메시에 키르히호프의 전압 법칙을 적용하여 해석하는 방법이다. 이 방법은 키르히호프의 전압 법칙을 적용해서 소자들에 흐르는 전류를 구하고 그 전류값으로부터 전압값을 구하는 순서로 진행된다.

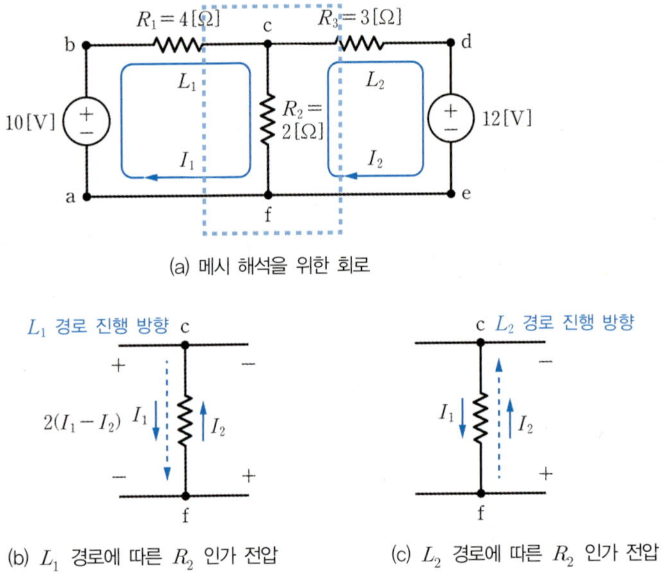

그림 4-15 메시 해석을 위한 회로 해석 방법

이를 이해하기 위해서 먼저 [그림 4-15(a)]의 회로를 예시로 살펴보자. 이 회로에서 메시를 찾아보면 L_1과 L_2 두 개의 메시를 찾을 수 있다. 이 메시에 흐르는 전류를 각각 I_1, I_2라 하자. 먼저 L_1을 따라서 키르히호프의 전압 법칙을 적용한다. 노드 a부터 시작하면, a에서 경로 L_1을 따라서 b로 이동하면 전압 전원에 의해서 10 [V]의 전압이 증가한다. 이제 b에서 c로 이동해보자. 저항에 인가된 전압은 그 저항에 흐르는 전류와 저항값의 곱으로 나타낸다.

$$\text{저항에 인가되는 전압} = (\text{저항에 흐르는 전류}) \times (\text{저항값}) \tag{4.14}$$

예를 들어, b와 c 사이에 있는 4 [Ω]의 저항 R_1에는 옴의 법칙에 의해서 $4I_1$의 전압이 인가된다.

이때 전류 I_1이 b에서 c로 흐르는 것으로 가정했으므로 b에서 c로 이동하면서 $2I_1$만큼 전압이 감소하는 것으로 볼 수 있다. 그러므로 a에서 b를 지나 c까지 이동했을 때, c의 전압은 $10-4I_1$이 된다.

이제 경로 L_1을 따라서 c에서 f로 이동했을 때의 전압 변화를 계산해보자. 이때 $2\,[\Omega]$의 저항 R_2에 흐르는 전류를 나타낼 때 주의해야 한다. R_2는 두 개의 메시 L_1과 L_2에 모두 포함된다. 그러므로 R_2에 흐르는 전류는 I_1과 I_2를 모두 사용하여 나타낸다. 현재 경로의 진행 방향과 동일한 전류가 흐른다고 가정하면, [그림 4-15(b)]와 같이 I_1은 현재 경로의 진행 방향과 동일하고 I_2는 현재 경로의 진행 방향과 반대이므로 R_2에 흐르는 전류는 $I_1 - I_2$로 나타낼 수 있다. 그러므로 R_2에 인가되는 전압은 $2(I_1 - I_2)$가 된다. 따라서 f까지 이동했을 때, f의 전압은 $10-4I_1-2(I_1-I_2)$가 된다. 노드 f는 a와 같으므로 처음 위치로 돌아온 것이 된다. 따라서 키르히호프의 전압 법칙에 의해 전압 변화는 다음 식과 같이 나타낼 수 있다.

$$10-4I_1-2(I_1-I_2)=0 \tag{4.15}$$

방금 진행한 회로 해석을 경로 L_2를 따라서 다시 진행해보자. 이번에는 노드 c부터 시작하여 경로 L_2를 따라서 d로 이동하자. $3\,[\Omega]$의 저항 R_3에는 옴의 법칙에 의해서 $3I_2$의 전압이 인가된다. 이때 전류 I_2가 c에서 d로 흐르는 것으로 가정했으므로 c에서 d로 이동하면서 $3I_2$만큼 전압이 감소하는 것으로 볼 수 있다. 이제 d에서 e로 이동해보자. $12\,[\text{V}]$의 전압 전원의 양극 노드에서 음극 노드로 이동했으므로 $12\,[\text{V}]$만큼 감소한다. 그러므로 c에서 d를 지나 e까지 이동했을 때, e의 전압은 $-3I_2-12$가 된다. 이제 e와 f는 같은 노드이므로 전압 변화가 없다.

마지막으로 f에서 e로 이동해보자. 현재 경로 L_2의 진행 방향과 동일한 전류가 흐른다고 가정하면, [그림 4-15(c)]와 같이 I_1은 현재 경로의 진행 방향과 반대이고 I_2는 현재 경로의 진행 방향과 같은 방향이므로 R_2에 흐르는 전류는 $I_2 - I_1$으로 나타낼 수 있다. 그러므로 R_2에 인가되는 전압은 $2(I_2-I_1)$이 된다. 따라서 c까지 이동했을 때, c의 전압은 $-3I_2-12-2(I_2-I_1)$이 된다. 처음 노드인 c로 돌아왔으므로 키르히호프의 전압 법칙에 의해서 전압 변화는 다음 식과 같이 나타낼 수 있다.

$$-3I_2-12-2(I_2-I_1)=0 \tag{4.16}$$

각각의 메시에서 구한 식 (4.15)와 식 (4.16)을 정리하면 다음과 같다.

$$10=6I_1-2I_2 \tag{4.17}$$

$$-12=-2I_1+5I_2 \tag{4.18}$$

이 두 식을 연립하여 풀면 다음과 같이 I_1, I_2를 구할 수 있다.

$$I_1 = 1\,[\mathrm{A}], \quad I_2 = -2\,[\mathrm{A}]$$

이렇게 L_1과 L_2 메시에 흐르는 전류를 각각 구할 수 있다. 이제 각 소자에 흐르는 전류와 인가되는 전압을 모두 구할 수 있다. 예를 들어, 노드 b에서 c 방향으로 R_1에 흐르는 전류는 L_1에 흐르는 전류와 동일하므로 1 [A]가 된다. c에서 f 방향으로 R_2에 흐르는 전류는 $I_1 - I_2 = 1-(-2) = 3\,[\mathrm{A}]$가 된다. d에서 c 방향으로 R_3에 흐르는 전류는 L_2에 흐르는 전류와 같으므로 $-2\,[\mathrm{A}]$다. 만약 c에서 d 방향으로 R_2에 흐르는 전류를 구한다면 2 [A]가 된다. a에서 b로 10 [V]의 전압 전원에 흐르는 전류도 L_1에 흐르는 전류와 동일하므로 1 [A]가 된다.

각 소자에 인가되는 전압도 모두 구할 수 있다. 예를 들어, R_1에 인가되는 전압은 I_1R_1으로 계산되어서 b를 양, a를 음의 방향으로 가정했을 때 4 [A]가 된다. R_2에 인가되는 전압은 $(I_1 - I_2)R_2$로 계산되어 c를 양, f를 음의 방향으로 가정했을 때 6 [V]가 된다.

Basic check

[그림 4-15(a)]의 회로에서 노드 e에서 d로 12 [V]의 전압 전원에 흐르는 전류값을 구하라.

답 I_2와 반대 방향이므로 2 [A]이다.

Basic check

[그림 4-15(a)]의 회로에서 R_3에 인가되는 전압의 크기를 구하라. 단, 노드 d를 양의 방향으로 c를 음의 방향으로 가정한다.

답 d에서 c로 흐르는 전류는 $-I_2$이므로 R_3에 인가되는 전압은 $-I_2R_3 = -(-2\,[\mathrm{A}])\,3\,[\Omega] = 6\,[\mathrm{V}]$이다.

예제 4-5

다음 회로에서 $R_1 = 3[\Omega]$, $R_2 = 2[\Omega]$, $R_3 = 1[\Omega]$일 때, 전류 I_x와 전압 V_y를 구하라.

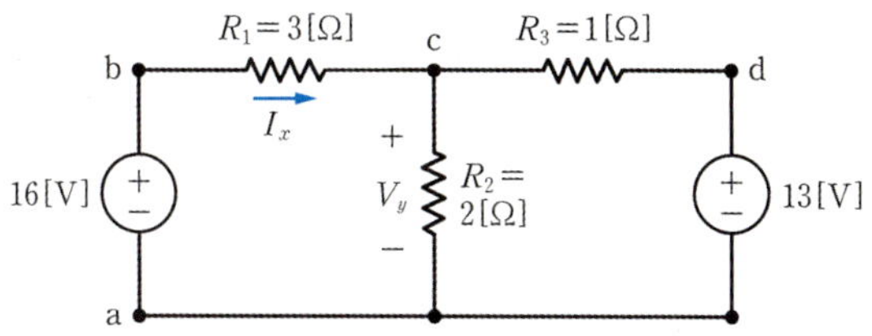

그림 4-16 [예제 4-5]의 회로

풀이

메시 해석을 위해서 [그림 4-17]과 같이 메시를 설정한다.

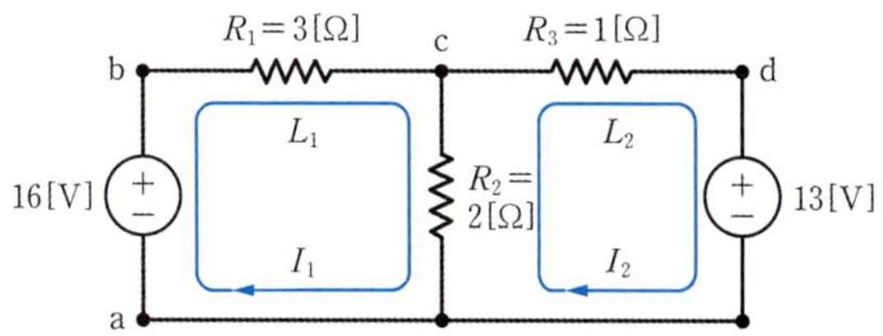

그림 4-17 [예제 4-5]의 풀이 회로

L_1 메시에서 키르히호프의 전압 법칙을 적용하면 다음과 같다.

$$16 - 3I_1 - 2(I_1 - I_2) = 0$$

L_2 메시에 노드 c에서부터 키르히호프의 전압 법칙을 적용하면 다음과 같다.

$$-I_2 - 13 - 2(I_2 - I_1) = 0$$

두 식을 연립하여 풀면, 다음과 같이 I_1, I_2를 구할 수 있다.

$$I_1 = 2\,[\mathrm{A}], \quad I_2 = -3\,[\mathrm{A}]$$

구해진 값들을 이용하여 I_x와 V_y는 다음과 같이 구할 수 있다.

$$I_x = I_1 = 2\,[\mathrm{A}]$$
$$V_y = 2(I_1 - I_2) = 2(2 - (-3)) = 10\,[\mathrm{V}]$$

예제 4-6

다음 회로에서 $R_1 = 2[\Omega]$, $R_2 = 1[\Omega]$, $R_3 = 1[\Omega]$, $R_4 = 2[\Omega]$, $V_1 = 4[\text{V}]$, $V_2 = 2[\text{V}]$일 때, 전류 I_x와 전압 V_y를 구하라.

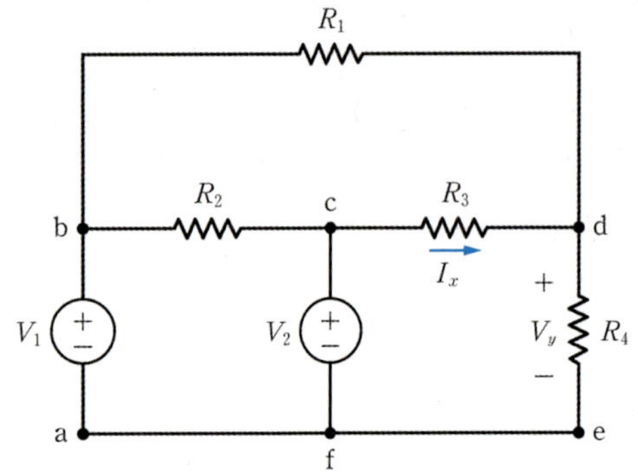

그림 4-18 [예제 4-6]의 회로

풀이

메시 해석을 위해서 [그림 4-19]와 같이 메시에 흐르는 전류를 설정한다.

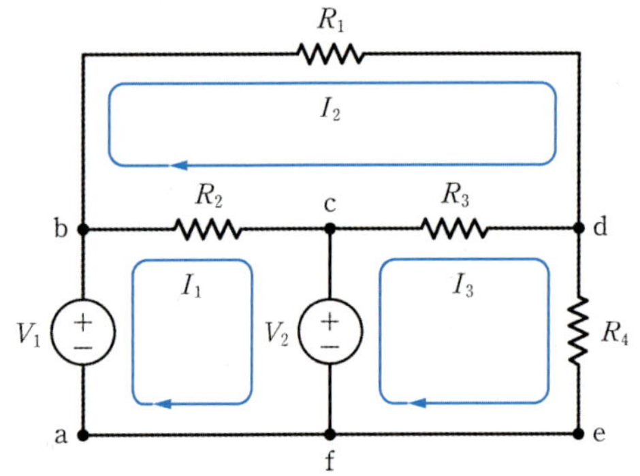

그림 4-19 [예제 4-6]의 풀이 회로

각각의 메시에 키르히호프의 전압 법칙을 적용하면 다음과 같다.

$$4 - 1(I_1 - I_2) + 2 = 0$$
$$-2I_2 - 1(I_2 - I_3) - 1(I_2 - I_1) = 0$$
$$2 - 1(I_3 - I_2) - 2I_3 = 0$$

각각의 메시에서 구한 식을 정리하면 다음과 같다.

$$2 = I_1 - I_2$$
$$0 = -I_1 + 4I_2 - I_3$$
$$2 = -I_2 + 3I_3$$

세 식을 연립하여 풀면, 다음과 같이 I_1, I_2, I_3를 구할 수 있다.

$$I_1 = 3\,[\mathrm{A}], \quad I_2 = 1\,[\mathrm{A}], \quad I_3 = 1\,[\mathrm{A}]$$

구해진 값들을 이용하여 I_x와 V_y는 다음과 같이 구할 수 있다.

$$I_x = I_3 - I_2 = 1 - 1 = 0\,[\mathrm{A}]$$
$$V_y = 2I_3 = 2\,[\mathrm{V}]$$

2. 메시 해석의 응용

전류 전원이 있는 경우의 메시 해석

일반적으로 메시 해석은 메시의 경로에 있는 소자에 인가되는 전압을 더하거나 빼는 방식으로 식을 세운다. 그러나 경로에 전류 전원이 포함되면 다르게 해석을 진행해야 한다. 예를 들어, [그림 4-20]처럼 L_2 메시의 경로에 전류 전원이 있는 경우를 생각해보자. 전류 전원이 있으면 그 인가된 전압을 바로 알기 어렵다. 그러므로 전류 전원이 있는 메시는 해석을 하지 않는다. 대신에 L_2에 흐르는 전류 I_2가 1 [A]라는 것을 알 수 있다.

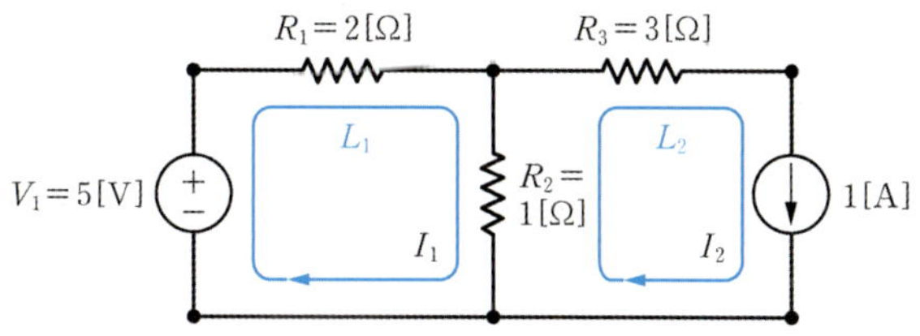

그림 4-20 전류 전원이 있는 경우의 메시 해석을 위한 회로

예제 4-7

다음 회로에서 $R_1 = 2\,[\Omega]$, $R_2 = 1\,[\Omega]$, $R_3 = 3\,[\Omega]$, $I_A = 1\,[\mathrm{A}]$, $V_B = 8\,[\mathrm{V}]$일 때, 전류 I_1, I_2와 전압 V_y를 구하라.

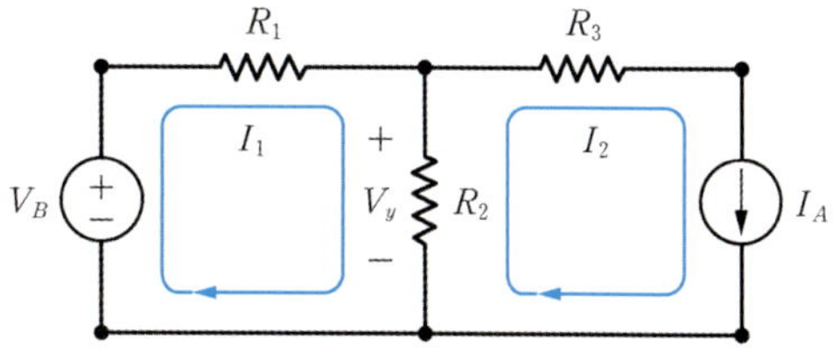

그림 4-21 [예제 4-7]의 회로

풀이

I_1이 흐르는 메시에서 키르히호프의 전압 법칙을 적용하면 다음과 같다.

$$8 - 2I_1 - 1(I_1 - I_2) = 0$$

I_2가 흐르는 메시에서는 전류 전원이 있으므로 키르히호프의 전압 법칙을 적용하지 않는 대신, $I_2 = 1\,[\text{A}]$임을 알 수 있다. 이를 앞의 식에 대입하면 $I_1 = 3\,[\text{A}]$임을 알 수 있다.
R_2에 흐르는 전류는 $I_1 - I_2$이므로 $2\,[\text{A}]$다. 따라서 $V_y = 1(I_1 - I_2) = 2\,[\text{V}]$이다.

슈퍼 메시를 이용한 메시 해석

앞서 살펴본 것처럼 전류 전원이 있는 경우에는 키르히호프의 전압 법칙을 이용한 메시 해석을 적용하기가 어렵다. [예제 4-7]은 간단한 회로이므로 비교적 쉽게 문제가 해결되었지만 좀 더 복잡한 회로에서는 더 체계적인 풀이 방법이 필요하다. 이때는 회로의 전류 전원을 피해서 커다란 루프의 경로를 따라서 키르히호프의 전압 법칙을 적용하면 되는데, 이 커다란 루프를 슈퍼 메시라고 한다.

슈퍼 메시를 적용해야 하는 [그림 4-22]의 회로를 해석해보자. L_1과 L_3 메시는 $3\,[\text{A}]$의 전류 전원을 포함하고 있기 때문에 키르히호프의 전압 법칙을 적용하지 않는다.

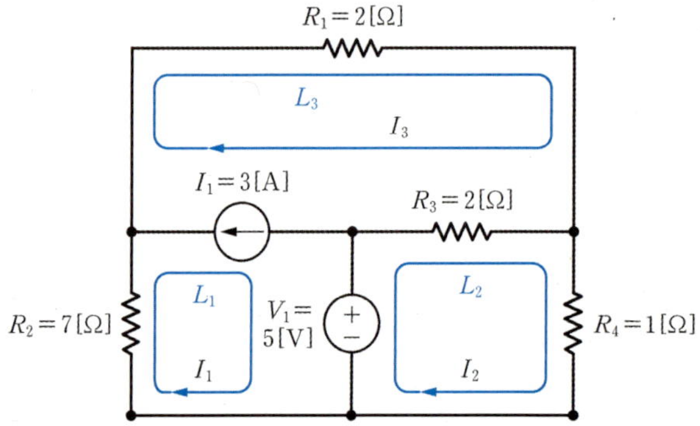

그림 4-22 슈퍼 메시를 적용해야 하는 회로

대신 [그림 4-23]과 같이 커다란 슈퍼 메시를 만들어서 이 경로를 따라서 키르히호프의 전압 법칙을 적용한다.

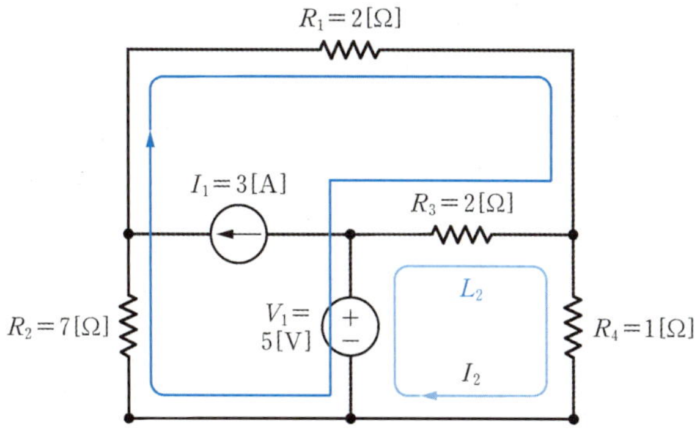

그림 4-23 [그림 4-22]에 적용한 슈퍼 메시

이 슈퍼 메시에서 식을 세우면 식 (4.19)를 얻을 수 있다.

$$-7I_1 - 2I_3 - 2(I_3 - I_2) - 5 = 0 \tag{4.19}$$

또한 3[A]의 전류 전원에서 다음과 같은 하나의 제약식을 얻을 수 있다.

$$3 = I_3 - I_1 \tag{4.20}$$

이와 함께 L_2에서 구해진 다음 식을 통해서 회로를 해석할 수 있다.

$$5 - 2(I_2 - I_3) - 1I_2 = 0 \tag{4.21}$$

앞의 세 식을 연립하여 풀면 다음과 같이 I_1, I_2, I_3를 얻을 수 있다.

$$I_1 = -1[A], \quad I_2 = 3[A], \quad I_3 = 2[A]$$

종속 전원이 있는 경우의 메시 해석

회로에 종속 전원이 있는 경우에도 동일한 방법으로 메시 해석을 할 수 있다. [그림 4-24]의 회로를 예시로 메시 해석을 진행해보자.

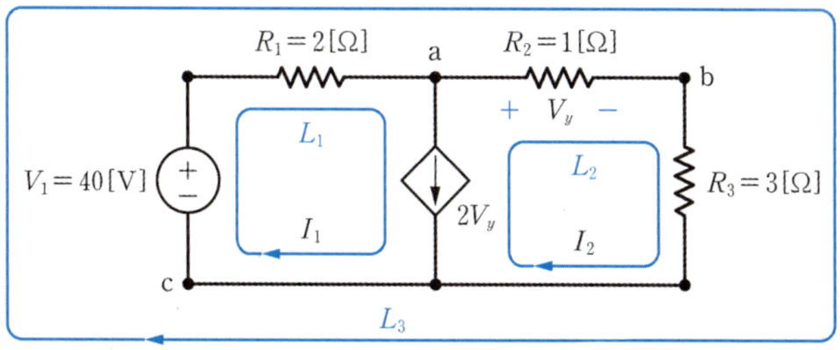

그림 4-24 종속 전원이 있는 회로

회로의 가운데에 전류 전원이 있어서 양쪽 메시 L_1, L_2 모두에서 메시 해석을 적용하기 어렵다. 따라서 슈퍼 메시 L_3를 적용하여 해석한다. 노드 c부터 시작하여 키르히호프의 전압 법칙을 적용하면 식 (4.22)를 얻을 수 있다.

$$40 - 2I_1 - 1I_2 - 3I_2 = 0 \tag{4.22}$$

그리고 전류 전원에서 제약식을 세우면 다음과 같다.

$$I_1 - I_2 = 2V_y \tag{4.23}$$

$$V_y = 1I_2 \tag{4.24}$$

앞의 세 식을 연립하여 풀면, 다음과 같이 I_1, I_2를 구할 수 있다.

$$I_1 = 12\,[\mathrm{A}], \quad I_2 = 4\,[\mathrm{A}]$$

LESSON 4.3

노드 해석과 메시 해석의 비교

✓ 기본 개념 | 노드 해석 | 메시 해석

회로를 해석할 때 노드 해석과 메시 해석 중에 어느 것이 더 편리할까? 단순히 결정짓기는 어렵다. 두 해석 방법을 비교하기 위해 [그림 4-25(a)]의 회로를 살펴보자. 먼저 노드 해석을 한다고 생각해보자. 총 9개의 노드가 있고, 이 중에서 d를 기준 노드로 정하면 d에서는 노드 해석식을 세우지 않아도 되어서 8개의 노드 해석식을 세워야 한다. 하지만 메시 해석을 한다면 L_1, L_2, L_3 세 개의 메시에서 세 개의 식을 세우면 된다. 이렇게 보면 메시 해석이 편리해 보인다. 일반적으로 직렬 연결된 소자들이 많으면 메시 해석이 좀 더 간편한 경우가 많고, 회로가 여러 가지로 나누어지는 분기가 많으면 노드 해석이 더 간편한 경우가 많다.

하지만 예외적인 경우도 많다. [그림 4-25(a)]를 좀 더 자세히 살펴보자. 노드 a와 e의 전압은 전압 전원에 의해서 간단한 식으로 정해진다. 따라서 특별히 복잡한 노드 해석이 필요 없고 바로 식을 세워 간단하게 그 노드의 전압을 알 수 있다. 그렇다면 나머지 노드인 b, c, f, g, h, j에서 여섯 개의 식을 세워야 한다. 하지만 a와 b 사이의 저항과 b와 c 사이의 저항이 직렬 연결이기 때문에 이를 하나의 합성 저항으로 간단하게 줄여서 나타낼 수 있다. 비슷한 방식으로 합성 저항으로 표시하면 [그림 4-25(b)]처럼 회로가 간단해지고 c, f, h의 세 개의 노드에서만 식을 세워도 된다. 만약 a와 c, c와 f 사이의 저항을 하나로 나타낸다면 두 개의 식만 세워도 된다. 이와 같이 회로 해석을 할 때, 경우에 따라 편리한 해석 방법이 달라진다. 그러므로 주어진 회로나 상황에 따라 편리한 방식으로 회로를 해석하면 된다.

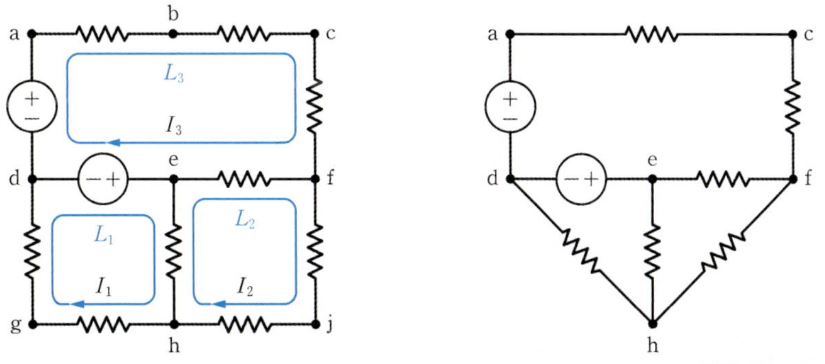

(a) 노드 해석과 메시 해석의 비교를 위한 회로 (b) 단순화된 회로

그림 4-25 노드 해석과 메시 해석의 비교

노드 해석과 메시 해석의 동시 사용

회로를 해석할 때 노드 해석과 메시 해석 꼭 둘 중 하나의 방식으로 회로를 해석해야 하는 것은 아니다. 일부분은 노드 해석으로 일부분은 메시 해석으로 진행할 수 있다. 단, 이 경우에 회로에 제시되는 모든 소자가 노드 해석이나 메시 해석에 포함되어야 한다.

Basic check

다음 회로에서 노드 해석을 위해서 필요한 식의 개수와 메시 해석을 위해 필요한 식의 개수를 구하라.

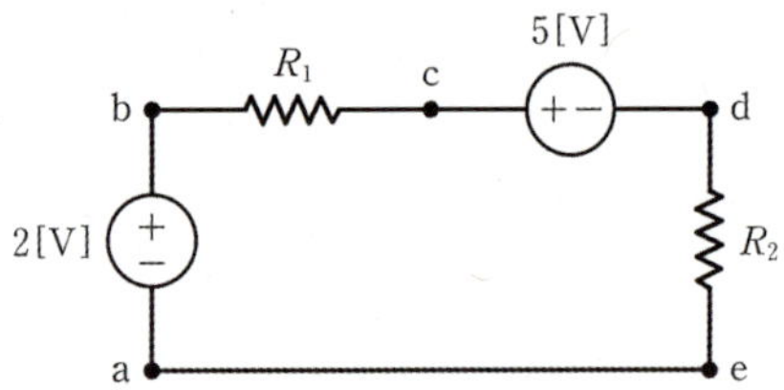

그림 4-26 노드 해석과 메시 해석의 비교를 위한 회로

답 a와 e는 같은 노드이므로 노드의 개수는 총 4개이다. 그러므로 a를 제외한 3개의 노드에서 식을 세우면 된다. 메시는 하나만 있으므로 1개의 식을 세우면 된다.

∴ 노드 해석 3개, 메시 해석 1개

CHAPTER 04

개념복습

개념 정리하기

구분	노드 해석	메시 해석
적용 방법	개별 노드에서 키르히호프 전류 법칙 적용	개별 메시에서 키르히호프 전압 법칙 적용
식의 개수	노드의 개수 − 1	메시의 개수
저항 관련 식	저항의 전류 = 전압차 / 저항	저항의 전압 = 저항에 흐르는 전류 × 저항
전류 전원	전류 전원 값 그대로 활용	전류 전원을 피해서 슈퍼 메시 활용
전압 전원	전압 전원을 포함한 슈퍼 노드 활용	전압 전원 값 그대로 활용
편리한 경우	여러 갈래로 나누어지는 분기가 많은 회로	직렬 연결된 소자가 많은 회로

개념 점검하기 다음 문제에서 옳은 것을 골라라.

(1) 노드 해석은 개별 노드에서 키르히호프의 (전류, 전압) 법칙을 적용한다.

(2) 노드 해석을 위해 필요한 식의 개수는 (노드의 개수, 노드의 개수 −1)이다.

(3) 노드 해석에서 (전류, 전압) 전원과 연결된 노드를 다룰 때 활용한다.

(4) 메시 해석은 개별 메시에서 키르히호프의 (전류, 전압) 법칙을 적용한다.

(5) 메시 해석에서 전류 전원이 있는 경우는 전류 전원을 피하는 닫힌 경로인 슈퍼 (노드, 메시)를 활용한다.

(6) 노드 해석에서 저항에 흐르는 전류는 저항의 전압차를 (저항값으로 나누어, 저항값을 곱해서) 구한다.

(7) 메시 해석에서 저항에 인가되는 전압차는 저항에 흐르는 전류를 (저항값으로 나누어, 저항값을 곱해서) 구한다.

CHAPTER 04

연습문제

기본 문제

4.1 다음 회로에서 $R_1 = 1\,[\Omega]$, $R_2 = 2\,[\Omega]$, $R_3 = 1\,[\Omega]$, $V_A = 6\,[\text{V}]$, $V_B = 1\,[\text{V}]$일 때, 주어진 물음에 답하라.

(a) 전류 I_1, I_2를 노드 해석을 적용하여 구하라.

(b) 전류 I_1, I_2를 메시 해석을 적용하여 구하라.

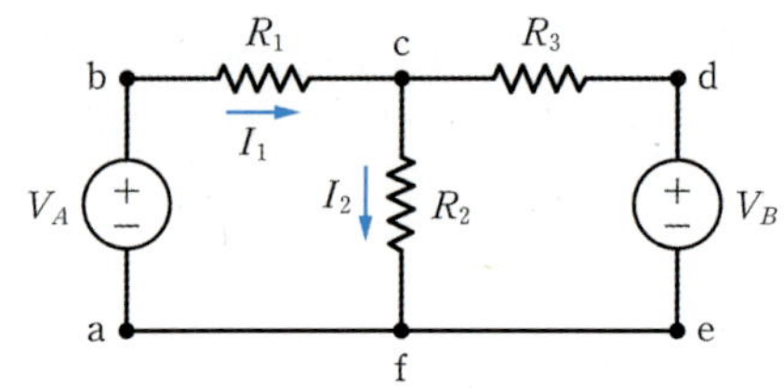

그림 4-27

4.2 다음 회로에서 $R_1 = 1\,[\Omega]$, $R_2 = 2\,[\Omega]$, $R_3 = 1\,[\Omega]$, $R_4 = 2\,[\Omega]$, $R_5 = 1\,[\Omega]$, $V_A = 7\,[\text{V}]$, $V_B = 6\,[\text{V}]$일 때, 주어진 물음에 답하라.

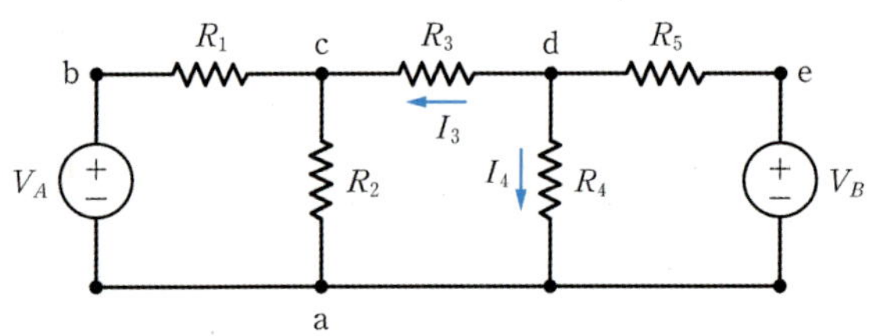

그림 4-28

(a) 전류 I_3, I_4를 노드 해석을 적용하여 구하라.

(b) 전류 I_3, I_4를 메시 해석을 적용하여 구하라.

4.3 다음 회로에서 $R_1 = 1\,[\Omega]$, $R_2 = 3\,[\Omega]$, $R_3 = 1\,[\Omega]$, $V_A = 5\,[\text{V}]$, $I_B = 1\,[\text{A}]$일 때, 전류 I_1과 전압 V_2를 구하라.

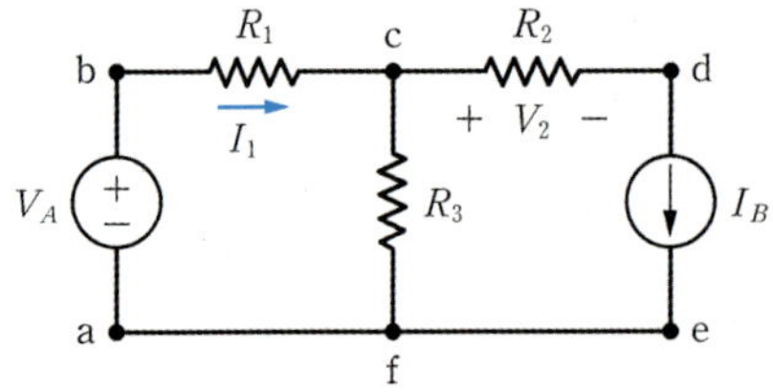

그림 4-29

4.4 다음 회로에서 $R_1 = 2\,[\Omega]$, $R_2 = 4\,[\Omega]$, $V_A = 16\,[\text{V}]$, $I_B = 2\,[\text{A}]$일 때, I_1이 $3\,[\text{A}]$가 되도록 하는 저항 R_3를 구하라.

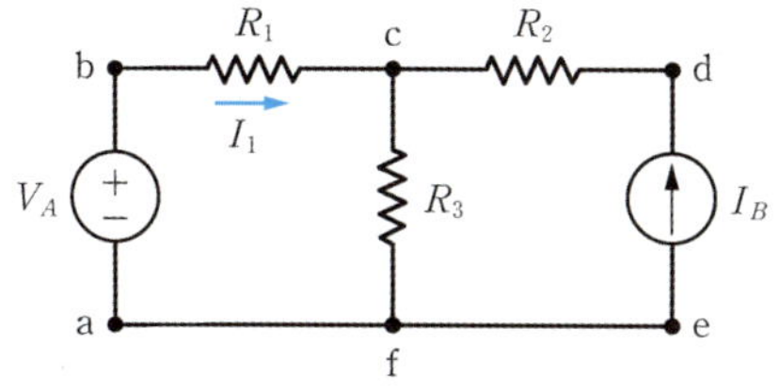

그림 4-30

4.5 다음 회로에서 $R_1 = 2\,[\Omega]$, $R_2 = 4\,[\Omega]$, $R_3 = 1\,[\Omega]$, $V_A = 12\,[\text{V}]$, $V_B = 4\,[\text{V}]$, $V_C = 6\,[\text{V}]$일 때, 전류 I_1을 구하라.

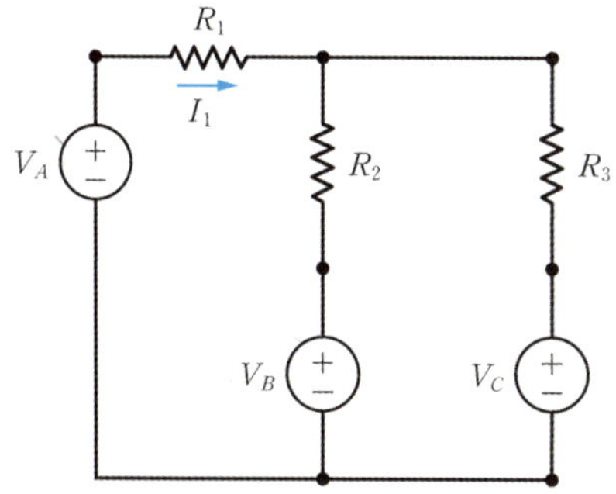

그림 4-31

4.6 다음 회로에서 $R_1 = 6\,[\Omega]$, $R_2 = 2\,[\Omega]$, $V_A = 20\,[\text{V}]$, $V_B = 4\,[\text{V}]$일 때, 전류 I_1과 전압 V_2를 구하라.

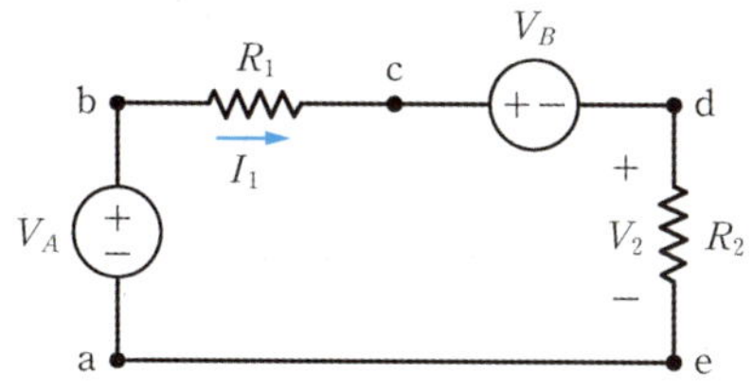

그림 4-32

4.7 다음 회로에서 $R_1 = 2\,[\Omega]$, $R_2 = 0.5\,[\Omega]$, $R_3 = 1.5\,[\Omega]$, $R_4 = 1\,[\Omega]$, $R_5 = 1\,[\Omega]$, $R_6 = 4\,[\Omega]$, $V_A = 9\,[\mathrm{V}]$, $V_B = 20\,[\mathrm{V}]$일 때, R_1에서 소모되는 전력 P를 구하라.

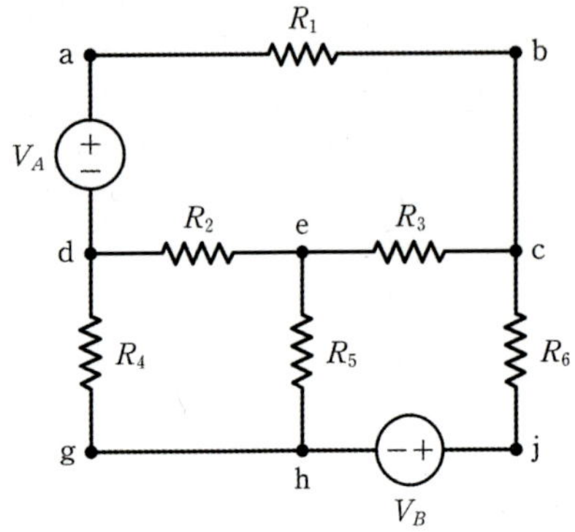

그림 4-33

4.8 다음 회로에서 $R_1 = 1\,[\Omega]$, $R_2 = 2\,[\Omega]$, $R_3 = 2\,[\Omega]$, $I_1 = 6\,[\mathrm{A}]$, $I_2 = 8\,[\mathrm{A}]$일 때, 전류 I_A를 구하라.

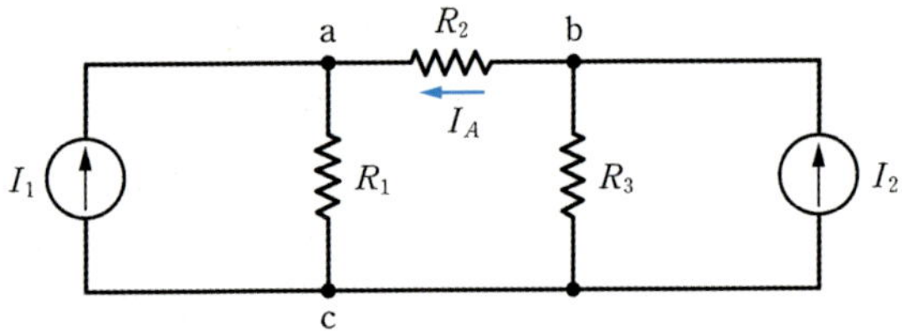

그림 4-34

4.9 다음 회로에서 $R_1 = 5\,[\Omega]$, $R_2 = 2\,[\Omega]$, $R_3 = 1\,[\Omega]$, $I_0 = 10\,[\mathrm{A}]$일 때, 전압 V_3를 구하라.

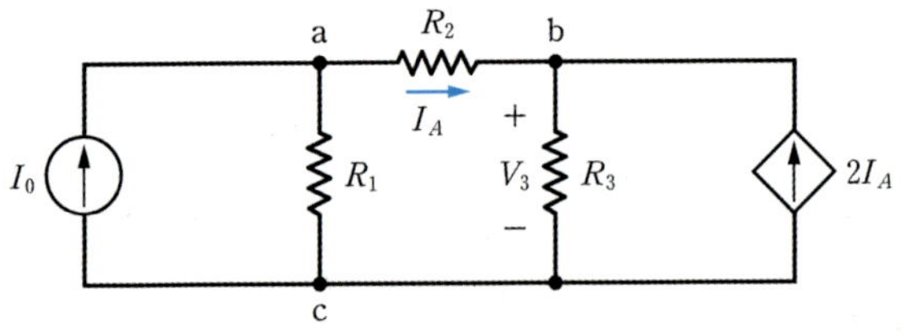

그림 4-35

도전 문제

4.10 다음 회로에서 $V_s = 20\,[\mu\text{V}]$, $R_1 = 100\,[\Omega]$, $R_2 = 1\,[\text{k}\Omega]$일 때, 전압 V_2를 구하라.

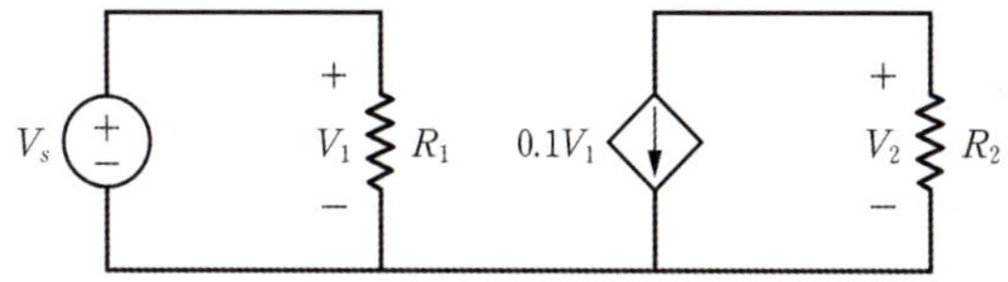

그림 4-36

4.11 다음 회로에서 전류 I_y를 구하라.

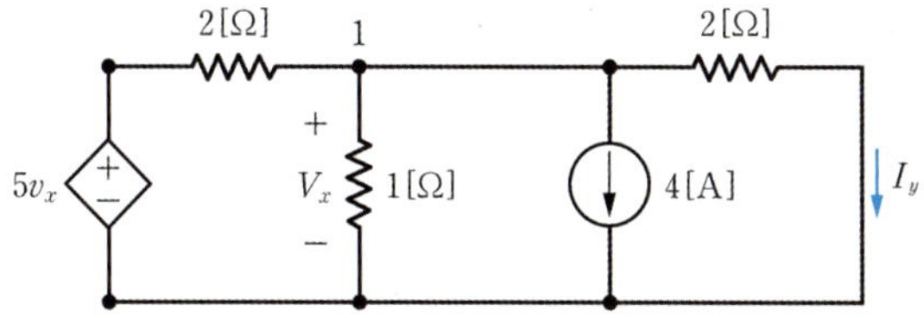

그림 4-37

4.12 다음은 $V^2 = IR$의 관계를 가지는 비선형 저항으로 이루어진 회로이다. $V_0 = 7\,[\text{V}]$, $R_1 = 5\,[\Omega]$, $R_2 = 4\,[\Omega]$, $R_3 = 1\,[\Omega]$일 때, 전압 V_a와 전류 i_x를 구하라. 단, V_0의 음극을 기준 전압 노드로 가정한다.

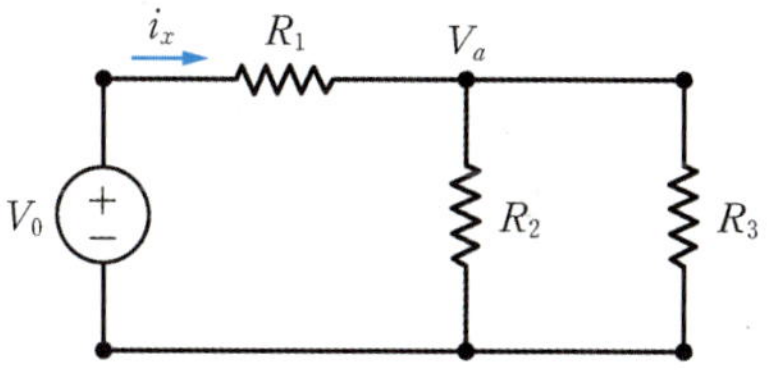

그림 4-38

기출 문제

4.13 다음 회로에서 $I_1 + I_2 - I_3\,[\text{A}]$는? (2019 지방공무원 9급)

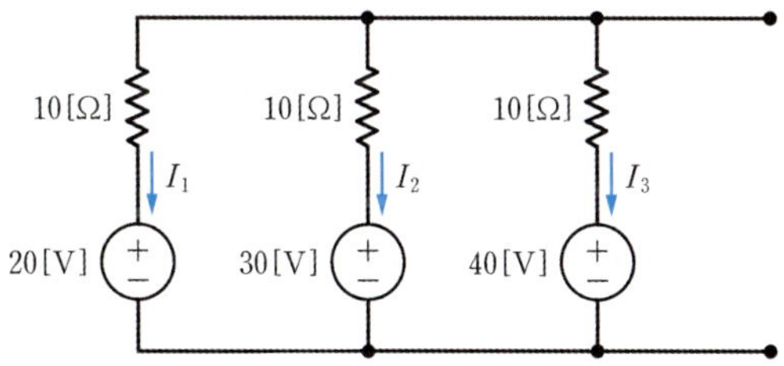

그림 4-39

① 1 ② 2 ③ 3 ④ 4

4.14 다음 회로에서 20[Ω]에 흐르는 전류 $I = 0$[A]가 되도록 하는 전류원 I_s[A]는? (2019 지방공무원 9급)

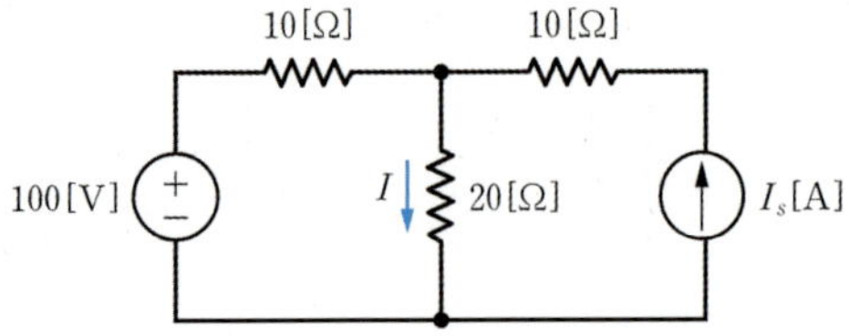

그림 4-40

① 10 ② 15 ③ 20 ④ 25

4.15 다음 회로에서 저항 R[Ω]은? 단, $V = 3.5$[V]다. (2017 지방공무원 9급)

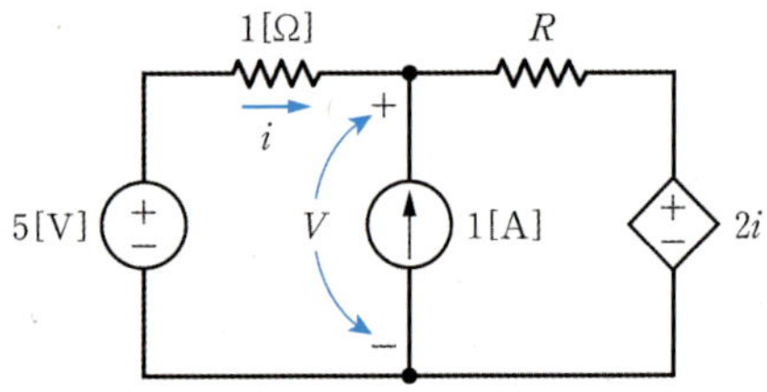

그림 4-41

① 0.1 ② 0.2 ③ 1.0 ④ 1.5

4.16 다음 회로에서 3[Ω]에 흐르는 전류 I[A]는? (2012 지방공무원 9급)

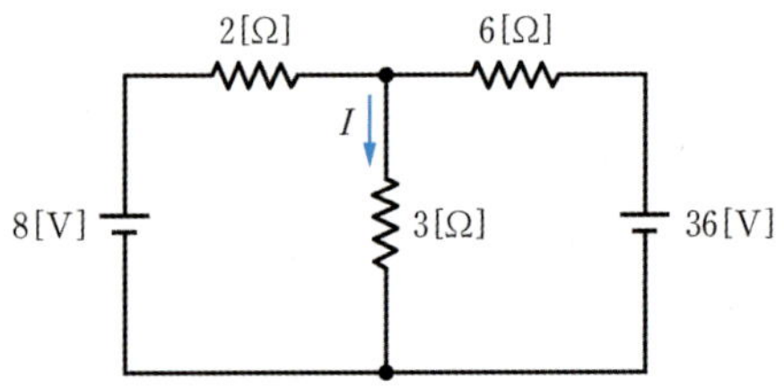

그림 4-42

① 1 ② 10/3 ③ 4 ④ 13/3

4.17 다음 회로에서 V_o의 전압[V]은? (2012 지방공무원 9급)

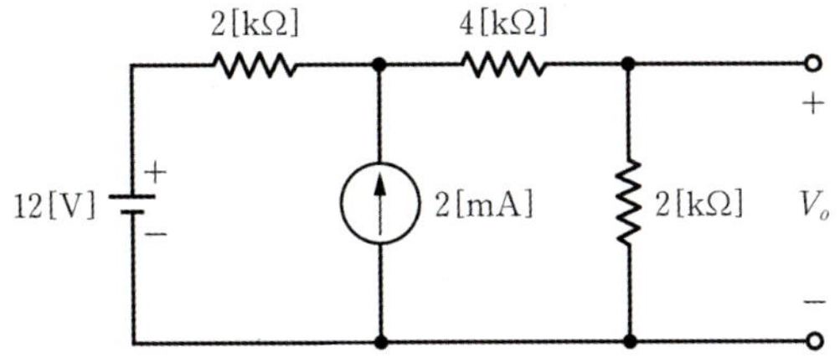

그림 4-43

① 1　　② 2　　③ 4　　④ 8

4.18 다음 회로의 두 전압원(능동 소자) 120[V], 30[V]에서 각각의 전력[W]은? 단, 전압원에서 공급 또는 발생하는 전력은 양수(+)이고, 소비 또는 흡수하는 전력은 음수(−)이다. (2022 전기공사기사 필기)

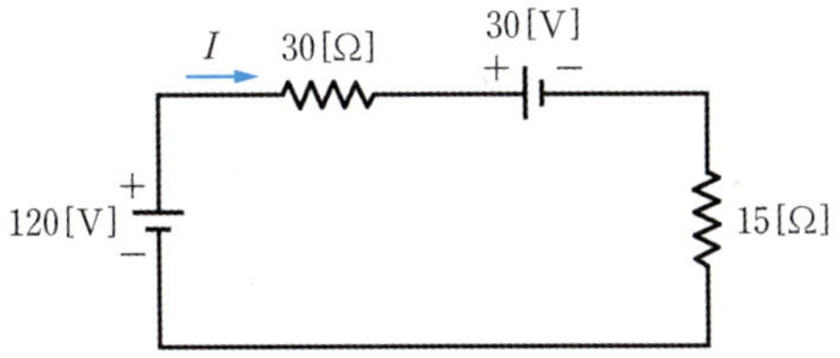

그림 4-44

① 240, 60　　② 240, −60　　③ −240, 60　　④ −240, −60

4.19 다음 회로에서 3[Ω]에 흐르는 전류 I[A]는? (2022 전기공사기사 필기)

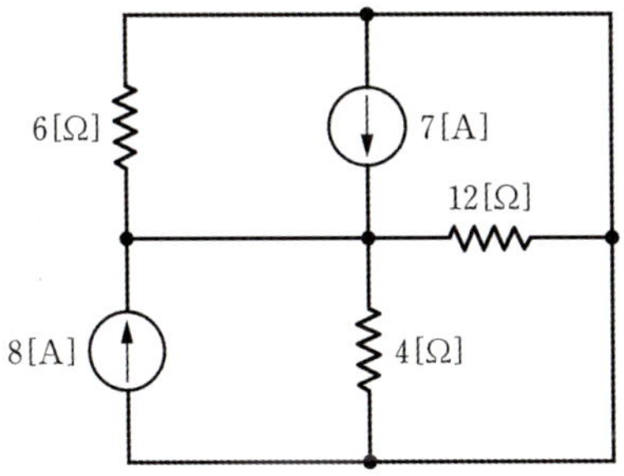

그림 4-45

① 2.5　　② 5　　③ 7.5　　④ 10

4.20 다음 회로에서 $1\,[\Omega]$에 흐르는 전류 $I\,[\mathrm{A}]$는? (2021 전기공사기사 필기)

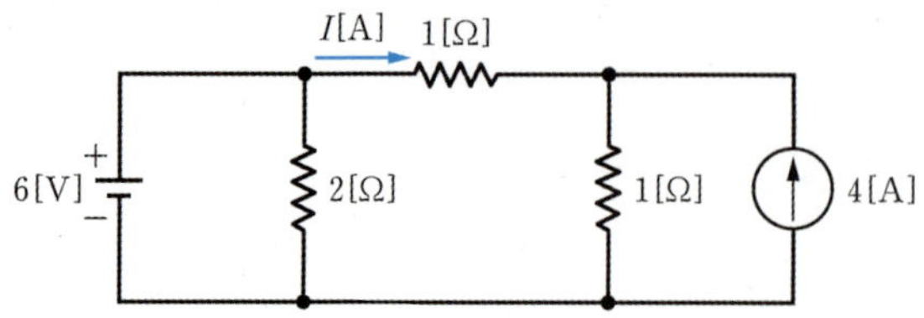

그림 4-46

① 3 ② 2 ③ 1 ④ −1

4.21 다음 회로에서 $0.5\,[\Omega]$의 양단 전압[V]은? (2020 전기공사기사 필기)

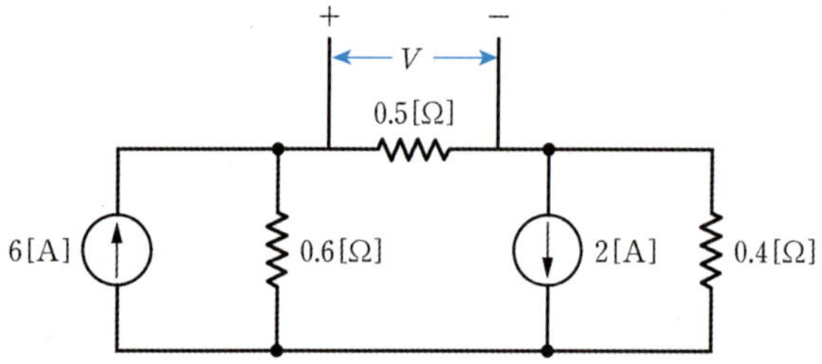

그림 4-47

① 0.6 ② 0.93 ③ 1.47 ④ 1.5

4.22 다음 회로에서 전류 $I_x\,[\mathrm{A}]$는? (2021 국가공무원 9급)

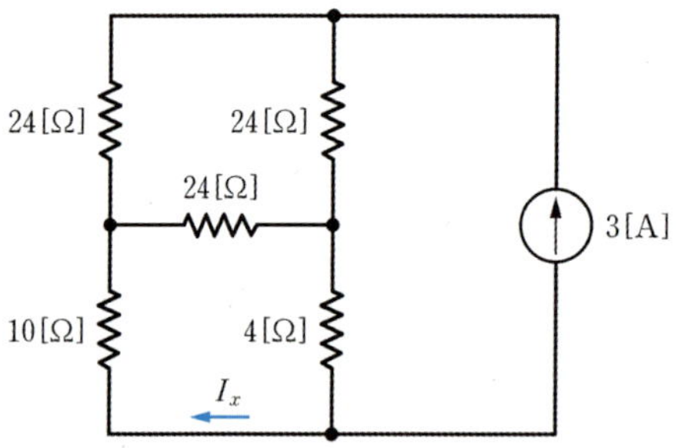

그림 4-48

① −0.6 ② −1.2 ③ 0.6 ④ 1.2

4.23 다음 회로에서 $4[\Omega]$ 저항의 소비 전력[W]은? (2019 국가공무원 9급)

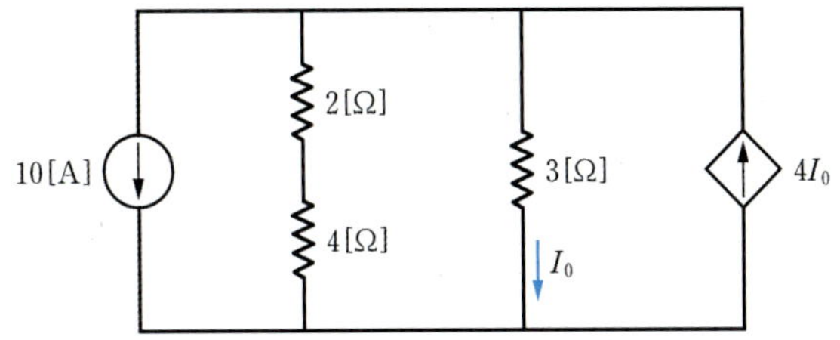

그림 4-49

① 4 ② 8 ③ 12 ④ 16

4.24 다음 회로에서 저항 R_1 양단의 전압 V_{R1}[V]은? (2017 국가공무원 9급)

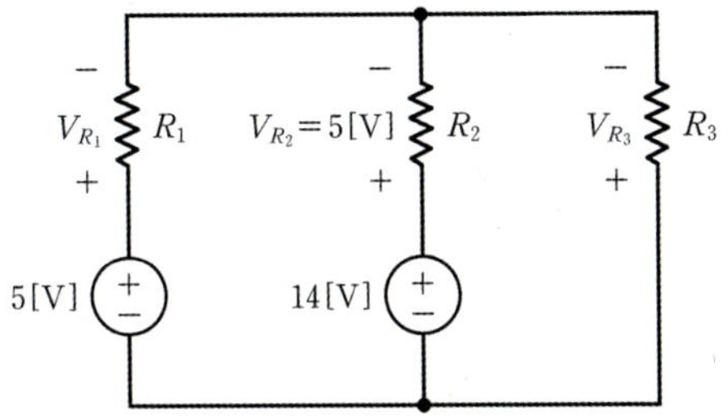

그림 4-50

① 4 ② −4 ③ 5 ④ −5

4.25 다음 회로에서 $v_2 = 3i_2$, $i_2 = 9$[A]일 때, v_s[V]는? (2009 지방공무원 9급)

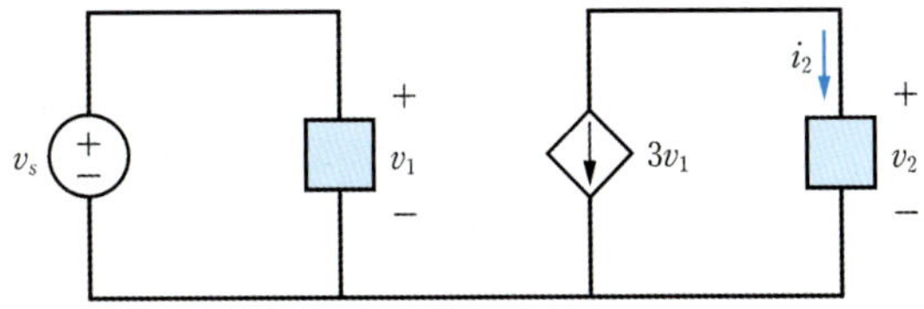

그림 4-51

① 3 ② −3 ③ 1 ④ −2

CHAPTER

05

회로 해석을 위한 등가 회로

CONTENTS

학습목표

- 중첩 정리를 이해하고 회로 해석에 적용한다.
- 전원 변환의 개념을 이해하고 회로 해석에 적용한다.
- 주어진 선형 회로를 테브난 등가 회로와 노턴 등가 회로로 변환한다.
- 최대 전력 전달 정리를 이해하고 활용한다.

수업 맛보기

이 장에서는 4장에서 배운 회로 해석 이론을 바탕으로 복잡한 회로를 더 간단하게 분석할 수 있는 등가 회로에 대해 학습한다. 먼저 중첩 정리를 통해 여러 개의 전원이 동시에 존재하는 회로를 하나씩 분리해 해석하는 방법을 배운다. 그리고 전압원과 전류원 사이의 전원 변환 원리를 통해 회로를 유연하게 바꾸는 방법을 익힌다. 이후 전원의 종류에 따라 테브난 등가 회로와 노턴 등가 회로를 구하는 방법을 배운다. 마지막으로 부하 저항이 최대의 전력을 전달받기 위한 조건을 학습한다.

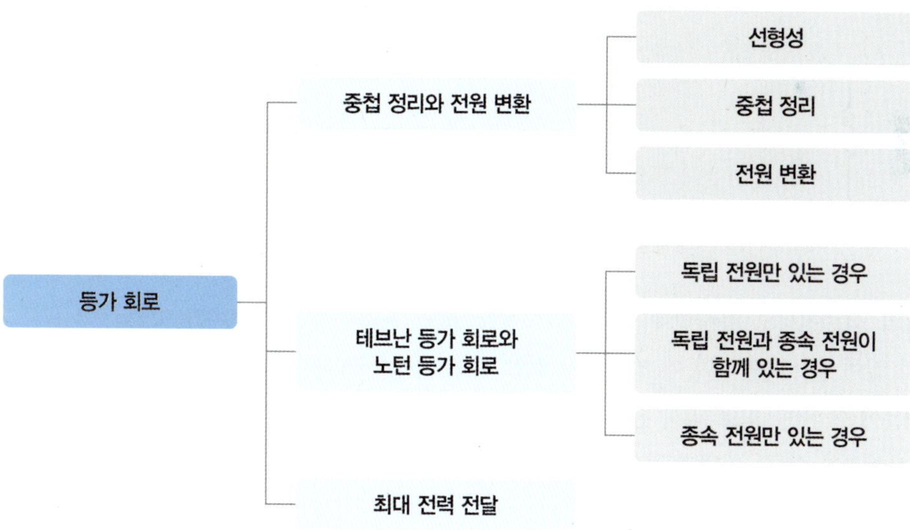

LESSON 5.1 중첩 정리와 전원 변환

✓ 기본 개념 | 선형성 | 중첩 정리 | 전원의 비활성화 | 전원 변환

1. 선형성과 중첩 정리

선형성

입력이 두 배, 세 배로 늘어날 때 출력도 두 배, 세 배로 늘어나는 것을 비례 관계가 성립한다고 하며, **선형성**linearity이 있다고 한다. [그림 5-1]의 회로를 예시로 살펴보자. 0.5[Ω]의 저항 R의 양단에 인가된 전압이 1[V], 2[V], 3[V], …와 같이 늘어나면 저항에 흐르는 전류도 이에 비례해 2[A], 4[A], 6[A], …로 늘어나기 때문에 이 저항 회로는 선형성이 있다고 볼 수 있다.

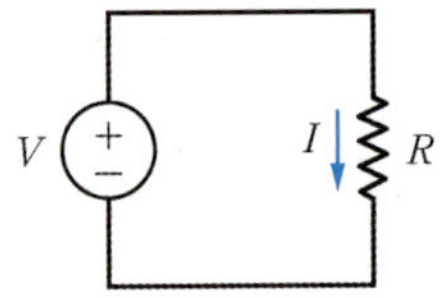

그림 5-1 전압 전원에 대한 저항 회로의 선형성

[그림 5-2]의 회로에서도 유사한데, 2[Ω]의 저항 R로 흘러들어가는 전류가 1[A], 2[A], 3[A], …와 같이 늘어나면 저항에 인가되는 전압 V도 이에 비례해 2[V], 4[V], 6[V], …로 늘어나기 때문에 이 저항 회로 역시 선형성이 있다고 볼 수 있다. 이렇듯 저항과 전원으로 이루어진 회로는 선형성이 있다. 입력과 출력이 비례하는 회로를 **선형 회로**라고 한다.

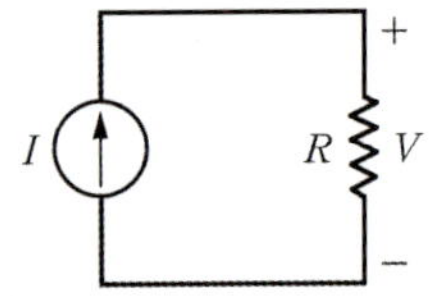

그림 5-2 전류 전원에 대한 저항 회로의 선형성

Level up! **선형성의 수학적 표현**

선형성이 있는 함수는 다음 두 식을 만족해야 한다.

$$f(ax) = af(x) \quad (a\text{는 상수}) \qquad \cdots ①$$
$$f(x_1 + x_2) = f(x_1) + f(x_2) \qquad \cdots ②$$

식 ①은 입력(좌변의 괄호 안)이 a배가 되면 출력도 a배가 된다는 의미이다. 식 ②는 두 개의 입력이 합쳐져서 들어올 때 그 함수의 출력은 각각의 출력의 합과 같다는 뜻이다. 이를 합치면 다음과 같은 하나의 식으로 표현할 수 있다.

$$f(ax_1 + bx_2) = af(x_1) + bf(x_2) \quad (a,\ b\text{는 상수})$$

앞에서 다룬 회로들에서는 전원들을 입력으로, 흐르는 전류와 인가되는 전압을 출력으로 생각하면 된다. 물론 입력이 반드시 전원일 필요는 없고 소자에 흐르는 전류와 인가되는 전압이 입력이 될 수도 있다.

중첩 정리

회로의 전원이 여러 개인 경우 **중첩 정리** superposition principle 를 이용해 쉽게 해석할 수 있다. 다음 그림을 통해 살펴보자. [그림 5-3]과 같이 두 개의 전압 전원이 직렬로 연결된 회로에서 저항에 인가되는 전압 V는 각각의 전압 전원이 있는 [그림 5-4] 회로들의 저항에 인가되는 전압 V_1과 V_2의 합과 같다. 또한 [그림 5-3]의 저항에 흐르는 전류 I는 [그림 5-4] 회로들의 각각의 저항에 흐르는 전류 I_1과 I_2의 합과 같다. 즉, 여러 개의 전압 전원이 있는 회로의 전압이나 전류값은 전압 전원을 하나씩 인가했을 경우의 전압 혹은 전류값을 모두 더한 것과 같다.

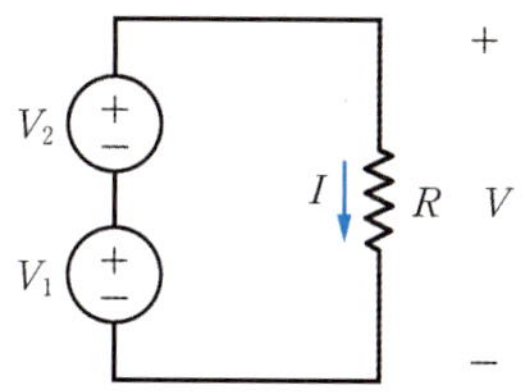

그림 5-3 직렬 연결된 전압 전원 회로

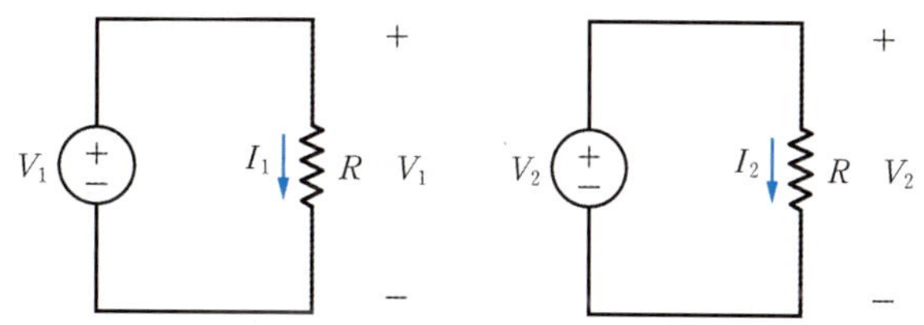

그림 5-4 개별 전압 전원을 가진 회로들

이와 유사하게 [그림 5-5]와 같이 두 개의 전류 전원이 병렬로 연결된 회로에서 저항에 흐르는 전류 I는 각각의 전압 전원이 있는 [그림 5-6] 회로들의 저항에 흐르는 전류 I_1과 I_2의 합과 같다. 또한 [그림 5-5]의 저항에 인가되는 전압 V는 [그림 5-6] 회로들의 각각의 저항에 인가되는 전압 V_1과 V_2의 합과 같다. 즉, 여러 개의 전류 전원이 있는 회로의 전압이나 전류값은 전압 전원을 하나씩 인가했을 경우의 전압 혹은 전류값을 모두 더한 것과 같다.

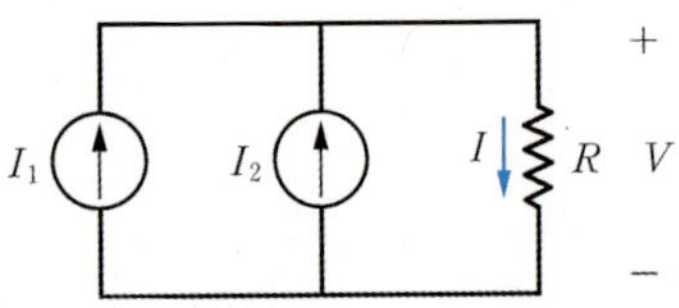

그림 5-5 병렬 연결된 전류 전원 회로

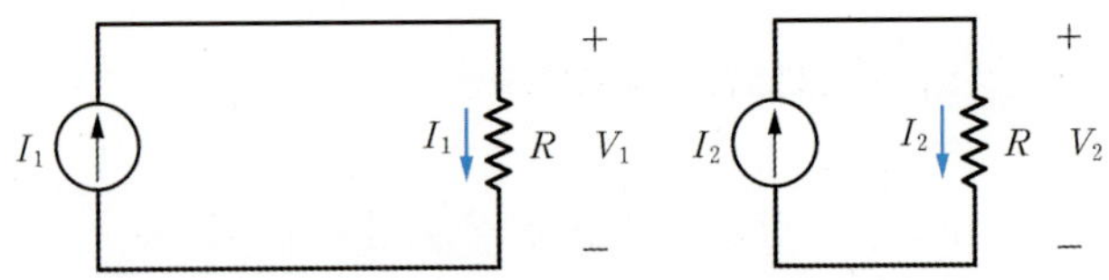

그림 5-6 개별 전류 전원을 가진 회로들

이렇듯 여러 개의 전원이 있는 회로에서 회로의 전압과 전류값은 개별적인 전원이 하나씩 있는 경우의 값들을 모두 더한 것과 같고, 이를 **중첩 정리**라고 한다. 중첩 정리는 전압 전원과 전류 전원이 함께 여러 개가 있는 경우에도 성립한다.

Basic check

주어진 물음에 답하라.

(a) [그림 5-3]의 회로에서 $V_1 = 2\,[\text{V}]$, $V_2 = 4\,[\text{V}]$, $R = 2\,[\Omega]$일 때, 전류 I를 구하라.

(b) [그림 5-4]의 회로에서 $V_1 = 2\,[\text{V}]$, $V_2 = 4\,[\text{V}]$, $R = 2\,[\Omega]$일 때, 전류 I_1, I_2를 구하라.

(c) (a)에서 구한 I와 (b)에서 구한 I_1, I_2의 합이 같음을 확인하라.

답

(a) $I = \dfrac{V_1 + V_1}{R} = \dfrac{2+4}{2} = 3\,[\text{A}]$

(b) $I_1 = \dfrac{V_1}{R} = \dfrac{2}{2} = 1\,[\text{A}]$, $I_2 = \dfrac{V_2}{R} = \dfrac{4}{2} = 2\,[\text{A}]$

(c) $I_1 + I_2 = 1 + 2 = 3\,[\text{A}]$이므로 (a)에서 구한 I와 같다.

Basic check

주어진 물음에 답하라.

(a) [그림 5-5]의 회로에서 $I_1 = 6\,[\text{A}]$, $I_2 = 3\,[\text{A}]$, $R = 2\,[\Omega]$일 때, 전압 V를 구하라.

(b) [그림 5-4]의 회로에서 $I_1 = 6\,[\text{A}]$, $I_2 = 3\,[\text{A}]$, $R = 2\,[\Omega]$일 때, 전압 V_1, V_2를 구하라.

(c) (a)에서 구한 V와 (b)에서 구한 V_1, V_2의 합이 같음을 확인하라.

답

(a) $V = (I_1 + I_2)R = (6+3)2 = 18\,[\text{V}]$

(b) $V_1 = I_1 R = 6 \times 2 = 12\,[\text{V}]$, $V_2 = I_2 R = 3 \times 2 = 6\,[\text{V}]$

(c) $V_1 + V_2 = 12 + 6 = 18\,[\text{V}]$이므로 (a)에서 구한 V와 같다.

Level up! **전압 전원의 병렬 연결과 전류 전원의 직렬 연결**

[그림 5-3]은 전압 전원의 직렬 연결 회로이고, [그림 5-5]는 전류 전원의 병렬 연결 회로이다. 전압 전원이 직렬 연결되었을 때나 전류 전원이 병렬 연결되었을 때는 개별 전원값의 합으로 나타낼 수 있다. 하지만 전압 전원이 병렬 연결되거나 전류 전원이 직렬 연결되면 어떻게 될까?

연결된 전원들의 값이 모두 같은 경우를 제외하고는 이론적으로 존재할 수 없다. 전압 전원은 양 노드의 전압차를 일정하게 해주는 소자이다. 만약 [그림 5-7(a)]처럼 병렬 연결된 두 전압 전원의 값이 다르면 하나의 전자 소자에 인가되는 전압값이 두 개가 되는데, 이는 불가능하다. 마찬가지로 [그림 5-7(b)]처럼 직렬 연결된 연결된 두 전류 전원의 값이 다르면 하나의 전자 소자에 흐르는 전류값이 두 개가 되는데, 이는 불가능하다. 그러므로 전원의 값이 같은 경우를 제외하고는 이러한 연결은 피해야 한다.

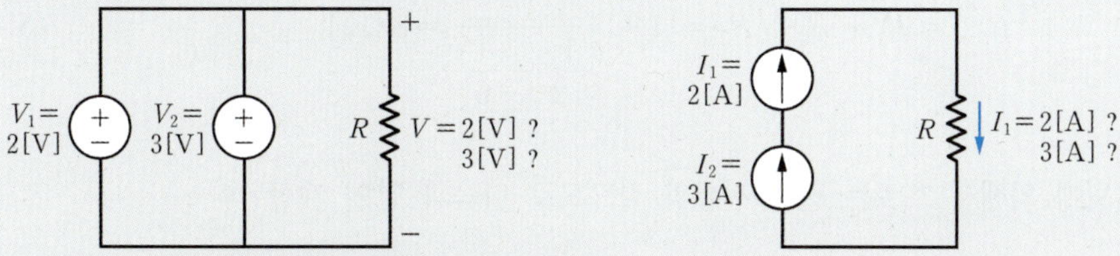

(a) 전압 전원의 병렬 연결 (b) 전류 전원의 직렬 연결

그림 5-7 허용되지 않는 전원의 연결

전압 전원의 비활성화

중첩 정리를 회로 해석에 적용하기 위해서는 전원의 **비활성화**deactivate라는 개념을 알아야 한다. 먼저 전압 전원의 비활성화가 필요한 회로의 해석을 해보자.

두 개의 전압 전원이 있는 [그림 5-8]의 회로에 중첩 정리를 적용해 전류 I_1을 구하자. 전압 전원이 하나씩 있는 경우들의 결과를 구하고 이를 더해서 최종 해석을 하면 된다.

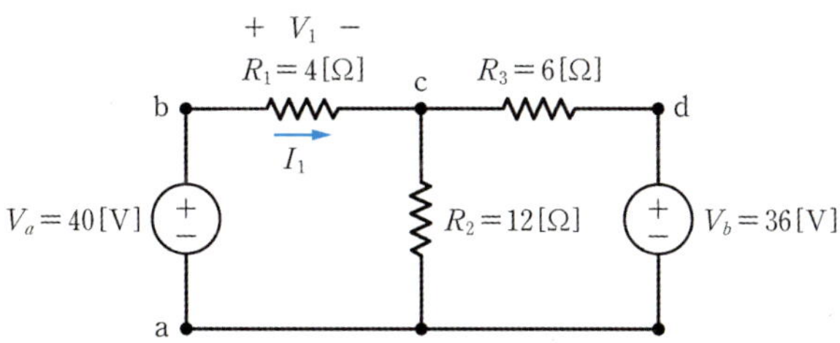

그림 5-8 두 개의 전압 전원을 가진 회로

먼저 전압 전원 V_a만 있는 경우를 생각해보자. V_a만 고려하기 위해서 V_b의 전원은 비활성화를 해야 한다. **전압 전원을 비활성화**한다는 의미는 0[V]의 **전압 전원**이 된다는 의미이다.

0 [V]의 전압 전원은 이어진(단락된) 도선과 같기 때문에 [그림 5-9]와 같이 나타낼 수 있다.

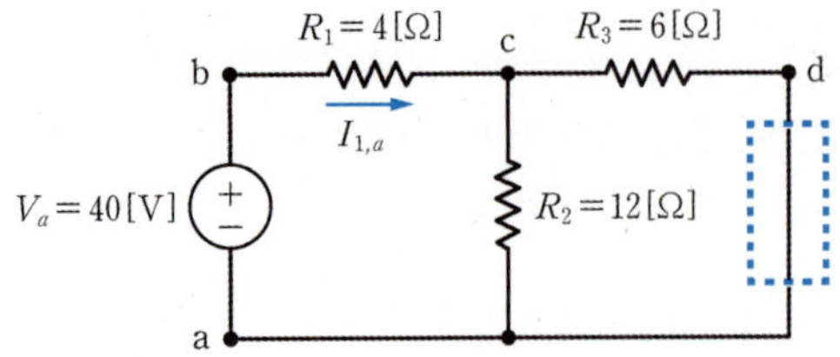

그림 5-9 [그림 5-8]의 V_b 전원을 비활성화한 회로

이와 같이 전압 전원이 비활성화되면 이제 이 회로의 R_2와 R_3는 병렬 연결된 것으로 볼 수 있다. 그러므로 V_a 전압 전원만 있는 경우의 합성 저항 $R_{t,a}$는 다음과 같이 계산된다.

$$R_{t,a} = R_1 + R_2 // R_3 = 4 + \frac{1}{\frac{1}{12} + \frac{1}{6}} = 8\,[\Omega] \tag{5.1}$$

$I_{1,a}$는 V_a 전원에 의해서 흐르는 전체 전류와 같으므로 다음과 같이 계산된다.

$$I_{1,a} = \frac{V_a}{R_{t,a}} = \frac{40}{8} = 5\,[A] \tag{5.2}$$

이제 V_a 전원을 비활성화한 [그림 5-10]의 회로에서 R_1에 흐르는 전류 $I_{1,b}$를 구해보자.

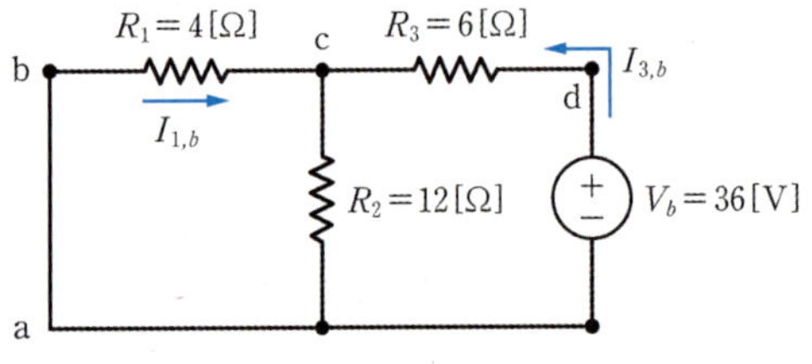

그림 5-10 [그림 5-8]의 V_a 전원을 비활성화한 회로

V_a 전원이 비활성화되면 이 회로의 R_1와 R_2는 병렬 연결된 것으로 볼 수 있다. 그러므로 V_b 전원만 있는 경우의 합성 저항 $R_{t,b}$는 다음과 같이 계산된다.

$$R_{t,b} = R_3 + R_1 // R_2 = 6 + \frac{1}{\frac{1}{4} + \frac{1}{12}} = 9\,[\Omega] \tag{5.3}$$

이에 따라 $I_{3,b}$는 다음과 같이 계산된다.

$$I_{3,b} = \frac{36}{R_{t,b}} = \frac{36}{9} = 4\,[\text{A}] \tag{5.4}$$

$I_{3,b}$는 병렬 연결된 두 저항에 나누어 흐르므로 R_1에 흐르는 전류는 다음과 같이 계산된다.

$$-I_{1,b} = I_{3,b}\left(\frac{\frac{1}{R_1}}{\frac{1}{R_1}+\frac{1}{R_2}}\right) = 4\left(\frac{\frac{1}{4}}{\frac{1}{4}+\frac{1}{12}}\right) = 3\,[\text{A}] \tag{5.5}$$

여기서 $I_{1,b}$ 앞에 음의 기호가 붙는 것은 방향이 반대임을 고려했기 때문이다. 그러므로 $I_{1,b}$는 다음과 같이 계산된다.

$$I_{1,b} = -3\,[\text{A}] \tag{5.6}$$

이제 두 계산 결과를 바탕으로 I_1을 구하면 다음과 같다.

$$I_1 = I_{1,a} + I_{1,b} = 5 - 3 = 2\,[\text{A}] \tag{5.7}$$

Basic check

[그림 5-8]의 회로에서 R_1에 인가되는 전압 V_1을 중첩의 원리를 이용해 구하고자 한다. 주어진 물음에 답하라.

(a) 전압 전원 V_b가 비활성화됐을 때 R_1에 인가되는 전압 $V_{1,a}$를 구하라.
(b) 전압 전원 V_a가 비활성화됐을 때 R_1에 인가되는 전압 $V_{1,b}$를 구하라.
(c) 전압 V_1을 구하라.

답

(a) $V_{1,a} = R_1 I_{1,a} = 4 \cdot 5 = 20\,[\text{V}]$
(b) $V_{1,b} = R_1 I_{1,b} = 4 \cdot (-3) = -12\,[\text{V}]$
(c) $V_1 = V_{1,a} + V_{1,b} = 20 - 12 = 8\,[\text{V}]$

전류 전원의 비활성화

이번에는 전류 전원의 비활성화가 필요한 회로의 해석을 해보자. 전류 전원이 포함된 [그림 5-11]의 회로에 중첩 정리를 적용해 전류 I_1을 구하자.

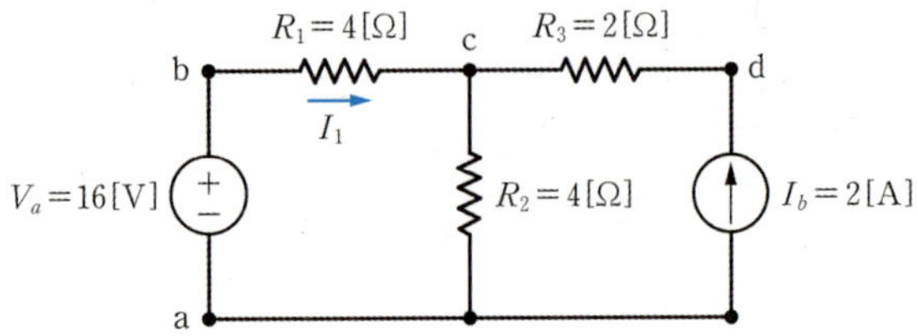

그림 5-11 전압 전원과 전류 전원이 포함된 회로

먼저 전류 전원인 I_b를 비활성화하고 전압 전원 V_a만 있는 경우를 생각해보자. **전류 전원을 비활성화**한다는 의미는 **0[A]의 전류 전원**이 된다는 의미이다. **0[A]의 전류 전원은 끊어진(개방된) 도선**과 같기 때문에 [그림 5-12]와 같이 나타낼 수 있다.

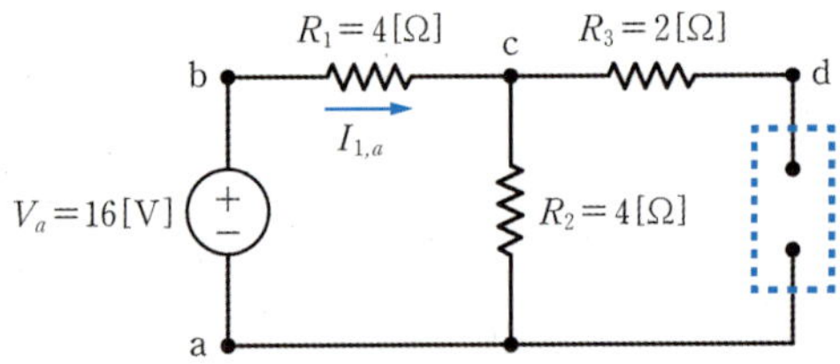

그림 5-12 [그림 5-11]의 전류 전원을 비활성화한 회로

이와 같이 전류 전원이 비활성화되면 R_3는 무한대 저항과 연결된 것과 같아서 전류가 흐르지 않는다. 따라서 R_1과 R_2는 직렬 연결된 것으로 볼 수 있다. 그러므로 V_a 전압 전원만 있는 경우의 합성 저항 $R_{t,a}$는 다음과 같이 계산된다.

$$R_{t,a} = R_1 + R_2 = 4 + 4 = 8\,[\Omega] \tag{5.8}$$

$I_{1,a}$는 V_a 전원에 의해서 흐르는 전체 전류와 같으므로 다음과 같이 계산된다.

$$I_{1,a} = \frac{V_a}{R_{t,a}} = \frac{16}{8} = 2\,[A] \tag{5.9}$$

이제 V_a 전원을 비활성화한 [그림 5-13]의 회로에서 R_1에 흐르는 전류 $I_{1,b}$를 구해보자.

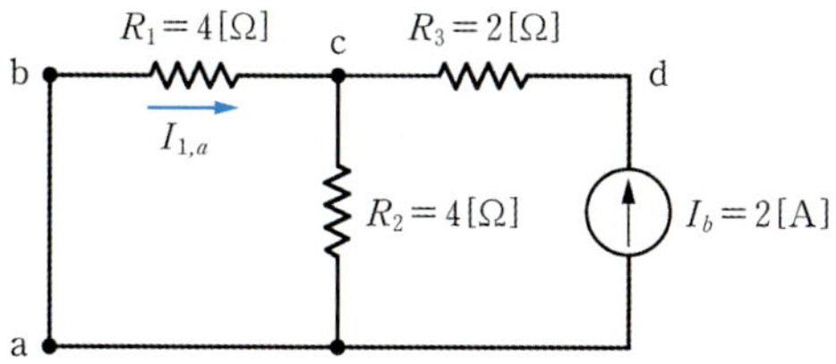

그림 5-13 [그림 5-11]의 전압 전원을 비활성화한 회로

V_a 전원이 비활성화되면 이 회로의 R_1과 R_2는 병렬 연결된 것으로 볼 수 있다. R_3에는 2[A]의 전류가 흐르고 이 전류가 R_1과 R_2에 나뉘어 흐른다.

$$-I_{1,b} = I_b\left(\frac{\frac{1}{R_1}}{\frac{1}{R_1}+\frac{1}{R_2}}\right) = 2\left(\frac{\frac{1}{4}}{\frac{1}{4}+\frac{1}{4}}\right) = 1\,[\mathrm{A}] \tag{5.10}$$

여기서 $-I_{1,b}$ 앞에 음의 기호가 붙는 것은 방향이 반대임을 고려했기 때문이다. 그러므로 $I_{1,b}$는 다음과 같이 계산된다.

$$I_{1,b} = -1\,[\mathrm{A}] \tag{5.11}$$

이제 두 계산 결과를 바탕으로 I_1을 구하면 다음과 같다.

$$I_1 = I_{1,a} + I_{1,b} = 2 - 1 = 1\,[\mathrm{A}] \tag{5.12}$$

Basic check

[그림 5-11]의 회로에서 R_1에 인가되는 전압 V_1을 중첩의 원리를 이용해 구하고자 한다. 주어진 물음에 답하라.

(a) 전압 전원 V_b가 비활성화됐을 때 R_1에 인가되는 전압 $V_{1,a}$를 구하라.

(b) 전압 전원 V_a가 비활성화됐을 때 R_1에 인가되는 전압 $V_{1,b}$를 구하라.

(c) 전압 V_1을 구하라.

답

(a) $V_{1,a} = R_1 I_{1,a} = 4 \cdot 2 = 8\,[\mathrm{V}]$

(b) $V_{1,b} = R_1 I_{1,b} = 4 \cdot (-1) = -4\,[\mathrm{V}]$

(c) $V_1 = V_{1,a} + V_{1,b} = 8 - 4 = 4\,[\mathrm{V}]$

예제 5-1

다음 회로에서 $R_1 = 2\,[\Omega]$, $R_2 = 12\,[\Omega]$, $R_3 = 6\,[\Omega]$, $R_4 = 3\,[\Omega]$, $I_a = 3\,[\text{A}]$, $V_b = 9\,[\text{V}]$일 때, 주어진 물음에 답하라.

(a) 전압 전원 V_b가 비활성화됐을 때 전류 $I_{2,a}$와 전압 $V_{2,a}$를 구하라.

(b) 전류 전원 I_a가 비활성화됐을 때 전류 $I_{2,b}$와 전압 $V_{2,b}$를 구하라.

(c) 전류 I_2와 전압 V_2를 구하라.

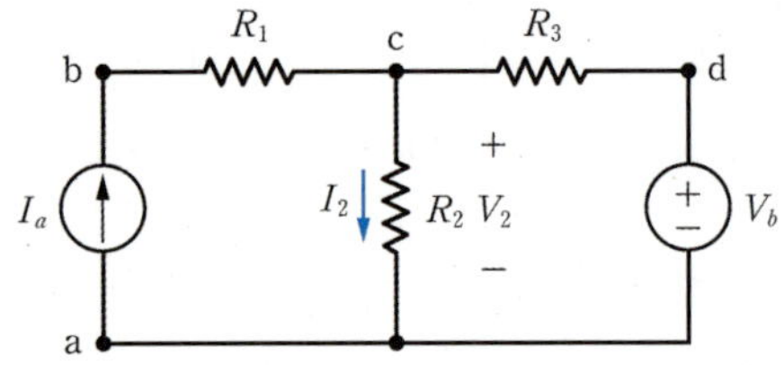

그림 5-14 [예제 5-1]의 회로

풀이

(a) V_b 전원을 비활성화하면 [그림 5-15]와 같다.

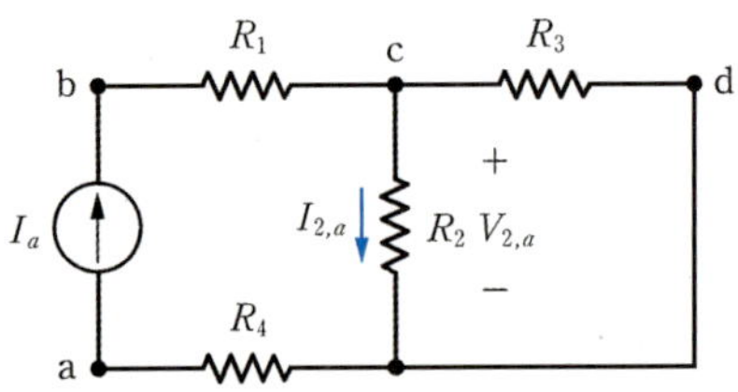

그림 5-15 [그림 5-14]의 전압 전원을 비활성화한 회로

[그림 5-15]에서 R_2와 R_3는 병렬 연결된 것으로 볼 수 있다. R_1과 R_4에는 3[A]의 전류가 흐르고 이 전류가 R_2와 R_3에 나뉘어 흐른다. 그러므로 $I_{2,a}$와 $V_{2,a}$를 다음과 같이 구할 수 있다.

$$I_{2,a} = I_a\left(\frac{\frac{1}{R_2}}{\frac{1}{R_2}+\frac{1}{R_3}}\right) = 3\cdot\left(\frac{\frac{1}{12}}{\frac{1}{12}+\frac{1}{6}}\right) = 1\,[\text{A}]$$

$$V_{2,a} = I_{2,a}R_2 = 1\cdot 12 = 12\,[\text{V}]$$

(b) I_a 전원을 비활성화하면 [그림 5-16]과 같다.

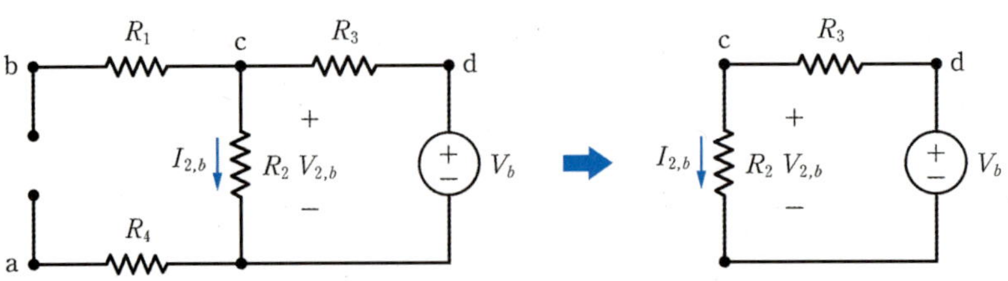

그림 5-16 [그림 5-14]의 전류 전원을 비활성화한 회로

[그림 5-16]에서 노드 a와 b 사이가 개방된 것으로 볼 수 있어서, R_1과 R_4에는 전류가 흐르지 않는다. 따라서 V_b 전압 전원에 R_2와 R_3만 직렬 연결된 것으로 볼 수 있다. 그러므로 전류가 흐르는 경로만 고려한 합성 저항 $R_{t,b}$는 다음과 같이 계산된다.

$$R_{t,b} = R_2 + R_3 = 12 + 6 = 18\,[\Omega]$$

그러므로 $I_{2,b}$와 $V_{2,b}$를 다음과 같이 구할 수 있다.

$$I_{2,b} = \frac{V_b}{R_{t,2}} = \frac{9}{18} = 0.5\,[\mathrm{A}]$$

$$V_{2,b} = I_{2,b}R_2 = 0.5 \cdot 12 = 6\,[\mathrm{V}]$$

(c) 중첩 정리에 의해서 (a)와 (b)의 결과를 더하면 된다. 그러므로 I_2와 V_2를 다음과 같이 구할 수 있다.

$$I_2 = I_{2,a} + I_{2,b} = 1 + 0.5 = 1.5\,[\mathrm{A}]$$

$$V_2 = V_{2,a} + V_{2,b} = 12 + 6 = 18\,[\mathrm{V}]$$

2. 전원 변환

저항과 직렬로 연결된 전압 전원은 저항과 병렬로 연결된 전류 전원으로 상호 변환될 수 있다. 이를 **전원 변환**source transformation이라고 하며, 이를 [그림 5-17]에 나타냈다.

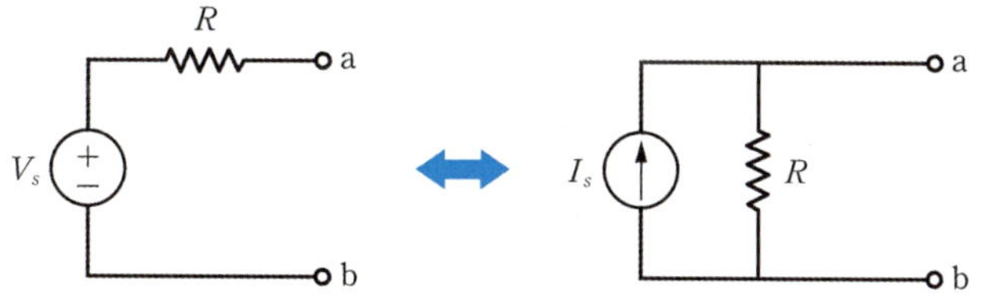

(a) 저항과 전압 전원이 직렬로 연결　　(b) 저항과 전류 전원이 병렬로 연결

그림 5-17 전원이 상호 변환되는 회로

식 (5.13)은 전압 전원 V_s와 직렬 연결된 저항, 전류원 I_s와 병렬 연결된 저항이 서로 등가 관계를 가진다는 의미로, 전압원과 전류원의 상호 변환 관계를 나타내는 식이다.

$$R = \frac{V_s}{I_s} \tag{5.13}$$

이와 같이 전원이 변환될 수 있다는 것은 이 두 회로가 등가 회로이고, 단자 a와 b에 어떤 회로가 연결되었을 때 동일한 영향을 끼친다는 의미이다.

Basic check

[그림 5-17]의 전압 전원 회로에서 $V_s = 20\,[\mathrm{V}]$, $R = 4\,[\Omega]$일 때, 이 회로를 전원 변환한 회로의 전원 전류 I_s를 구하라.

답 $R = \dfrac{V_s}{I_s}$에 대입하면 $4 = \dfrac{20}{I_s}$이므로 $I_s = 5\,[\mathrm{A}]$이다.

Basic check

[그림 5-17]의 전압 전원 회로에서 $V_s = 18\,[\mathrm{V}]$, $I_s = 6\,[\mathrm{A}]$일 때, 전원 변환이 되기 위한 저항 R을 구하라.

답 $R = \dfrac{V_s}{I_s}$에 대입하면 $R = \dfrac{18}{6}$이므로 $R = 3\,[\Omega]$이다.

예제 5-2

다음 두 회로에서 $V_s = 24\,[\mathrm{V}]$, $R = 8\,[\Omega]$, $R_L = 4\,[\Omega]$, $I_s = 3\,[\mathrm{A}]$일 때, 주어진 물음에 답하라.

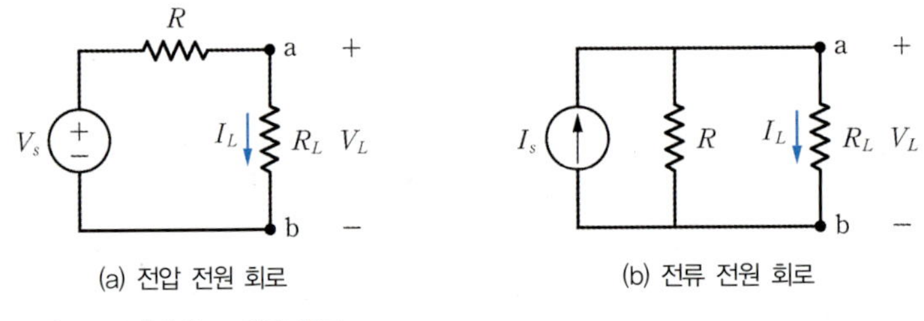

그림 5-18 [예제 5-2]의 회로

(a) [그림 5-18(a)]에서 R_L에 흐르는 전류 I_L과 인가되는 전압 V_L을 구하라.
(b) [그림 5-18(b)]에서 R_L에 흐르는 전류 I_L과 인가되는 전압 V_L을 구하라.
(c) (a)와 (b)에서 구한 결과가 같음을 확인하라.

풀이

(a) [그림 5-18(a)]에서 R과 R_L은 직렬 연결이므로 I_L과 V_L은 다음과 같이 계산된다.

$$I_L = \frac{V_s}{R+R_L} = \frac{24}{8+4} = 2\,[\mathrm{A}]$$

$$V_L = I_L R_L = 2 \cdot 4 = 8\,[\mathrm{V}]$$

(b) [그림 5-18(b)]에서 R과 R_L은 병렬 연결이므로 I_L과 V_L은 다음과 같이 계산된다.

$$I_L = I_s \frac{\frac{1}{R_L}}{\frac{1}{R}+\frac{1}{R_L}} = 3 \cdot \frac{\frac{1}{4}}{\frac{1}{8}+\frac{1}{4}} = 2\,[\mathrm{A}]$$

$$V_L = I_L R_L = 2 \cdot 4 = 8\,[\mathrm{V}]$$

(c) (a)와 (b)에서 구한 결과가 같고, 이는 두 회로가 등가 회로임을 의미한다.

예제 5-3

다음 회로에서 $V_a = 24\,[\mathrm{V}]$, $I_b = 12\,[\mathrm{A}]$, $R_1 = 9\,[\Omega]$, $R_2 = 4\,[\Omega]$, $R_3 = 12\,[\Omega]$일 때, 주어진 물음에 답하라.

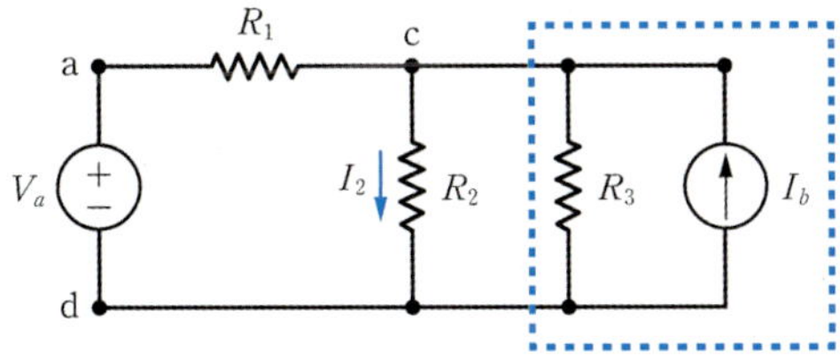

그림 5-19 [예제 5-3]의 회로

(a) 점선으로 표시된 부분을 저항과 직렬 연결된 전압 전원으로 변환하기 위한 전압 전원의 값 V_b를 구하라.

(b) (a)의 결과를 이용해 회로를 변환하고, 전류 I_2를 구하라.

풀이

(a) 전류 전원을 전압 전원으로 변환하기 위해서 대응하는 전압 전원 V_b를 다음과 같이 구할 수 있다.

$$V_b = I_b R_3 = 4 \cdot 12 = 48\,[\mathrm{V}]$$

(b) 전원 변환된 회로를 그리면 [그림 5-20]과 같다.

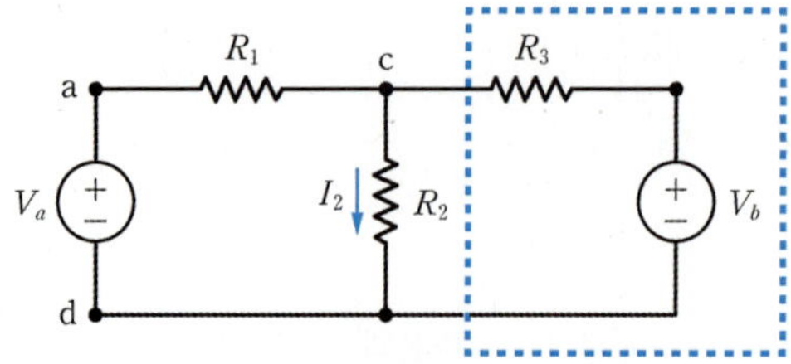

그림 5-20 [그림 5-19]의 전원이 변환된 회로

노드 c에서 노드 해석을 적용하면 다음과 같다.

$$\frac{V_a - V_c}{R_1} + \frac{V_b - V_c}{R_3} = \frac{V_c}{R_2}$$

해당 식을 정리하면 다음과 같다.

$$\frac{24 - V_c}{9} + \frac{48 - V_c}{12} = \frac{V_c}{4}$$

그러므로 V_c를 다음과 같이 구할 수 있다.

$$V_c = 15\,[\mathrm{V}]$$

이 값을 이용해 I_2를 구하면 다음과 같다.

$$I_2 = \frac{V_c}{R_2} = \frac{15}{4} = 3.75\,[\mathrm{A}]$$

LESSON 5.2 테브난 등가 회로와 노턴 등가 회로

✓ 기본 개념 | 테브난 등가 회로 | 개방 회로 전압 | 테브난 저항 | 단락 회로 전류 | 노턴 등가 회로

1. 테브난 등가 회로

테브난 등가 회로의 개념

어떤 회로를 저항과 직렬 연결된 전압 전원으로 나타낸 것을 **테브난 등가 회로** Thevenin equavalent circuit 라고 한다. [그림 5-21]과 같이 어떤 복잡한 선형 회로를 두 개의 단자에서 바라보았을 때, 이것을 하나의 저항과 직렬 연결된 전압 전원으로 구성된 간단한 등가 회로로 만들 수 있다. 이때 등가 회로의 전압 전원은 회로의 개방을 이용해 구하기 때문에 **개방 회로 전압** open circuit voltage V_{OC} 혹은 **테브난 등가 전압** Thevenin equavalent voltage V_{TH}로 나타내고, 저항은 **테브난 (등가) 저항** Thevenin-resistancee R_{TH}로 나타내어 테브난 등가 회로를 구할 수 있다.

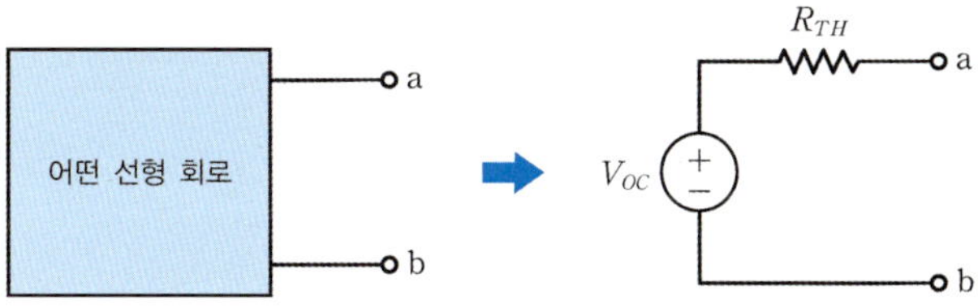

(a) 선형 회로 (b) 테브난 등가 회로

그림 5-21 테브난 등가 회로의 의미

개방 회로 전압

개방 회로 전압 V_{OC}는 구하고자 하는 선형 회로의 개방된 두 단자에서의 전압을 의미한다. [그림 5-22]를 통해서 자세히 살펴보자.

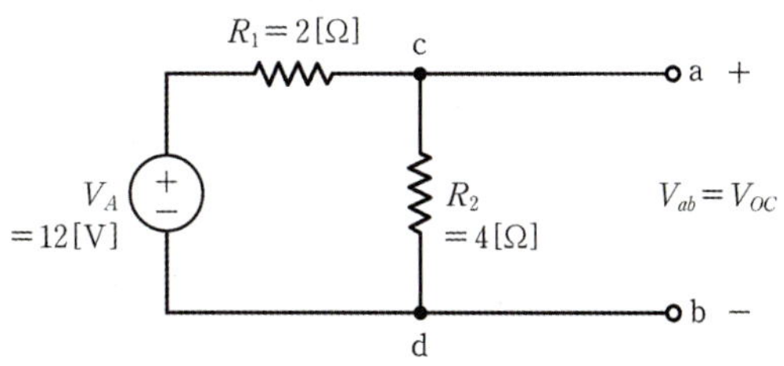

그림 5-22 개방 회로 전압을 구하기 위한 회로

개방 회로 전압을 구하기 위해서 단자 a와 b 사이에 인가되는 전압 V_{ab}을 구해야 한다. 이때 a와 b 사이에는 추가적인 회로가 연결되지 않은 개방된 상태이기 때문에 이 전압을 개방 회로 전압 V_{OC}라고 부른다.

$$V_{OC} = V_{ab} = V_a - V_b \tag{5.14}$$

단자 a와 노드 c 사이, 단자 b와 노드 d 사이에는 소자 없이 도선으로 연결되어 있으므로 V_{ab}는 직렬 연결된 두 개의 저항 중 하나인 R_2에 인가되는 전압이다. 그러므로 다음 전압 분배식으로 구할 수 있다.

$$V_{OC} = V_{ab} = V_A \frac{R_2}{R_1 + R_2} = 12 \cdot \frac{4}{2+4} = 8\,[\mathrm{V}] \tag{5.15}$$

Basic check

[그림 5-22]의 회로에서 $V_A = 16\,[\mathrm{V}]$, $R_1 = 5\,[\Omega]$, $R_2 = 3\,[\Omega]$일 때, 단자 a와 b 사이에서 바라본 V_{OC}를 구하라.

답 $V_{OC} = V_{ab} = V_A \frac{R_2}{R_1 + R_2} = 16 \cdot \frac{3}{5+3} = 6\,[\mathrm{V}]$

이번에는 [그림 5-22]의 회로에 R_3가 추가된 [그림 5-23]의 V_{OC}를 구해보자.

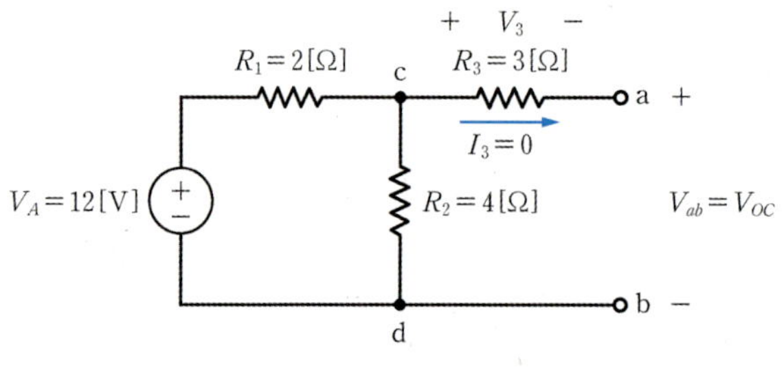

그림 5-23 전류가 흐르지 않는 저항이 있는 개방 회로 전압을 구하기 위한 회로

단자 a가 개방되어 있으므로 R_3에 흐르는 전류 I_3는 $0\,[\mathrm{A}]$이다. 따라서 R_3에 인가되는 전압 V_3는 옴의 법칙에 의해서 $0\,[\mathrm{V}]$이다.

$$V_3 = I_3 R_3 = 0 \cdot R_3 = 0\,[\mathrm{V}] \tag{5.16}$$

그러므로 V_c는 V_a와 같은 전압이다. 그리고 단자 b와 노드 d 사이에 소자가 없이 연결되어 있으므로 V_d는 V_b와 같은 전압이다.

$$V_{OC} = V_{ab} = V_a - V_b = V_c - V_d \tag{5.17}$$

또한 이 회로에서 R_3에는 전류가 흐르지 않으므로 R_1과 R_2는 직렬 연결된 것처럼 볼 수 있기 때문에 V_{OC}는 다음과 같이 구할 수 있다.

$$V_{OC} = V_c - V_d = V_2 = V_A \frac{R_2}{R_1 + R_2} = 12 \cdot \frac{4}{2+4} = 8\,[\mathrm{V}] \tag{5.18}$$

Basic check

[그림 5-23]의 회로에서 $V_A = 30\,[\mathrm{V}]$, $R_1 = 10\,[\Omega]$, $R_2 = 5\,[\Omega]$, $R_3 = 4\,[\Omega]$일 때, 단자 a와 b 사이에서 바라본 V_{OC}를 구하라.

답 $V_{OC} = V_{ab} = V_A \frac{R_2}{R_1 + R_2} = 30 \cdot \frac{5}{10+5} = 10\,[\mathrm{V}]$

독립 전원만 있는 경우의 테브난 저항과 테브난 등가 회로

테브난 저항은 회로 전원의 종류에 따라서 구하는 방법이 다르다. 이 절에서 독립 전원만 있는 경우를 먼저 배운 후 5.3절의 종속 전원이 포함된 경우에 대해 살펴보자.

[그림 5-23]의 회로와 같이 독립 전원만 있는 경우의 테브난 등가 회로를 구할 때는 독립 전원을 비활성화하고, 구하고자 하는 단자 a와 b 사이에서의 합성 저항을 구하면 된다. 먼저 [그림 5-23]의 V_A를 비활성화하면 [그림 5-24]가 된다.

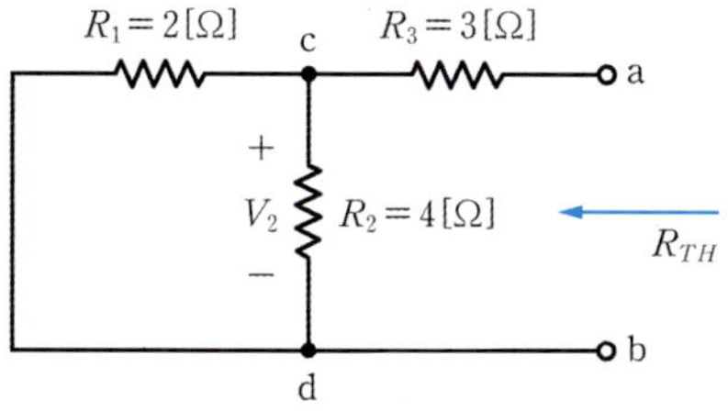

그림 5-24 독립 전원이 비활성화된 등가 회로

V_A가 이어진 도선으로 대체되어 R_1과 R_2는 병렬 연결 형태이다. 그리고 이 병렬 연결된 합성 저항에 R_3가 직렬 연결된 상태이다. 따라서 테브난 저항 R_{TH}는 다음과 같이 구할 수 있다.

$$R_{TH} = R_1 // R_2 + R_3 = \frac{1}{\frac{1}{R_1} + \frac{1}{R_2}} + R_3 = \frac{1}{\frac{1}{2} + \frac{1}{4}} + 3 = \frac{13}{3}\,[\Omega] \tag{5.19}$$

구해진 V_{OC}와 R_{TH}를 바탕으로 테브난 등가 회로를 그리면 [그림 5-25]가 된다.

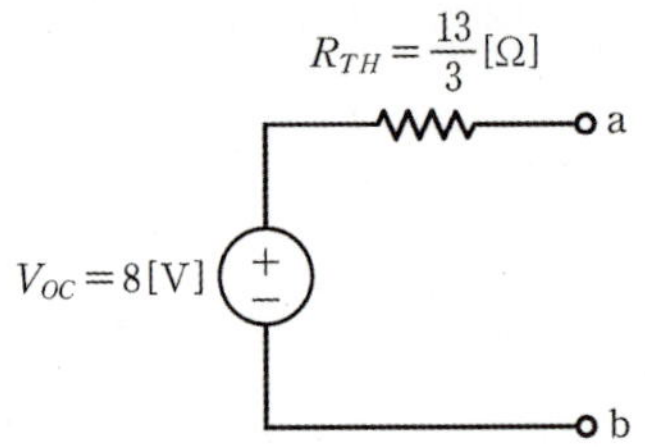

그림 5-25 [그림 5-24]의 테브난 등가 회로

예제 5-4

다음 회로에서 $V_A = 9[V]$, $R_1 = 2[\Omega]$, $R_2 = 3[\Omega]$, $R_3 = 5[\Omega]$, $R_4 = 4[\Omega]$일 때, 주어진 물음에 답하라.

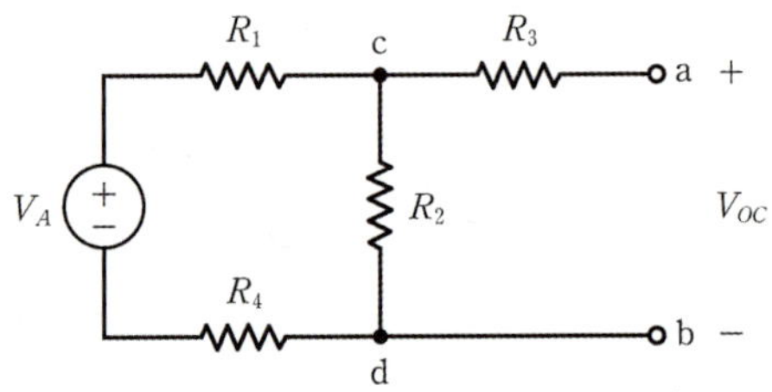

그림 5-26 [예제 5-4]의 회로

(a) 개방 회로 전압 V_{OC}를 구하라.

(b) 테브난 저항 R_{TH}를 구하라.

(c) (a)와 (b)에서 구한 V_{OC}와 R_{TH}를 이용해 테브난 등가 회로를 그려라.

풀이

(a) 단자 a에서 도선이 끊어져 있으므로 R_3에는 전류가 흐르지 않는다. 따라서 V_a는 V_c와 같다. 또한 단자 b와 노드 d는 같은 도선으로 연결되어 있으므로 V_b와 V_d는 같다. 그러므로 V_{OC}는 다음과 같다.

$$V_{OC} = V_{ab} = V_a - V_b = V_c - V_d$$

R_3에 전류가 흐르지 않고, 노드 b와 단자 d 사이에도 전류가 흐르지 않으므로 R_1, R_2, R_4는 직렬 연결된 저항들이다.

$$V_{OC} = V_c - V_d = V_A \frac{R_2}{R_1 + R_2 + R_4} = 9 \cdot \frac{3}{2+3+4} = 3[V]$$

(b) R_{TH}를 구하기 위해서 전압 전원을 비활성화하면 [그림 5-27]과 같다.

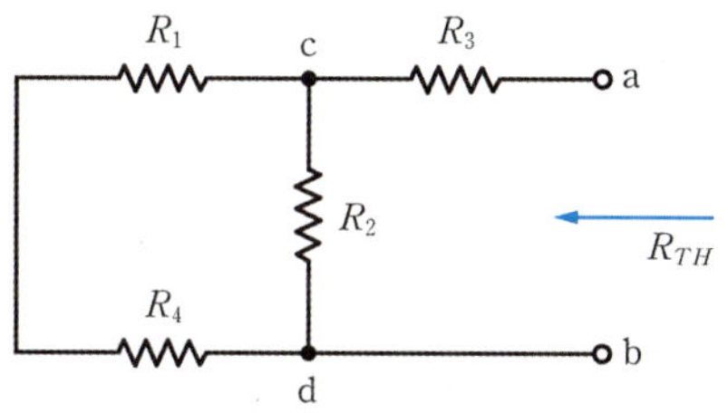

그림 5-27 [그림 5-26]의 전압 전원이 비활성화된 회로

R_1과 R_4는 직렬 연결이고 이 합성 저항이 다시 R_2와 병렬 연결된다. 그리고 이것이 다시 R_3와 직렬 연결된다. 따라서 R_{TH}를 구하면 다음과 같다.

$$R_{TH} = (R_1 + R_4) // R_2 + R_3 = \frac{1}{\frac{1}{R_1 + R_4} + \frac{1}{R_2}} + R_3 = \frac{1}{\frac{1}{2+4} + \frac{1}{3}} + 5 = 7\,[\Omega]$$

(c) 구해진 V_{OC}와 R_{TH}를 이용해 테브난 등가 회로를 그리면 [그림 5-28]과 같다.

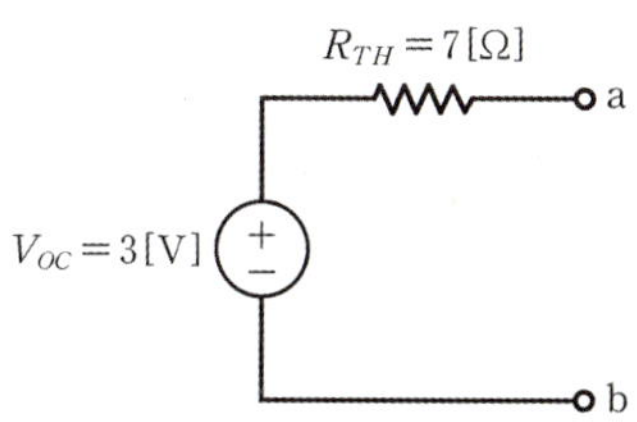

그림 5-28 [그림 5-26]의 테브난 등가 회로

2. 노턴 등가 회로

노턴 등가 회로의 개념

어떤 회로를 저항과 병렬 연결된 전류 전원으로 나타낸 것을 **노턴 등가 회로**Norton equavalent circuit라고 한다. [그림 5-29]와 같이 어떤 복잡한 선형 회로를 두 개의 단자에서 바라보았을 때, 이것을 하나의 저항과 병렬 연결된 전류 전원으로 구성된 간단한 등가 회로로 만들 수 있다. 이때 등가 회로의 전류 전원은 회로의 단락을 이용해 구하기 때문에 **단락 회로 전류**short circuit current I_{SC}로 나타내고, 저항은 R_{TH}로 나타낸다.

노턴 등가 회로에서 구하는 등가 저항은 테브난 등가 회로에서 구하는 등가 저항과 동일한 방법으로 구하므로 표기도 동일하게 R_{TH}로 한다.

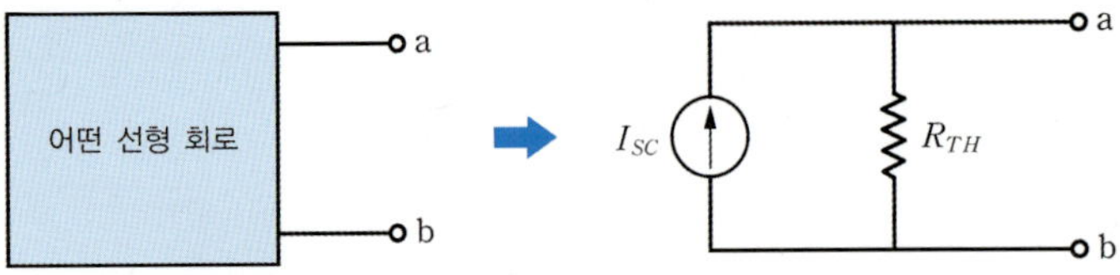

(a) 선형 회로 (b) 노턴 등가 회로

그림 5-29 노턴 등가 회로의 의미

단락 회로 전류

단락 회로 전류 I_{SC}는 구하고자 하는 선형 회로의 개방된 두 단자를 도선으로 이었을 때 흐르는 전류를 의미한다. [그림 5-30(a)]의 I_{SC}를 구해보자.

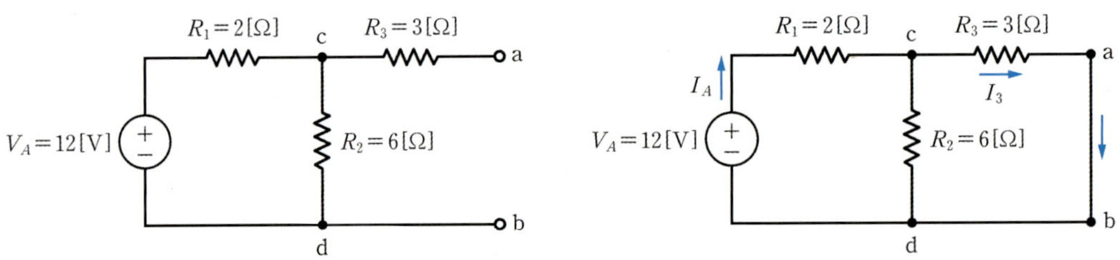

(a) 노턴 등가 회로를 위한 선형 회로 (b) 단락된 노턴 등가 회로

그림 5-30 단락 회로 전류를 구하기 위한 회로

단자 a와 b 사이를 도선으로 단락시킨 [그림 5-30(b)]를 살펴보면, 단락에 의해서 R_2와 R_3는 병렬 연결이다. 따라서 전체 합성 저항 R_t는 다음과 같다.

$$R_t = R_1 + R_2 // R_3 = 2 + \frac{1}{\frac{1}{6}+\frac{1}{3}} = 4\,[\Omega] \tag{5.20}$$

전체 전류 I_A는 다음과 같이 구할 수 있다.

$$I_A = \frac{V_A}{R_t} = \frac{12}{4} = 3\,[A] \tag{5.21}$$

I_A가 R_2와 R_3로 나누어 흐르고 R_3에 흐르는 전류는 I_{SC}와 같다. I_{SC}는 구하고자 하는 선형 회로의 개방된 두 단자를 도선으로 이었을 때 흐르는 전류를 의미하므로, 여기서는 I_3와 같다.

$$I_{SC} = I_3 = I_A \frac{\frac{1}{R_3}}{\frac{1}{R_2} + \frac{1}{R_3}} = 3 \cdot \frac{\frac{1}{3}}{\frac{1}{6} + \frac{1}{3}} = 2\,[\mathrm{A}] \tag{5.22}$$

Basic check

[그림 5-30(a)]에서 $V_A = 120\,[\mathrm{V}]$, $R_1 = 10\,[\Omega]$, $R_2 = 40\,[\Omega]$, $R_3 = 24\,[\Omega]$일 때, 단자 a와 b 사이의 I_{SC}를 구하라.

답

$$R_t = R_1 + R_2 // R = 10 + \frac{1}{\frac{1}{40} + \frac{1}{24}} = 25\,[\Omega]$$

$$I_A = \frac{V_A}{R_t} = \frac{120}{25} = 4.8\,[\mathrm{A}]$$

$$\therefore\ I_{SC} = I_3 = I_A \frac{\frac{1}{R_3}}{\frac{1}{R_2} + \frac{1}{R_3}} = 4.8 \cdot \frac{\frac{1}{24}}{\frac{1}{40} + \frac{1}{24}} = 3\,[\mathrm{A}]$$

독립 전원만 있는 경우의 노턴 등가 회로

노턴 등가 회로를 구하려면 I_{SC}와 R_{TH}를 구해야 한다. 노턴 등가 회로의 저항은 테브난 저항과 구하는 방법이 동일하다. [그림 5-31]의 회로는 독립 전원만 있으므로 독립 전원만 있는 테브난 저항을 구하는 방법과 동일하다.

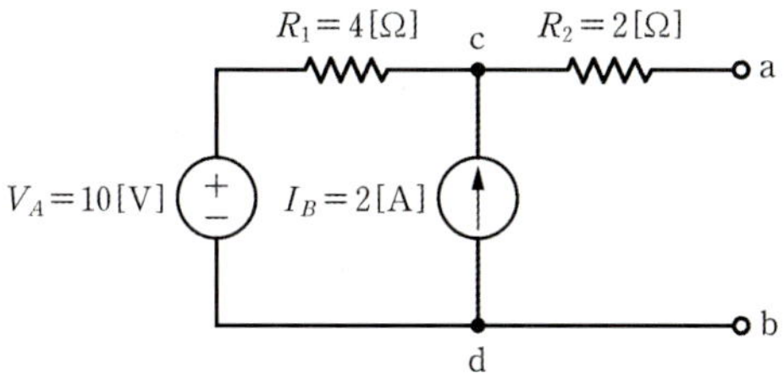

그림 5-31 독립 전원만 있는 노턴 등가 회로

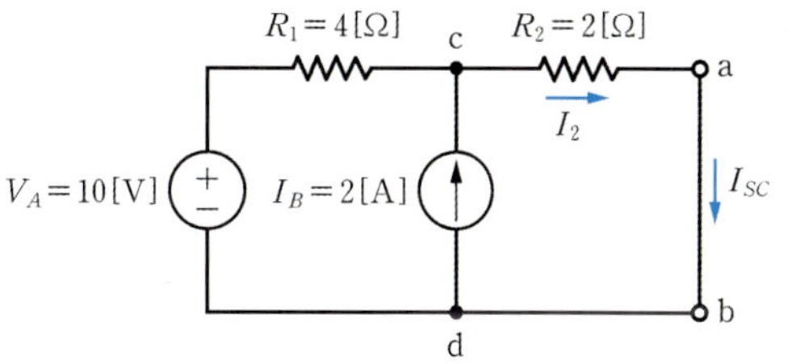

그림 5-32 노턴 등가 회로를 구하기 위한 단락 회로

먼저 I_{SC}를 구해보자. [그림 5-32]와 같이 단자 a와 b를 단락시킨 회로에서 노드 d를 기준 노드로 잡고 노드 c에서 노드 해석을 진행하면 된다. 해석식은 다음과 같이 구할 수 있다.

$$\frac{V_A - V_c}{R_1} + 2 = \frac{V_c - 0}{R_2}$$

$$\frac{10 - V_c}{4} + 2 = \frac{V_c}{2} \tag{5.23}$$

식 (5.23)을 풀면 $V_c = 6\,[\mathrm{V}]$이다. I_{SC}는 I_2와 동일하므로 다음과 같이 구할 수 있다.

$$I_{SC} = I_2 = \frac{V_c - 0}{R_2} = \frac{6}{2} = 3\,[\mathrm{A}] \tag{5.24}$$

이제 R_{TH}를 구해보자. [그림 5-33]처럼 전압 전원은 이어진 도선으로 전류 전원은 끊어진 도선으로 비활성화한다.

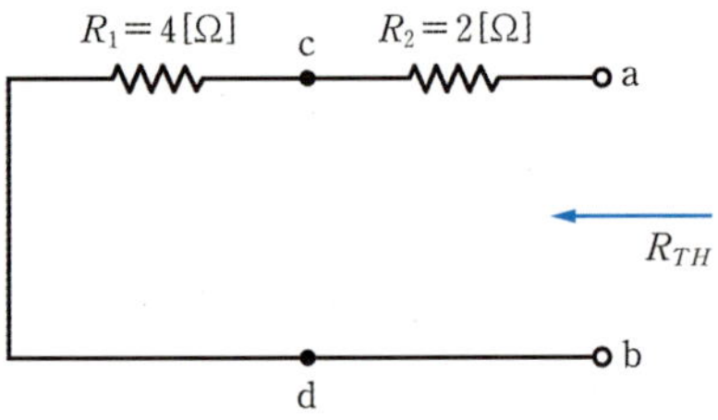

그림 5-33 전원이 비활성화된 등가 회로

R_1과 R_2가 직렬 연결이므로 R_{TH}는 다음과 같이 간단하게 구할 수 있다.

$$R_{TH} = R_1 + R_2 = 4 + 2 = 6\,[\Omega] \tag{5.25}$$

구해진 I_{SC}와 R_{TH}을 바탕으로 노턴 등가 회로를 그리면 [그림 5-34]와 같다.

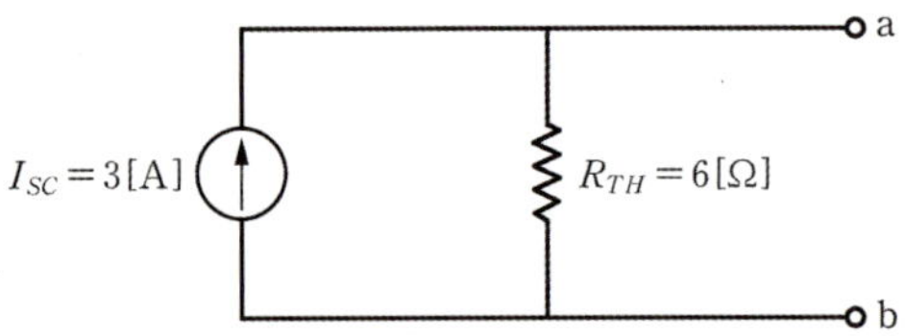

그림 5-34 구해진 노턴 등가 회로

예제 5-5

다음 회로에서 $I_A = 3\,[\mathrm{A}]$, $R_1 = 2\,[\Omega]$, $R_2 = 4\,[\Omega]$, $R_3 = 4\,[\Omega]$, $R_4 = 3\,[\Omega]$일 때, 주어진 물음에 답하라.

(a) 단락 회로 전류 I_{SC}를 구하라.

(b) 테브난 저항 R_{TH}를 구하라.

(c) (a)와 (b)에서 구한 I_{SC}와 R_{TH}를 이용해 노턴 등가 회로를 그려라.

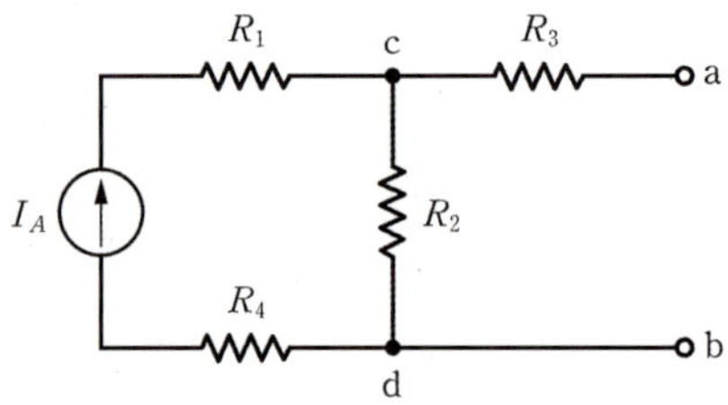

그림 5-35 [예제 5-5]의 회로

풀이

(a) [그림 5-36]은 단자 a와 b를 단락시킨 것이고, R_2와 R_3는 병렬 연결임을 알 수 있다.

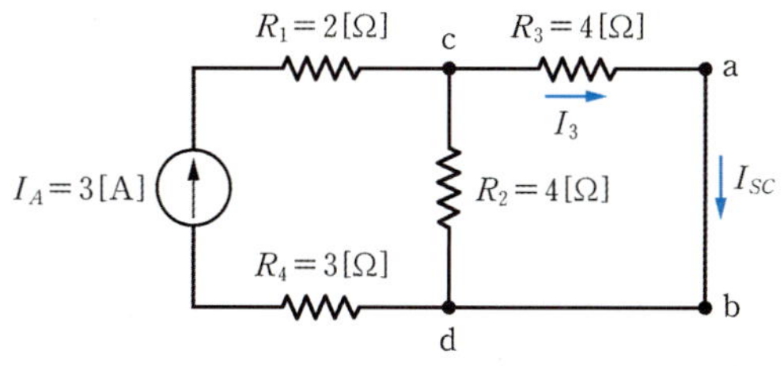

그림 5-36 [그림 5-35]의 단락 회로

따라서 전류 3[A]가 R_1을 지나서 R_2와 R_3의 저항으로 나뉘어서 흐르게 된다.

$$I_{SC} = I_3 = I_A \frac{\frac{1}{R_3}}{\frac{1}{R_2} + \frac{1}{R_3}} = 3 \cdot \frac{\frac{1}{4}}{\frac{1}{4} + \frac{1}{4}} = 1.5\,[\mathrm{A}]$$

(b) R_{TH}를 구하기 위해서 전류 전원을 비활성화하면 [그림 5-37]과 같다.

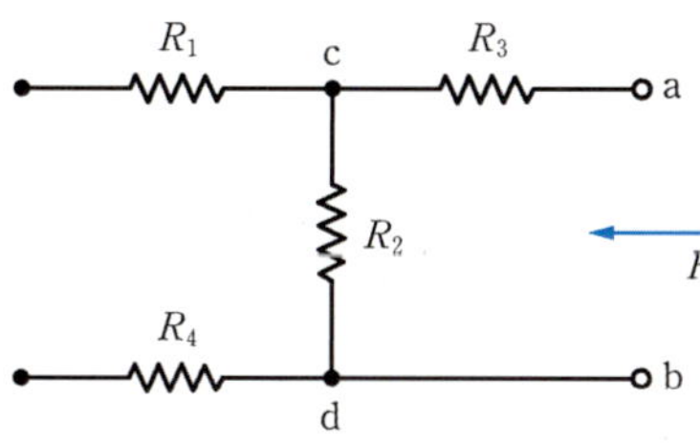

그림 5-37 [그림 5-35]의 R_{TH}를 구하기 위한 회로

R_1과 R_2는 전류가 흐르지 못하므로 없는 것처럼 취급할 수 있다. 따라서 R_2와 R_3는 직렬 연결된 것으로 볼 수 있고 R_{TH}는 다음과 같이 구할 수 있다.

$$R_{TH} = R_2 + R_3 = 4 + 4 = 8\,[\Omega]$$

(c) 구해진 I_{SC}와 R_{TH}를 이용해 노턴 등가 회로를 그리면 [그림 5-38]과 같다.

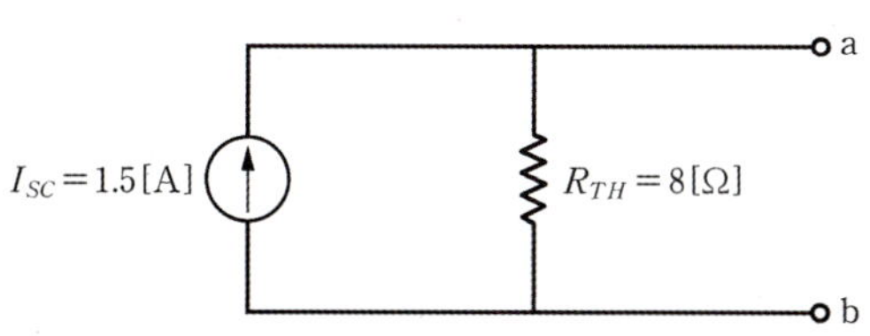

그림 5-38 [그림 5-35]의 노턴 등가 회로

LESSON 5.3

전원 종류에 따른 테브난 등가 회로와 노턴 등가 회로

✓ 기본 개념 | 독립 전원 | 종속 전원 | 테브난 등가 회로 | 노턴 등가 회로

1. 독립 전원과 종속 전원이 함께 있는 경우

독립 전원과 종속 전원이 함께 있는 회로의 테브난 저항

5.2절에서는 테브난 등가 회로와 노턴 등가 회로의 기본 형태인 독립 전원만 있는 경우를 살펴보았다. 이번에는 독립 전원과 종속 전원이 함께 있는 회로의 테브난 저항을 구해보자. 종속 전원은 그 값이 상황에 따라서 달라지기 때문에 독립 전원처럼 간단하게 비활성화할 수 없다. 따라서 R_{TH}를 전원 비활성화를 통해 구할 수 없다. 그러므로 다음과 같이 세 단계로 R_{TH}를 구한다.

독립 전원과 종속 전원이 함께 있는 회로의 테브난 저항 구하기

1. **V_{OC} 구하기** : 개방 회로에서 V_{OC}를 구한다.
2. **I_{SC} 구하기** : 단락 회로에서 I_{SC}를 구한다.
3. **R_{TH} 구하기** : 1과 2에서 구한 값들로 $\frac{V_{OC}}{I_{SC}}$를 계산해 R_{TH}를 구한다.

[그림 5-39]와 같이 독립 전원과 종속 전원이 함께 있는 회로에서 단자 a와 b 사이에서의 테브난 등가 회로를 구해보자.

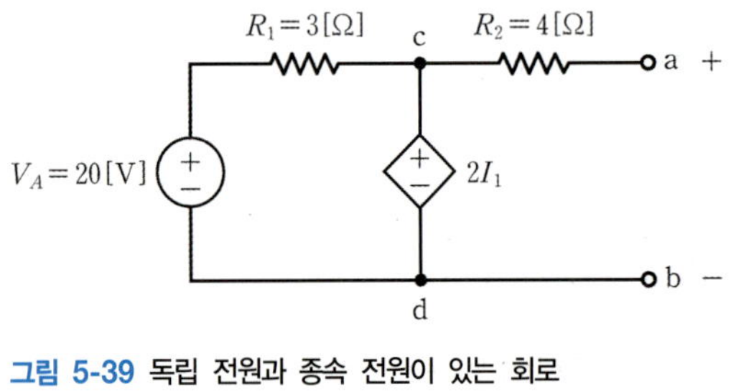

그림 5-39 독립 전원과 종속 전원이 있는 회로

1 V_{OC} 구하기

[그림 5-40]은 [그림 5-39]를 개방한 회로이다.

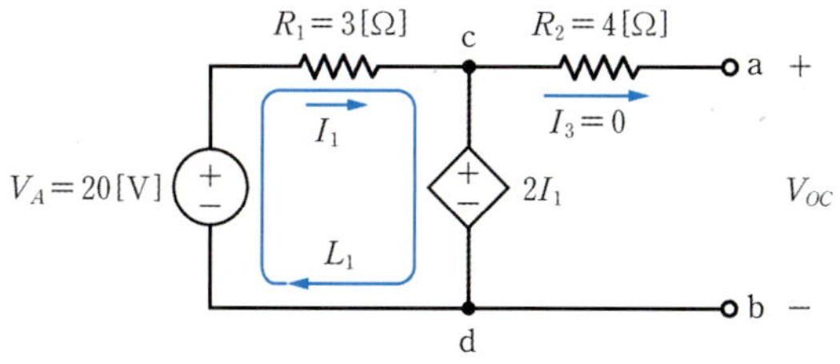

그림 5-40 독립 전원과 종속 전원이 있는 회로의 개방 회로

단자 a와 b가 개방되어 있으므로 구하고자 하는 V_{OC}는 V_{cd}와 같다. 이를 구하기 위해서 [그림 5-40]과 같이 L_1 경로를 따라서 메시 해석을 적용하면 된다.

$$V_A - I_1 R_1 - 2I_1 = 0$$
$$20 - I_1 \cdot 3 - 2I_1 = 0 \qquad (5.26)$$

식 (5.26)을 풀면 $I_1 = 4\,[\mathrm{A}]$이고, 이를 이용해 V_{OC}를 구하면 식 (5.27)과 같다.

$$V_{OC} = V_{cd} = 2I_1 = 8\,[\mathrm{V}] \qquad (5.27)$$

2 I_{SC} 구하기

[그림 5-41]은 [그림 5-39]를 단락한 회로이다.

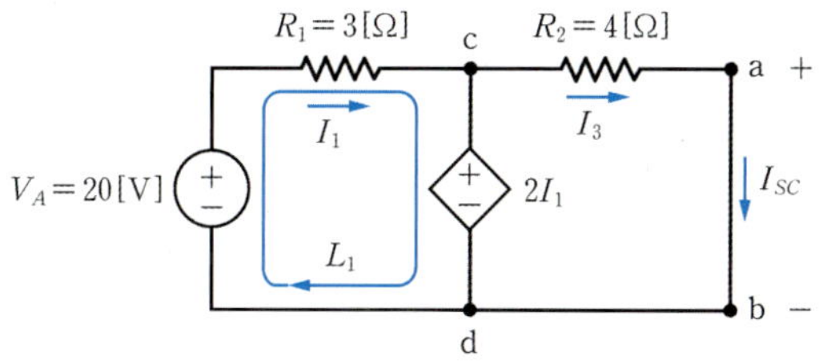

그림 5-41 독립 전원과 종속 전원이 있는 회로의 단락 회로

[그림 5-41]과 같이 단자 a와 b를 단락시키면 I_3는 I_{SC}와 같다. 회로를 해석하기 위해서 1과 동일하게 메시 해석을 적용해 I_{SC}를 구하면 식 (5.28)과 같다.

$$V_A - I_1 R_1 - 2I_1 = 0$$
$$20 - I_1 \cdot 3 - 2I_1 = 0 \qquad (5.28)$$

식 (5.28)을 풀면 $I_1 = 4\,[\mathrm{A}]$이고, 이를 이용해 V_{cd}를 구하면 식 (5.29)와 같다.

$$V_{cd} = 2I_1 = 8\,[\mathrm{V}] \tag{5.29}$$

I_{SC}는 I_3와 같으므로 식 (5.29)의 결과를 옴의 법칙에 적용해 I_{SC}를 구할 수 있다.

$$I_{SC} = I_3 = \frac{V_{cd}}{R_2} = \frac{8}{4} = 2\,[\mathrm{A}] \tag{5.30}$$

3 R_{TH} 구하기

1과 2에서 구한 값으로 $\dfrac{V_{OC}}{I_{SC}}$를 계산하면 R_{TH}는 다음과 같이 구해진다.

$$R_{TH} = \frac{V_{OC}}{I_{SC}} = \frac{8}{2} = 4\,[\Omega] \tag{5.31}$$

Basic check

[그림 5-39]의 회로에서 $V_A = 24[\mathrm{V}]$, $R_1 = 5\,[\Omega]$, $R_2 = 9[\Omega]$이고 종속 전압 전원이 $3I_1$일 때, 단자 a와 b 사이의 R_{TH}를 구하라.

답

개방 회로에서 V_{OC}는 다음과 같은 순서로 구할 수 있다.

$$V_A - I_1R_1 - 3I_1 = 0$$
$$24 - I_1 \cdot 5 - 3I_1 = 0$$
$$I_1 = 3\,[\mathrm{A}]$$

$$V_{OC} = V_{cd} = 3I_1 = 9\,[\mathrm{V}]$$

단락 회로에서 I_{SC}는 다음과 같은 순서로 구할 수 있다.

$$V_A - I_1R_1 - 3I_1 = 0$$
$$24 - I_1 \cdot 5 - 3I_1 = 0$$
$$I_1 = 3\,[\mathrm{A}]$$

$$V_{cd} = 3I_1 = 9\,[\mathrm{V}]$$
$$I_{SC} = I_3 = \frac{V_{cd}}{R_2} = \frac{9}{9} = 1\,[\mathrm{A}]$$

$\dfrac{V_{OC}}{I_{SC}}$를 계산하면 R_{TH}는 다음과 같이 구할 수 있다.

$$R_{TH} = \frac{V_{OC}}{I_{SC}} = \frac{9}{1} = 9\,[\Omega]$$

독립 전원과 종속 전원이 함께 있는 회로의 등가 회로

이제는 독립 전원과 종속 전원이 함께 있는 경우에 대해서 알아보자. 독립 전원과 종속 전원이 함께 있는 경우는 R_{TH}를 구하는 과정에서 V_{OC}와 I_{SC}를 구하게 된다. 따라서 테브난 등가 회로를 구할 때는 이미 구한 R_{TH}와 V_{OC}를 사용하면 되고, 노턴 등가 회로를 구할 때는 R_{TH}와 I_{SC}를 사용하면 된다. [예제 5-6]을 통해 자세히 살펴보자.

예제 5-6

다음 회로에서 $V_A = 22\,[\mathrm{V}]$, $R_1 = 4\,[\Omega]$, $R_2 = 3\,[\Omega]$, $k_1 = \dfrac{1}{8}$일 때, 주어진 물음에 답하라.

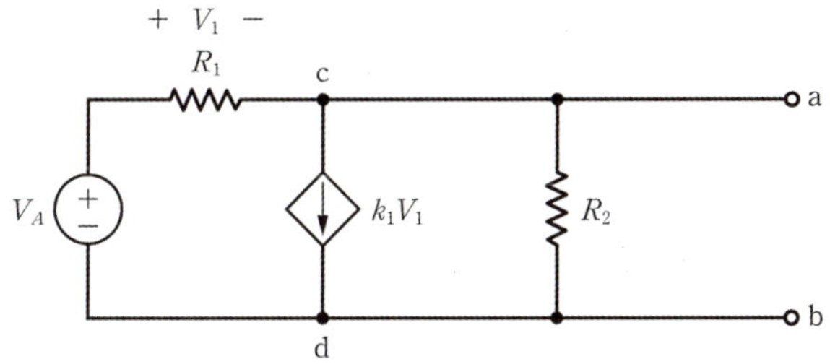

그림 5-42 [예제 5-6]의 회로

(a) 단자 a와 b를 개방한 개방 회로 전압 V_{OC}를 구하라.
(b) 단자 a와 b를 단락한 단락 회로 전류 I_{SC}와 테브난 저항 R_{TH}를 구하라.
(c) (a)와 (b)에서 구한 V_{OC}와 R_{TH}를 이용해 테브난 등가 회로를 그려라.
(d) (b)에서 구한 I_{SC}와 R_{TH}를 이용해 노턴 등가 회로를 그려라.

풀이

(a) [그림 5-43]은 [그림 5-42]를 개방한 회로이다.

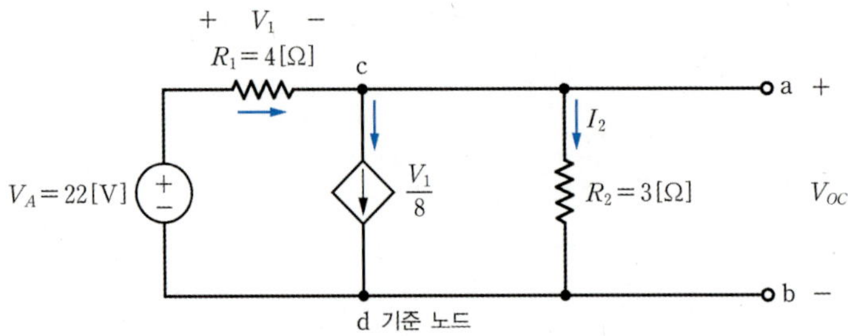

그림 5-43 [그림 5-42]의 노드 해석 회로

[그림 5-43]에서 V_{OC}를 구하기 위해 d를 기준 노드로 정하고 노드 c에서 노드 해석을 진행하면 식 ①과 같다.

$$\frac{V_A - V_c}{R_1} = k_1 V_1 + \frac{V_c - 0}{R_2}$$

$$\frac{22 - V_c}{4} = \frac{1}{8} V_1 + \frac{V_c}{3} \qquad \cdots ①$$

종속 전원과 관계된 제약식을 구하면 다음과 같다.

$$V_A - V_c = V_1 \qquad \cdots ②$$

식 ①과 식 ②를 연립해 풀면 V_c를 구할 수 있고, 이를 이용해 V_{OC}를 구할 수 있다.

$$V_c = 6\,[\text{V}]$$

$$V_{OC} = V_{cd} = V_c - V_d = 6 - 0 = 6\,[\text{V}]$$

(b) [그림 5-44]는 [그림 5-42]의 단자 a와 b를 단락시킨 회로이다.

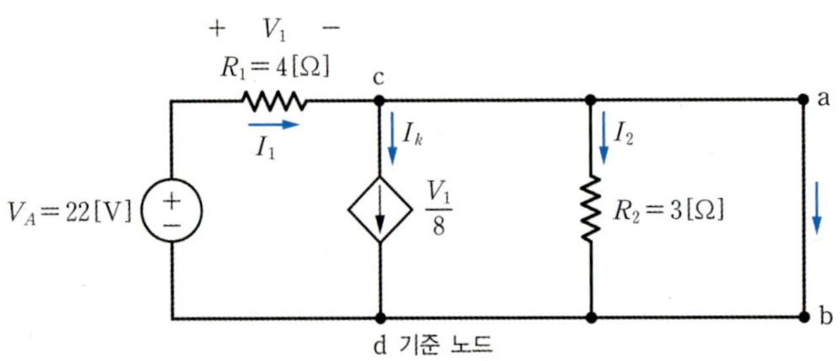

그림 5-44 [그림 5-42]의 단락 회로

[그림 5-42]는 독립 전원과 종속 전원이 모두 있는 경우이므로 R_{TH}를 구해야 한다. 이를 위해 먼저 I_{SC}를 구해보자. [그림 5-44]에서 노드 d를 기준 노드로 정하고 노드 c에서 노드 해석을 적용하면 다음과 같다.

$$I_1 = I_k + I_2 + I_{SC}$$

$$\frac{V_A - V_c}{R_1} = k_1 V_1 + I_2 + I_{SC}$$

여기서 단자 a와 b가 단락되어 R_2 양단의 전위차는 없다. 따라서 $I_2 = 0$이고 노드 c와 d가 도선으로 연결되어 있어서 $V_c = 0$이다. 노드 c에서 노드 해석식을 구하면 다음과 같다.

$$\frac{22-0}{4} = \frac{V_1}{8} + 0 + I_{SC} \qquad \cdots ③$$

종속 전원과 관계된 제약식을 구하면 다음과 같다.

$$V_A - V_c = V_1$$
$$22 - 0 = V_1$$
$$V_1 = 22\,[\mathrm{V}] \qquad \cdots ④$$

식 ④를 식 ③에 대입하면 I_{SC}를 구할 수 있다.

$$\frac{22-0}{4} = \frac{22}{8} + 0 + I_{SC}$$
$$I_{SC} = 2.75\,[\mathrm{A}]$$

I_{SC}와 (a)에서 구한 V_{OC}를 이용해 R_{TH}를 구하면 다음과 같다.

$$R_{TH} = \frac{V_{OC}}{I_{SC}} = \frac{6}{2.75} = \frac{24}{11}\,[\Omega]$$

(c) 구해진 V_{OC}와 R_{TH}를 이용해 테브난 등가 회로를 그리면 [그림 5-45]와 같다.

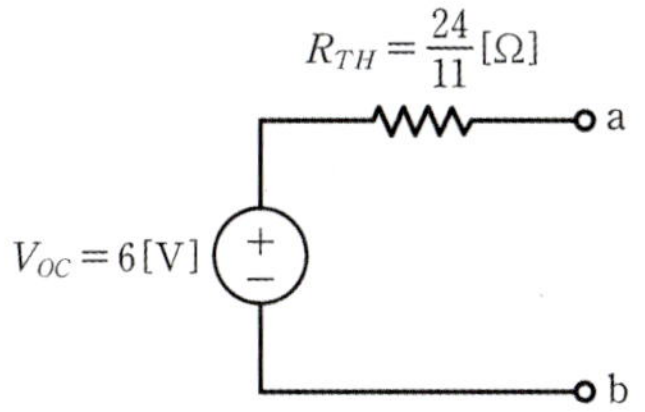

그림 5-45 [그림 5-42]의 테브난 등가 회로

(d) 구해진 I_{SC}와 R_{TH}를 이용해 노턴 등가 회로를 그리면 [그림 5-46]과 같다.

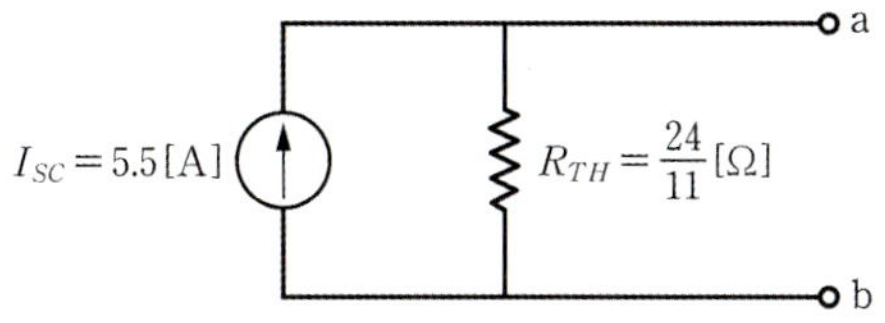

그림 5-46 [그림 5-42]의 노턴 등가 회로

노턴 등가 회로는 테브난 등가 회로를 전원 변환 이론을 적용해 구한 수도 있다.

2. 종속 전원만 있는 경우

종속 전원만 있는 회로의 테브난-노턴 등가 회로

종속 전원만 있는 경우에는 외부의 전원에 의해서만 전력이 공급될 수 있다. 따라서 [그림 5-47]과 같이 테브난 등가 회로나 노턴 등가 회로 모두 전압 전원이나 전류 전원이 0인 저항만으로 이루어진 회로로 나타난다. 즉, 테브난 등가 회로와 노턴 등가 회로가 저항 R_{TH}만 있는 동일한 형태이다.

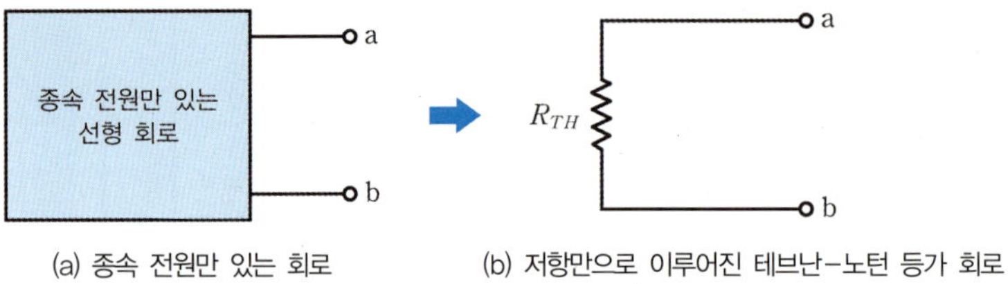

그림 5-47 종속 전원만 있는 회로의 테브난-노턴 등가 회로

종속 전원만 있는 경우에는 자체 전원이 없어서 V_{OC}나 I_{SC}를 구할 수 없다. 그러므로 다음과 같은 3단계로 R_{TH}를 구한다.

> **종속 전원만 있는 경우의 테브난-노턴 등가 회로 구하기**
>
> **1** **전류 전원 추가** : 두 단자 사이에 1[A]의 **전류 전원을 추가**한다.
>
> **2** **V_{ab} 구하기** : 추가한 전류 전원에 의해서 노드 a와 b 사이에 인가되는 전압을 구한다.
> (전류 전원에 의해서 전류가 흘러들어가는 노드를 전압의 양으로 설정)
>
> **3** **R_{TH} 구하기 : V_{ab}값을 그대로 단위만 바꿔서 R_{TH}로 변환한다.**

[그림 5-48]과 같이 종속 전원만 있는 회로에서 단자 a와 b 사이에서의 테브난 등가 회로를 구해보자.

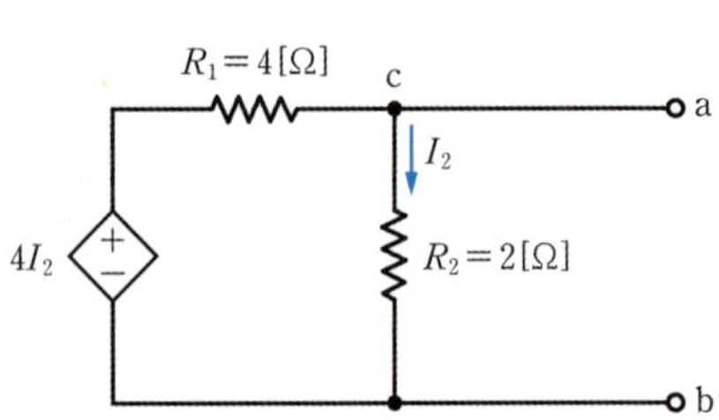

그림 5-48 종속 전원만 있는 회로

1 전류 전원 추가

[그림 5-49]처럼 단자 a와 b 사이에 1 [A]의 전류 전원을 추가한다.

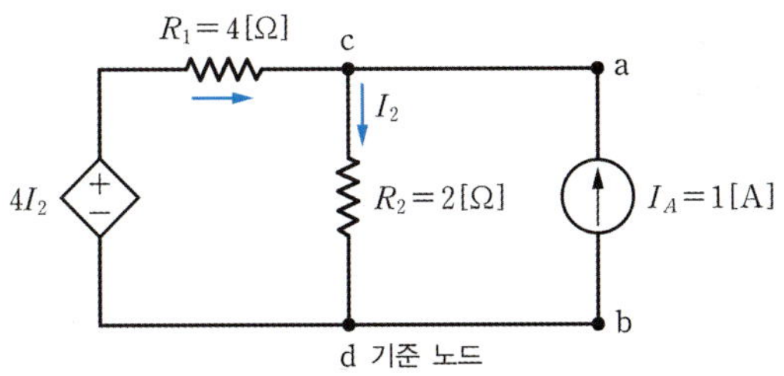

그림 5-49 전류 전원이 추가된 종속 전원만 있는 회로

2 V_{ab} 구하기

[그림 5-49]에서 노드 해석을 적용하면 다음과 같다.

$$\frac{4I_2 - V_c}{R_1} + I_A = \frac{V_c}{R_2}$$

$$\frac{4I_2 - V_c}{4} + 1 = \frac{V_c}{2} \tag{5.32}$$

종속 전원과 관계된 제약식을 구하면 다음과 같다.

$$I_2 = \frac{V_c}{R_2} \tag{5.33}$$

식 (5.32)와 식 (5.33)을 연립해 풀면 V_c는 4 [V]이고, 이를 이용해 V_{ab}를 구하면 다음과 같다.

$$V_{ab} = V_c = 4\,[\mathrm{V}] \tag{5.34}$$

3 R_{TH} 구하기

구해진 V_{ab}의 값인 4 [V]를 그대로 4 [Ω]으로 바꾸어서 R_{TH}를 구한다. 즉, R_{TH}는 4 [Ω]이다. 이를 통해서 등가 회로를 그리면 [그림 5-50]과 같다.

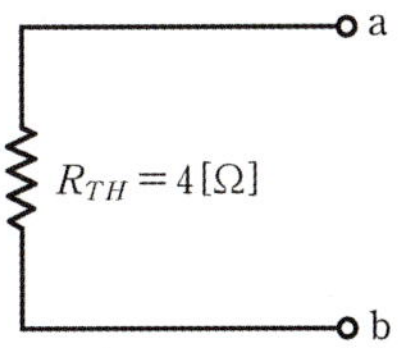

그림 5-50 종속 전원만 있는 회로의 등가 회로

Basic check

[그림 5-48]의 회로에서 $R_1 = 4[\Omega]$, $R_2 = 3[\Omega]$이고 종속 전압 전원이 $6I_1$일 때, 단자 a와 b 사이의 R_{TH}를 구하라.

답

먼저 1[A] 전류 전원을 추가한다. 노드 c에서 노드 해석을 적용하면 다음과 같다.

$$\frac{6I_2 - V_c}{R_1} + I_A = \frac{V_c}{R_2}$$

$$\frac{6I_2 - V_c}{4} + 1 = \frac{V_c}{3}$$

여기에 $I_2 = \dfrac{V_c}{R_2}$ 식을 대입해 풀면 $V_c = 12\,[\mathrm{V}]$이다. 그러므로 V_{ab}도 12[V]이다.

$$\therefore R_{TH} = 12\,[\Omega]$$

예제 5-7

다음 회로에서 $k_1 = 2$, $R_1 = 4[\Omega]$, $R_2 = 6[\Omega]$일 때, 주어진 물음에 답하라.

(a) 테브난 저항 R_{TH}를 구하라.

(b) (a)에서 구한 R_{TH}를 이용해 테브난 등가 회로를 그려라.

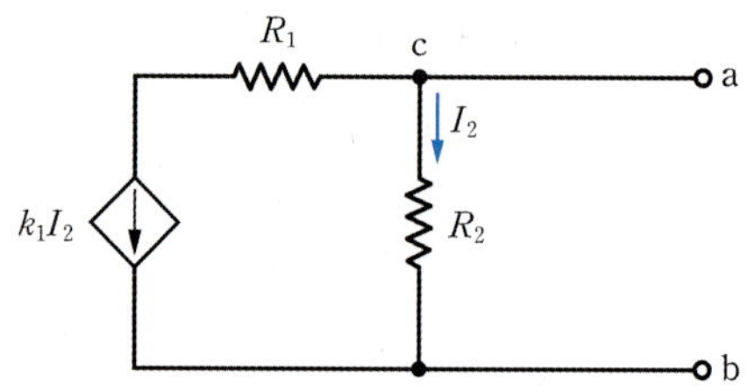

그림 5-51 [예제 5-7]의 회로

풀이

(a) [그림 5-51]에 1[A]의 전류 전원을 추가하면 [그림 5-52]와 같다.

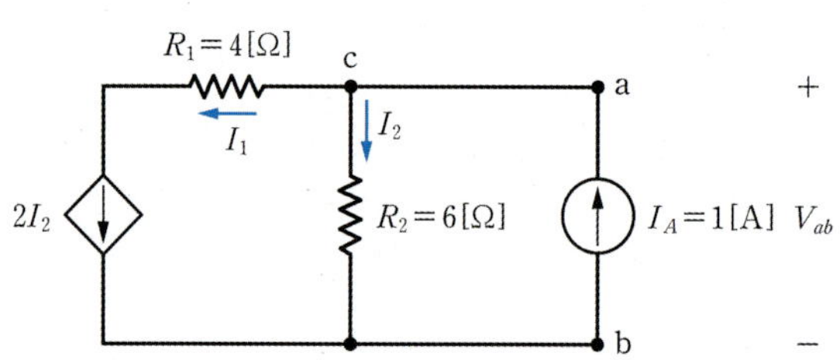

그림 5-52 [그림 5-51]에 전류 전원을 추가한 회로

[그림 5-52]의 노드 c에서 노드 해석을 적용하면 다음과 같다.

$$1 = I_1 + I_2$$

R_2와 종속 전원이 직렬 연결이므로 I_1은 $2I_2$와 같다. 따라서 위 식에 대입하면 다음과 같다.

$$1 = 2I_2 + I_2$$

$$I_2 = \frac{1}{3}\,[\mathrm{A}]$$

이를 이용해 V_{ab}를 구하면 다음과 같다.

$$V_{ab} = V_c = I_2R_2 = \frac{1}{3} \cdot 6 = 2\,[\mathrm{V}]$$

그러므로 $R_{TH} = 2\,[\Omega]$이다.

(b) 구해진 R_{TH}를 이용해 테브난 등가 회로를 구하면 [그림 5-53]과 같다.

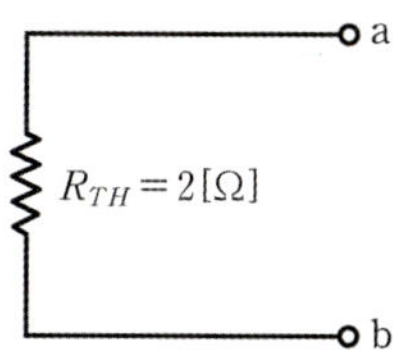

그림 5-53 [그림 5-51]의 테브난 등가 회로

Level up! **왜 1 [A]의 전류 전원을 추가할까?**
그리고 V_{ab}를 R_{TH}로 단위만 바꿔서 사용할 수 있는 이유는 무엇일까?

종속 전원만 있는 회로의 테브난·노턴 등가 회로를 구할 경우에 단자 a와 b 사이에 다른 값이 아닌 1 [A]의 전류 전원을 추가하는 것이 의아할 것이다. 사실 1 [A]가 아닌 임의의 전류 전원 I_A를 추가해도 된다. 예를 들어, 1 [A]의 전류 전원을 추가했을 때 V_{ab}가 3 [V]가 나왔다면, I_A를 추가하는 경우에 V_{ab}는 $3I_A$가 나오는 식으로 그 비율이 일정하게 된다. 이때 테브난·노턴 등가 회로가 R_{TH}로만 이루어진 회로이기 때문에 흐르는 전류가 I_A일 때 인가되는 전압 V_{ab}가 $3I_A$라면 $R_{TH} = \frac{V_{ab}}{I_A} = \frac{3I_A}{I_A} = 3\,[\Omega]$으로 구할 수 있다.

이렇게 임의의 전류 전원을 인가해도 그 비율로 R_{TH}를 구할 수 있게 되는데, 이를 간단하게 하기 위해서 1 [A]의 전류 전원을 추가하고 전압을 그대로 저항으로 바꾸는 것이다.

LESSON 5.4

최대 전력 전달

✓ 기본 개념 | 전력 전달 | 최대 전력 전달 정리

최대 전력 전달 정리

어떤 선형 회로에 부하 저항 R_L이 [그림 5-54]와 같이 연결되어 있다. 이때 부하 저항에는 선형 회로에 의해서 전압 V_L이 인가되고 전류 I_L이 흐르게 되고 따라서 전달된 전력 P_L이 R_L에서 소모된다. 이러한 값들은 R_L에 의해서 변하게 되는데, 최대의 전력을 전달 받기 위한 R_L의 조건을 구해보자.

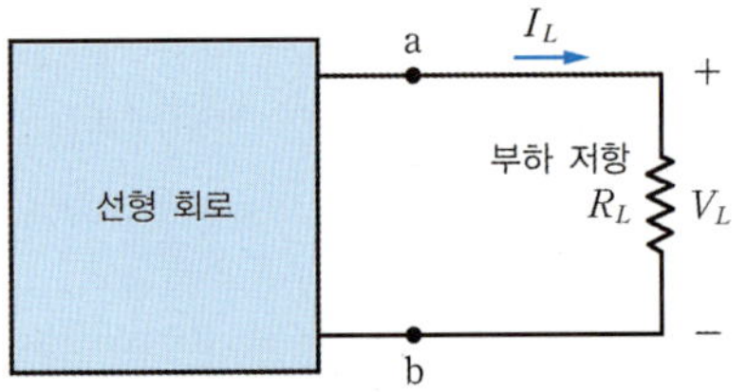

그림 5-54 선형 회로에 부하 저항이 연결된 회로

먼저 선형 회로를 [그림 5-55]와 같이 테브난 등가 회로로 나타낸다.

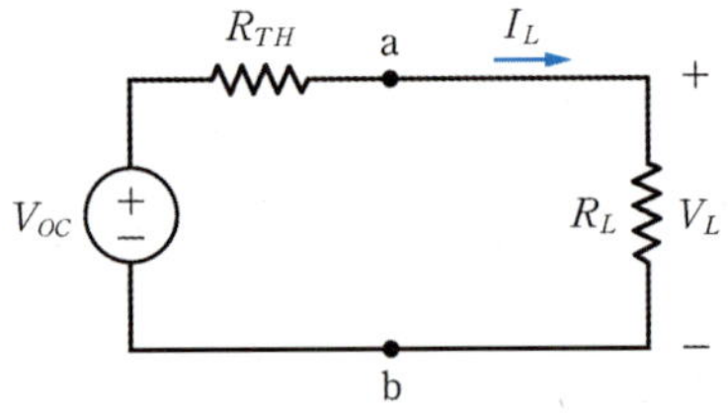

그림 5-55 종속 전원과 독립 전원이 있는 회로의 개방 회로

이때 R_L에 인가되는 전압 V_L과 흐르는 전류 I_L은 다음 식으로 구할 수 있다.

$$V_L = V_{OC}\frac{R_L}{R_{TH}+R_L} \tag{5.35a}$$

$$I_L = \frac{V_{OC}}{R_{TH} + R_L} \tag{5.35b}$$

P_L은 인가된 전압과 흐르는 전류의 곱으로 구해지므로 다음과 같다.

$$P_L = V_L I_L = V_{OC} \frac{R_L}{R_{TH} + R_L} \cdot \frac{V_{OC}}{R_{TH} + R_L} = \frac{V_{OC}^2 R_L}{(R_{TH} + R_L)^2} \tag{5.36}$$

[그림 5-56] ~ [그림 5-58]은 V_L, R_L, P_L의 관계를 나타낸다. V_L은 R_L이 증가하면 증가하고([그림 5-56]), I_L은 R_L이 증가하면 감소한다([그림 5-57]). P_L은 R_L이 증가하면 증가하다가 감소한다([그림 5-58]).

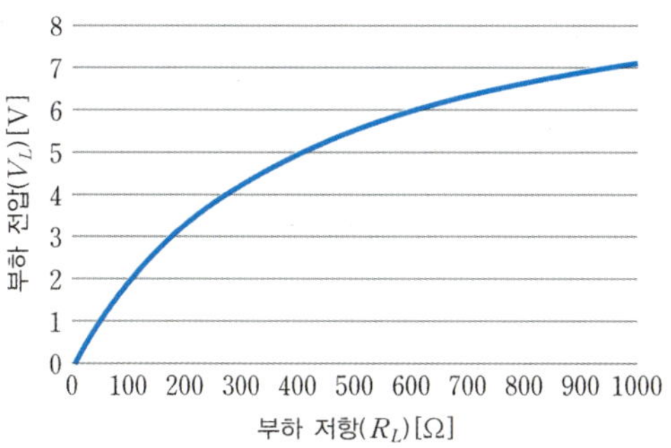

그림 5-56 부하 저항과 부하 전압 관계

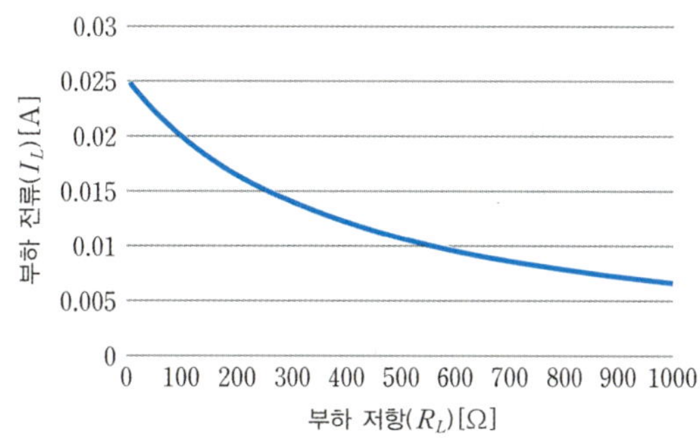

그림 5-57 부하 저항과 부하 전류 관계

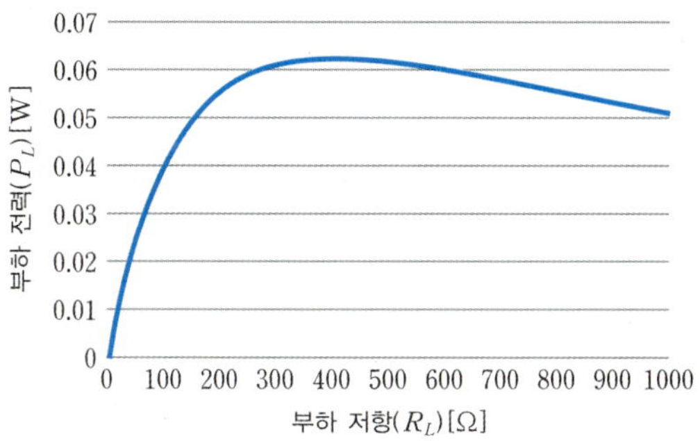

그림 5-58 부하 저항과 부하 전력 관계

이때 최댓값이 나오는 P_L은 다음 조건에서 얻어진다.

$$R_L = R_{TH} \tag{5.37}$$

즉, 최대 전력 전달은 부하 저항 R_L이 선형 회로의 테브난 저항 R_{TH}와 같아질 때 얻을 수 있다. 이것을 **최대 전력 전달 정리**라고 한다. 이때 P_L의 최댓값은 다음과 같다.

$$P_{L,\max} = \frac{V_{OC}^2}{4R_{TH}} \tag{5.38}$$

Basic check

[그림 5-55]의 회로에서 $V_{OC} = 12\,[\mathrm{V}]$, $R_{TH} = 9\,[\Omega]$일 때, 최대 전력을 전달받기 위한 R_L과 그때 R_L이 전달받는 전력 $P_{L,\max}$를 구하라.

답

최대 전력을 전달받기 위한 R_L은 R_{TH}와 같을 때이므로 $R_L = R_{TH} = 9\,[\Omega]$이다.

$$\therefore P_{L,\max} = \frac{V_{OC}^2}{4R_{TH}} = \frac{12^2}{4 \cdot 9} = 4\,[\mathrm{W}]$$

예제 5-8

다음 회로에서 $V_A = 36\,[\mathrm{V}]$, $R_1 = 9\,[\Omega]$, $R_2 = 18\,[\Omega]$, $R_3 = 2\,[\Omega]$, $R_4 = 4\,[\Omega]$일 때, 주어진 물음에 답하라.

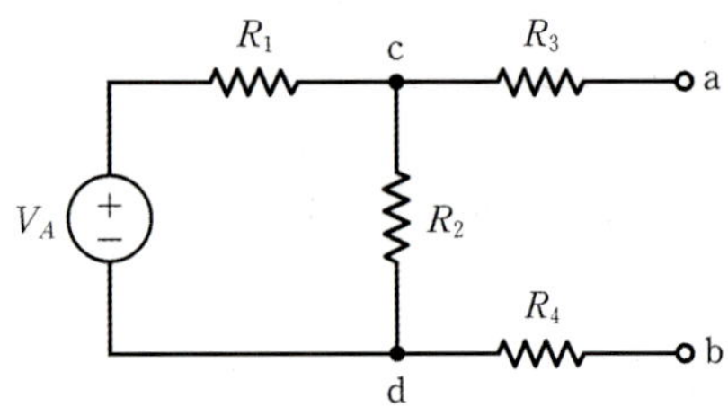

그림 5-59 [예제 5-8]의 회로

(a) 단자 a와 b 사이의 테브난 등가 회로를 구하라.
(b) 단자 a와 b에 연결되는 R_L이 전달받을 수 있는 최대 전력 $P_{L,\max}$를 구하라.

풀이

(a) 독립 전원만 있는 회로이므로 전원 비활성화를 통해 R_{TH}를 구하면 다음과 같다.

$$R_{TH} = R_3 + R_1 // R_2 + R_4 = 2 + \frac{1}{\frac{1}{9} + \frac{1}{18}} + 4 = 12\,[\Omega]$$

이제 V_{OC}를 구하자. 단자 a와 b가 개방된 회로에서는 R_3와 R_4에 전류가 흐르지 않는다. 그러므로 V_{OC}를 구하면 다음과 같다.

$$V_{OC} = V_{cd} = V_A \frac{R_2}{R_1 + R_2} = 36 \cdot \frac{18}{9+18} = 24\,[\mathrm{V}]$$

이를 테브난 등가 회로로 그리면 [그림 5-60]과 같다.

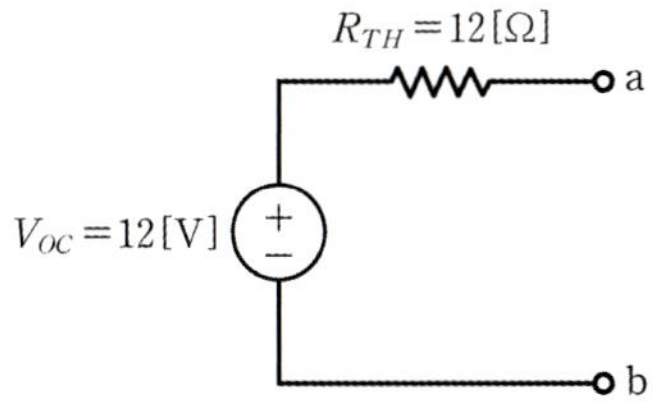

그림 5-60 [그림 5-59]의 테브난 등가 회로

(b) 구해진 값들을 바탕으로 최대 전력 전달 정리를 적용하면 다음과 같다.

$$P_{L,\max} = \frac{V_{OC}^2}{4R_{TH}} = \frac{24^2}{4 \cdot 12} = 12\,[\mathrm{W}]$$

Level up! **최대 전력 전달 조건의 증명**

부하 저항에 전달되는 전력의 최댓값을 구하기 위해서 식 (5.36)의 미분값이 0인 R_L값을 다음과 같이 구한다.

$$\frac{\partial P_L}{\partial R_L} = 0$$

$$\begin{aligned}\frac{\partial P_L}{\partial R_L} &= V_{OC}^2 \frac{(R_{TH}+R_L)^2 - R_L \cdot 2(R_{TH}+R_L)}{(R_{TH}+R_L)^4} \\ &= V_{OC}^2 \frac{(R_{TH}+R_L)(R_{TH}+R_L-2R_L)}{(R_{TH}+R_L)^4} \\ &= V_{OC}^2 \frac{(R_{TH}-R_L)}{(R_{TH}+R_L)^3}\end{aligned}$$

$$V_{OC}^2 \frac{(R_{TH}-R_L)}{(R_{TH}+R_L)^3} = 0$$

$$\therefore\ R_L = R_{TH}$$

CHAPTER 05

개념복습

개념 정리하기

개념	설명
선형 회로	입력과 출력이 비례하는 회로
전원 변환	저항과 직렬 연결된 전류 전원은 저항과 병렬 연결된 전압 전원으로 변환될 수 있음
전원의 비활성화	전압 전원은 이어진 도선으로, 전류 전원은 끊어진 도선으로 비활성화함
테브난 저항을 구하는 방법	1 독립 전원만 있는 경우 : 전원을 비활성화한 후 합성 저항 계산 2 독립 전원과 종속 전원이 함께 있는 경우 : V_{OC}와 I_{SC}를 구한 후 V_{OC}/I_{SC}로 계산 3 종속 전원만 있는 경우 : 전류 전원을 추가해 두 단자 사이의 전압을 구해 계산
테브난 등가 회로	저항과 직렬 연결된 전압 전원으로 구성
노턴 등가 회로	저항과 병렬 연결된 전류 전원으로 구성
최대 전력 전달 정리	• 선형 회로에 연결된 부하 저항이 최대 전력을 전달받기 위해서는 부하 저항이 선형 회로의 테브난 저항과 같아야 함 • P_L이 얻어지는 조건 : $R_L = R_{TH}$

개념 점검하기 다음 문제에서 옳은 것을 골라라.

(1) 선형 회로에 두 개의 독립 전원이 있을 때, 각각 하나씩 전원이 있는 경우의 결과를 (합, 곱)한 값은 두 개의 전원이 모두 있을 때와 같다.

(2) 전압 전원을 비활성화 하면 (단락, 개방)된 도선과 같다.

(3) 전류 전원을 비활성화 하면 (단락, 개방)된 도선과 같다.

(4) 저항과 직렬로 연결된 전압 전원은 저항과 (직렬, 병렬)로 연결된 전류 전원으로 변환될 수 있다.

(5) 테브난 등가 회로는 저항과 (직렬, 병렬)로 연결된 (전류, 전압) 전원으로 구성된다.

(6) 노턴 등가 회로는 저항과 (직렬, 병렬)로 연결된 (전류, 전압) 전원으로 구성된다.

(7) 선형 회로로부터 최대 전력을 전달받기 위한 부하 저항의 크기는 (R_{TH}, R_{TH}^2)이다.

CHAPTER 05

연습문제

기본 문제

5.1 다음 회로에서 $R_1 = 12\,[\Omega]$, $R_2 = 6\,[\Omega]$, $R_3 = 12\,[\Omega]$, $I_A = 9\,[A]$, $V_B = 36\,[\mathrm{V}]$일 때, 주어진 물음에 답하라.

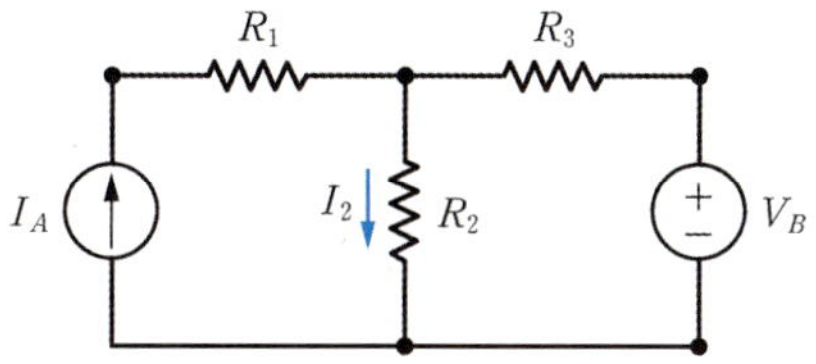

그림 5-61

(a) V_B를 비활성화했을 때 전류 I_2를 구하라.

(b) I_A를 비활성화했을 때 전류 I_2를 구하라.

(c) 중첩 정리를 적용해 전류 I_2를 구하라.

5.2 다음 회로에서 $R_1 = 6\,[\Omega]$, $R_2 = 3\,[\Omega]$, $R_3 = 2\,[\Omega]$, $R_4 = 4[\Omega]$, $R_5 = 4\,[\Omega]$, $V_A = 24\,[\mathrm{V}]$, $I_B = 4\,[A]$일 때, 주어진 물음에 답하라.

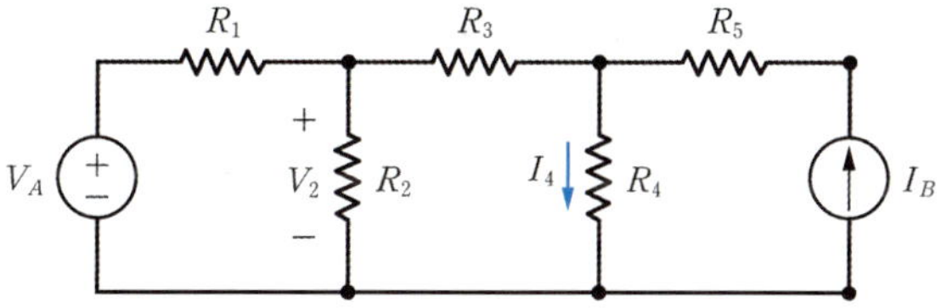

그림 5-62

(a) I_B를 비활성화했을 때 전류 I_4와 전압 V_2를 구하라.

(b) V_A를 비활성화했을 때 전류 I_4와 전압 V_2를 구하라.

(c) 중첩 정리를 적용해 전류 I_4와 전압 V_2를 구하라.

5.3 다음 회로에서 $R_1 = 6\,[\Omega]$, $R_2 = 30\,[\Omega]$, $R_3 = 5\,[\Omega]$, $R_4 = 14\,[\Omega]$, $R_5 = 15\,[\Omega]$, $I_A = 30$ [mA]일 때, 단자 a와 b에서 바라본 테브난 등가 회로를 구하라.

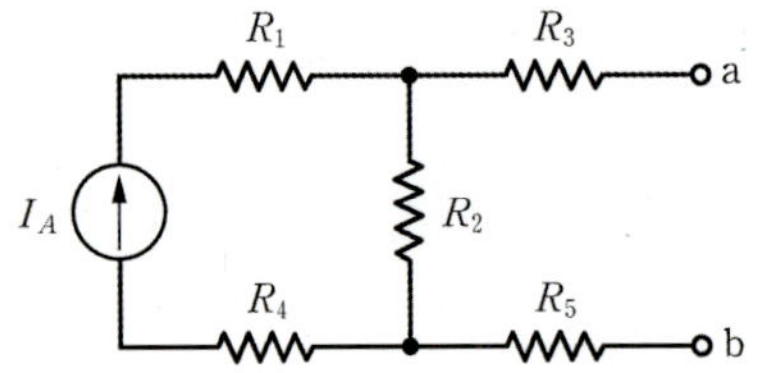

그림 5-63

5.4 다음 회로에서 $R_1 = 20[\Omega]$, $R_2 = 30\,[\Omega]$, $R_3 = 60\,[\Omega]$, $V_A = 20\,[\text{V}]$, $V_B = 4\,[\text{V}]$, $V_C = 6[\text{V}]$일 때, 단자 a와 b에서 바라본 노턴 등가 회로를 구하라.

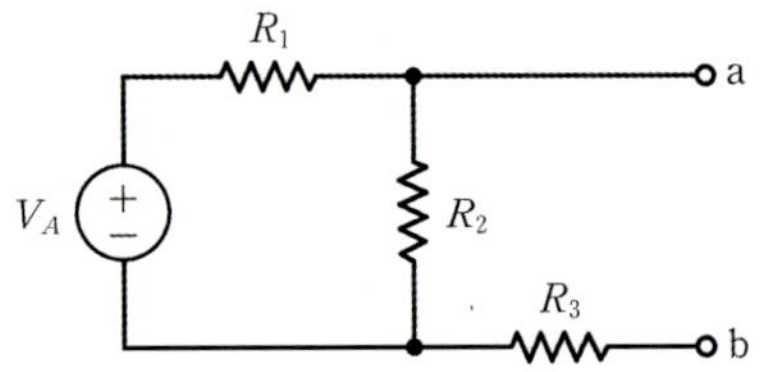

그림 5-64

5.5 다음 회로에서 $R_1 = 6\,[\Omega]$, $R_2 = 30\,[\Omega]$, $R_3 = 6\,[\Omega]$, $R_4 = 14\,[\Omega]$, $R_5 = 2\,[\Omega]$, $V_A = 40\,[\text{V}]$일 때, 주어진 물음에 답하라.

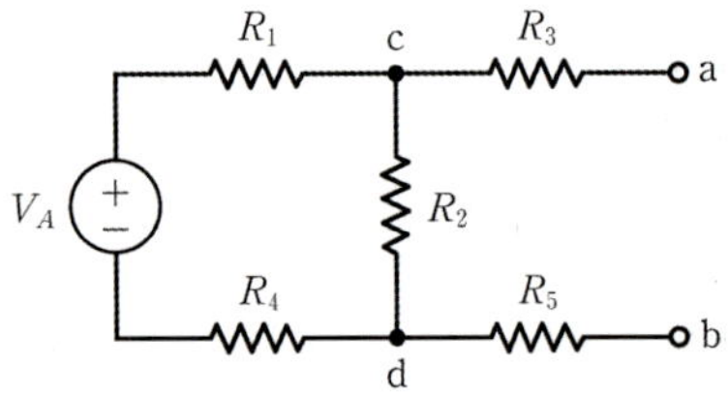

그림 5-65

(a) 단자 a와 b에서 바라본 테브난 저항 R_{TH}를 구하라.

(b) 단자 a와 b에서 바라본 개방 회로 전압 V_{OC}를 구하라.

(c) 단자 a와 b에 부하 저항 R_L을 연결했을 때, 최대 전력을 전달받기 위한 R_L과 이때 R_L이 전달받는 최대 전력 $P_{L,\max}$를 구하라.

5.6 다음 그림 (a)에서 $V_A = 8\,[\mathrm{V}]$, $R_1 = 4\,[\Omega]$, $R_2 = 4\,[\Omega]$이다. 그림 (a)의 테브난 등가 회로인 그림 (b)에서 $V_{OC} = 4\,[\mathrm{V}]$, $R_{TH} = 10\,[\Omega]$일 때, 저항 R_3를 구하라.

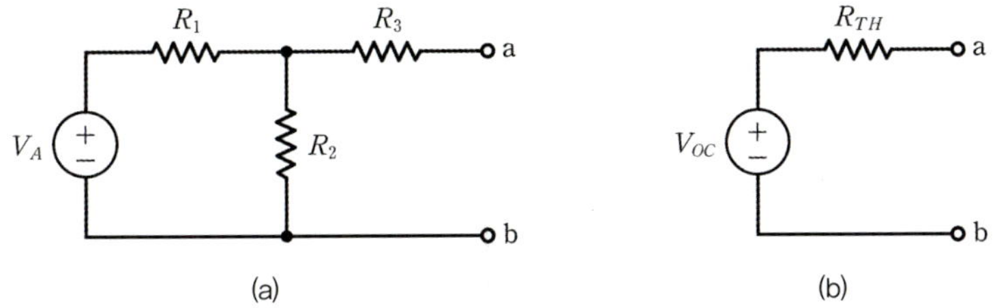

그림 5-66

5.7 다음 회로에서 $R_1 = 5\,[\Omega]$, $R_2 = 2.5\,[\Omega]$, $R_3 = 2.5\,[\Omega]$, $V_A = 40\,[V]$, $k_1 = 2$일 때, 주어진 물음에 답하라.

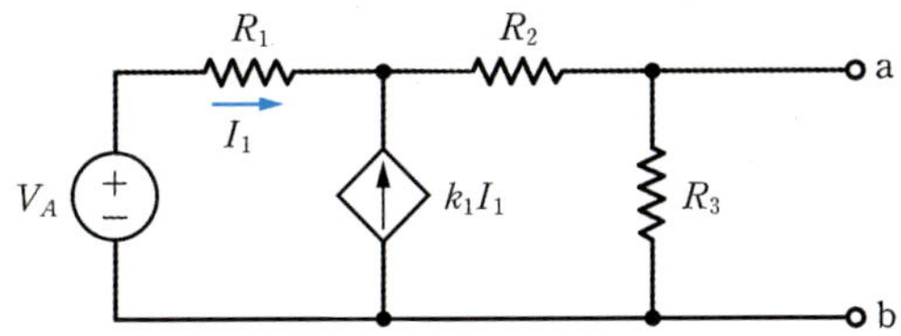

그림 5-67

(a) 단자 a와 b에서 바라본 테브난 저항 R_{TH}를 구하라.

(b) 단자 a와 b에서 바라본 개방 회로 전압 V_{OC}를 구하라.

(c) 단자 a와 b에 부하 저항 R_L을 연결했을 때, 최대 전력을 전달받기 위한 R_L과 이때 R_L이 전달받는 최대 전력 $P_{L,\max}$를 구하라.

5.8 다음 회로에서 $R_1 = 4\,[\Omega]$, $R_2 = 2\,[\Omega]$, $k_1 = 5$일 때, 단자 a와 b에서 바라본 노턴 등가 회로를 구하라.

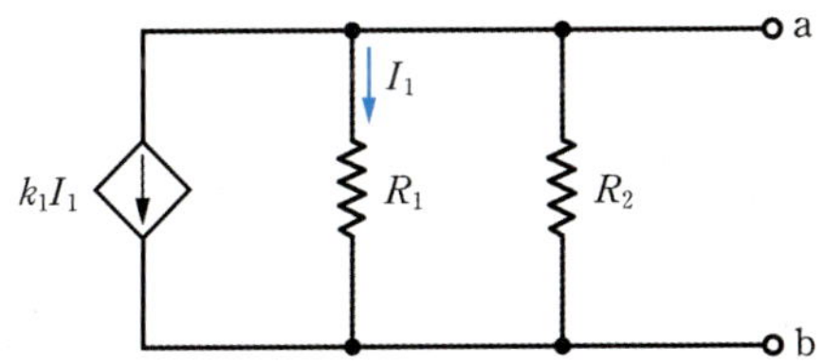

그림 5-68

도전 문제

5.9 어떤 선형 회로에 2 [kΩ]의 부하 저항 R_L을 연결했을 때는 4 [mA]의 전류가 흘렀고, 3 [kΩ]의 부하 저항 R_L을 연결했을 때는 3 [mA]의 전류가 흘렀다. 이 회로의 테브난 등가 전압 V_{TH}과 테브난 등가 저항 R_{TH}를 구하라.

5.10 다음 회로에서 $R_1 = 8$ [Ω], $R_2 = 10$ [Ω], $R_3 = 12$ [Ω], $R_4 = 14$ [Ω], $R_5 = 16$ [Ω], $R_6 = 20$ [Ω], $V_A = 30$ [V]일 때, 단자 a와 b에서 바라본 테브난 등가 회로를 구하라.

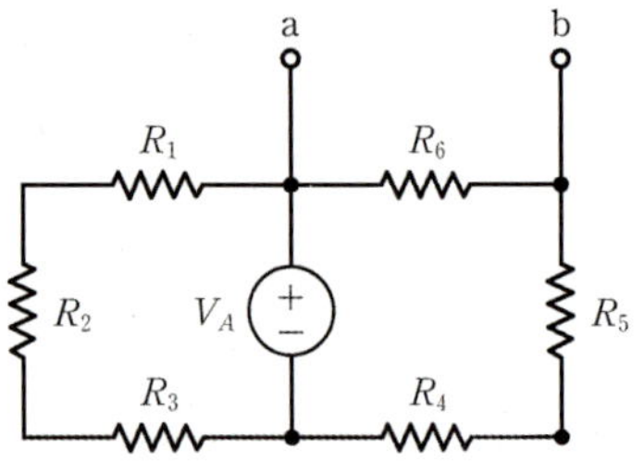

그림 5-69

5.11 다음 회로에 대해 주어진 물음에 답하라.

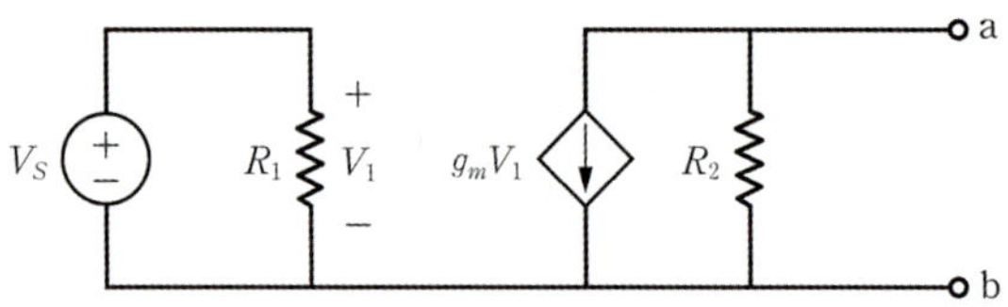

그림 5-70

(a) 단자 a와 b에서 바라본 개방 회로 전압 V_{OC}를 V_S, R_1, R_2, g_m 중 필요한 문자들을 사용해서 나타내라.

(b) 단자 a와 b에서 바라본 단락 회로 전류 I_{SC}를 V_S, R_1, R_2, g_m 중 필요한 문자들을 사용해서 나타내라.

(c) 단자 a와 b에서 바라본 테브난 저항 R_{TH}를 V_S, R_1, R_2, g_m 중 필요한 문자들을 사용해서 나타내고, 테브난 등가 회로를 그려라.

기출 문제

5.12 다음 회로에서 부하 저항 R_L에 최대 전력이 전달되기 위한 $R_L[\Omega]$과 이때 R_L에 전달되는 최대 전력 $P_{max}[W]$는? (2017 지방공무원 9급)

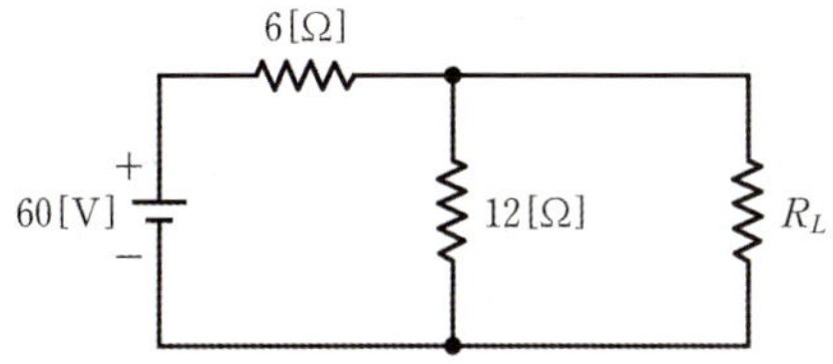

그림 5-71

① 4, 100 ② 4, 225 ③ 6, 100 ④ 6, 225

5.13 다음 회로에서 부하 저항 R_L에 전달되는 최대 전력이 $1[W]$일 때, $R_L[\Omega]$은? (2017 지방공무원 9급)

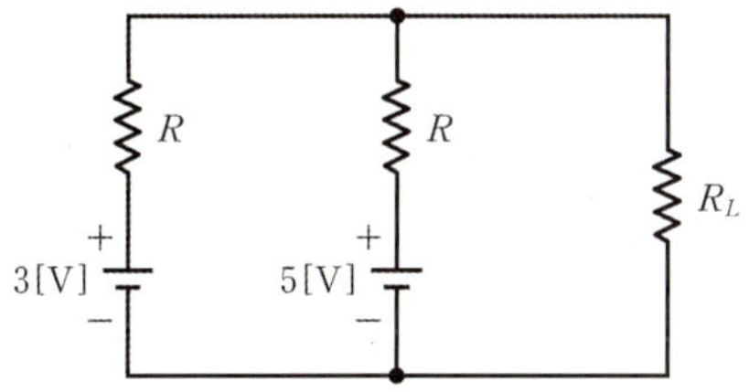

그림 5-72

① 4 ② 6 ③ 8 ④ 10

5.14 다음 회로에서 테브난 정리를 이용해 그림 (a)의 회로를 그림 (b)와 같은 등가 회로로 만들었을 때, 저항 $R[\Omega]$은? (2018 지방공무원 9급)

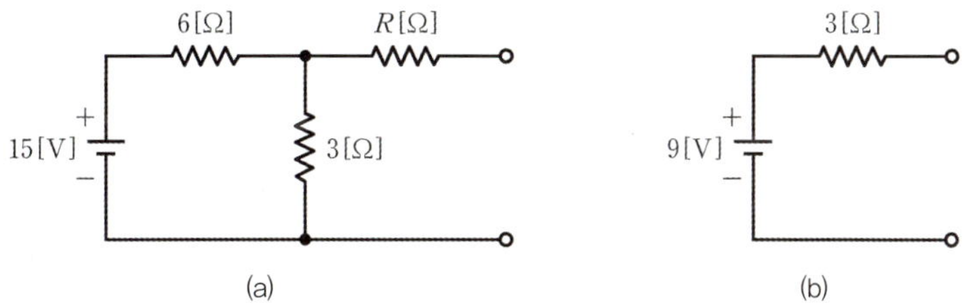

그림 5-73

① 1.2 ② 1.5
③ 1.8 ④ 3.0

5.15 다음 회로에서 단자 a와 b에서 바라본 등가 저항이 $12[\Omega]$이 되도록 하는 상수 β는?
(2019 지방공무원 9급)

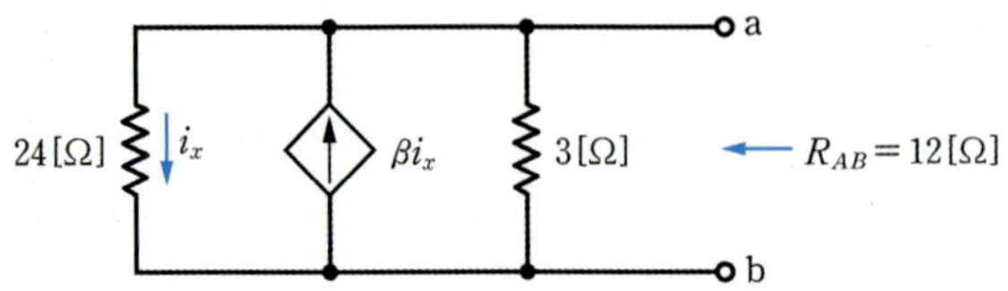

그림 5-74

① 2　　② 4
③ 5　　④ 7

5.16 다음 회로에 대한 테브난 등가 회로를 구하려고 한다. 단자 a, b에서 테브난 등가 전압[V]은?
(2010 국가공무원 9급)

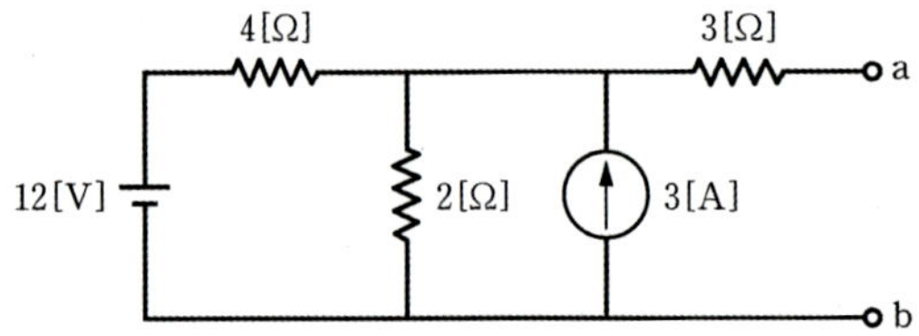

그림 5-75

① 4　　② 8
③ 12　　④ 16

5.17 다음 회로에서 단자 a, b에서 테브난 등가 저항 $R_{TH}[\text{k}\Omega]$와 개방 전압 $V_{OC}[\text{V}]$는?
(2014 국가공무원 9급)

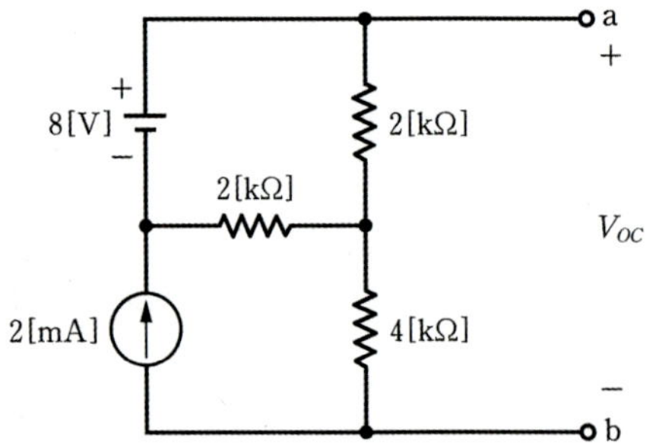

그림 5-76

① 10/3, 10　　② 10/3, 14
③ 5, 10　　④ 5, 14

5.18 다음 회로에서 저항 R_L에 4[W]의 최대 전력이 전달될 때, 전압 E[V]는? (2020 국가공무원 9급)

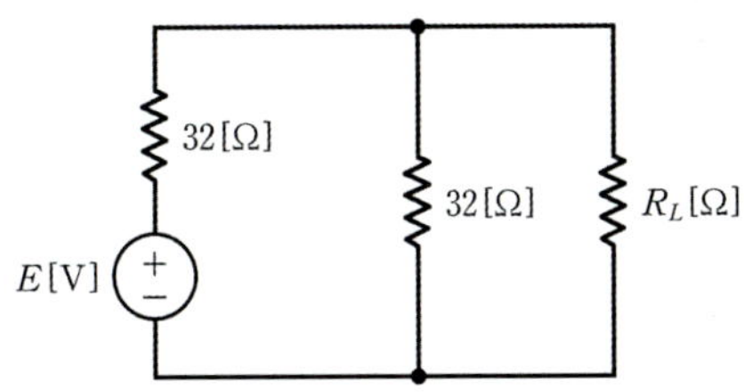

그림 5-77

① 32 ② 48
③ 64 ④ 128

5.19 어떤 직류 회로 양단에 10[Ω]의 부하 저항을 연결하니 100[mA]의 전류가 흘렀고, 10[Ω]의 부하 저항 대신 25[Ω]의 부하 저항을 연결하니 50[mA]로 전류가 감소했다. 이 회로의 테브난 등가 전압[V]과 등가 저항[Ω]은? (2013 국가공무원 9급)

① 1, 2 ② 1, 5
③ 1.5, 2 ④ 1.5, 5

5.20 다음 회로에 표시된 테브난 등가 저항[Ω]은? (2012 국가공무원 9급)

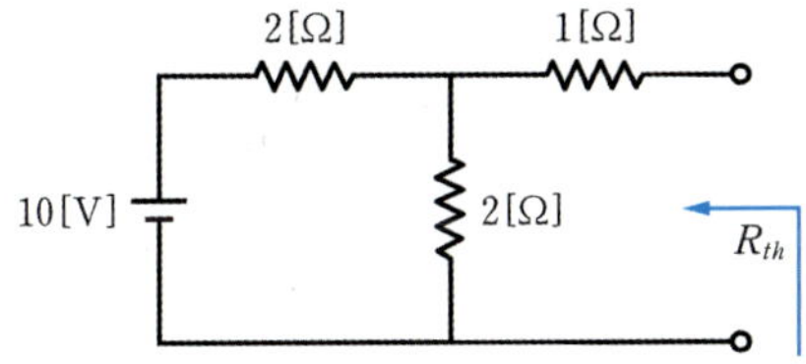

그림 5-78

① 1 ② 1.5
③ 2 ④ 3

CHAPTER

06

커패시터와 인덕터

CONTENTS

학습목표

- 커패시터의 원리를 이해하고 적용한다.
- 커패시터의 직 · 병렬 연결 시 커패시턴스의 계산을 이해하고 회로에 적용한다.
- 인덕터의 원리를 이해하고 적용한다.
- 인덕터의 직 · 병렬 연결을 인덕턴스의 계산을 이해하고 회로에 적용한다.

수업 맛보기

이 장에서는 에너지 저장 소자인 커패시터와 인덕터 소자에 대해 학습한다. 먼저 커패시터의 원리와 커패시턴스의 개념, 전류 – 전압 관계식과 에너지 저장에 관해 학습한다. 그리고 커패시터의 직 · 병렬 연결 시 커패시턴스를 계산하는 방법과 연관된 전압 분배와 전하의 분배에 대해 학습한다. 마찬가지로 인덕터의 원리와 인덕턴스의 개념, 전류 – 전압 관계식과 에너지 저장에 관해 학습하고 인덕터의 직 · 병렬 연결에서의 인덕턴스 계산 방법을 학습한다. 커패시터와 인덕터는 교류 회로에서 매우 중요하게 다루어지는 소자이므로 그 기초를 철저히 익혀두어야 한다.

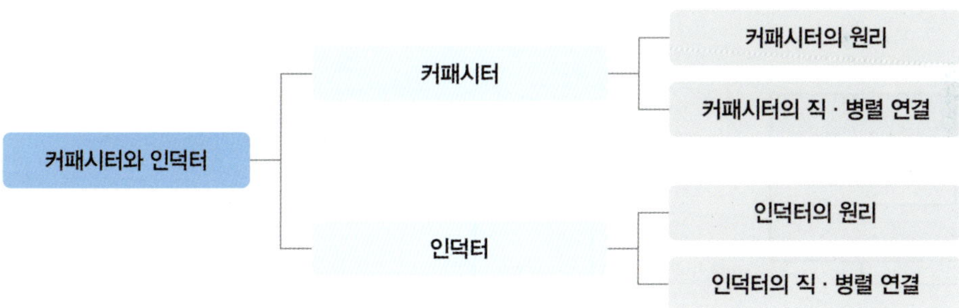

LESSON 6.1

커패시터

✓ 기본 개념 | 커패시터 | 콘덴서 | 커패시턴스

1. 커패시터

커패시턴스

[그림 6-1]처럼 금속 – 부도체 – 금속으로 이루어진 소자에 전압을 인가하는 경우를 생각해보자. 전압이 인가되면 소자의 양쪽 금속에 양과 음의 전하가 각각 쌓일 것이다. 이렇게 인가되는 전압에 의해서 전하를 쌓아둘 수 있는 소자를 **커패시터**capacitor 혹은 **콘덴서**condenser 라고 한다. 기호는 [그림 6-2]처럼 두 가지로 나타낼 수 있다. 커패시터는 극성을 구분해야 하는 경우가 있는데 그때 오른쪽 기호를 많이 사용한다.

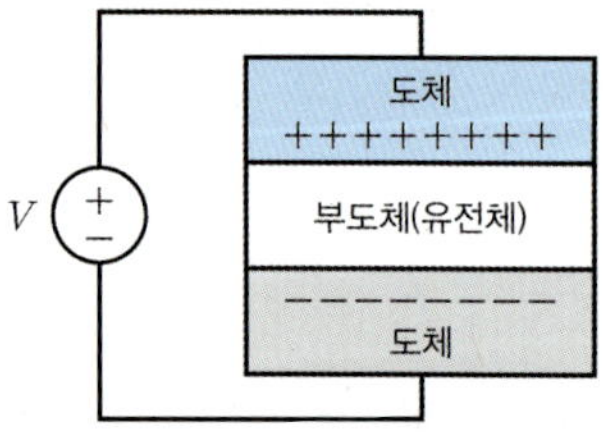

그림 6-1 전압이 인가된 커패시터

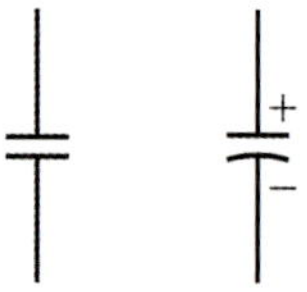

그림 6-2 커패시터 기호

커패시터에 인가되는 전압이 증가하면 쌓이는 전하량 Q도 이에 비례해 증가하게 되고, 이는 식 (6.1)과 같이 나타낼 수 있다.

$$Q \propto V \tag{6.1}$$

비례 상수 C를 도입해 식 (6.2)와 같은 등식으로 나타낼 수 있다. 식 (6.2)는 C값이 클수록 같은 전압이 인가되었을 때 더 많은 전하를 커패시터에 저장해 둘 수 있다는 의미이다.

$$Q = CV \tag{6.2}$$

여기서 C를 정전 용량 혹은 **커패시턴스**capacitance라고 한다. 단위는 [F]를 사용하고 패럿Farad이라 읽는다. 또한 식 (6.2)에서 볼 수 있듯이 [F]은 [C/V]과 같은 단위이다. 일반적으로 회로를 구성할 때는 피코패럿에서 마이크로패럿 정도의 값을 가진 커패시터를 주로 사용한다.

Basic check

주어진 물음에 답하라.

(a) $C = 2\,[\text{F}]$인 커패시터에 전압 $V = 3\,[\text{V}]$가 인가되었다. 저장된 전하 Q를 구하라.

(b) $C = 2.2\,[\mu\text{F}]$인 커패시터에 전압 $V = 5\,[\text{V}]$가 인가되었다. 저장된 전하 Q를 구하라.

(c) 커패시터에 전압 $V = 3.3\,[\text{V}]$가 인가되었을 때, 전하 $Q = 6.6\,[\mu\text{C}]$의 전하가 저장되었다. 커패시턴스 C를 구하라.

답

(a) $Q = CV = 2 \cdot 3 = 6\,[\text{C}]$

(b) $Q = CV = 2.2 \times 10^{-6} \cdot 5 = 11 \times 10^{-6}\,[\text{C}] = 11\,[\mu\text{C}]$

(c) $Q = CV$이므로 $6.6 \times 10^{-6} = C \times 3.3$이다. $\therefore\ C = 2 \times 10^{-6}\,[\text{C}] = 2\,[\mu\text{C}]$

커패시터의 전류와 전압 관계

커패시터에는 두 도체 사이에 부도체가 있기 때문에 관통해 전류가 흐를 수 없다. 하지만 시간에 따라 변화하는 전압을 인가하면 마치 전류가 흐르는 것과 같은 특성이 나타난다. [그림 6-3]은 커패시터에 인가되는 전압이 3 [V]에서 5 [V]로 변화하는 상황을 나타낸 것이다.

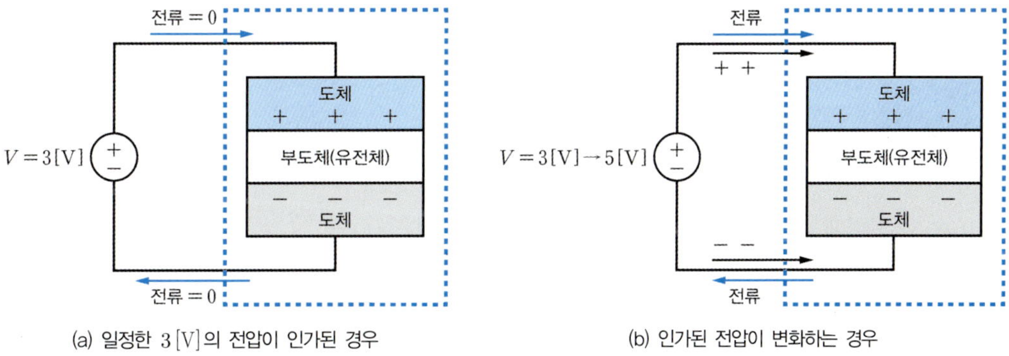

그림 6-3 직렬 연결된 전압 전원 회로 (계속)

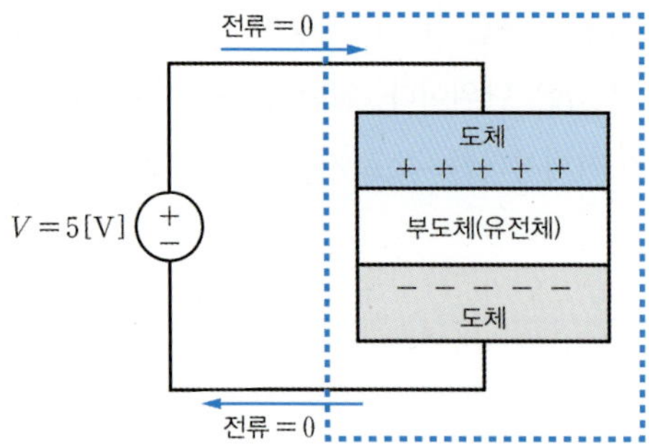

(c) 일정한 5 [V]의 전압이 인가된 경우

그림 6-3 직렬 연결된 전압 전원 회로

[그림 6-3(a)]에서 3 [V]가 인가되었을 때 상부 도체와 하부 도체에는 각각 해당하는 전하량이 쌓여있고 이 커패시터로 추가적인 전하가 이동하지 않는다. [그림 6-3(b)]는 인가되는 전압이 5 [V]로 증가하는 변화가 일어날 때의 상황이다. 전압이 증가하면서 커패시터의 상부로는 추가적인 양전하가 흘러들어가고 하부로는 음전하가 흘러들어간다. 따라서 커패시터의 상부로 전류가 흘러들어가고 하부로 전류가 흘러나온다. 이렇게 되면 커패시터의 부도체를 가로지르는 전하의 흐름은 없지만 커패시터 전체를 생각하면 마치 전류가 위에서 아래로 흐른 것과 같은 효과를 보인다.

이와 같이 커패시터에 인가되는 전압이 변화하면 전류가 흐를 수 있다. [그림 6-3(c)]와 같이 커패시터에 인가되는 전압이 5 [V]로 고정되면 이미 충분한 전하들이 들어와서 더 이상 전하가 흘러들어오지 않고 전류는 흐르지 않게 된다. 이러한 상황은 식 (6.2)의 양변을 미분해 표현할 수 있는데, 식 (6.3)과 같다.

$$\frac{dq}{dt} = \frac{d(Cv)}{dt} \tag{6.3}$$

TIP 시간에 따라 변화가 있는 경우를 포함해 표현할 때는 주로 소문자를 사용한다. 따라서 Q 대신에 q가 사용되었고 V 대신에 v가 사용되었다.

식 (6.3)의 좌변에서 전하량을 시간으로 미분하면 식 (1.2) $i(t) = \dfrac{dq(t)}{dt}$에 의해서 전류가 된다. 식 (6.3)의 우변에서 C는 상수이므로 미분 밖으로 나올 수 있다. 따라서 식 (6.4)와 같이 정리된다.

$$i_C(t) = C\frac{dv_C(t)}{dt} \tag{6.4}$$

TIP 위 식에서 전류와 전압에 첨자로 C를 붙인 것은 '커패시터'에 인가되는 전압과 흐르는 전류임을 강조해 나타낸 것이다. (t)는 전류와 전압이 시간에 따라 변화하는 함수임을 강조해 표현한 것이다.

식 (6.4)는 커패시터에 인가되는 전압의 시간에 따른 변화량(미분값)은 커패시터에 흐르는 전류에 비례하고 그 비례 상수는 C라는 의미이다. 커패시터에 쌓이는 전하량이 많을수록 양단에 인가되는 전압차는 커진다. 커패시터에 쌓이는 전하는 전하 보존 법칙에 의해서 불연속적으로 변화할 수 없고 늘 연속적으로 변화한다. 따라서 커패시터 양단에 인가되는 전압 또한 연속적이다.

만약 커패시터에 인가되는 전압이 일정하다면 미분값은 0이 되고 $i_C(t)$는 0이 된다([그림 6-3(a), [그림 6-3(c)]). 흐르는 전류가 0이기 때문에 무한대 저항 즉, 개방된 회로로 취급할 수 있고 끊어진 도선으로 볼 수 있다.

Basic check

주어진 물음에 답하라.

(a) $C = 2\,[\mu\text{F}]$인 커패시터에 인가된 전압 $v_C = 4\,[\text{V}]$로 일정할 때, 흐르는 전류 i_C를 구하라.

(b) $C = 5\,[\mu\text{F}]$인 커패시터에 인가된 전압 $v_C(t) = 2t + 3\,[\text{V}]$일 때, 흐르는 전류 i_C를 구하라.

답

(a) $i_C(t) = C\dfrac{dv_C(t)}{dt} = 2 \times 10^{-6} \times \dfrac{d(4)}{dt} = 0\,[\text{A}]$

(b) $i_C(t) = C\dfrac{dv_C(t)}{dt} = 5 \times 10^{-6} \times \dfrac{d(2t+3)}{dt} = 10 \times 10^{-6}\,[\text{A}] = 10\,[\mu\text{A}]$

커패시터에 저장된 에너지

커패시터는 전하가 쌓여있어서 에너지 $w_C(t)$가 저장되고, 그 값은 다음 식으로 구할 수 있다.

$$w_C(t) = \frac{1}{2}Cv_C(t)^2 \tag{6.5}$$

TIP 대문자 $W_C(t)$를 사용해 표기하기도 한다. 특히 직류 상황에서는 대문자 표기가 선호된다.

Basic check

$C = 4\,[\mu\text{F}]$인 커패시터에 인가된 전압 $V_C(t) = 5\,[\text{V}]$일 때, 저장된 에너지 $w_C(t)$를 구하라.

답 $w_C(t) = \dfrac{1}{2}Cv_C(t)^2 = \dfrac{1}{2} \times 4 \times 10^{-6} \times 5^2 = 50 \times 10^{-6}\,[\text{J}] = 50\,[\mu\text{J}]$

Level up! **커패시터를 왜 에너지 저장 소자라고 부를까?**

커패시터에 전하가 쌓여있는 상태를 생각해보자. 이 상태는 서로 미는 힘이 작용하는 같은 극성의 전하들을 외부 전원에 의해서 억지로 모아 놓은 상태라고 볼 수 있다. 따라서 외부 전원이 없어지면 모여 있는 전하들이 서로 미는 힘에 의해서 움직일 것이다.

전하가 움직이는 것이 바로 전류이므로 커패시터는 전원이 없는 상태에서도 전류가 흐를 수 있게 하는 전원과 같은 역할을 할 수 있는 것이다. 이는 에너지를 저장했다가 내보내는 것으로 볼 수 있기 때문에 커패시터를 에너지 저장 소자라고도 하는 것이다.

Level up! **커패시터에 저장된 에너지 식의 유도**

커패시터의 전력을 구한 후에 시간으로 적분하면 에너지를 구할 수 있다.
먼저 전력을 구하면 다음과 같다.

$$p_C(t) = v_C(t)i_C(t) = v_C(t)\left(C\frac{dv_C(t)}{dt}\right)$$

이를 적분해 커패시터에 저장된 에너지를 구하면 다음과 같다.

$$\begin{aligned} w_C(t) &= \int_{-\infty}^{t} p_C(t)dt = \int_{-\infty}^{t} v_C(t)\left(C\frac{dv_C(t)}{dt}\right)dt = C\int_{-\infty}^{t} v_C(t)\left(\frac{dv_C(t)}{dt}\right)dt \\ &= C\int_{-\infty}^{t} v_C\, dv_C \end{aligned}$$

예제 6-1

다음 회로에서 $V_A = 5\,[\mathrm{V}]$ $R = 2\,[\Omega]$, $C = 1\,[\mathrm{mF}]$일 때, 주어진 물음에 답하라.

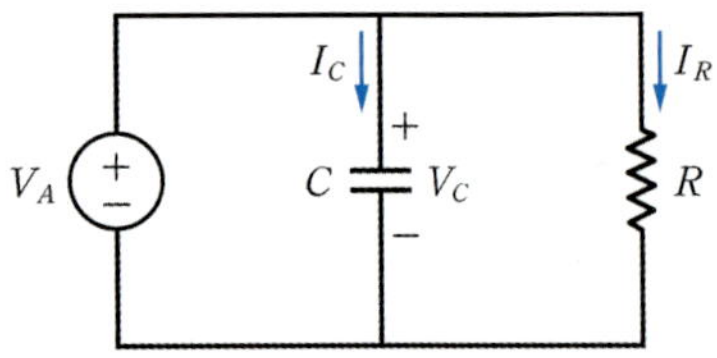

그림 6-4 [예제 6-1]의 회로

(a) 커패시터에 흐르는 전류 I_C와 저항에 흐르는 전류 I_R를 구하라.

(b) 커패시터에 인가되는 전압 V_C를 구하라.

(c) 커패시터에 저장되는 에너지 w_C를 구하라.

풀이

(a) 일정한 전압 V_A가 변화없이 인가되고 있어서 커패시터는 끊어진 도선으로 볼 수 있다. 따라서 $I_C = 0$이다. 저항 R에는 $5\,[\mathrm{V}]$의 전압이 인가되므로 옴의 법칙으로 I_R을 구할 수 있다.

$$I_R = \frac{V_A}{R} = \frac{5}{2} = 2.5\,[\mathrm{A}]$$

(b) 커패시터가 저항과 함께 병렬 연결되어서 V_A에 연결되어 있으므로 $V_A = 5\,[\mathrm{V}]$이다.

(c) 식 (6.5)를 이용해 저장된 에너지 W_C를 구하면 다음과 같다.

$$W_C = \frac{1}{2} C v_C^2 = \frac{1}{2} \times 1 \times 10^{-3} \times 5^2 = 12.5 \times 10^{-3}\,[\mathrm{J}] = 12.5\,[\mathrm{mJ}]$$

2. 커패시터의 직 · 병렬 연결

커패시터의 직렬 연결

먼저 커패시터의 직렬 연결에 대해 알아보자. [그림 6-5]는 커패시터가 직렬 연결된 상태이다.

(a) 커패시터 두 개의 직렬 연결 (b) 커패시터 여러 개의 직렬 연결

그림 6-5 커패시터의 직렬 연결

이와 같이 커패시터가 한 단자를 맞잡고 있는 직렬 연결이 되면 그 합성 커패시턴스는 식 (6.6)과 같이 구할 수 있다.

$$\frac{1}{C_t} = \frac{1}{C_1} + \frac{1}{C_2} \tag{6.6}$$

식 (6.6)을 합성 커패시턴스 C_t를 구하는 식으로 정리하면 식 (6.7)과 같다.

$$C_t = \frac{1}{\dfrac{1}{C_1} + \dfrac{1}{C_2}} \tag{6.7}$$

식 (6.8)은 식 (6.6)을 확장한 식인데, 세 개 이상의 직렬 연결된 커패시터들의 합성 커패시턴스는 식 (6.8)과 같이 각 커패시턴스 값들의 역수를 모두 더해 구할 수 있다.

$$\frac{1}{C_t} = \frac{1}{C_1} + \frac{1}{C_2} + \frac{1}{C_3} + \cdots + \frac{1}{C_n} = \sum_{k=1}^{n} \frac{1}{C_k} \tag{6.8}$$

식 (6.9)는 식 (6.7)을 확장한 식이다.

$$C_t = \frac{1}{\frac{1}{C_1} + \frac{1}{C_2} + \frac{1}{C_3} + \cdots + \frac{1}{C_n}} = \frac{1}{\sum_{k=1}^{n} C_k} \tag{6.9}$$

이와 같이 **커패시터의 직렬 연결 합성 커패시턴스는 저항의 병렬 연결과 유사한 방식으로 계산**된다.

Basic check

직렬 연결된 커패시터 회로에 대해서 주어진 물음에 답하라.

(a) 두 개의 커패시터가 $C_1 = 3\,[\text{mF}]$, $C_2 = 6\,[\text{mF}]$일 때, 합성 커패시턴스 C_t를 구하라.

(b) 세 개의 커패시터가 $C_1 = 3\,[\text{mF}]$, $C_2 = 6\,[\text{mF}]$, $C_3 = 6\,[\text{mF}]$일 때, 합성 커패시턴스 C_t를 구하라.

답

(a) $C_t = \dfrac{1}{\frac{1}{C_1} + \frac{1}{C_2}} = \dfrac{1}{\frac{1}{3\,[\text{mF}]} + \frac{1}{6\,[\text{mF}]}} = 2\,[\text{mF}]$

(b) $C_t = \dfrac{1}{\frac{1}{C_1} + \frac{1}{C_2} + \frac{1}{C_3}} = \dfrac{1}{\frac{1}{3\,[\text{mF}]} + \frac{1}{6\,[\text{mF}]} + \frac{1}{6\,[\text{mF}]}} = 1.5\,[\text{mF}]$

직렬 커패시터 회로의 전압 분배

[그림 6-6]과 같이 직렬 연결된 커패스터들에 전원이 연결된 회로에 대해 생각해보자.

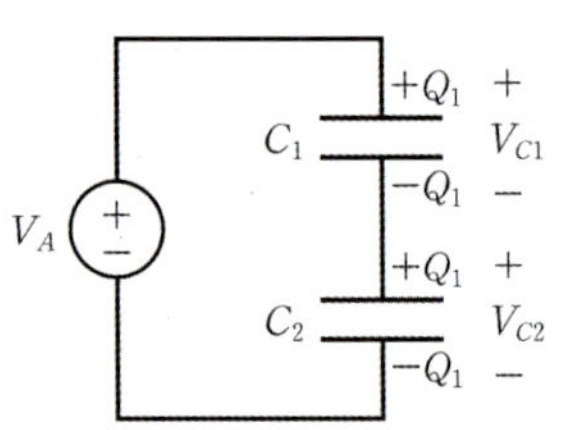

그림 6-6 직렬 연결된 커패시터 회로

일단 직렬 전압이 연결된 상황이어서 끊어진 도선으로 볼 수 있기 때문에 전류는 흐르지 않는다. 전하 보존 법칙에 의해서 개별 커패시터에 쌓이는 전하량의 크기 Q_1은 Q_2와 같다. 이를 활용하면 개별 커패시터에 인가되는 전압의 크기는 다음과 같이 커패시턴스의 역수의 비를 이용해 구할 수 있다.

$$V_1 : V_2 = \frac{1}{C_1} : \frac{1}{C_2} \tag{6.10}$$

세 개 이상의 커패시터가 직렬 연결된 회로에서 개별 커패시터에 인가되는 전압과 커패시터의 관계는 식 (6.11)과 같다.

$$V_1 : V_2 : V_3 : \cdots : V_n = \frac{1}{C_1} : \frac{1}{C_2} : \frac{1}{C_3} : \cdots : \frac{1}{C_n} \tag{6.11}$$

커패시터는 직렬 연결될수록 그 값이 작아지게 된다.

Basic check

[그림 6-6]에서 두 개의 커패시터의 값이 각각 20 [mF]과 12 [mF]이다. 이 두 커패시터에 인가되는 전압의 비 $V_1 : V_2$를 구하라.

답 $V_1 : V_2 = 1/20 : 1/12 = 3 : 5$

앞서 설명한 바와 같이 직렬 연결된 커패시터로 이루어진 회로에서는 직렬 연결된 커패시터 전체에 인가된 전압은 개별 커패시터들에 그 커패시턴스 값의 역수의 비로 분배된다. 이를 식 (6.12)와 같이 나타낼 수 있다.

$$V_1 = (\text{전체 전압}) \times \frac{\frac{1}{C_1}}{\frac{1}{C_1} + \frac{1}{C_2}}, \quad V_2 = (\text{전체 전압}) \times \frac{\frac{1}{C_2}}{\frac{1}{C_1} + \frac{1}{C_2}} \tag{6.12}$$

다수(n)의 커패시터가 직렬 연결된 경우에는 다음 식과 같이 전압값을 구할 수 있다.

$$V_k = (\text{전체 전압}) \times \frac{\frac{1}{C_k}}{\frac{1}{C_1} + \frac{1}{C_2} + \frac{1}{C_3} + \cdots + \frac{1}{C_n}} \tag{6.13}$$

예제 6-2

다음 회로에서 $C_1 = 40\,[\text{mF}]$, $C_2 = 40\,[\text{mF}]$, $C_3 = 20\,[\text{mF}]$, $V_A = 10\,[\text{V}]$일 때, 주어진 물음에 답하라.

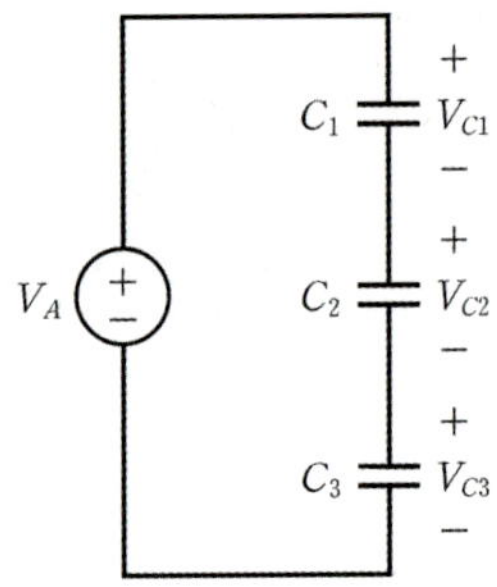

그림 6-7 [예제 6-2]의 회로

(a) 세 개의 커패시터의 합성 커패시턴스 C_t를 구하라.

(b) C_2에 인가되는 전압 V_{C2}를 구하라.

풀이

(a) 세 개의 커패시터가 직렬 연결되어 있으므로 식 (6.9)를 이용해 구하면 다음과 같다.

$$C_t = \frac{1}{\frac{1}{C_1}+\frac{1}{C_2}+\frac{1}{C_3}} = \frac{1}{\frac{1}{40\,[\text{mF}]}+\frac{1}{40\,[\text{mF}]}+\frac{1}{20\,[\text{mF}]}} = 10\,[\text{mF}]$$

(b) 식 (6.13)을 이용해 C_2에 인가된 전압을 구하면 다음과 같다.

$$V_{C2} = V_A \times \frac{\frac{1}{C_2}}{\frac{1}{C_1}+\frac{1}{C_2}+\frac{1}{C_3}} = 10\,[\text{V}] \times \frac{\frac{1}{40\,[\text{mF}]}}{\frac{1}{40\,[\text{mF}]}+\frac{1}{40\,[\text{mF}]}+\frac{1}{20\,[\text{mF}]}} = 2.5\,[\text{V}]$$

Level up! 직렬 연결된 커패시터의 전압 비율 유도

[그림 6-6]과 같이 여러 개의 커패시터가 직렬 연결된 경우에 각 노드에서 전하 보존 법칙에 의해서 개별 커패시터에 인가된 전하의 크기는 같다.

$$Q_1 = Q_2 = Q_3 = \cdots = Q_n \qquad \cdots ①$$

식 ①에 식 (6.2)를 적용하면 식 ②와 같다.

$$C_1V_1 = C_2V_2 = C_3V_3 = \cdots = C_nV_n = A \quad (\text{여기서 } A\text{는 임의의 상수}) \qquad \cdots ②$$

식 ②를 비율식으로 정리하면 식 ③과 같다.

$$V_1 : V_2 : V_3 : \cdots : V_n = \frac{A}{C_1} : \frac{A}{C_2} : \frac{A}{C_3} : \cdots : \frac{A}{C_n} \qquad \cdots ③$$

식 ③에서 임의의 상수 A를 지우면 최종적으로 다음과 같이 정리된다.

$$V_1 : V_2 : V_3 : \cdots : V_n = \frac{1}{C_1} : \frac{1}{C_2} : \frac{1}{C_3} : \cdots : \frac{1}{C_n}$$

커패시터의 병렬 연결

이제 커패시터의 병렬 연결에 대해 알아보자. [그림 6-8]은 커패시터가 병렬 연결된 상태이다.

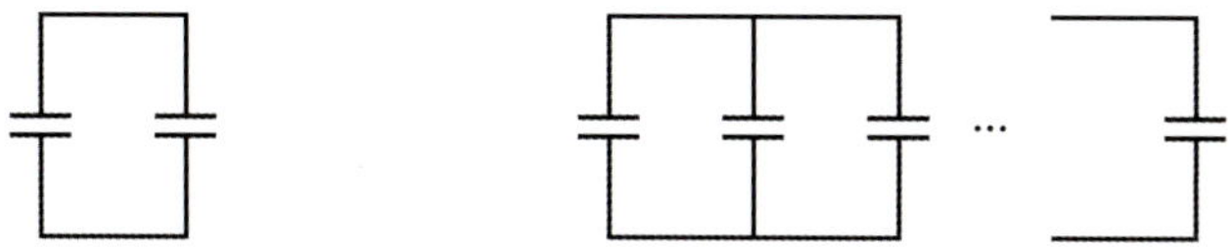

(a) 커패시터 두 개의 병렬 연결 (b) 커패시터 여러 개의 병렬 연결

그림 6-8 커패시터의 병렬 연결

이와 같이 커패시터가 양 단자를 서로 맞잡고 있는 병렬 연결이 되면 그 합성 커패시턴스는 다음과 같이 구할 수 있다.

$$C_t = C_1 + C_2 \tag{6.14}$$

세 개 이상의 병렬 연결된 커패시터들의 합성 커패시턴스는 식 (6.15)와 같이 각 커패시턴스 값들을 모두 더해 구할 수 있다.

$$C_t = C_1 + C_2 + C_3 \cdots + C_n = \sum_{k=1}^{n} C_k \tag{6.15}$$

이와 같이 **커패시터의 병렬 연결 합성 커패시턴스는 저항의 직렬 연결과 유사한 식으로 계산**된다. 커패시터는 병렬 연결될수록 그 값이 커지게 된다.

Basic check

병렬 연결된 커패시터 회로에 대해서 주어진 물음에 답하라.

(a) 두 개의 커패시터가 $C_1 = 3\,[\mathrm{mF}]$, $C_2 = 6\,[\mathrm{mF}]$일 때, 합성 커패시턴스 C_t를 구하라.

(b) 세 개의 커패시터가 $C_1 = 3\,[\mathrm{mF}]$, $C_2 = 6\,[\mathrm{mF}]$, $C_3 = 6\,[\mathrm{mF}]$일 때, 합성 커패시턴스 C_t를 구하라.

답

(a) $C_t = C_1 + C_2 = 3\,[\mathrm{mF}] + 6\,[\mathrm{mF}] = 9\,[\mathrm{mF}]$

(b) $C_t = C_1 + C_2 + C_3 = 3\,[\mathrm{mF}] + 6\,[\mathrm{mF}] + 6\,[\mathrm{mF}] = 15\,[\mathrm{mF}]$

병렬 커패시터 회로의 전하 분배

[그림 6-9]과 같이 병렬 연결된 커패스터들에 전원이 연결된 회로에 대해 생각해보자.

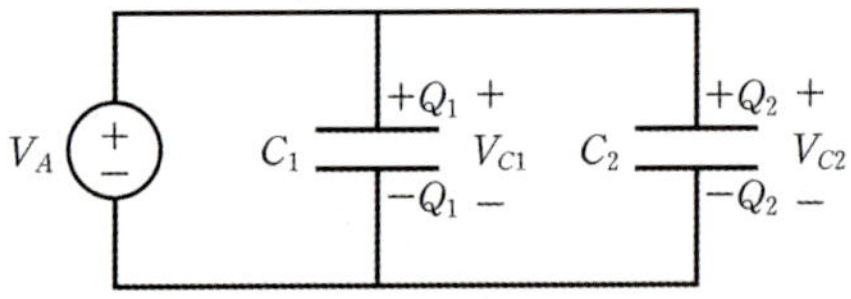

그림 6-9 병렬 연결된 커패시터 회로

일단 직류 전압이 연결된 상황이어서 끊어진 도선으로 볼 수 있기 때문에 전류는 흐르지 않는다. 커패시터끼리 병렬 연결되어 있기 때문에 인가되는 전압 V_1은 V_2와 같다. 이를 활용하면 다음과 같이 개별 커패시터에 저장된 전하의 양을 구할 수 있다.

$$Q_1 : Q_2 = C_1 : C_2 \tag{6.16}$$

세 개 이상의 커패시터가 병렬 연결된 회로에서 개별 커패시터에 인가되는 전하와 커패시터의 관계는 식 (6.17)과 같다.

$$Q_1 : Q_2 : Q_3 : \cdots : Q_n = C_1 : C_2 : C_3 : \cdots : C_n \tag{6.17}$$

Basic check

[그림 6-9]에서 두 개의 커패시터의 값이 각각 $20\,[\mathrm{mF}]$과 $12\,[\mathrm{mF}]$이다. 이 두 커패시터에 저장된 전하의 비 $Q_1 : Q_2$를 구하라.

답 $Q_1 : Q_2 = 20 : 12 = 5 : 3$

예제 6-3

다음 회로에서 $C_1 = 40\,[\text{mF}]$, $C_2 = 40\,[\text{mF}]$, $C_3 = 20\,[\text{mF}]$, $V_A = 10\,[\text{V}]$일 때, 다음 물음에 답하라.

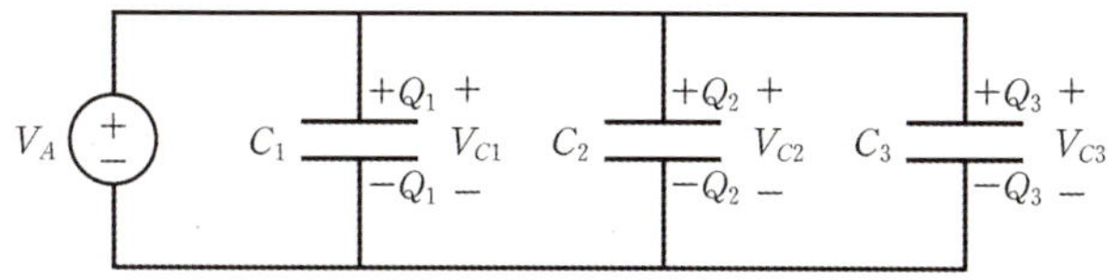

그림 6-10 [예제 6-3]의 회로

(a) 세 개의 커패시터의 합성 커패시턴스 C_t를 구하라.

(b) 모든 커패시터에 저장되는 전하량의 크기 Q_t와 C_2에 저장되는 전하 Q_2를 구하라.

풀이

(a) 병렬 연결된 커패시터 회로이므로 식 (6.15)를 이용해 구하면 다음과 같다.

$$C_t = C_1 + C_2 + C_3 = 40\,[\text{mF}] + 40\,[\text{mF}] + 20\,[\text{mF}] = 100\,[\text{mF}]$$

(b) 식 (6.2)를 이용해 Q_t와 Q_2를 구하면 다음과 같다.

$$Q_t = C_t V_A = 100\,[\text{mF}] \cdot 10\,[\text{V}] = 1{,}000\,[\text{mC}] = 1\,[\text{C}]$$
$$Q_2 = C_2 V_{C2} = C_2 V_A = 40\,[\text{mF}] \cdot 10\,[\text{V}] = 400\,[\text{mC}] = 0.4\,[\text{C}]$$

예제 6-4

다음 회로에서 $C_1 = 4\,[\mu\text{F}]$, $C_2 = 6\,[\mu\text{F}]$, $C_3 = 8\,[\mu\text{F}]$, $C_4 = 4\,[\mu\text{F}]$, $C_5 = 5\,[\mu\text{F}]$일 때, 주어진 물음에 답하라.

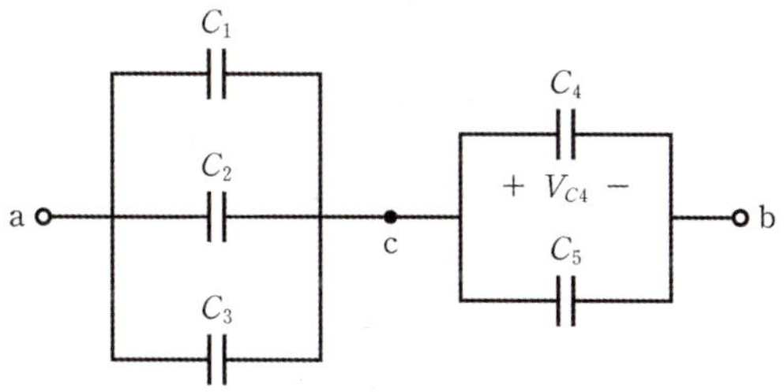

그림 6-11 [예제 6-4]의 회로

(a) 단자 a와 b 사이의 합성 커패시턴스 C_t를 구하라.

(b) 단자 a와 b에 6 [V]의 전원이 인가되었을 때, C_4에 인가되는 전압의 크기 V_{C_4}와 전하량 Q_4를 구하라.

풀이

(a) C_1, C_2, C_3와 C_4, C_5가 각각 묶음으로 병렬 연결이므로 각각의 C_t는 다음과 같다.

$$C_{1,2,3} = C_1 + C_2 + C_3 = 4\,[\mu\mathrm{F}] + 6\,[\mu\mathrm{F}] + 8\,[\mu\mathrm{F}] = 18\,[\mu\mathrm{F}]$$
$$C_{4,5} = C_4 + C_5 = 4\,[\mu\mathrm{F}] + 5\,[\mu\mathrm{F}] = 9\,[\mu\mathrm{F}]$$

$C_{1,2,3}$와 $C_{4,5}$가 다시 직렬 연결되므로 노드 a와 b 사이의 C_t는 다음과 같다.

$$C_t = \frac{1}{\dfrac{1}{C_{1,2,3}} + \dfrac{1}{C_{4,5}}} = \frac{1}{\dfrac{1}{18\,[\mu\mathrm{F}]} + \dfrac{1}{9\,[\mu\mathrm{F}]}} = 6\,[\mu\mathrm{F}]$$

(b) C_4는 C_5와 병렬 연결이므로 V_{C_4}는 V_{cb}의 크기와 같다.

$C_{1,2,3}$와 $C_{4,5}$가 직렬 연결이므로 전압의 분배는 식 (6.10)으로 구할 수 있다.

$$V_{C_4} = V_{cb} = V_A \times \frac{\dfrac{1}{C_{4,5}}}{\dfrac{1}{C_{1,2,3}} + \dfrac{1}{C_{4,5}}} = 6\,[\mathrm{V}] \times \frac{\dfrac{1}{9\,[\mu\mathrm{F}]}}{\dfrac{1}{18\,[\mu\mathrm{F}]} + \dfrac{1}{9\,[\mu\mathrm{F}]}} = 4\,[\mathrm{V}]$$

식 (6.2)에 의해서 Q_4는 다음과 같다.

$$Q_4 = C_4 V_4 = 4\,[\mu\mathrm{F}] \times 4\,[\mathrm{V}] = 16\,[\mu\mathrm{C}]$$

Level up! **병렬 연결된 커패시터의 전하 비율 유도**

[그림 6-6]과 같이 여러 개의 커패시터가 병렬 연결되면 개별 커패시터들에 인가된 전압의 크기는 같다.

$$V_1 = V_2 = V_3 = \cdots = V_n \qquad \cdots ①$$

식 ①에 식 (6.2)를 적용하면 식 ②와 같다.

$$\frac{Q_1}{C_1} = \frac{Q_2}{C_2} = \frac{Q_3}{C_3} = \cdots = \frac{Q_n}{C_n} = A \quad (\text{여기서 } A\text{는 임의의 상수}) \qquad \cdots ②$$

식 ②를 비율식으로 정리하면 식 ③과 같다.

$$Q_1 : Q_2 : Q_3 : \cdots : Q_n = AC_1 : AC_2 : AC_3 : \cdots : AC_n \qquad \cdots ③$$

식 ③에서 임의의 상수 A를 지우면 최종적으로 다음과 같이 정리된다.

$$Q_1 : Q_2 : Q_3 : \cdots : Q_n = C_1 : C_2 : C_3 : \cdots : C_n$$

LESSON 6.2

인덕터

✓ 기본 개념 | 인덕터 | 인덕턴스

1. 인덕터

인덕턴스

[그림 6-12]의 금속 코일에 전류가 흐르는 경우에, 코일 주변에 자기장이 형성되고 에너지를 저장할 수 있다. 이렇게 코일 형태의 도선에 전류가 흐를 때 발생하는 자기장을 이용해 에너지를 저장하는 소자를 **인덕터**inductor 라고 하고, 그 기호를 [그림 6-13]과 같이 나타낸다.

그림 6-12 코일

그림 6-13 인덕터 기호

일의 권선과 자속이 서로 얽혀 있는 정도를 나타내는 물리량을 쇄교 자속 Λ라고 한다. 쇄교 자속의 단위는 [Wb]를 사용하고, 웨버Weber 라 읽는다. 인덕터에 흐르는 전류 I가 증가하면 주변의 쇄교 자속 Λ도 이에 비례해 증가하게 된다.

$$\Lambda \propto I \tag{6.18}$$

이 식에 비례 상수 L을 도입해 다음과 같은 식으로 나타낼 수 있다.

$$\Lambda = LI \tag{6.19}$$

여기서 L을 **인덕턴스**inductance 라고 한다. 단위는 [H]를 사용하고 헨리Henry 라 읽는다. 식 (6.19)는 L값이 클수록 같은 전류가 흐를 때 자기장으로 인한 에너지를 더 많이 인덕터에 저장해 둘 수 있다는 의미이다. 일반적으로 회로를 구성할 때는 마이크로헨리에서 밀리헨리 정도의 값을 가진 인덕터들이 주로 사용한다.

Basic check

주어진 물음에 답하라.

(a) $H = 3\,[\mathrm{H}]$인 인덕터에 전류 $I = 4\,[\mathrm{A}]$가 인가되었을 때, 쇄교 자속 Λ를 구하라.

(b) $\Lambda = 8 \times 10^{-6}\,[\mathrm{Wb}]$, $L = 4\,[\mathrm{mH}]$일 때, 전류 I를 구하라.

답

(a) $\Lambda = LI = 3 \cdot 4 = 12\,[\mathrm{Wb}]$

(b) $\Lambda = LI$이므로 $8 \times 10^{-6}\,[\mathrm{Wb}] = 4 \times 10^{-3}\,[\mathrm{H}] \cdot I$이다. $\therefore I = 2 \times 10^{-3}\,[\mathrm{A}] = 2\,[\mathrm{mA}]$

인덕터의 전류와 전압 관계

인덕터는 도체 코일로 이루어져 있어서 전류가 흐를 수 있다. [그림 6-14]는 인덕터에 흐르는 전류가 3 [A]에서 5 [A]로 변화하는 상황을 나타낸 것이다.

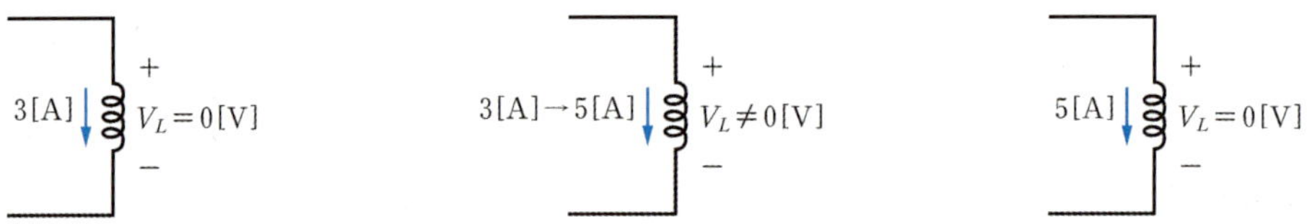

(a) 3 [A]의 전류가 흐르는 경우　(b) 흐르는 전류가 변화하는 경우　(c) 5 [A]의 전류가 흐르는 경우

그림 6-14 인덕터 전류 변화에 따른 인덕터 전압

[그림 6-14(a)]에서 3 [A]의 전류가 흐를 때 인덕터는 도선과 같아서 전압이 인가되지 않는다. [그림 6-14(b)]는 흐르는 전류가 5 [A]로 증가하는 변화가 일어날 때의 상황이다. 전류가 증가하면서 인덕터의 패러데이의 법칙[1]에 의해서 인덕터에 전압이 인가될 수 있다. [그림 6-14(c)]와 같이 인덕터에 흐르는 전류가 5 [A]로 고정되면 전류는 흐르지 않게 된다. 이러한 상황은 식 (6.19)의 양변을 미분해 표현할 수 있는데, 식 (6.20)과 같다.

$$\frac{d\lambda}{dt} = \frac{d(Li)}{dt} \tag{6.20}$$

TIP 시간에 따라 변화가 있는 경우를 포함해 표현할 때는 주로 소문자를 사용한다. 따라서 Λ 대신에 λ가 사용되었고 I 대신 i가 사용되었다.

1 자기장의 변화가 전기적 기전력(전압)을 유도한다는 법칙이다.

식 (6.20)의 좌변은 패러데이의 유도 법칙에 따라 전압 v가 된다. 식 (6.20)의 우변에서 L은 상수이므로 미분 밖으로 나올 수 있다. 따라서 식 (6.21)과 같이 정리된다.

$$v_L(t) = L\frac{di_L(t)}{dt} \tag{6.21}$$

TIP 앞 식에서 전류와 전압에 L을 붙인 것은 '인덕터'에 흐르는 전류와 인가되는 전압임을 강조해 나타낸 것이다. (t)는 전류와 전압이 시간에 따라 변화하는 함수임을 강조해 표현한 것이다.

식 (6.21)은 인덕터에 흐르는 전류의 시간에 따른 변화량(미분값)은 인덕터에 인가되는 전압에 비례하고 그 비례 상수는 L이라는 의미이다. 인덕터는 도선을 꼬아놓은 것이므로 흐르는 전류가 불연속적으로 변할 수 없다. 따라서 **인덕터에 흐르는 전류는 연속적**이다.

만약 인덕터에 흐르는 전류가 일정하다면 미분값은 0이 되고 $v_L(t)$는 0이 된다([그림 6-14(a), [그림 6-14(c)]. 따라서 인가되는 전압이 0이기 때문에 저항이 0, 즉 단락된 회로로 취급할 수 있고 이어진 도선으로 볼 수 있다.

Basic check

주어진 물음에 답하라.

(a) $L = 4\,[\text{mF}]$인 인덕터에 흐르는 전류 $i_L = 12\,[\text{A}]$로 일정할 때, 인가되는 전압 v_L을 구하라.

(b) $L = 5\,[\text{mF}]$인 인덕터에 흐르는 전류 $i_L(t) = 4t + 5\,[\text{mA}]$일 때, 인가되는 전압 v_L을 구하라.

답

(a) $v_L(t) = L\dfrac{di_L(t)}{dt} = 4\times 10^{-3} \times \dfrac{d\,(12)}{dt} = 0\,[\text{V}]$

(b) $v_L(t) = L\dfrac{di_L(t)}{dt} = 5\times 10^{-3} \times \dfrac{d\,(4t+5)}{dt} = 20\times 10^{-3}\,[\text{V}] = 20\,[\text{mV}]$

인덕터에 저장된 에너지

인덕터에는 에너지 $w_L(t)$가 저장되고, 그 값은 다음 식으로 구할 수 있다.

$$w_L(t) = \frac{1}{2}Li_L(t)^2 \tag{6.22}$$

TIP 대문자 $W_L(t)$를 사용해 표기하기도 한다. 특히 직류 상황에서는 대문자 표기가 선호된다.

Basic check

$L = 3\,[\text{mH}]$인 인덕터에 흐르는 전류 $i_L(t) = 2\,[\text{A}]$일 때, 저장된 에너지 $w_L(t)$를 구하라.

답 $W_L(t) = \frac{1}{2} L i_L(t)^2 = \frac{1}{2} \times 3 \times 10^{-3} \times 2^2 = 6 \times 10^{-3}\,[\text{J}] = 6\,[\text{mJ}]$

예제 6-5

다음 회로에서 $I_A = 6\,[\text{A}]$, $R = 5\,[\text{k}\Omega]$, $L = 3\,[\text{mH}]$일 때, 주어진 물음에 답하라.

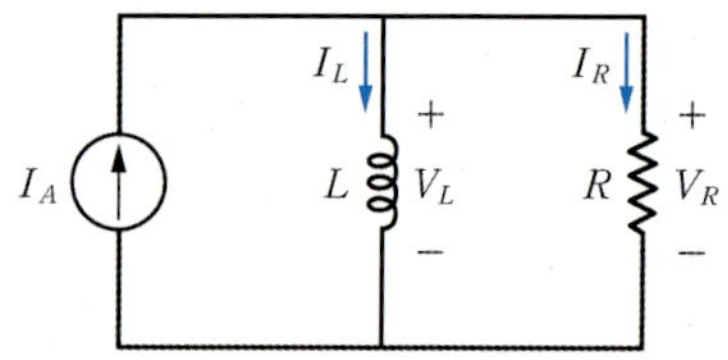

그림 6-15 [예제 6-5]의 회로

(a) 인덕터에 흐르는 전류 I_L을 구하라.

(b) 인덕터에 저장되는 에너지 W_L을 구하라.

풀이

(a) 일정한 전압 I_A가 변화없이 흐르고 있는 직류 상황이다. 변화가 없는 상태이기 때문에 인덕터가 이어진 도선, 즉 저항이 0인 도선으로 취급할 수 있다. 그러므로 $V_L = 0\,[\text{V}]$이다. (이를 다른 방식으로 생각해 볼 수도 있는데, 변화가 없는 상황이기 때문에 식 (6.20)에 의해서 인덕터에 인가되는 전압 $V_L = 0\,[\text{V}]$이다.) 이와 병렬 연결된 저항에 인가된 전압 V_R도 $0\,[\text{V}]$이다. 저항에 인가된 전압이 $0\,[\text{V}]$이므로 저항에 흐르는 전류 $I_R = 0\,[\text{A}]$이다. 그러므로 전류 전원 I_A의 모든 전류가 인덕터로 흐르게 되어서 $I_L = 6\,[\text{A}]$가 된다.

(b) 식 (6.21)을 이용해 저장된 에너지 W_L를 구하면 다음과 같다.

$$W_L = \frac{1}{2} L i_L^2 = \frac{1}{2} \times 3 \times 10^{-3} \times 6^2 = 54 \times 10^{-3}\,[\text{J}] = 54\,[\text{mJ}]$$

예제 6-6

다음 회로에서 $V_A = 6\,[\text{V}]$, $R = 3\,[\text{k}\Omega]$, $L = 2\,[\text{mH}]$일 때, 주어진 물음에 답하라.

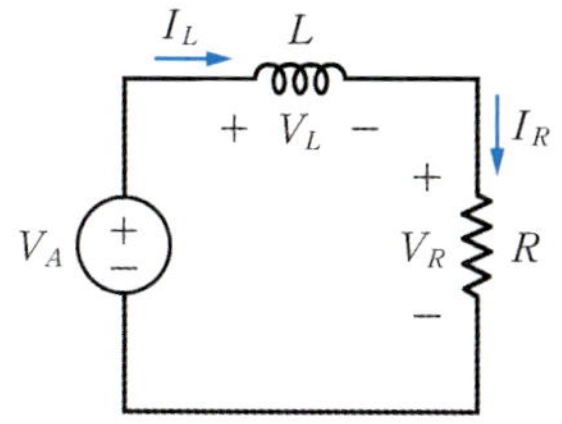

그림 6-16 [예제 6-6]의 회로

(a) 인덕터에 흐르는 전류 I_L을 구하라.

(b) 인덕터에 저장되는 에너지 W_L을 구하라.

풀이

(a) 일정한 전압 V_A가 변화없이 인가되고 있어서 인덕터는 이어진 도선, 즉 저항을 0으로 볼 수 있다. 따라서 $V_L = 0$이다. 그러므로 저항 R에는 $V_A = 6\,[\text{V}]$의 전압이 모두 인가되어 $V_R = 6\,[\text{V}]$이고, 옴의 법칙으로 I_R을 구할 수 있다.

$$I_R = \frac{V_A}{R} = \frac{6\,[\text{V}]}{3\,[\text{k}\Omega]} = 2\,[\text{mA}]$$

I_R과 I_L이 동일하므로 $I_L = 2\,[\text{mA}]$이다.

(b) 식 (6.21)을 이용해 저장된 에너지 W_L을 구하면 다음과 같다.

$$W_L = \frac{1}{2}Li_L^2 = \frac{1}{2} \times 2 \times 10^{-3} \times (2 \times 10^{-3})^2 = 4 \times 10^{-9}\,[\text{J}] = 4\,[\text{nJ}]$$

2. 인덕터의 직·병렬 연결

인덕터의 직렬 연결

먼저 인덕터의 직렬 연결에 대해 알아보자. [그림 6-17]은 인덕터가 직렬 연결된 상태이다.

(a) 인덕터 두 개의 직렬 연결

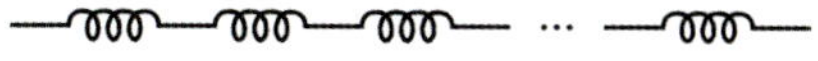

(b) 인덕터 여러 개의 직렬 연결

그림 6-17 인덕터의 직렬 연결

[그림 6-17]처럼 인덕터가 한 단자를 맞잡고 있는 직렬 연결이 되면 그 합성 인덕턴스는 다음과 같이 구할 수 있다.

$$L_t = L_1 + L_2 \tag{6.23}$$

세 개 이상의 직렬 연결된 인덕터들의 합성 인덕턴스는 식 (6.24)와 같이 각 인덕턴스 값들을 모두 더해 구할 수 있다.

$$L_t = L_1 + L_2 + L_3 \cdots + L_n = \sum_{k=1}^{n} L_k \tag{6.24}$$

이와 같이 인덕터의 직렬 연결 합성 인덕턴스는 저항의 직렬 연결과 유사한 방식으로 계산된다. 인덕터는 직렬 연결될수록 그 인덕턴스 값이 커지게 된다.

Basic check

직렬 연결된 인덕터 회로에 대해서 주어진 물음에 답하라.

(a) 두 개의 인덕터가 $L_1 = 5\,[\text{mH}]$, $L_2 = 4\,[\text{mH}]$일 때 합성 인덕턴스 L_t를 구하라.

(b) 세 개의 인덕터가 $L_1 = 4\,[\mu\text{H}]$, $L_2 = 6\,[\mu\text{H}]$, $L_3 = 8\,[\mu\text{H}]$일 때 합성 인덕턴스 L_t를 구하라.

답

(a) $L_t = L_1 + L_2 = 5\,[\text{mH}] + 4\,[\text{mH}] = 9\,[\text{mH}]$

(b) $L_t = L_1 + L_2 + L_3 = 4\,[\mu\text{H}] + 6\,[\mu\text{H}] + 8\,[\mu\text{H}] = 18\,[\mu\text{H}]$

인덕터의 병렬 연결

이제 인덕터의 병렬 연결에 대해 알아보자. [그림 6-18]은 인덕터가 병렬 연결된 상태이다.

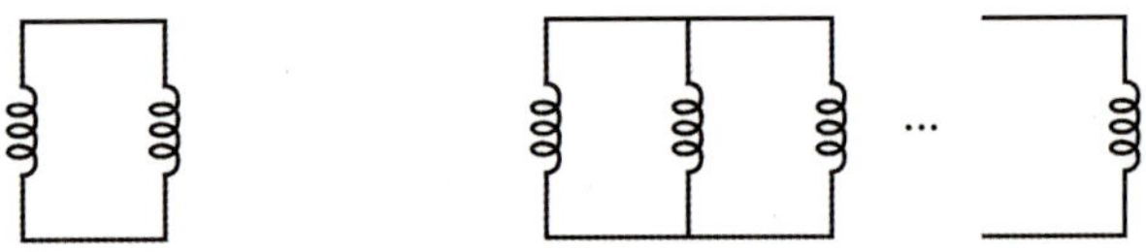

(a) 인덕터 두 개의 병렬 연결 (b) 인덕터 여러 개의 병렬 연결

그림 6-18 인덕터의 병렬 연결

이와 같이 인덕터가 양 단자를 서로 맞잡고 있는 병렬 연결이 되면 그 합성 인덕턴스는 식 (6.25)와 같이 구할 수 있다.

$$\frac{1}{L_t} = \frac{1}{L_1} + \frac{1}{L_2} \tag{6.25}$$

식 (6.25)를 합성 인덕턴스 L_t를 구하는 식으로 정리하면 식 (6.26)과 같다.

$$L_t = \frac{1}{\dfrac{1}{L_1} + \dfrac{1}{L_2}} \tag{6.26}$$

식 (6.27)은 식 (6.25)를 확장한 식인데, 세 개 이상의 병렬 연결된 인덕터들의 합성 인덕턴스는 식 (6.27)과 같이 각 인덕턴스 값들의 역수를 모두 더해 구할 수 있다.

$$\frac{1}{L_t} = \frac{1}{L_1} + \frac{1}{L_2} + \frac{1}{L_3} + \cdots + \frac{1}{L_n} = \sum_{k=1}^{n} \frac{1}{L_k} \tag{6.27}$$

식 (6.28)은 식 (6.26)을 확장한 식이다.

$$L_t = \frac{1}{\dfrac{1}{L_1} + \dfrac{1}{L_2} + \dfrac{1}{L_3} + \cdots + \dfrac{1}{L_n}} = \frac{1}{\sum_{k=1}^{n} L_k} \tag{6.28}$$

이와 같이 **인덕터의 병렬 연결 합성 인덕턴스는 저항의 병렬 연결과 유사한 방식으로 계산**된다. 인덕터는 병렬 연결될수록 그 인덕턴스 값이 작아지게 된다.

Basic check

병렬 연결된 인덕터 회로에 대해서 주어진 물음에 답하라.

(a) 두 개의 인덕터가 $L_1 = 20\,[\text{mH}]$, $L_2 = 30\,[\text{mH}]$일 때, 합성 인덕턴스 L_t를 구하라.

(b) 세 개의 인덕터가 $L_1 = 60\,[\mu\text{H}]$, $L_2 = 60\,[\mu\text{H}]$, $L_3 = 60\,[\mu\text{H}]$일 때, 합성 인덕턴스 L_t를 구하라.

답

(a) $$L_t = \frac{1}{\dfrac{1}{L_1} + \dfrac{1}{L_2}} = \frac{1}{\dfrac{1}{20\,[\text{mH}]} + \dfrac{1}{30\,[\text{mH}]}} = 12\,[\text{mH}]$$

(b) $$L_t = \frac{1}{\dfrac{1}{L_1} + \dfrac{1}{L_2} + \dfrac{1}{L_3}} = \frac{1}{\dfrac{1}{60\,[\mu\text{H}]} + \dfrac{1}{60\,[\mu\text{H}]} + \dfrac{1}{60\,[\mu\text{H}]}} = 20\,[\mu\text{H}]$$

예제 6-7

다음 회로에서 $L_1 = 12\,[\mathrm{mH}]$, $L_2 = 6\,[\mathrm{mH}]$, $L_3 = 40\,[\mathrm{mH}]$, $L_4 = 40\,[\mathrm{mH}]$, $L_5 = 20\,[\mathrm{mH}]$, $L_6 = 10\,[\mathrm{mH}]$일 때, 단자 a와 b 사이의 합성 인덕턴스 L_t를 구하라.

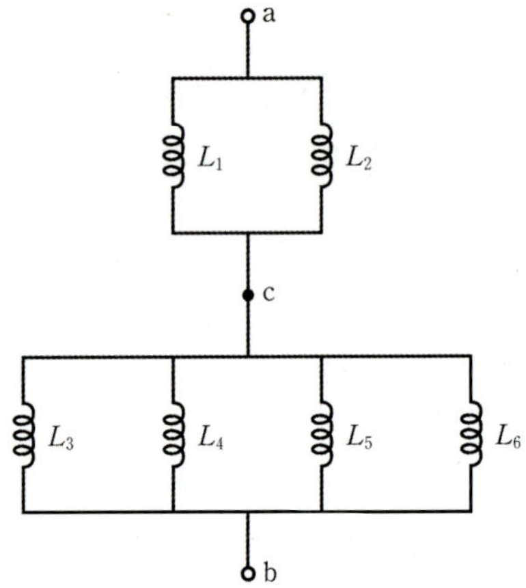

그림 6-19 [예제 6-7]의 회로

풀이

L_1, L_2와 L_3, L_4, L_5, L_6가 각각 묶음으로 병렬 연결이므로, 각각의 L_t는 다음과 같다.

$$L_{1,2} = \frac{1}{\frac{1}{L_1} + \frac{1}{L_2}} = \frac{1}{\frac{1}{12\,[\mathrm{mH}]} + \frac{1}{6\,[\mathrm{mH}]}} = 4\,[\mathrm{mH}]$$

$$\begin{aligned} L_{3,4,5,6} &= \frac{1}{\frac{1}{L_3} + \frac{1}{L_4} + \frac{1}{L_5} + \frac{1}{L_6}} \\ &= \frac{1}{\frac{1}{40\,[\mathrm{mH}]} + \frac{1}{40\,[\mathrm{mH}]} + \frac{1}{20\,[\mathrm{mH}]} + \frac{1}{10\,[\mathrm{mH}]}} = 5\,[\mathrm{mH}] \end{aligned}$$

$L_{1,2}$와 $L_{3,4,5,6}$은 다시 직렬 연결되므로, 노드 a와 b 사이의 L_t는 다음과 같다.

$$L_t = L_{1,2} + L_{3,4,5,6} = 4\,[\mathrm{mH}] + 5\,[\mathrm{mH}] = 9\,[\mathrm{mH}]$$

예제 6-8

다음 회로에서 $V_0 = 10\,[\mathrm{V}]$, $L_1 = 6\,[\mathrm{mH}]$, $L_2 = 5\,[\mathrm{mH}]$, $C_1 = 8\,[\mu\mathrm{F}]$, $C_2 = 12\,[\mu\mathrm{H}]$, $R = 2\,[\mathrm{k}\Omega]$ 일 때, 저항 R에 흐르는 전류 I_R을 구하라.

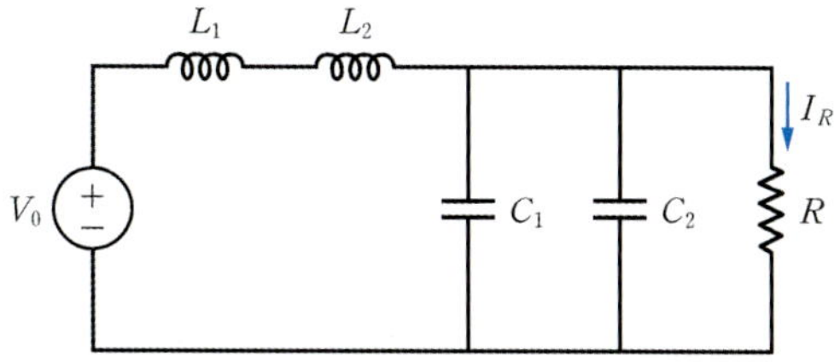

그림 6-20 [예제 6-8]의 회로

풀이

[그림 6-20]을 단순화한 [그림 6-21]을 살펴보자. 일정한 전압이 인가되는 직류 상황이므로 인덕터는 이어진 단락된 도선으로, 커패시터는 끊어진 개방된 도선으로 나타낼 수 있다.

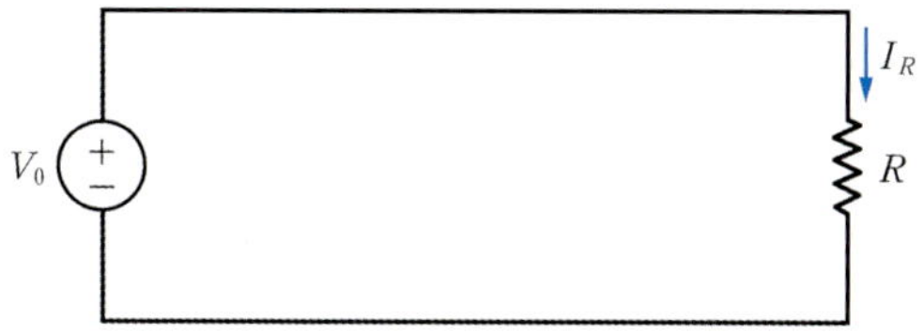

그림 6-21 [그림 6-20]을 단순화한 회로

따라서 전원 전압 $V_0 = 10\,[\mathrm{V}]$가 모두 저항 R에 인가되어 옴의 법칙으로 간단하게 I_R을 구할 수 있다.

$$I_R = \frac{V_0}{R} = \frac{10\,[\mathrm{V}]}{2\,[\mathrm{k}\Omega]} = 5\,[\mathrm{mA}]$$

CHAPTER 06

개념복습

개념 정리하기

구분	커패시터	인덕터
기호	C	L
단위	[F]	[H]
연속인 변수	양단에 인가되는 전압 v_C	흐르는 전류 i_L
전류와 전압의 관계식	$i_C(t) = C\dfrac{dv_C(t)}{dt}$	$i_C(t) = C\dfrac{dv_C(t)}{dt}$
변화가 없는 직류 상태	끊어진 도선(개방 회로)으로 취급	이어진 도선(단락 회로)으로 취급
직렬 연결식	$\dfrac{1}{C_t} = \dfrac{1}{C_1} + \dfrac{1}{C_2} + \dfrac{1}{C_3} + \cdots + \dfrac{1}{C_n}$	$L_t = L_1 + L_2 + L_3 \cdots + L_n$
병렬 연결식	$C_t = C_1 + C_2 + C_3 \cdots + C_n$	$\dfrac{1}{L_t} = \dfrac{1}{L_1} + \dfrac{1}{L_2} + \dfrac{1}{L_3} + \cdots + \dfrac{1}{L_n}$

개념 점검하기 다음 문제에서 옳은 것을 골라라.

(1) 커패시터의 단위는 ([F], [H])이다.

(2) 인덕터에서 연속인 물리량은 (전압, 전류)이다.

(3) 커패시터의 전류는 전압의 (미분, 적분)에 비례한다.

(4) 인덕터의 전압은 전류의 (미분, 적분)에 비례한다.

(5) 변화가 없는 직류 상황에서 커패시터는 (단락, 개방) 회로로 볼 수 있다.

(6) 변화가 없는 직류 상황에서 인덕터는 (단락, 개방) 회로로 볼 수 있다.

(7) 커패시터에 저장된 에너지는 (전압, 전압의 제곱)에 비례한다.

(8) 인덕터에 저장된 에너지는 (인덕턴스, 인덕턴스의 제곱)에 비례한다.

(9) 직렬 연결된 커패시터들의 합성 커패시턴스는 개별 커패시턴스의 (합, 역수의 합의 역수)이다.

(10) 직렬 연결된 인덕터들의 합성 인덕턴스는 개별 인덕턴스의 (합, 역수의 합의 역수)이다.

CHAPTER 06 연습문제

기본 문제

6.1 다음 회로에서 $C_1 = 150\,[\mu\mathrm{F}]$, $C_2 = 150\,[\mu\mathrm{F}]$, $C_3 = 75\,[\mu\mathrm{F}]$, $C_4 = 75\,[\mu\mathrm{F}]$일 때, 단자 a와 b 사이의 합성 커패시턴스 C_t를 구하라.

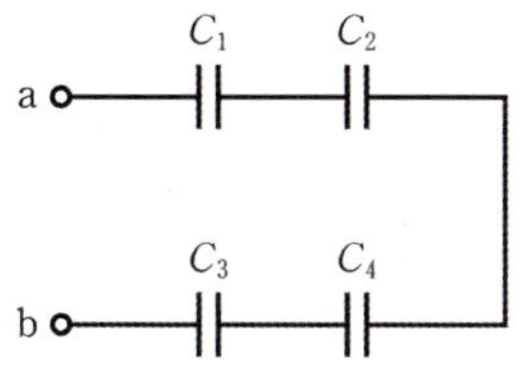

그림 6-22

6.2 다음 회로에서 $C_1 = 150\,[\mu\mathrm{F}]$, $C_2 = 150\,[\mu\mathrm{F}]$, $C_3 = 75\,[\mu\mathrm{F}]$, $C_4 = 75\,[\mu\mathrm{F}]$일 때, 단자 a와 b 사이의 합성 커패시턴스 C_t를 구하라.

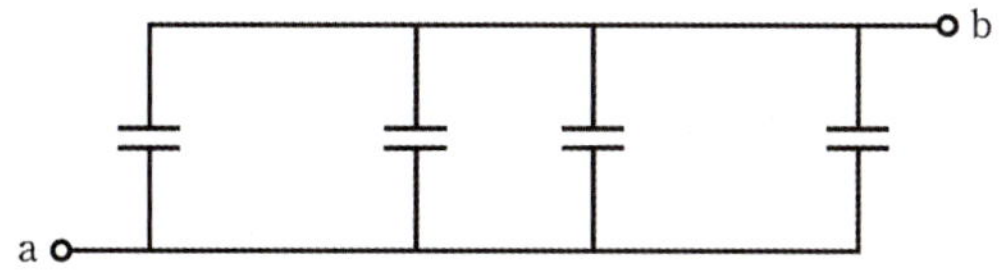

그림 6-23

6.3 다음 회로에서 $C_1 = 60\,[\mu\mathrm{F}]$, $C_2 = 60\,[\mu\mathrm{F}]$, $C_3 = 30\,[\mu\mathrm{F}]$, $C_4 = 100\,[\mu\mathrm{F}]$, $C_5 = 50\,[\mu\mathrm{F}]$일 때, 단자 a와 b 사이의 합성 커패시턴스 C_t를 구하라.

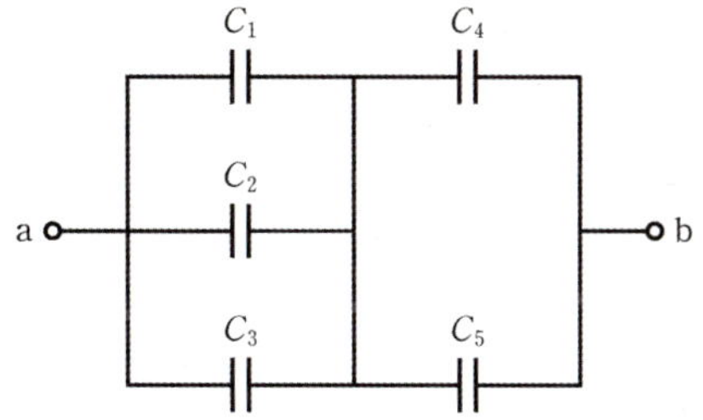

그림 6-24

6.4 다음 회로에서 $C_1 = 30\,[\mu\text{F}]$, $C_2 = 20\,[\mu\text{F}]$, $C_3 = 20\,[\mu\text{F}]$, $C_4 = 10\,[\mu\text{F}]$, $C_5 = 30\,[\mu\text{F}]$, $C_6 = 30\,[\mu\text{F}]$일 때, 단자 a와 b 사이의 합성 커패시턴스 C_t를 구하라.

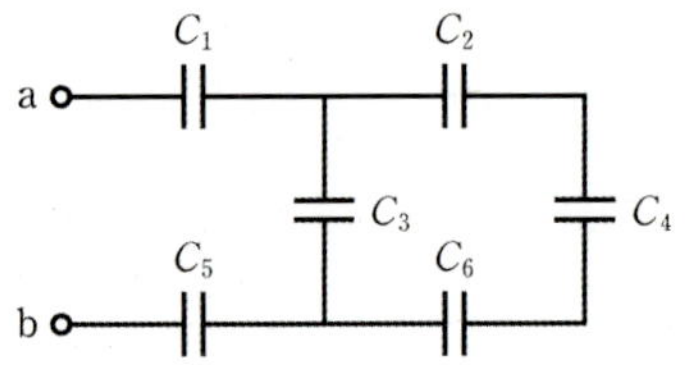

그림 6-25

6.5 다음 회로에서 다섯 개의 커패시터의 커패시턴스 값이 모두 동일한 C_0고 단자 a와 b 사이의 합성 커패시턴스 $C_t = 24\,[\mu\text{F}]$일 때, C_0를 구하라.

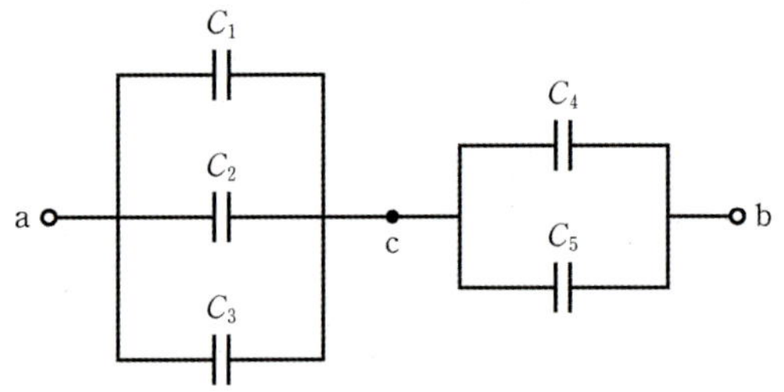

그림 6-26

6.6 다음 회로에서 $L_1 = 4\,[\text{mH}]$, $L_2 = 6\,[\text{mH}]$, $L_3 = 8\,[\text{mH}]$, $L_4 = 10\,[\text{mH}]$일 때, 단자 a와 b 사이의 합성 인덕턴스 L_t를 구하라.

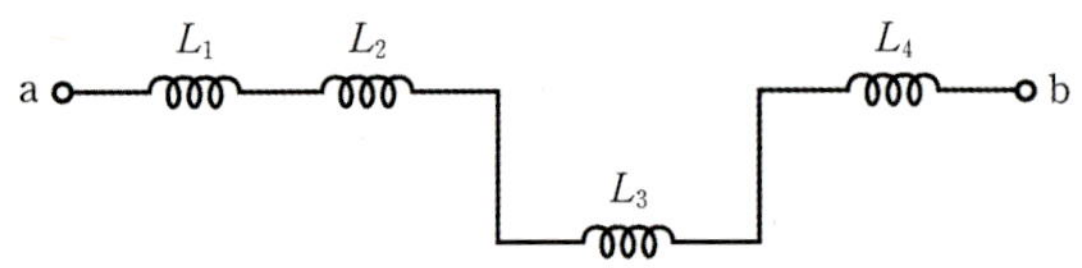

그림 6-27

6.7 다음 회로에서 $L_1 = 12\,[\text{mH}]$, $L_2 = 48\,[\text{mH}]$, $L_3 = 48\,[\text{mH}]$, $L_4 = 8\,[\text{mH}]$, $L_5 = 12\,[\text{mH}]$일 때, 단자 a와 b 사이의 합성 인덕턴스 L_t를 구하라.

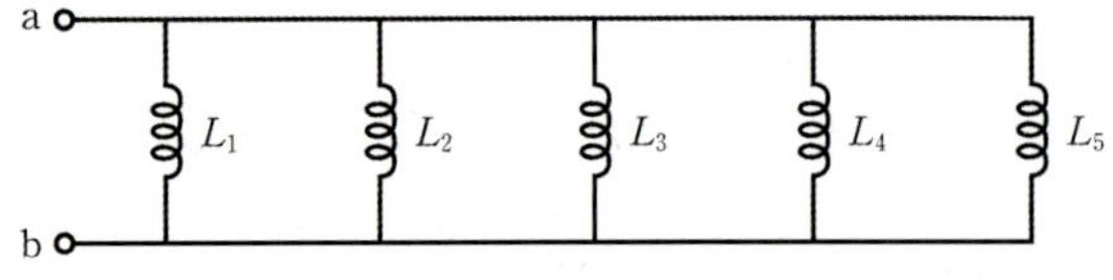

그림 6-28

6.8 다음 회로에서 $L_1 = 15\,[\mathrm{mH}]$, $L_2 = 75\,[\mathrm{mH}]$, $L_3 = 50\,[\mathrm{mH}]$, $L_4 = 20\,[\mathrm{mH}]$, $L_5 = 10\,[\mathrm{mH}]$, $L_6 = 5\,[\mathrm{mH}]$일 때, 단자 a와 b 사이의 합성 인덕턴스 L_t를 구하라.

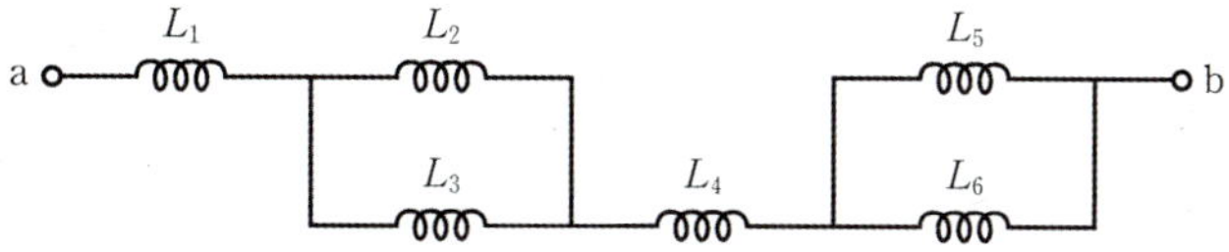

그림 6-29

6.9 다음 회로에서 $L_1 = 25\,[\mathrm{mH}]$, $L_2 = 15\,[\mathrm{mH}]$, $L_3 = 40\,[\mathrm{mH}]$, $L_4 = 40\,[\mathrm{mH}]$, $L_5 = 10\,[\mathrm{mH}]$일 때, 단자 a와 b 사이의 합성 인덕턴스 L_t를 구하라.

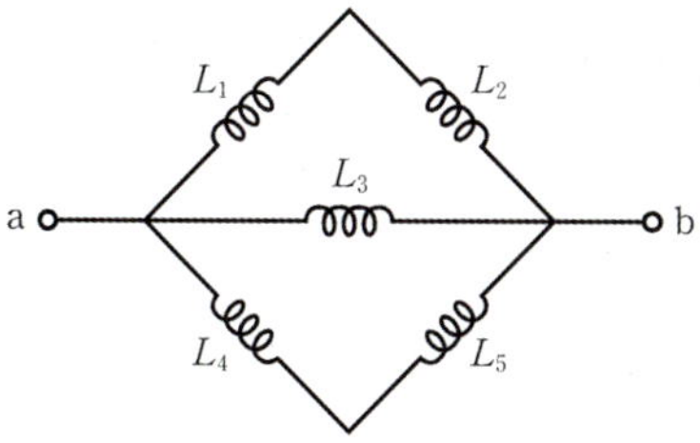

그림 6-30

6.10 다음 회로에서 여섯 개의 인덕터의 인덕턴스 값이 모두 동일한 L_0고 단자 a와 b 사이의 합성 커패시턴스 $L_t = 30\,[\mu\mathrm{H}]$일 때, L_0를 구하라.

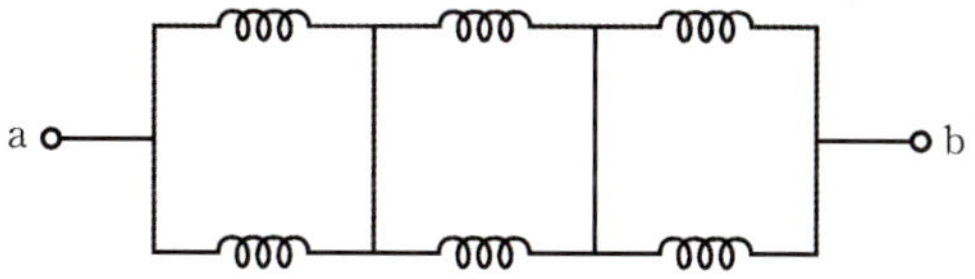

그림 6-31

6.11 다음 회로에서 $R_1 = 2\,[\mathrm{k}\Omega]$, $R_2 = 3\,[\mathrm{k}\Omega]$, $C_1 = 20\,[\mu\mathrm{F}]$, $V_0 = 15\,[\mathrm{V}]$일 때, 주어진 물음에 답하라.

(a) R_1에 흐르는 전류 I_{R1}을 구하라.

(b) R_2에 인가되는 전압 V_{R2}를 구하라.

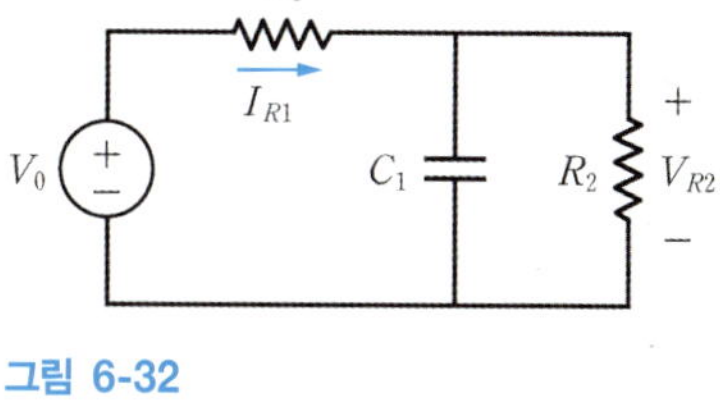

그림 6-32

6.12 다음 회로에서 $R_1 = 4\,[\mathrm{k\Omega}]$, $R_2 = 5\,[\mathrm{k\Omega}]$, $L_1 = 8\,[\mathrm{mH}]$, $V_A = 10\,[\mathrm{V}]$일 때, 주어진 물음에 답하라.

(a) R_1에 흐르는 전류 I_{R1}을 구하라.

(b) R_2에 인가되는 전압 V_{R2}와 흐르는 전류 I_{R2}를 구하라.

(c) L_1에 흐르는 전류 I_{L1}을 구하라.

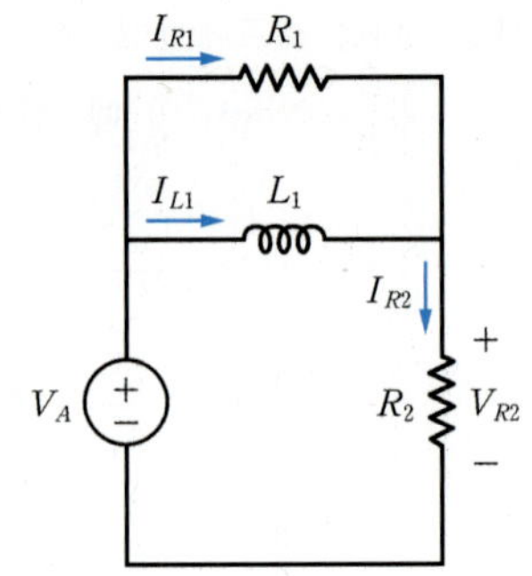

그림 6-33

6.13 다음 회로에서 $R = 3\,[\mathrm{k\Omega}]$, $C = 4\,[\mu\mathrm{F}]$, $V_A = 9\,[\mathrm{V}]$일 때, 커패시터에 저장되는 에너지 $W_{C(t)}$를 구하라.

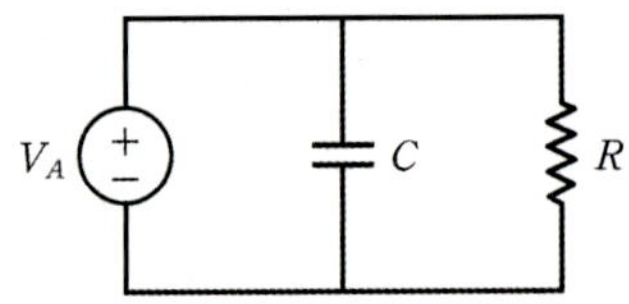

그림 6-34

6.14 다음 회로에서 $R = 6\,[\mathrm{k\Omega}]$, $L = 2\,[\mathrm{mH}]$, $V_A = 12\,[\mathrm{V}]$일 때, 인덕터에 저장되는 에너지 $W_{L(t)}$를 구하라.

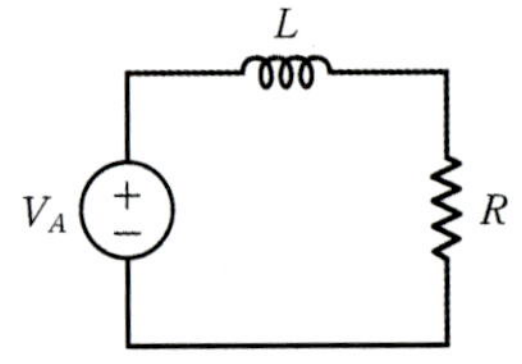

그림 6-35

6.15 다음 회로에서 $C_1 = 10\,[\mu\mathrm{F}]$, $C_2 = 20\,[\mu\mathrm{F}]$, $C_3 = 30\,[\mu\mathrm{F}]$, $C_4 = 10\,[\mu\mathrm{F}]$, $V_A = 22\,[\mathrm{V}]$일 때, 주어진 물음에 답하라.

(a) C_2에 인가되는 전압 V_{C2}를 구하라.

(b) C_2에 저장되는 전하 Q_2의 크기를 구하라.

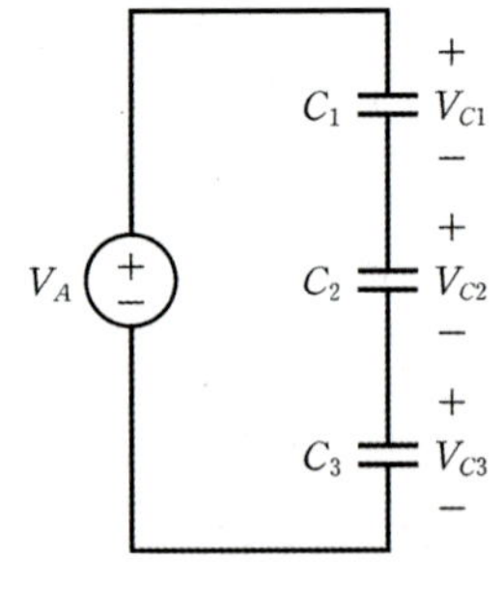

그림 6-36

6.16 커패시터에 인가되는 전압 $v_C(t) = 3t\,[\mu\text{F}]$일 때, 커패시터에 흐르는 전류 $i_C(t)$를 구하라.

6.17 인덕터에 흐르는 전류 $i_L(t) = 2\sin(3t)\,[\text{mH}]$일 때, 커패시터에 인가되는 전압 $v_C(t)$를 구하라.

도전 문제

6.18 다음 회로에서 $L_1 = 25\,[\text{mH}]$, $L_2 = 15\,[\text{mH}]$, $L_3 = 40\,[\text{mH}]$, $L_4 = 20\,[\text{mH}]$, $L_5 = 10\,[\text{mH}]$일 때, 주어진 물음에 답하라.

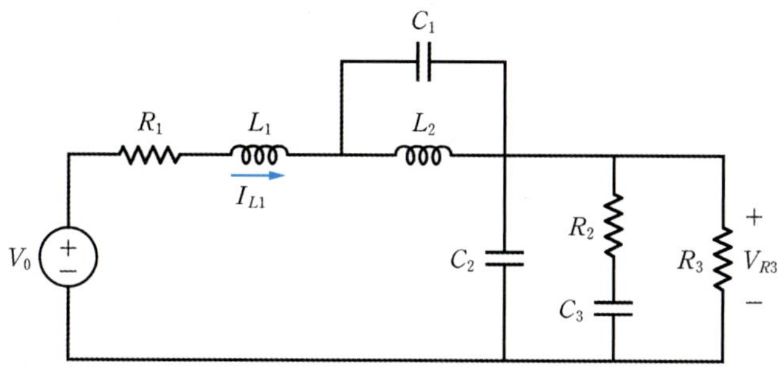

그림 6-37

(a) R_3에 인가되는 전압 V_{R3}를 구하라.
(b) L_1에 흐르는 전류 I_{L1}을 구하라.
(c) C_3에 저장되는 에너지 W_{C3}를 구하라.
(d) L_2에 저장되는 에너지 W_{L2}를 구하라.

6.19 다음 회로에서 $C_1 : C_2 : C_3 : C_4 = 1:2:3:4$고, 단자 a와 b 사이의 합성 커패시턴스 $C_t = 12\,[\text{nF}]$일 때, 다음 물음에 답하라.

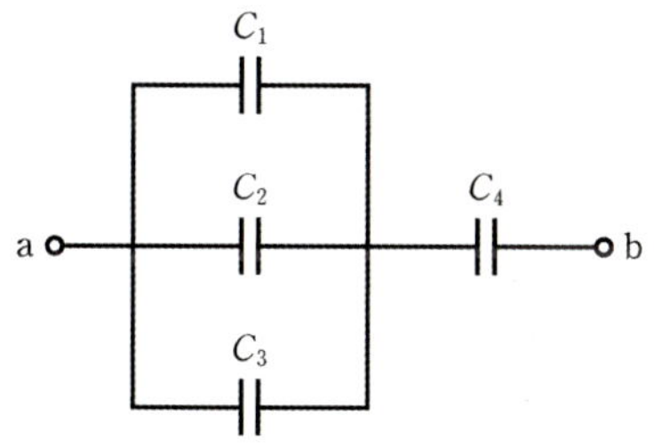

그림 6-38

(a) C_2를 구하라.
(b) 단자 a와 b 사이에 $10\,[\text{V}]$의 전압이 인가되었을 때, C_4에 저장되는 에너지 W_{C4}를 구하라.

6.20 다음 회로에서 $L_1 : L_2 : L_3 : L_4 = 1 : 2 : 3 : 4$ 고, 단자 a와 b 사이의 합성 인덕턴스 $L_t = 62\,[\text{mH}]$일 때, L_2를 구하라.

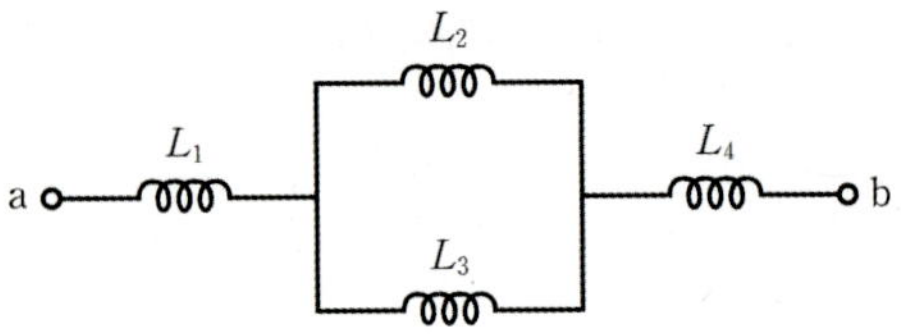

그림 6-39

6.21 커패시턴스 $C = 2\,[\mu\text{F}]$인 커패시터에 인가된 전압이 다음 그래프와 같을 때, 틀린 것을 고르시오.

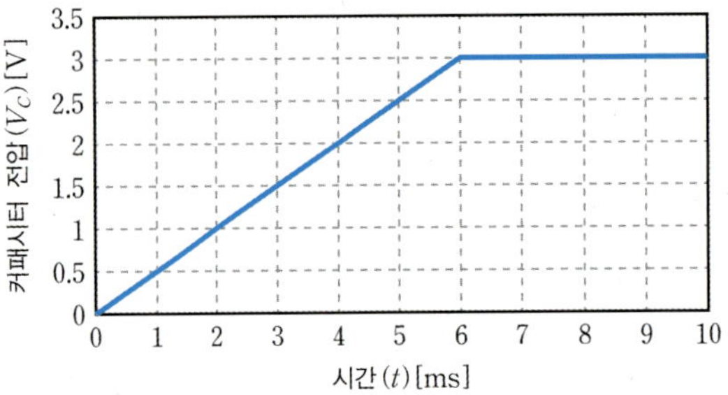

그림 6-40

① 0 [ms] < t < 6 [ms] 구간에서 커패시터에 흐르는 전류는 일정하다.

② $t > 6$ [ms] 구간에서 커패시터에 흐르는 전류는 3 [mA]다.

③ $t = 1$ [ms]에서 커패시터에 저장된 에너지는 [J]이다.

④ $t = 4$ [ms]에서 커패시터에 저장된 에너지는 $t = 2$ [ms]에서 커패시터에 저장된 에너지의 네 배다.

기출 문제

6.22 다음 회로에서 콘덴서 C_1 양단의 전압[V]은? (2012 국가공무원 9급)

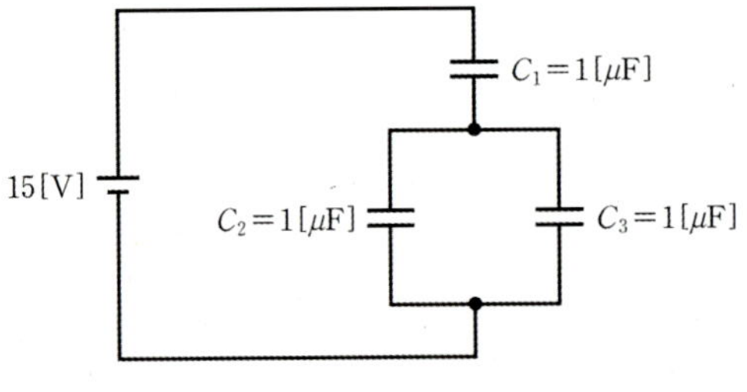

그림 6-41

① 4 ② 5 ③ 10 ④ 12

6.23 다음 회로에 대한 설명으로 옳은 것만 〈보기〉에서 모두 골라라. 단, 총 전하량 $Q_T = 400\,[\mu\text{C}]$ 이고, 정전 용량 $C_1 = 3\,[\mu\text{F}]$, $C_2 = 2\,[\mu\text{F}]$, $C_3 = 2\,[\mu\text{F}]$이다. (2014 국가공무원 9급)

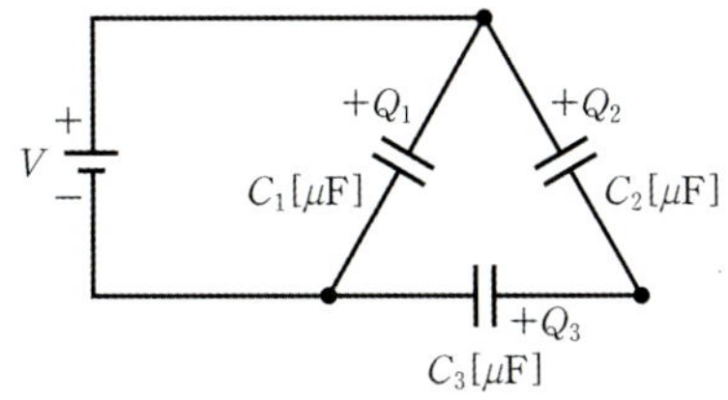

그림 6-42

〈보기〉

ㄱ. $Q_2\,[\mu\text{C}] = Q_3\,[\mu\text{C}]$

ㄴ. 커패시터의 총 합성 정전 용량 $C_T = 4\,[\mu\text{F}]$

ㄷ. 전압 $V = 100\,[\text{V}]$

ㄹ. C_1에 축적되는 전하 $Q_1 = 300\,[\mu\text{C}]$

① ㄱ, ㄴ　② ㄱ, ㄷ, ㄹ　③ ㄴ, ㄷ, ㄹ　④ ㄱ, ㄴ, ㄷ, ㄹ

6.24 다음 회로에서 전압 $V_3\,[\text{V}]$는? (2015 국가공무원 9급)

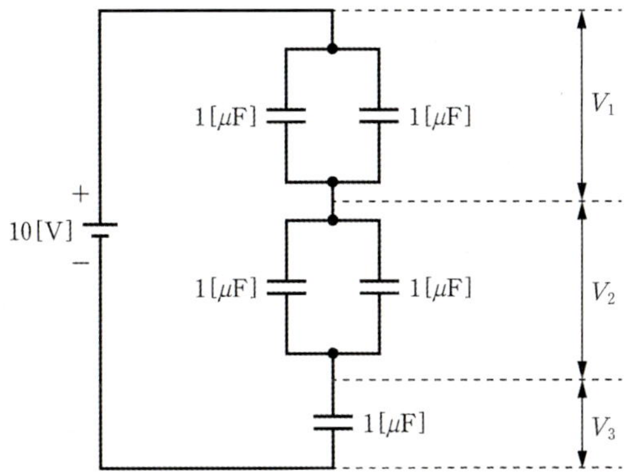

그림 6-43

① 5　② 7　③ 9　④ 11

6.25 다음 회로에서 $40\,[\mu\text{F}]$ 커패시터 양단의 전압 $V_a\,[\text{V}]$는? (2019 국가공무원 9급)

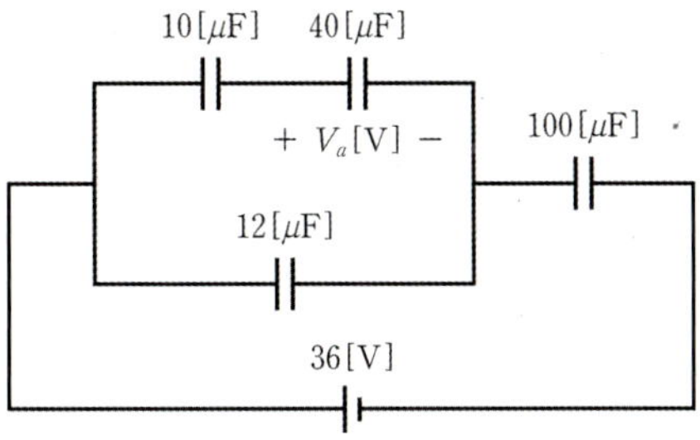

그림 6-44

① 2　② 4　③ 6　④ 8

6.26 다음 회로는 동일한 정전용량을 가진 6개의 커패시터로 구성되어 있다. 회로에 대한 설명으로 옳은 것은? (2021 국가공무원 9급)

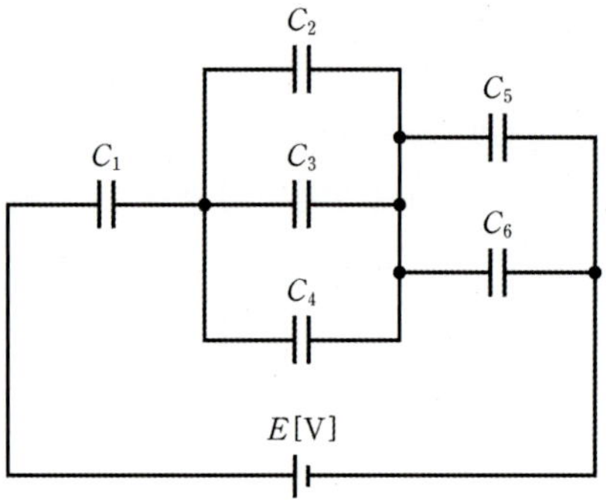

그림 6-45

① C_5에 충전되는 전하량은 C_1에 충전되는 전하량과 같다.

② C_6의 양단 전압은 C_1의 양단 전압의 2배이다.

③ C_3에 충전되는 전하량은 C_5에 충전되는 전하량의 2배이다.

④ C_2의 양단 전압은 C_6의 양단 전압의 $\frac{2}{3}$배이다.

6.27 2 [μF] 커패시터에 그림과 같은 전류 $i(t)$를 인가했을 때, 설명으로 옳지 않은 것은? 단, 커패시터에 저장된 초기 에너지는 없다. (2021 국가공무원 9급)

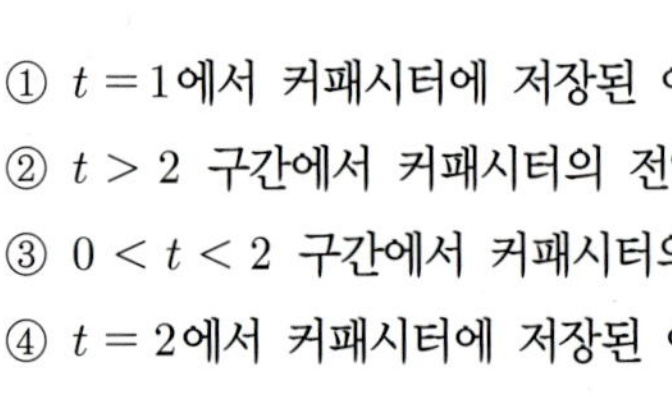

그림 6-46

① $t = 1$에서 커패시터에 저장된 에너지는 25 [J]이다.

② $t > 2$ 구간에서 커패시터의 전압은 일정하게 유지된다.

③ $0 < t < 2$ 구간에서 커패시터의 전압은 일정하게 증가한다.

④ $t = 2$에서 커패시터에 저장된 에너지는 $t = 1$에서 저장된 에너지의 2배이다.

6.28 다음 회로에서 등가 커패시턴스 C_{eq}의 값[F]은? (2022 서울시 공무원 7급)

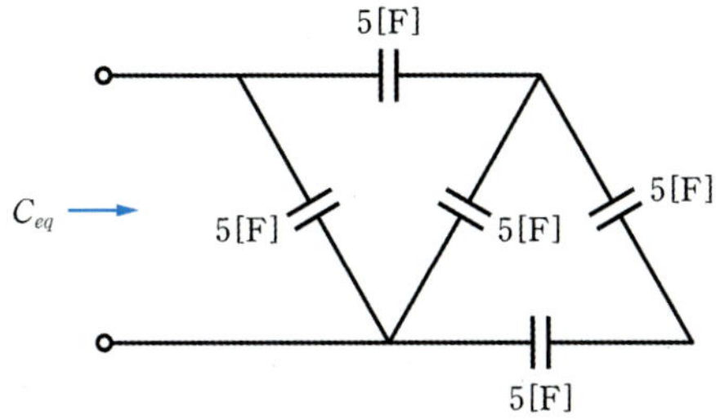

그림 6-47

① 2　　② 4　　③ 6　　④ 8

6.29 100[μF]인 콘덴서의 양단에 전압을 30[V/ms]의 비율로 변화시킬 때 콘덴서에 흐르는 전류의 크기[A]는? (2022 3회 전기산업기사)

① 0.03　　② 0.3　　③ 3　　④ 30

6.30 인덕턴스 L의 정의에 대한 설명으로 옳은 것은? (2021 국가공무원 9급)

① 전압과 전류의 비례 상수이다.
② 자속과 전류의 비례 상수이다.
③ 자속과 전압의 비례 상수이다.
④ 전력과 자속의 비례 상수이다.

6.31 다음 회로에 직류가 공급되고 있을 때 커패시터에 저장된 에너지 w_c와 인덕터에 저장된 에너지 w_L의 값[J]은? (2022 서울시 공무원 7급)

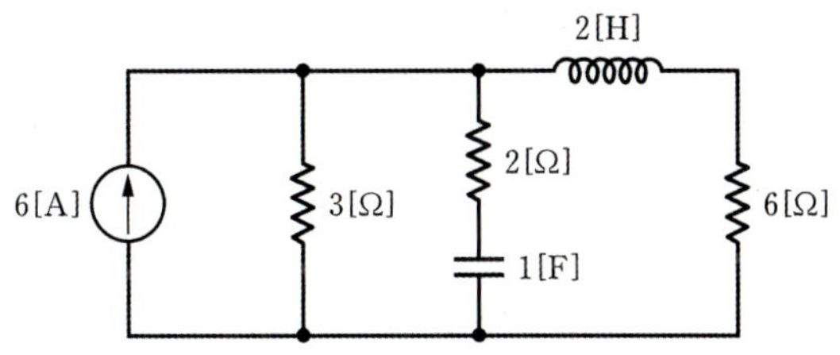

그림 6-48

① 72, 4　　② 36, 8　　③ 8, 36　　④ 4, 72

CHAPTER

07

시변 *RL*, *RC*, *RLC* 회로

CONTENTS

학습목표

- 1차 미분 방정식의 풀이를 이해한다.
- 시변 저항 · 인덕터 회로, 시변 저항 · 커패시터 회로를 1차 미분 방정식을 적용해 해석한다.
- 2차 미분 방정식의 풀이를 이해한다.
- 시변 저항 · 인덕터 · 커패시터 회로를 2차 미분 방정식을 적용해 해석한다.

수업 맛보기

6장에서는 커패시터와 인덕터를 학습했는데, 시간에 따른 변화가 없는 회로만 다루었다. 이 장에서는 커패시터와 인덕터가 포함된 회로에서 시간에 따라서 변화, 즉 시변하는 상황을 해석하는 방법을 배운다. 이를 위해서 먼저 미분 방정식의 개념을 학습하고 이를 저항과 인덕터가 포함된 RL 회로와 저항과 커패시터가 포함된 RC 회로를 해석한다. 마지막으로 저항, 인덕터, 커패시터가 모두 포함된 RLC 회로를 해석한다. 회로 해석 시 수학적인 풀이에만 머물지 말고 미분 방정식의 과도 응답과 정상 상태 응답이 실제 회로에서 의미하는 바와 연관될 수 있도록 학습한다.

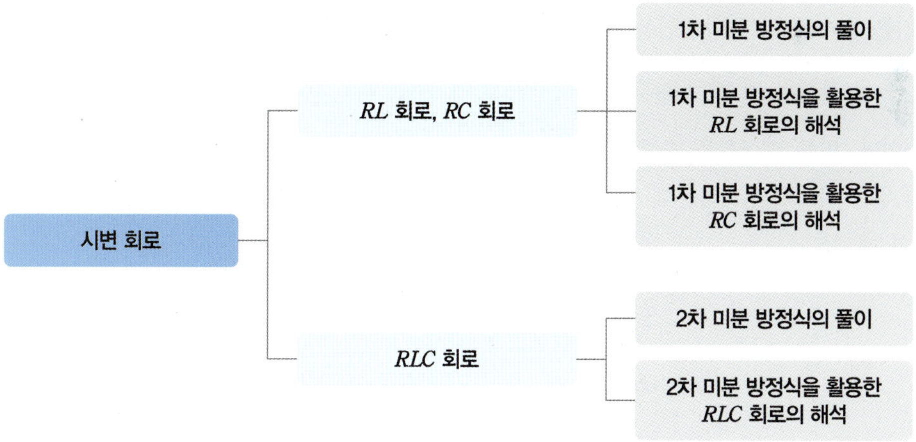

LESSON 7.1

1차 미분 방정식

✓ 기본 개념 | 1차 미분 방정식 | 과도 응답 | 정상 상태 응답 | 완전 응답

1. 1차 미분 방정식의 형태

커패시터나 인덕터를 포함한 회로를 해석하면 전류와 전압의 관계에 미분이 포함된 식(식 (6.4), 식 (6.21))을 다루게 된다. 따라서 미분이 포함된 식들의 해석을 위해서 미분 방정식의 풀이를 학습해야 한다. 미분 방정식은 어떤 변수의 값을 구하는 것이 아니라 함수 자체를 구하는 방정식이다. 다음 식을 예로 들어서 살펴보자.

$$\frac{dx(t)}{dt} = -4x(t) \tag{7.1}$$

$x(t)$는 시간을 변수로 하는 함수임을 표현한 것이다. 식 (7.1)을 해석하면 $x(t)$의 변화율(미분값) $\frac{dx(t)}{dt}$은 그 자체의 네 배의 음수값과 같다는 뜻이 된다. 즉, $x(t)$값이 커지면 그 변화율도 커진다는 뜻이다. 미분 방정식은 주로 $x(t)$가 포함된 항을 한쪽으로 모두 이항하고 나머지 항을 반대편 항에 두는 식으로 정리하는데 식 (7.2)와 같이 상수항이 포함되거나 t에 관한 함수가 추가될 수도 있다.

$$\frac{dx(t)}{dt} + 4x(t) = 2 \tag{7.2a}$$

$$\frac{dx(t)}{dt} + 4x(t) = 2t \tag{7.2b}$$

식 (7.1)이나 식 (7.2)와 같은 식에서 $x(t)$가 어떤 함수인지 구한다는 것은 미분 방정식을 푼다는 의미와 같다. 식 (7.2)는 미분을 한 번만 했지만 그 이상을 미분한 항이 포함될 수도 있다. 식 (7.2)처럼 한 번 미분한 항만 포함된 경우를 1차 미분 방정식이라고 한다. 1차 미분 방정식은 보통 식 (7.3)과 같이 한쪽으로 모든 항을 이항하고 미분한 항의 계수를 1로 정리해 나타낸다.

$$\frac{dx(t)}{dt} + ax(t) = f(t) \quad (a\text{는 상수}) \tag{7.3}$$

2. 1차 미분 방정식의 풀이

이러한 미분 방정식을 풀기 위해서는 동차해와 특수해를 먼저 구해 일반해를 구하는 과정을 거쳐야 한다. 회로 해석에서는 이를 각각 과도 응답, 정상 상태 응답, 완전 응답으로 부른다(본 도서는 회로 해석을 위한 교재이므로 수학적인 풀이 과정에서도 과도 응답, 정상 상태 응답, 완전 응답을 사용한다).

회로 해석에서는 다음 과정을 거쳐서 미분 방정식의 해를 구해 해석한다.

미분 방정식의 해를 구하는 방법

1. 과도 응답(동차해) 구하기
2. 정상 상태 응답(특수해) 구하기
3. 완전 응답(일반해) 형태 구하기와 경계 조건[1] 적용을 통한 최종 답 구하기

과도 응답 구하기

식 (7.3)의 $f(t)=0$ 인 경우의 미분 방정식의 해를 수학적으로는 동차해라 하고, 회로 해석에서는 **과도 응답** transient response 라고 이라고 한다. 과도 응답은 주로 변화가 나타나는 특성을 표현하는 응답이고, $x_T(t)$로 나타낸다. 과도 응답을 구하기 위해 식 (7.3)은 다음과 같이 정리할 수 있다.

$$\frac{dx_T(t)}{dt}+ax_T(t)=0 \tag{7.4}$$

과도 응답을 구하는 방법은 가상해를 이용하는 방법, 변수 분리법, 라플라스 변환 방법으로 크게 세 가지가 있으나 본 교재에서는 가장 간단한 가상해를 사용하는 방법을 집중적으로 다룬다. 식 (7.4)의 미분 방정식의 해 $x_T(t)$는 다음과 같은 지수 함수 형태임이 증명되어 있다.

$$Ae^{st} \quad (A, s\text{는 상수}) \tag{7.5}$$

이렇게 미분 방정식의 해가 어떤 특정해라고 가정하고 푸는 것이 가상해를 이용하는 풀이이다. 즉, 식 (7.5)를 식 (7.4)에 대입하면 식 (7.6)과 같다.

$$\begin{gathered}\frac{d}{dt}(Ae^{st})+aAe^{st}=0 \\ sAe^{st}+aAe^{st}=0 \\ (s+a)Ae^{st}=0\end{gathered} \tag{7.6}$$

1 특정한 값을 대입해서 미지수를 정해 해를 유일하게 결정해주는 조건이다.

여기서 e^{st}는 0이 될 수 없고, A가 0이면 무의미한 해가 되어서 0이 되면 안 된다. 그러므로 $(s+a)$가 0이어야 한다.

$$s = -a \tag{7.7}$$

그러므로 과도 응답 $x_T(t)$를 식 (7.8)과 같이 나타낼 수 있다.

$$x_T(t) = Ae^{-at} \tag{7.8}$$

여기서 A는 임의의 상수로 미분 방정식 풀이의 마지막 단계인 경계 조건을 넣을 때 구해진다. 1차 미분 방정식의 과도 응답은 지수 함수 형태로 나타나서 시간의 변화에 따라서 지수 함수적으로 변화한다. 보통 s값이 음으로 나오므로 [그림 7-1]처럼 시간이 흐르면서 0으로 수렴하는 형태로 나타난다.

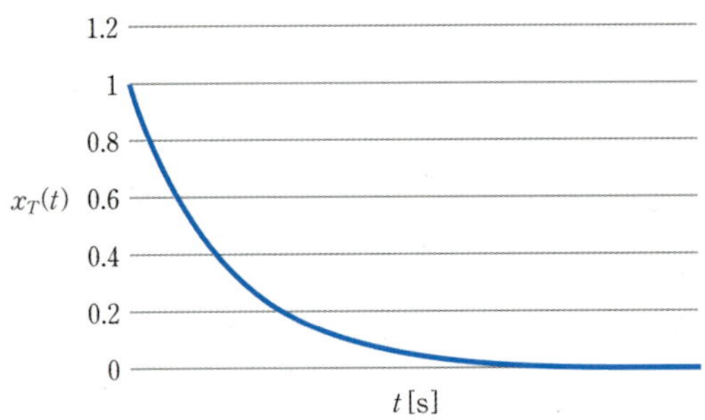

그림 7-1 1차 미분 방정식의 과도 응답 예

Basic check

미분 방정식 $\dfrac{dx(t)}{dt} + 3x(t) = 2$의 과도 응답 $x_T(t)$를 구하라.

답

주어진 미분 방정식은 $f(t) = 2$인 형태이다. 과도 응답을 구해야 하므로 $f(t) = 0$인 형태로 다음과 같이 정리할 수 있다.

$$\frac{dx_T(t)}{dt} + 3x_T(t) = 0$$

과도 응답을 구하기 위한 미분 방정식의 형태인 식 (7.4)의 형태와 비교하면 $a = 3$이다. 과도 응답의 해인 식 (7.8)에 의해서 $x_T(t) = Ae^{-at} = Ae^{-3t}$이다.

Basic check

미분 방정식 $\frac{dx(t)}{dt} = -4x(t)$의 과도 응답 $x_T(t)$를 구하라.

답

미분 방정식의 일반적인 형태인 식 (7.3)의 형태로 정리하면 $\frac{dx(t)}{dt} + 4x(t) = 0$으로 이미 $f(t) = 0$인 식이다. 과도 응답을 구하기 위해서 식을 정리하면 다음과 같다.

$$\frac{dx_T(t)}{dt} + 4x_T(t) = 0$$

과도 응답을 구하기 위한 미분 방정식의 형태인 식 (7.4)의 형태와 비교하면 $a = 4$다.
과도 응답의 해인 식 (7.8)에 의해서 $x_T(t) = Ae^{-at} = Ae^{-4t}$이다.

정상 상태 응답 구하기

정상 상태 응답 steady-state response은 주로 충분한 시간이 지나고 난 후에 나타나는 회로의 특성을 표현하는 응답이고, $x_{SS}(t)$로 나타낸다. $x_{SS}(t)$를 구하는 방법은 가상해와 비슷하게 특정한 해의 형태를 가정하고 대입하는 방식으로 구한다. $f(t)$의 형태에 따라 정상 상태 응답을 가정하는 형태가 달라지는데, [표 7-1]에 그 내용을 정리했다.

표 7-1 $f(t)$에 따른 정상 상태 응답의 형태

$f(t)$의 형태	정상 상태 응답 형태
상수 A	상수 B
일차 다항식 $At + B$ (A, B는 상수)	일차 다항식 $Ct + D$ (C, D는 상수)
이차 다항식 $At^2 + Bt + C$ (A, B, C는 상수)	이차 다항식 $Dt^2 + Et + F$ (D, E, F는 상수)
n차 다항식	n차 다항식
지수 함수 Ae^{at} (A, a는 상수)	지수 함수 Be^{at} (A, a는 상수) $f(t)$와 동일한 a를 사용하는 것에 주의
정현파 $A\sin(\omega t) + B\cos(\omega t)$ (A, B, ω는 상수)	정현파 $C\sin(\omega t) + D\cos(\omega t)$ (C, D는 상수) $f(t)$가 $\sin(\omega t)$, $\cos(\omega t)$ 중 하나만 있더라도 정상 상태 응답은 둘 모두를 포함한 식으로 사용해야 함
위의 식들의 조합 예 지수 함수와 상수 : $Ae^{at} + B$	위의 식들의 조합 예 지수 함수와 상수 : $Ce^{at} + D$

다음 미분 방정식을 예로 들어서 살펴보자.

$$\frac{dx(t)}{dt} + 3x(t) = 6 \tag{7.9}$$

$f(t) = 6$인 상수 형태이므로 [표 7-1]에 따라서 정상 상태 응답 $x_{SS}(t)$를 상수 B로 표현할 수 있다.

$$x_{SS}(t) = B \tag{7.10}$$

식 (7.9)를 식 (7.10)에 대입하면 다음과 같다.

$$\frac{dB}{dt} + 3B = 6 \tag{7.11}$$

상수인 B를 미분하면 0이므로 다음과 같이 정리할 수 있다.

$$3B = 6 \tag{7.12}$$
$$\therefore\ B = 2$$

$x_{SS}(t) = B$이므로 정상 상태 응답은 식 (7.13)과 같다.

$$x_{SS}(t) = 2 \tag{7.13}$$

Basic check

미분 방정식 $\frac{dx(t)}{dt} + 2x(t) = 10$의 정상 상태 응답 $x_{SS}(t)$를 구하라.

답

주어진 미분 방정식은 $f(t) = 10$인 상수이므로 [표 7-1]에 따라 정상 상태 응답 $x_{SS}(t)$는 상수 B가 된다. 이를 주어진 미분 방정식에 대입하면 $\frac{dB}{dt} + 2B = 10$이다.

이를 정리하면 $2B = 10$, 즉 $B = 5$다. 따라서 정상 상태 응답은 $x_{SS}(t) = 5$다.

Basic check

미분 방정식 $\frac{dx(t)}{dt} + 2x(t) = 2t + 4$의 정상 상태 응답 $x_{SS}(t)$를 구하라.

답

주어진 미분 방정식은 $f(t)=2t+4$인 일차 다항식이므로 [표 7-1]에 따라 정상 상태 응답 $x_{SS}(t)$를 다음과 같이 나타낸다.

$$x_{SS}(t)=At+B \quad (A,\ B\text{는 상수}) \qquad \cdots ①$$

식 ①을 주어진 미분 방정식에 대입해 정리하면 다음과 같다.

$$\begin{aligned} \frac{d(At+B)}{dt}+2(At+B)&=2t+4 \\ A+2At+2B&=2t+4 \\ 2At+A+2B&=2t+4 \qquad \cdots ② \end{aligned}$$

식 ②에서 계수 비교를 하면 $2A=2$, $A+2B=4$이므로 $A=1$, $B=1.5$다.
따라서 정상 상태 응답은 $x_{SS}(t)=t+1.5$다.

예제 7-1

미분 방정식 $\dfrac{dx(t)}{dt}+4x(t)=12e^{-2t}$의 정상 상태 응답 $x_{SS}(t)$를 구하라.

풀이

주어진 미분 방정식은 $f(t)=12e^{-2t}$인 지수 함수 형태이므로 [표 7-1]에 따라 정상 상태 응답 $x_{SS}(t)$를 다음과 같이 지수 함수형태로 나타낸다.

$$x_{SS}(t)=Ae^{-2t} \quad (A\text{는 상수})$$

TIP 지수 함수의 t 앞의 값은 $f(t)$의 t 앞의 값과 동일하게 두어야 한다.

미분 방정식에 대입해 정리하면 다음과 같다.

$$\begin{aligned} \frac{d(Ae^{-2t})}{dt}+4(Ae^{-2t})&=12e^{-2t} \\ -2Ae^{-2t}+4Ae^{-2t}&=12e^{-2t} \\ 2Ae^{-2t}&=12e^{-2t} \\ \therefore A&=6 \end{aligned}$$

따라서 정상 상태 응답은 $x_{SS}(t)=6e^{-2t}$이다.

완전 응답 형태 구하기와 경계 조건 적용을 통한 최종답 구하기

과도 응답과 정상 상태 응답을 더한 것을 **완전 응답** complete response 이라고 하고 $x(t)$로 나타낸다.

$$\begin{array}{ccccc} \text{완전 응답} & = & \text{과도 응답} & + & \text{정상 상태 응답} \\ x(t) & = & x_T(t) & + & x_{SS}(t) \end{array} \tag{7.14}$$

식 (7.9)의 미분 방정식을 예로 들어서 완전 응답을 구해보자.

$$\frac{dx(t)}{dt} + 3x(t) = 6 \tag{7.15}$$

식 (7.8)에 의해서 주어진 미분 방정식의 과도 응답은 $x_T(t) = Ae^{-3t}$이고, 식 (7.13)에 의해서 주어진 미분 방정식의 정상 상태 응답은 $x_{SS}(t) = 2$다. 그러므로 완전 응답의 형태는 다음과 같다.

$$x(t) = x_T(t) + x_{SS}(t) = Ae^{-3t} + 2 \tag{7.16}$$

해를 완벽하게 구한 것 같지만 A는 여전히 정해진 값이 아니다. 보통 A를 구하기 위해서는 문제에 특정한 **경계 조건**[2]이 주어진다. 예를 들어, "$t = 0$일 때, $x(t) = 6$이다."와 같은 식으로 추가적인 정보가 주어진다. $x(0) = 6$이라는 경계 조건을 식 (7.16)에 대입하면 식 (7.17)과 같다.

$$\begin{aligned} 6 &= Ae^{-3 \cdot 0} + 2 \\ \therefore\ A &= 4 \end{aligned} \tag{7.17}$$

그러므로 완전 응답은 식 (7.18)과 같다.

$$x(t) = 4e^{-3t} + 2 \tag{7.18}$$

미분 방정식 식 (7.15)의 최종 해는 과도 응답과 정상 상태 응답의 합을 통해 완전 응답을 구하고, 여기에 경계 조건을 적용해 구해진다.

2 $t = 0$인 경우는 초기 조건이라는 용어를 사용하기도 한다. 하지만 초기 조건도 경계 조건의 하나이고 용어의 복잡성을 피하기 위해서 본 도서에서는 경계 조건으로 통일해서 사용한다.

3. 1차 미분 방정식의 해의 의미

완전 응답에서 과도 응답과 정상 상태 응답의 의미를 좀 더 정확히 알아보자. 식 (7.14)를 그래프로 표현한 [그림 7-2]를 살펴보자. 우선 $t=0$에서 $x=6$의 값을 가진다. 이것은 경계 조건에 의한 것이다. 그리고 $0<t<2$ 영역에서 t가 급격하게 변하는 것을 볼 수 있다. 이때 변하는 그래프는 과도 응답에 의해서 결정되는 것이다. 그리고 $t>2$에서는 거의 2로 수렴하는 것을 볼 수 있는데 이 값은 정상 상태 응답에 의해서 결정된다. 따라서 완전 응답에서 과도 응답은 변화 직후의 값을 주로 나타내고 정상 상태 응답은 충분한 시간이 지난 후에 가지게 되는 값을 나타내는 것이다.

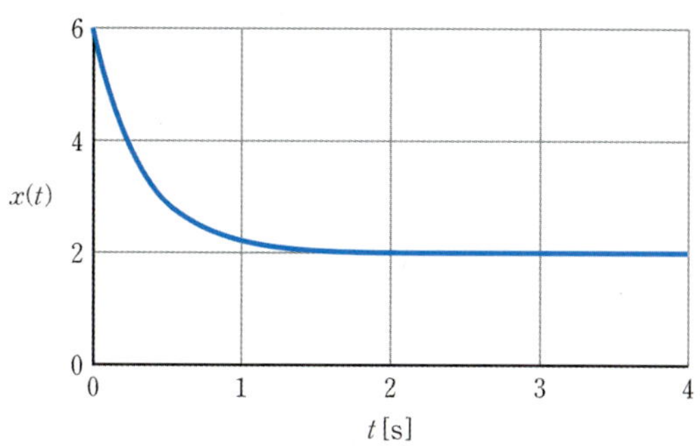

그림 7-2 완전 응답 그래프의 예시

Basic check

미분 방정식의 과도 응답은 $x_T(t) = Ae^{-4t}$, 정상 상태 응답은 $x_{SS}(t) = 8$, $x(0) = 5$일 때, 완전 응답 $x(t)$를 구하라.

답

완전 응답의 형태를 다음과 같이 나타낸다.

$$x(t) = x_T(t) + x_{SS}(t) = Ae^{-4t} + 8$$

이 식에 경계 조건을 대입하면 다음과 같다.

$$5 = Ae^{-4 \cdot 0} + 8$$
$$\therefore A = -3$$

따라서 최종적인 완전 응답은 $x(t) = -3e^{-4t} + 8$이다.

예제 7-2

미분 방정식이 $\frac{dx(t)}{dt}+6x(t)=48$이고 $x(0)=3$일 때, 주어진 물음에 답하라.

(a) 과도 응답 $x_T(t)$를 구하라.

(b) 정상 상태 응답 $x_{SS}(t)$를 구하라.

(c) 경계 조건을 적용해 완전 응답 $x(t)$를 구하고 그 개형을 그려라.

풀이

(a) 과도 응답이므로 $f(t)=0$인 다음과 같은 형태로 정리할 수 있다.

$$\frac{dx_T(t)}{dt}+6x_T(t)=0$$

이 식을 식 (7.4)와 비교하면 $a=6$이고, 식 (7.8)에 의해서 과도 응답은 $x_T(t)=Ae^{-at}=Ae^{-6t}$이다.

(b) 주어진 미분 방정식은 $f(t)=48$인 상수 형태이므로 [표 7-1]에 따라 정상 상태 응답 $x_{SS}(t)$를 다음과 같이 나타낼 수 있다.

$$x_{SS}(t)=B \quad (B\text{는 상수})$$

미분 방정식에 대입해 정리하면 다음과 같다.

$$\frac{d(B)}{dt}+6(B)=48$$
$$0+6B=48$$
$$\therefore\ B=8$$

따라서 정상 상태 응답은 $x_{SS}(t)=8$이다.

(c) 완전 응답은 과도 응답과 정상 상태 응답의 합이므로 $x(t)=x_T(t)+x_{SS}(t)=Ae^{-6t}+8$이다. 이 식에 경계 조건을 대입하면 다음과 같다.

$$3=Ae^{-6\cdot 0}+8$$
$$\therefore\ A=-5$$

따라서 최종적인 완전 응답은 $x(t)=-5e^{-6t}+8$이다.

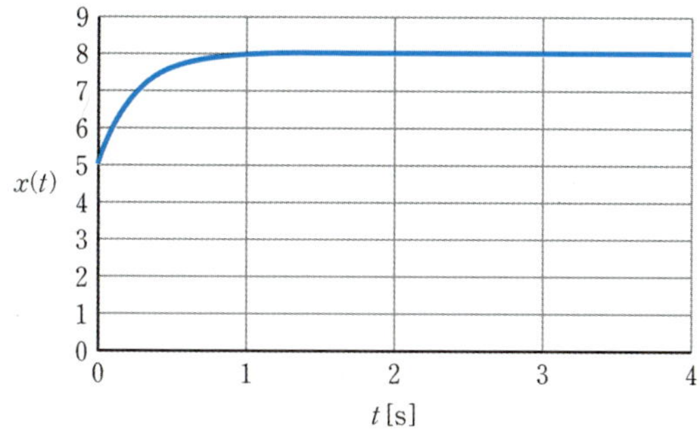

그림 7-3 [예제 7-2]의 완전 응답 그래프

예제 7-3

미분 방정식이 $\frac{dx(t)}{dt} + 2x(t) = 6e^{-3t}$이고 $x(0) = 4$일 때, 주어진 물음에 답하라.

(a) 과도 응답 $x_T(t)$를 구하라.

(b) 정상 상태 응답 $x_{SS}(t)$를 구하라.

(c) 경계 조건을 적용해 완전 응답을 구하라.

풀이

(a) 과도 응답이므로 $f(t) = 0$인 식 ①과 같은 형태로 정리할 수 있다.

$$\frac{dx_T(t)}{dt} + 2x_T(t) = 0 \qquad \cdots ①$$

식 ①을 식 (7.4)와 비교하면 $a = 2$이고, 식 (7.8)에 의해서 과도 응답은 $x_T(t) = Ae^{-at} = Ae^{-2t}$이다.

(b) 주어진 미분 방정식은 $f(t) = 6e^{-3t}$인 형태이므로 [표 7-1]에 따라 정상 상태 응답 $x_{SS}(t)$은 지수 함수 형태가 된다.

$$x_{SS}(t) = Be^{-3t} \quad (B\text{는 상수}) \qquad \cdots ②$$

식 ②를 식 ①에 대입해 정리하면 다음과 같다.

$$\frac{d(Be^{-3t})}{dt} + 2(Be^{-3t}) = 6e^{-3t}$$

$$-3Be^{-3t} + 2Be^{-3t} = 6e^{-3t}$$

$$-Be^{-3t} = 6e^{-3t}$$

$$\therefore B = -6$$

따라서 정상 상태 응답은 $x_{SS}(t) = -6e^{-3t}$이다.

(c) 완전 응답은 과도 응답과 정상 상태 응답의 합이므로 $x(t) = x_T(t) + x_{SS}(t) = Ae^{-2t} - 6e^{-3t}$ 이다. 이 식에 경계 조건을 대입하면 다음과 같다.

$$4 = Ae^{-2 \cdot 0} - 6e^{-3 \cdot 0} = A - 6$$
$$\therefore A = 10$$

따라서 최종적인 완전 응답은 $x(t) = 10e^{-2t} - 6e^{-3t}$ 이다.

참고로 컴퓨터로 그린 이 완전 응답의 개형은 다음과 같다.

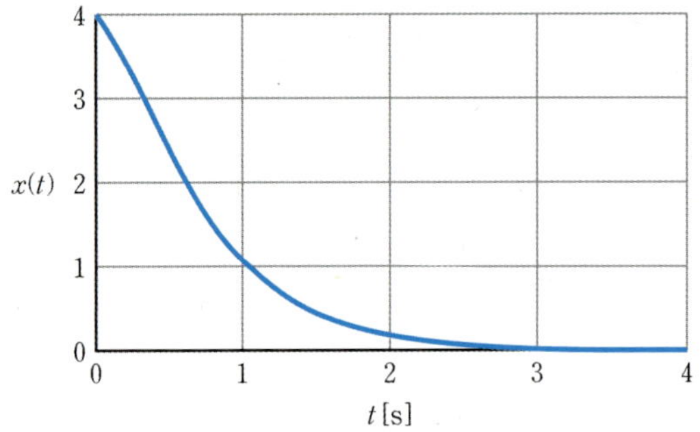

그림 7-4 [예제 7-3]의 완전 응답 그래프

Level up! **과도 응답의 지수와 정상 상태 응답의 지수가 같을 때는 어떻게 풀어야 할까?**

미분 방정식 $\frac{dx(t)}{dt} + 2x(t) = 3e^{-2t}$ 의 풀이를 생각해보자. 과도 응답은 식 (7.8)에 의해서 $x_T(t) = Ae^{-2t}$ 이다. 정상 상태 응답을 구하기 위해서 [표 7-1]을 살펴보면 $x_{SS}(t) = Be^{-2t}$ 의 형태로 두어야 한다.

이렇게 되면 과도 응답의 지수와 정상 상태 응답의 지수가 같아서 A와 B가 구분이 안 되는 형태가 된다. 따라서 이와 같이 지수가 같은 경우에는 정상 상태 응답을 다음과 같이 지수 함수 앞에 t를 곱해주는 형태로 두고 푼다.

$$x_{SS}(t) = Bte^{-2t}$$

LESSON 7.2 시변 *RL*, *RC* 회로

✓ 기본 개념 | *RL* 회로 | *RC* 회로 | 1차 방정식을 적용한 회로 해석 | 무전원 회로 | 시상수 | 스위치

1. 1차 방정식을 활용한 *RL* 회로의 해석

6장에서 직류 상황에서 저항과 인덕터가 있는 회로를 일부 다루었다. 여기서는 **시간에 따른 변화가 있는 저항(R)과 인덕터(L)가 있는 RL 회로** 해석에 대해서 다룬다. [그림 7-5]의 RL 회로를 예로 살펴보자.

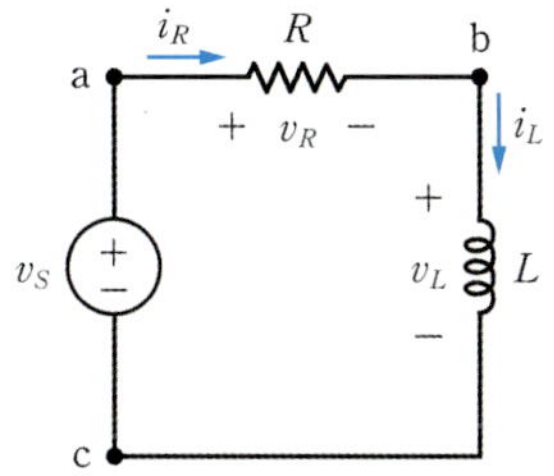

그림 7-5 저항과 인덕터가 있는 RL 회로

[그림 7-5]에서 노드 c를 기준 노드로 정하고 노드 b에서 노드 해석을 적용하면 식 (7.19)와 같다.

$$\frac{v_S - v_L(t)}{R} = i_L(t) \tag{7.19}$$

이 식을 정리할 때는 인덕터의 전류와 전압의 관계를 나타내는 식 (6.21)인 $v_L(t) = L\frac{di_L(t)}{dt}$가 필요하다.

인덕터는 전류가 연속이기 때문에 가능하면 인덕터 전압 $v_L(t)$ 보다는 **전류 $i_L(t)$로 정리해 구하는 것이 편리**하다. 식 (7.19)와 식 (6.21)을 하나의 $i_L(t)$만의 식으로 정리하면 식 (7.20)과 같다.

$$\frac{v_S - L\frac{di_L(t)}{dt}}{R} = i_L(t) \tag{7.20}$$

식 (7.20)을 정리하면 다음과 같이 1차 방정식의 형태가 된다.

$$\frac{di_L(t)}{dt} + \frac{R}{L} i_L(t) = \frac{v_S}{L} \tag{7.21}$$

이제 이 1차 미분 방정식의 과도 응답을 구해보자. $f(t)=0$ 인 형태로 정리하면 식 (7.22)와 같다.

$$\frac{di_{L,T}(t)}{dt} + \frac{R}{L} i_{L,T}(t) = 0 \tag{7.22}$$

식 (7.22)를 식 (7.4)의 형태와 비교하면 $a = \frac{R}{L}$이 되고, 식 (7.6)에 의해서 다음과 같이 과도 응답을 구할 수 있다.

$$i_{L,T}(t) = Ae^{-at} = Ae^{-\frac{R}{L}t} \tag{7.23}$$

정상 상태 응답은 v_s의 형태에 따라서 달라진다. 완전 응답의 형태 역시 그에 맞게 정해진다. 마지막으로 경계 조건을 대입해 A값을 구하게 되는데, 이때 **경계 조건은 인덕터 전류 i_L에 대한 값을 사용**해야 한다. 인덕터 전류 i_L은 연속이지만 인덕터 전압 v_L은 연속이 아닐 수 있으므로 전압 v_L은 함부로 경계 조건으로 사용할 수 없다.

Basic check

[그림 7-5]에서 $R = 4\,[\Omega]$, $L = 2\,[\mathrm{H}]$일 때, i_L의 과도 응답을 식 (7.23)의 형태로 구하라.

답 $i_{L,T}(t) = Ae^{-\frac{R}{L}t} = Ae^{-\frac{4}{2}t} = Ae^{-2t}$

예제 7-4

[그림 7-5]에서 $v_S = 6\,[\mathrm{V}]$, $R = 12\,[\Omega]$, $L = 3\,[\mathrm{H}]$, $i_L(0) = 2\,[\mathrm{A}]$이다. $t > 0$일 때 주어진 물음에 답하라.

(a) 노드 b에서의 노드 해석식과 인덕터의 전류와 전압 관계식을 이용해 i_L에 관한 1차 미분 방정식을 구하라.

(b) 구해진 미분 방정식의 완전 응답 $i_L(t)$를 구하라.

풀이

(a) 노드 b에서 노드 해석을 적용하면 식 ①을 얻을 수 있다.

$$\frac{v_S - v_L(t)}{R} = i_L(t)$$

$$\frac{6 - v_L(t)}{12} = i_L(t) \qquad \cdots ①$$

인덕터의 전류와 전압 관계식은 식 ②와 같다.

$$v_L(t) = L\frac{di_L(t)}{dt}$$

$$v_L(t) = 3 \cdot \frac{di_L(t)}{dt} \qquad \cdots ②$$

식 ①, ②를 합쳐서 $i_L(t)$만의 식으로 정리하면 식 ③과 같은 1차 미분 방정식을 구할 수 있다.

$$\frac{di_L(t)}{dt} + \frac{12}{3}i_L(t) = \frac{6}{3}$$

$$\frac{di_L(t)}{dt} + 4i_L(t) = 2 \qquad \cdots ③$$

(b) 먼저 식 ③의 과도 응답을 구해보자.

식 (7.4)의 형태와 비교하면 $a = 4$고, 식 (7.6)에 의해서 다음과 같이 과도 응답을 구할 수 있다.

$$i_{L,T}(t) = Ae^{-at} = Ae^{-4t}$$

식 ③의 우변이 상수이므로 [표 7-1]에 따라 정상 상태 응답은 상수 B가 된다.

$$i_{L,SS}(t) = B \quad (B\text{는 상수}) \qquad \cdots ④$$

식 ④를 식 ③에 대입해 정리하면 다음과 같다.

$$\frac{d(B)}{dt} + 4(B) = 2$$

$$0 + 4B = 2$$

$$B = 0.5$$

$$\therefore i_{L,SS}(t) = 0.5$$

완전 응답은 과도 응답과 정상 상태 응답의 합이므로 $i_L(t) = i_{L,T}(t) + i_{L,SS}(t) = Ae^{-4t} + 0.5$다. 이 식에 경계 조건을 대입하면 다음과 같다.

$$2 = Ae^{-4\cdot 0} + 0.5$$

$$\therefore A = 1.5$$

따라서 최종적인 완전 응답은 $i_L(t) = 1.5e^{-4t} + 0.5\,[\mathrm{A}]$이다.

예제 7-5

다음 회로에서 $i_S = 10\,[\text{A}]$, $R = 16\,[\Omega]$, $L = 8\,[\text{H}]$, $i_L(0) = 8\,[\text{A}]$이다. $t > 0$일 때 주어진 물음에 답하라.

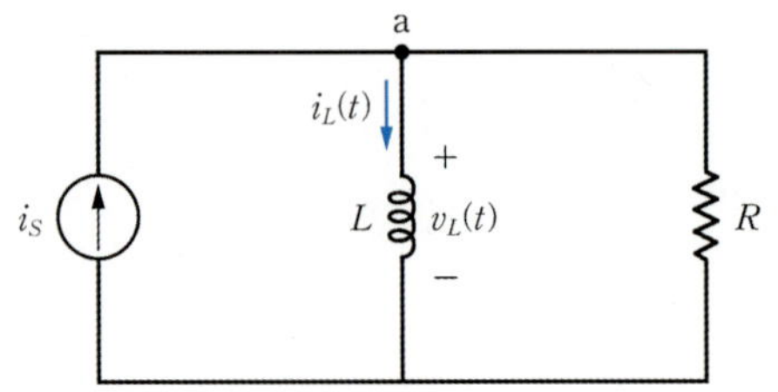

그림 7-6 [예제 7-5]의 회로

(a) 노드 a에서의 노드 해석식과 인덕터의 전류와 전압 관계식을 이용해 $i_L(t)$에 관한 1차 미분 방정식을 구하라.

(b) 구해진 미분 방정식의 완전 응답 $i_L(t)$를 구하라.

(c) 인덕터에 인가되는 전압 $v_L(t)$를 구하라.

(d) $t = 1$일 때, 인덕터에 흐르는 전류 $i_L(t)$를 구하라.

풀이

(a) 회로 해석을 위해 [그림 7-7]과 같이 노드를 설정했다.

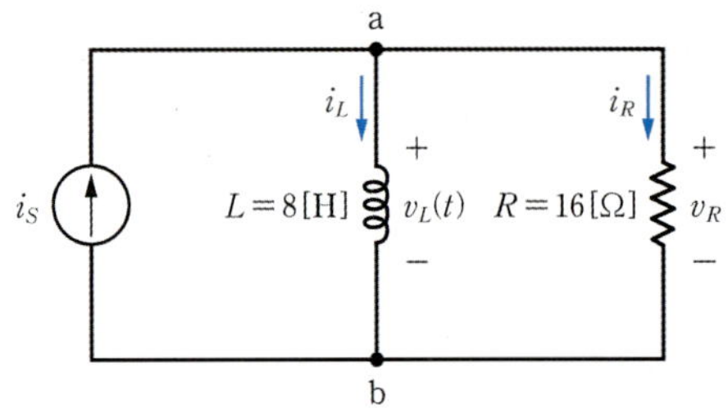

그림 7-7 [예제 7-5]의 풀이를 위한 회로

노드 b를 기준 노드로 정하고 노드 a에서 노드 해석을 적용하면 식 ①을 얻을 수 있다.

$$i_L(t) + \frac{v_L(t)}{R} = i_S$$

$$i_L(t) + \frac{v_L(t)}{16} = 10 \qquad \cdots ①$$

인덕터의 전류와 전압 관계식은 식 ②와 같다.

$$v_L(t) = L\frac{di_L(t)}{dt}$$

$$v_L(t) = 8 \cdot \frac{di_L(t)}{dt} \qquad \cdots ②$$

식 ①, ②를 합쳐서 $i_L(t)$만의 식으로 정리하면 식 ③과 같은 1차 미분 방정식을 구할 수 있다.

$$i_L(t) + \frac{8\dfrac{di_L(t)}{dt}}{16} = 10$$

$$\frac{di_L(t)}{dt} + 2\,i_L(t) = 20 \qquad \cdots ③$$

(b) 먼저 식 ③의 과도 응답을 구해보자.
식 (7.4)의 형태와 비교하면 $a = 2$고, 식 (7.6)에 의해서 다음과 같이 과도 응답을 구할 수 있다.

$$i_{L,T}(t) = Ae^{-at} = Ae^{-2t}$$

식 ③의 우변이 상수이므로 [표 7-1]에 따라 정상 상태 응답은 상수 B가 된다.

$$i_{L,SS}(t) = B \quad (B\text{는 상수}) \qquad \cdots ④$$

식 ④를 식 ③에 대입해 정리하면 다음과 같다.

$$\frac{d(B)}{dt} + 2(B) = 20$$

$$0 + 2B = 20$$

$$B = 10$$

$$\therefore\ i_{L,SS}(t) = 10$$

완전 응답은 과도 응답과 정상 상태 응답의 합이므로 $i_L(t) = i_{L,T}(t) + i_{L,SS}(t) = Ae^{-2t} + 10$이다. 이 식에 경계 조건을 대입하면 다음과 같다.

$$8 = Ae^{-2 \cdot 0} + 10$$

$$\therefore\ A = -2$$

따라서 최종적인 완전 응답은 $i_L(t) = -2e^{-2t} + 10\,[\mathrm{A}]$이다.

(c) 식 ②를 이용해 $v_L(t)$를 다음과 같이 구할 수 있다.

$$v_L(t) = 8 \cdot \frac{di_L(t)}{dt} = 8 \cdot \frac{d(-2e^{-2t} + 10)}{dt} = 32e^{-2t}\,[\mathrm{V}]$$

(d) $i_L(t)$의 완전 응답식에 $t = 1$을 대입해 구한다.

$$i_L(1) = -2e^{-2 \cdot 1} + 10 \approx 9.729\,[\mathrm{A}]$$

2. 1차 방정식을 활용한 RC 회로의 해석

6장에서 직류 상황에서 저항과 커패시터가 있는 회로를 일부 다루었다. 여기서는 **시간에 따른 변화가 있는 저항(R)과 커패시터(C)가 있는 회로인 RC 회로**의 해석에 대해서 다룬다. [그림 7–8]의 RC 회로를 예로 살펴보자.

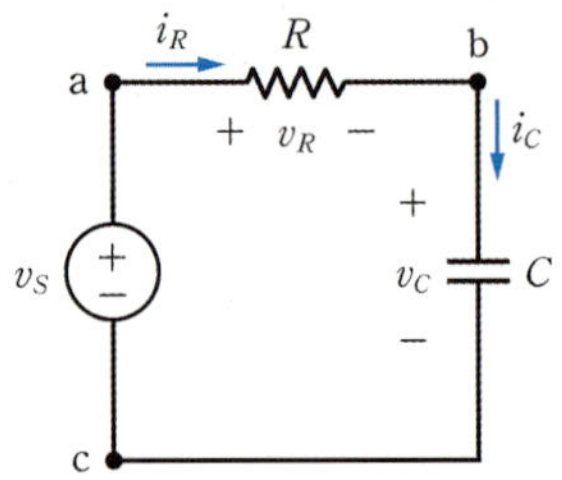

그림 7-8 저항과 커패시터가 있는 RC 회로

[그림 7–8]에서 c를 기준 노드로 정하고 노드 b에서 노드 해석을 적용하면 식 (7.24)와 같다.

$$\frac{v_S - v_C(t)}{R} = i_C(t) \tag{7.24}$$

이 식을 정리할 때는 커패시터의 전류와 전압의 관계를 나타내는 식 (6.4)인 $i_C(t) = C\frac{dv_C(t)}{dt}$가 필요하다. 커패시터는 전압이 연속이기 때문에 가능하면 커패시터 전류 $i_C(t)$ 보다는 **전압 $v_C(t)$로 정리해 구하는 것이 편리**하다. 식 (7.24)와 식 (6.4)를 하나의 $v_C(t)$만의 식으로 정리하면 다음과 같다.

$$\frac{v_S - v_C(t)}{R} = C\frac{dv_C(t)}{dt} \tag{7.25}$$

식 (7.25)를 정리하면 다음과 같이 1차 방정식의 형태가 된다.

$$\frac{dv_C(t)}{dt} + \frac{1}{RC}v_L(t) = \frac{v_s}{RC} \tag{7.26}$$

이제 이 1차 미분 방정식의 과도 응답을 구해보자. $f(t) = 0$ 인 형태로 정리하면 식 (7.27)과 같다.

$$\frac{dv_{C,T}(t)}{dt} + \frac{1}{RC}v_{C,T}(t) = 0 \tag{7.27}$$

식 (7.27)을 식 (7.4)의 형태와 비교하면 $a = \frac{1}{RC}$ 이 되고, 식 (7.6)에 의해서 다음과 같이 과도 응답을 구할 수 있다.

$$v_{C,T}(t) = Ae^{-at} = Ae^{-\frac{1}{RC}t} \tag{7.28}$$

정상 상태 응답은 v_s의 형태에 따라서 달라진다. 완전 응답의 형태 역시 그에 맞게 정해진다. 마지막으로 경계 조건을 대입해 A값을 구하게 되는데, 이때 **경계 조건은 커패시터 전압 v_C에 관한 값을 사용**해야 한다. 커패시터 전압 v_C는 연속이지만 커패시터 전류 i_C는 연속이 아닐 수 있으므로 함부로 경계 조건으로 사용할 수 없다.

Basic check

[그림 7-8]에서 $R = 5\,[\Omega]$, $C = 2\,[\mathrm{F}]$일 때, v_C의 과도 응답을 식 (7.28)의 형태로 구하라.

답 $v_{C,T}(t) = Ae^{-\frac{1}{RC}t} = Ae^{-\frac{1}{5\cdot 2}t} = Ae^{-0.1t}\,[\mathrm{V}]$

예제 7-6

[그림 7-8]에서 $v_S = 8\,[\mathrm{V}]$, $R = 2\,[\Omega]$, $C = 0.25\,[\mathrm{F}]$, $v_C(0) = 1\,[\mathrm{V}]$이다. $t > 0$일 때, 주어진 물음에 답하라.

(a) 노드 b에서의 노드 해석식과 커패시터의 전류와 전압 관계식을 이용해 $v_C(t)$에 관한 1차 미분 방정식을 구하라.

(b) 구해진 미분 방정식의 완전 응답 $v_C(t)$를 구하라.

풀이

(a) 노드 b에서 노드 해석을 적용하면 식 ①을 얻을 수 있다.

$$\frac{v_S - v_C(t)}{R} = i_C(t)$$

$$\frac{8 - v_C(t)}{2} = i_C(t) \qquad \cdots ①$$

커패시터의 전류와 전압 관계식은 식 ②와 같다.

$$i_C(t) = C\frac{dv_C(t)}{dt}$$

$$i_C(t) = 0.25\frac{dv_C(t)}{dt} \qquad \cdots ②$$

식 ①, ②를 합쳐서 $v_C(t)$만의 식으로 정리하면 식 ③과 같은 1차 미분 방정식을 구할 수 있다.

$$\frac{8-v_C(t)}{2}=0.25\frac{dv_C(t)}{dt}$$

$$\frac{dv_C(t)}{dt}+2v_C(t)=16 \qquad \cdots ③$$

(b) 먼저 식 ③의 과도 응답을 구해보자.

식 (7.4)의 형태와 비교하면 $a=2$고, 식 (7.6)에 의해서 다음과 같이 과도 응답을 구할 수 있다.

$$v_{C,T}(t)=Ae^{-at}=Ae^{-2t}$$

식 ③의 우변이 상수이므로 [표 7-1]에 따라 정상 상태 응답은 상수 B가 된다.

$$v_{C,SS}(t)=B \quad (B\text{는 상수}) \qquad \cdots ④$$

식 ④를 식 ③에 대입해 정리하면 다음과 같다.

$$\frac{d(B)}{dt}+2(B)=16$$

$$B=8$$

$$\therefore v_{C,SS}(t)=8$$

완전 응답은 과도 응답과 정상 상태 응답의 합이므로 $v_C(t)=v_{C,T}(t)+v_{C,SS}(t)=Ae^{-2t}+8$이다. 이 식에 경계 조건을 대입하면 다음과 같다.

$$1=Ae^{-2\cdot 0}+8$$

$$\therefore A=-7$$

따라서 최종적인 완전 응답은 $v_C(t)=-7e^{-2t}+8\,[\mathrm{V}]$이다.

예제 7-7

다음 회로에서 $i_S=10\,[\mathrm{mA}]$, $R=5\,[\mathrm{k\Omega}]$, $C=2\,[\mathrm{mF}]$, $v_C(0)=20\,[\mathrm{V}]$이다. $t>0$일 때, 주어진 물음에 답하라.

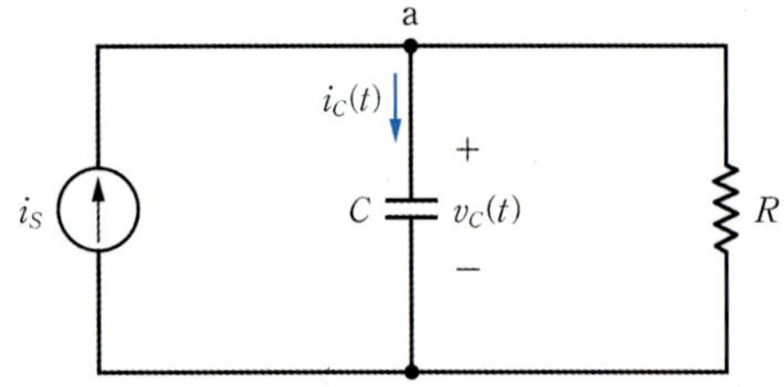

그림 7-9 [예제 7-7]의 회로

(a) 노드 a에서의 노드 해석식과 인덕터의 전류와 전압 관계식을 이용해 $v_C(t)$에 관한 1차 미분 방정식을 구하라.

(b) 구해진 미분 방정식의 완전 응답 $v_C(t)$를 구하라.

(c) 커패시터에 흐르는 전류 $i_C(t)$를 구하라.

(d) $t=10$일 때, 커패시터에 인가되는 전압 $v_C(t)$를 구하라.

풀이

(a) 회로 해석을 위해 [그림 7-10]과 같이 노드를 설정했다.

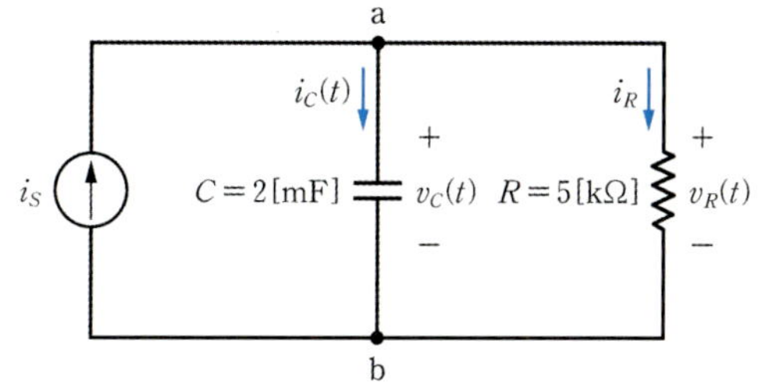

그림 7-10 [예제 7-7]의 풀이를 위한 회로

노드 b를 기준 노드로 정하고 노드 a에서 노드 해석을 적용하면 식 ①을 얻을 수 있다(저항과 커패시터가 병렬 연결이어서 $v_C(t)$와 $v_R(t)$는 같다).

$$i_C(t)+\frac{v_C(t)}{R}=i_S$$

$$i_C(t)+\frac{v_C(t)}{5\times 10^3}=10\times 10^{-3} \qquad \cdots ①$$

커패시터의 전류와 전압 관계식은 식 ②와 같다.

$$i_C(t)=C\frac{dv_C(t)}{dt}$$

$$i_C(t)=2\times 10^{-3}\frac{dv_C(t)}{dt} \qquad \cdots ②$$

식 ①, ②를 합쳐서 $v_C(t)$만의 식으로 정리하면 다음과 같은 1차 미분 방정식을 구할 수 있다.

$$2\times 10^{-3}\frac{dv_C(t)}{dt}+\frac{v_C(t)}{5\times 10^3}=10\times 10^{-3}$$

$$\frac{dv_C(t)}{dt}+0.1v_C(t)=5 \qquad \cdots ③$$

(b) 먼저 식 ③의 과도 응답을 구해보자.

식 (7.4)의 형태와 비교하면 $a=0.1$이고, 식 (7.6)에 의해서 다음과 같이 과도 응답을 구할 수 있다.

$$v_{C,T}(t) = Ae^{-at} = Ae^{-0.1t}$$

식 ③의 우변이 상수이므로 [표 7-1]에 따라 정상 상태 응답은 상수 B가 된다.

$$v_{C,SS}(t) = B \quad (B\text{는 상수}) \qquad \cdots ④$$

식 ④를 식 ③에 대입해 정리하면 다음과 같다.

$$\frac{d(B)}{dt} + 0.1(B) = 5$$
$$0 + 0.1B = 5$$
$$B = 50$$
$$\therefore v_{C,SS}(t) = 50$$

완전 응답은 과도 응답과 정상 상태 응답의 합이므로 $v_C(t) = v_{C,T}(t) + v_{C,SS}(t) = Ae^{-0.1t} + 50$이다. 이 식에 경계 조건을 대입하면 다음과 같다.

$$20 = Ae^{-0.1 \cdot 0} + 50$$
$$\therefore A = -30$$

따라서 최종적인 완전 응답은 $v_C(t) = -30e^{-0.1t} + 50\,[\text{V}]$이다.

(c) 식 ②를 이용해 $i_C(t)$를 다음과 같이 구할 수 있다.

$$i_C(t) = 2 \times 10^{-3} \cdot \frac{dv_C(t)}{dt} = 2 \times 10^{-3} \cdot \frac{d(-30e^{-0.1t} + 50)}{dt} = 6 \times 10^{-3} e^{-0.1t}\,[\text{A}]$$

(d) $v_C(t)$의 완전 응답식에 $t = 10$을 대입해 구한다.

$$v_C(10) = -30e^{-0.1 \cdot 10} + 50 \approx 38.96\,[\text{V}]$$

3. 무전원 회로

전원이 없는 저항, 인덕터 회로의 해석

[그림 7-5]에서 전압 전원의 값이 0 [V]이거나, [그림 7-8]에서 전류 전원의 값이 0 [A]일 때 전원이 없는 회로 즉 무전원 회로라고 한다. 이러한 무전원 회로를 해석해보자. 두 경우 모두 [그림 7-11]처럼 저항과 인덕터가 병렬 연결된 회로로 볼 수 있다. [그림 7-11]에서 노드 b를 기준 노드로 정하고 노드 a에서 노드 해석을 적용하면 식 (7.29)와 같다.

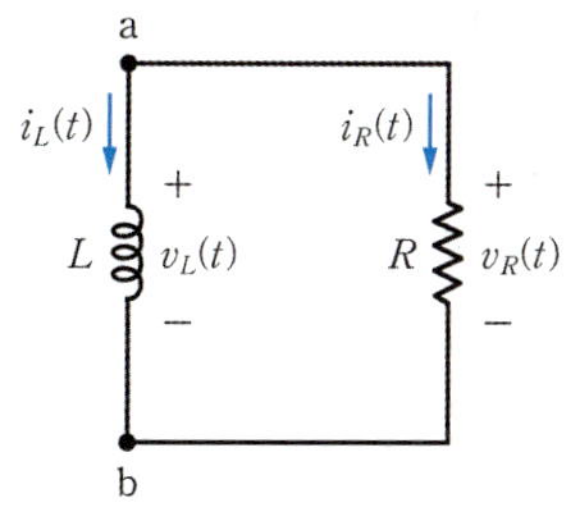

그림 7-11 저항과 인덕터로 이루어진 무전원 회로

$$i_L(t) + \frac{v_L(t)}{R} = 0 \tag{7.29}$$

여기에 인덕터의 전류와 전압 관계식 식 (6.21)을 적용해서 정리하면 다음과 같은 1차 미분 방정식을 구할 수 있다.

$$\frac{di_L(t)}{dt} + \frac{R}{L} i_L(t) = 0 \tag{7.30}$$

식 (7.30)을 살펴보면 우변이 0이기 때문에 **정상 상태 응답이** 0이다. 그러므로 **무전원 회로**에서는 **과도 응답이 곧 완전 응답**이 된다. 따라서 저항과 인덕터로 이루어진 무전원 회로의 완전 응답은 다음과 같다.

$$i_L(t) = i_{L,T}(t) = Ae^{-\frac{R}{L}t} \tag{7.31}$$

만약 **무전원 회로에서 충분한 시간이 흐른다면 과도 응답도 0이 되어서 완전 응답도** 0이 된다.

Basic check

[그림 7–11]에서 $R = 8\,[\mathrm{k\Omega}]$, $L = 4\,[\mathrm{mH}]$, $i_L(0) = 8\,[\mathrm{A}]$이다. $t > 0$일 때, i_L의 완전 응답을 구하라.

답

무전원 회로이므로 식 (7.31)에 의해서 무전원 회로의 완전 응답은 다음과 같다.

$$i_L(t) = Ae^{-\frac{R}{L}t} = Ae^{-\frac{8\times10^3}{4\times10^{-3}}t} = Ae^{-2\times10^6 t}\,[\mathrm{A}]$$

이 식에 경계 조건 $i_L(0) = 8\,[\mathrm{A}]$을 대입하면 다음과 같다.

$$8 = Ae^{-2\times10^6 \cdot 0}$$
$$\therefore A = 8$$

따라서 완전 응답은 $i_L(t) = 8e^{-2\times10^6 t}\,[\mathrm{A}]$다.

전원이 없는 저항, 커패시터 회로의 해석

전원이 없는 무전원 저항, 커패시터 회로도 [그림 7-12]처럼 저항과 인덕터가 병렬 연결된 회로로 볼 수 있다. 노드 b를 기준 노드로 정하고 노드 a에서 노드 해석을 해보자.

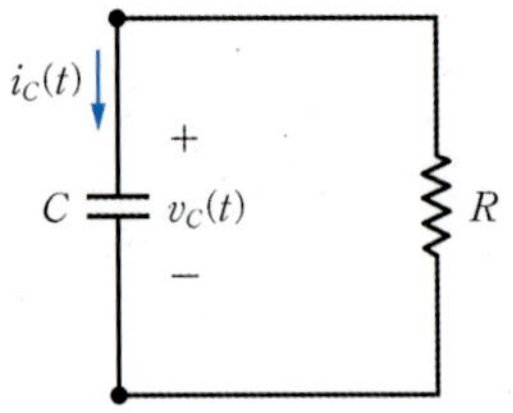

그림 7-12 저항과 인덕터로 이루어진 무전원 회로

$$i_C(t) + \frac{v_C(t)}{R} = 0 \tag{7.32}$$

여기에 커패시터의 전류와 전압 관계식 식 (6.4)를 적용해서 정리하면 다음과 같은 1차 미분 방정식을 구할 수 있다.

$$\frac{dv_C(t)}{dt} + \frac{1}{RC} v_C(t) = 0 \tag{7.33}$$

식 (7.33)을 살펴보면 우변이 0이기 때문에 **정상 상태 응답이** 0이다. 그러므로 저항과 커패시터로 이루어진 무전원 회로의 해석에서도 **과도 응답이 곧 완전 응답**이 된다. 따라서 저항과 커패시터로 이루어진 무전원 회로의 완전 응답은 다음과 같다.

$$v_C(t) = v_{C,T}(t) = Ae^{-\frac{1}{RC}t} \tag{7.34}$$

만약 **무전원 RC 회로에서 충분한 시간이 흐른다면 과도 응답도** 0**이 되어서 완전 응답도** 0이 된다.

Basic check

[그림 7-12]에서 $R = 2.5\,[\mathrm{k}\Omega]$, $C = 5\,[\mu\mathrm{F}]$, $v_C(0) = 4\,[\mathrm{V}]$이다. $t > 0$일 때, v_C의 완전 응답을 구하라.

답

무전원 회로이므로 식 (7.34)에 의해서 완전 응답은 다음과 같다.

$$v_C(t) = Ae^{-\frac{1}{RC}t} = Ae^{-\frac{1}{2.5\times10^3\times5\times10^{-6}}t} = Ae^{-\frac{1}{12.5\times10^{-3}}t} = Ae^{-80t}\,[\mathrm{V}]$$

이 식에 경계 조건 $v_C(0) = 4$ [V]를 대입하면 다음과 같다.

$$4 = Ae^{-80 \cdot 0}$$
$$\therefore A = 4$$

따라서 완전 응답은 $v_C(t) = 4e^{-80t}$ [V]이다.

4. 시정수와 스위치 회로

시정수

과도 응답은 Ae^{-at}과 같은 지수 함수 형태를 가진다. 이때 지수를 -1이 되게 하는 t값을 **시정수**time constant라고 한다. 시정수의 기호는 τ를 사용하고, 타우라고 읽는다. 단위는 시간에 대한 단위인 [s]이다.

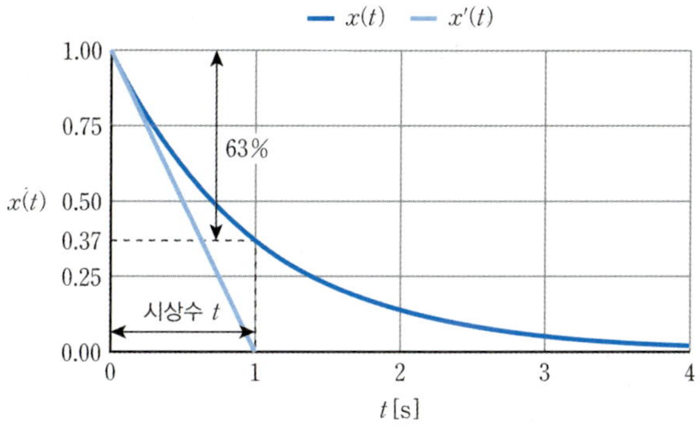

그림 7-13 과도 응답에서 시상수의 의미

[그림 7-13]은 시정수가 1인 과도 응답을 나타낸 것이다. [그림 7-13]에서 과도 응답이 지수 함수 형태로 0에 수렴한다. 얼마만큼의 시간이 지났을 때 충분한 변화가 나타났다고 볼 수 있을까? [그림 7-13]에서는 과도 응답이 지수 함수로 점점 0에 접근해 특정한 값을 정하기가 애매하다. 그래서 우리는 앞선 정의와 같이 지수를 -1이 되게 하는 t값을 시정수로 정하기로 했다. 시정수는 총 변화의 약 63% ($1-1/e$인) 정도가 변하기까지 걸리는 시간이다. 시상수를 다른 방식으로 설명할 수도 있는데, 시상수는 그래프에서 $t=0$일 때 접선의 x축 절편을 의미하기도 한다.

Basic check

과도 응답 $i_{L,T}(t)=3e^{-10t}$일 때, 시정수 τ를 구하라.

답 지수를 -1이 되게 하는 t값이 τ이다. $-10t=-1$이므로 $\tau=0.1\,[\mathrm{s}]$다.

저항과 인덕터가 있는 회로의 시정수

앞서 우리는 [그림 7-5]와 같이 저항과 인덕터가 직렬로 있는 회로에 대해 미분 방정식을 세우면 식 (7.22)와 같아짐을 배웠다. 그리고 이 식의 과도 응답의 해는 식 (7.23)인 $i_{L,T}(t)=Ae^{-\frac{R}{L}t}$과 같다. 따라서 식 (7.23)의 지수가 -1이 되게 하는 시정수는 다음과 같다.

$$\tau=\frac{L}{R} \tag{7.35}$$

Basic check

[그림 7-5]에서 $v_S=8\,[\mathrm{V}]$, $R=2\,[\mathrm{k\Omega}]$, $L=8\,[\mathrm{mH}]$일 때, 시정수 τ를 구하라.

답 $\tau=\dfrac{L}{R}=\dfrac{8\,[\mathrm{mH}]}{2\,[\mathrm{k\Omega}]}=\dfrac{8\times10^{-3}\,[\mathrm{H}]}{2\times10^{3}\,[\Omega]}=4\times10^{-6}\,[\mathrm{s}]=4\,[\mu\mathrm{s}]$

예제 7-8

다음 회로에서 $i_L(t)$의 과도 응답의 시정수 τ를 R, L로 나타내라.

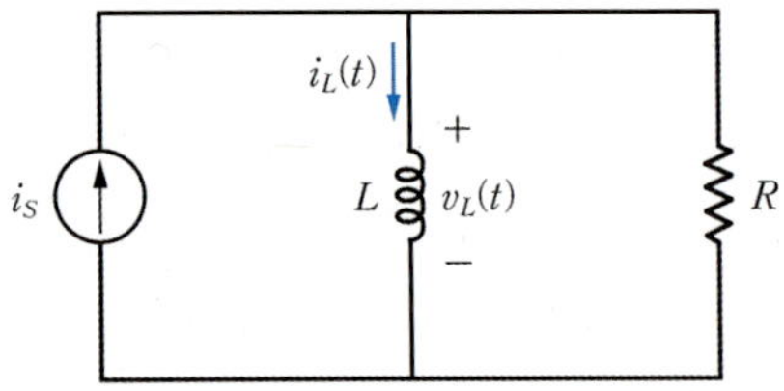

그림 7-14 [예제 7-8]의 회로

풀이

[예제 7-8]의 풀이는 [예제 7-5]와 유사하다. 먼저 노드 해석을 적용하면 식 ①을 얻을 수 있다.

$$i_L(t)+\frac{v_L(t)}{R}=i_S \qquad \cdots ①$$

인덕터의 전류와 전압 관계식은 식 ②와 같다.

$$v_L(t) = L\frac{di_L(t)}{dt} \qquad \cdots ②$$

식 ①, ②를 합쳐서 $i_L(t)$만의 식으로 정리하면 다음과 같은 1차 미분 방정식을 구할 수 있다.

$$i_L(t) + \frac{L\dfrac{di_L(t)}{dt}}{R} = i_S$$

$$\frac{di_L(t)}{dt} + \frac{R}{L}i_L(t) = \frac{R}{L}i_S \qquad \cdots ③$$

식 ③의 과도 응답을 구하면 $i_{L,T}(t) = Ae^{-\frac{R}{L}t}$이다. 이 식의 지수가 -1이 되는 t가 시정수 τ이므로 정리하면 다음과 같다.

$$\tau = \frac{L}{R}$$

이와 같이 저항과 인덕터가 병렬로 연결된 회로에서도 시정수는 저항과 인덕터가 직렬로 연결된 회로의 시정수와 같다.

저항과 커패시터가 있는 회로의 시정수

[그림 7-8]과 같이 저항과 커패시터가 직렬로 연결된 회로에 대해 미분 방정식을 세우면 식 (7.27)과 같아짐을 이미 배웠다. 그리고 이 식의 과도 응답의 해는 식 (7.31)과 같은데 이를 축약해 적으면 다음과 같다.

$$i_{L,T}(t) = Ae^{-\frac{1}{RC}t} \qquad (7.36)$$

따라서 식 (7.36)의 지수가 -1이 되게 하는 시정수는 다음과 같다.

$$\tau = RC \qquad (7.37)$$

Basic check

[그림 7-8]에서 $v_S = 5\,[\text{V}]$, $R = 3\,[\text{k}\Omega]$, $C = 22\,[\mu\text{F}]$일 때, 시정수 τ를 구하라.

답 $\tau = RC = 3\,[\text{k}\Omega] \times 22\,[\mu\text{F}] = 3 \times 10^3\,[\Omega] \times 22 \times 10^{-6}\,[\text{F}] = 66 \times 10^{-3}\,[\text{s}] = 66\,[\text{ms}]$

예제 7-9

다음 회로에서 $v_C(t)$의 과도 응답의 시정수 τ를 R, C로 나타내라.

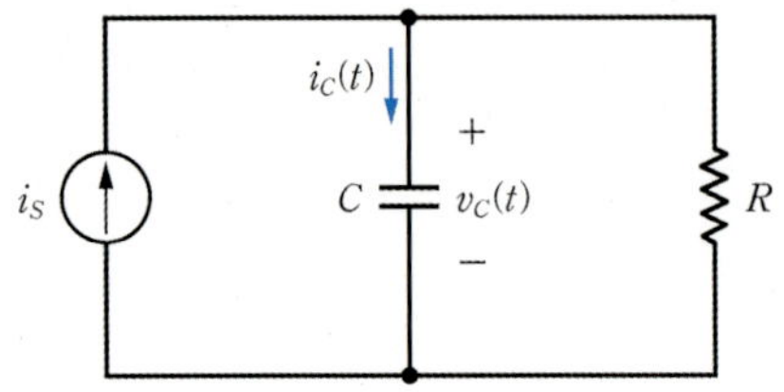

그림 7-15 [예제 7-9]의 회로

풀이

[예제 7-9]의 풀이는 [예제 7-7]과 유사하다. 먼저 노드 해석을 적용하면 식 ①을 얻을 수 있다.

$$i_C(t) + \frac{v_C(t)}{R} = i_S \qquad \cdots ①$$

커패시터의 전류와 전압 관계식은 식 ②와 같다.

$$i_C(t) = C\frac{dv_C(t)}{dt} \qquad \cdots ②$$

식 ①, ②를 합쳐서 $v_C(t)$만의 식으로 정리하면 다음과 같은 1차 미분 방정식을 구할 수 있다.

$$C\frac{dv_C(t)}{dt} + \frac{v_C(t)}{R} = i_S$$

$$\frac{dv_C(t)}{dt} + \frac{1}{RC}v_C(t) = \frac{i_S}{C} \qquad \cdots ③$$

식 ③의 과도 응답을 구하면 $i_{L,T}(t) = Ae^{-\frac{1}{RC}t}$이다. 이 식의 지수가 -1이 되는 t가 시정수 τ이므로 정리하면 다음과 같다.

$$\tau = \frac{1}{RC}$$

이와 같이 저항과 커패시터가 병렬로 연결된 회로에서도 시정수는 저항과 커패시터가 직렬로 연결된 회로의 시정수와 같다.

스위치가 있는 회로

스위치switch는 전기적 연결을 연결(ON)하거나 차단(OFF)하는 소자를 의미한다. 기호는 [그림 7-16]과 같다. 스위치가 닫혀있다고 하면 스위치가 연결되었다는 것과 같은 의미로 저항값이 0 [Ω]인 단락된 도선을 의미한다. 스위치가 열려있다고 하면 스위치가 차단되었다는 것과 같은 의미로 무한대 저항값을 가지는 개방된 도선을 의미한다. 특정 시간에 동작하는 스위치는 [그림 7-17]처럼 동작하는 시간을 적어서 표시한다.

그림 7-16 스위치의 기호

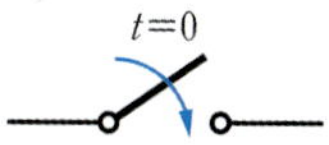

그림 7-17 동작 시간이 적용된 스위치 표시

Basic check

다음 회로에서 $R_1 = 3\,[\Omega]$, $R_2 = 3\,[\Omega]$일 때, 주어진 물음에 답하라.

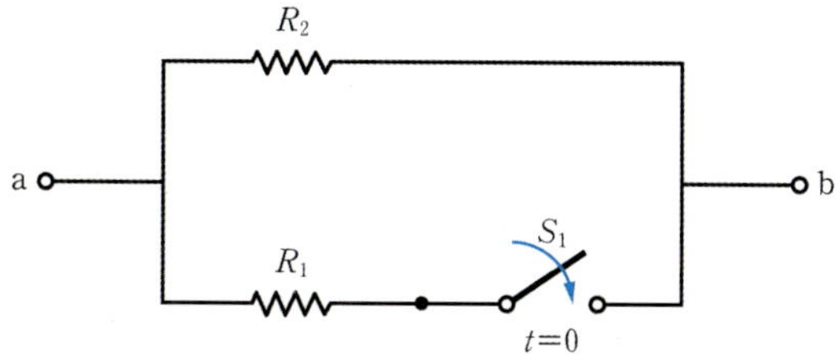

그림 7-18 스위치가 연결된 간단한 회로

(a) $t < 0$일 때, 단자 a와 b 사이의 합성 저항 R_t를 구하라.

(b) $t > 0$일 때, 단자 a와 b 사이의 합성 저항 R_t를 구하라.

답

(a) 스위치가 열려있으므로 스위치는 개방 회로로 동작한다. 그러므로 R_1에는 전류가 흐르지 않는다. 따라서 R_t는 R_1과 같은 $3\,[\Omega]$이다.

(b) 스위치가 닫히므로 스위치는 단락 회로로 동작한다. 그러므로 R_1과 R_2는 병렬 연결이다. 따라서 R_t는 병렬 연결된 R_1과 R_2의 합성 저항이므로 $1.5\,[\Omega]$이다.

예제 7-10

다음 회로에서 $i_S = 3\,[\mathrm{A}]$, $R = 5\,[\Omega]$, $C = 4\,[\mathrm{F}]$일 때, 주어진 물음에 답하라.

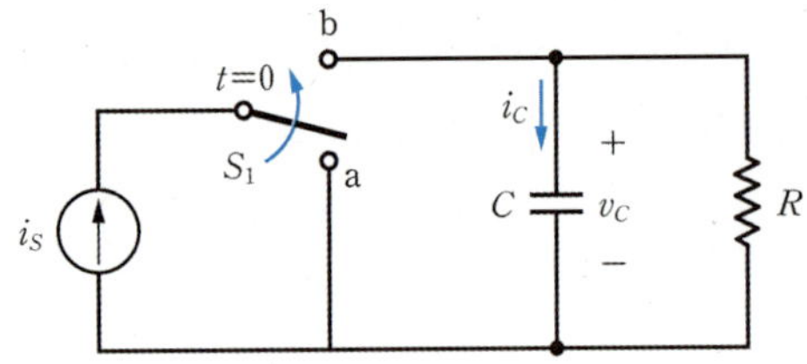

그림 7-19 [예제 7-10]의 회로

(a) $t < 0$일 때, 커패시터에 인가되는 전압 v_C를 구하라.

(b) $t = 0$을 지나서 충분한 시간이 흘렀을 때, 커패시터에 인가되는 전압 v_C를 구하라.

풀이

(a) [그림 7-20(a)]는 $t<0$일 때의 회로도이다. 전원의 전류는 경로 L_1을 따라서 흐르고 커패시터 쪽으로는 흐르지 않는다. 따라서 커패시터와 저항은 전원 연결이 되지 않은 무전원 회로와 같은 상황이 된다. $t<0$일 때, 어떠한 전원도 연결되지 않고 시간이 흐른 상태이다. 그러므로 v_C는 무전원 회로의 정상 상태 응답인 $0\,[\mathrm{V}]$이다.

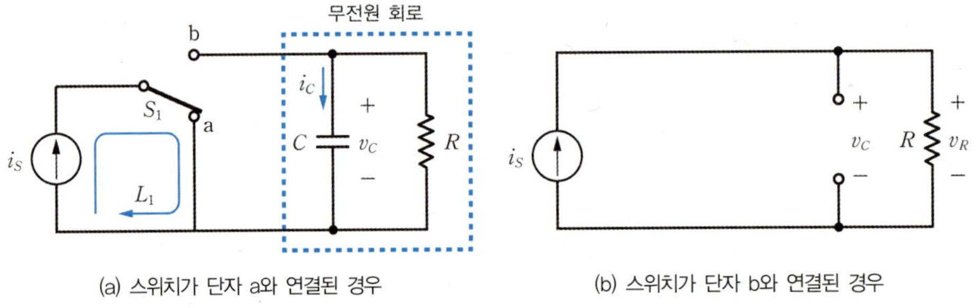

그림 7-20 [예제 7-10]의 풀이를 위한 회로

(b) $t = 0$을 지나서 충분한 시간이 흘렀다는 것은 $t = 0$에서 변화가 있고 난 후 충분한 시간이 지나서 정상 상태에 도달했다는 의미이다. 전원이 직류 전원이므로 커패시터는 끊어진 도선인 개방 회로로 나타낼 수 있다. 그렇다면 $t = 0$을 지나서 충분한 시간이 흐른 경우는 [그림 7-20(b)]와 같이 그릴 수 있다. 이때 R에 인가되는 전압 v_R은 옴의 법칙에 의해서 다음과 같이 구할 수 있다.

$$v_R = i_S R = 3 \times 5 = 15\,[\mathrm{V}]$$

저항과 커패시터가 병렬 연결되어 있어서 v_C와 v_R이 같으므로, $v_C = 15\,[\mathrm{V}]$이다(미분 방정식을 이용해서도 문제를 풀 수 있는데, 이 방법은 바로 다음 절인 5. 스위치가 포함된 회로의 시간 범위별 해석에서 다룬다).

5. 스위치가 포함된 회로의 시간 범위별 해석

이제 [그림 7-21]과 같이 스위치가 포함된 회로에서 인덕터에 흐르는 전류 i_L을 시간 범위에 따라서 해석해보자. 스위치가 $t=0$일 때 변화하므로 $t<0$인 영역과 $t>0$인 영역에서 각기 해석을 진행해야 한다.

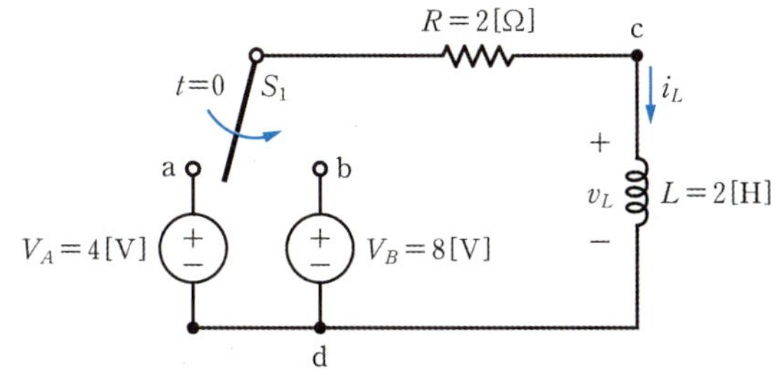

그림 7-21 스위치가 포함된 시간 영역별 해석이 필요한 회로

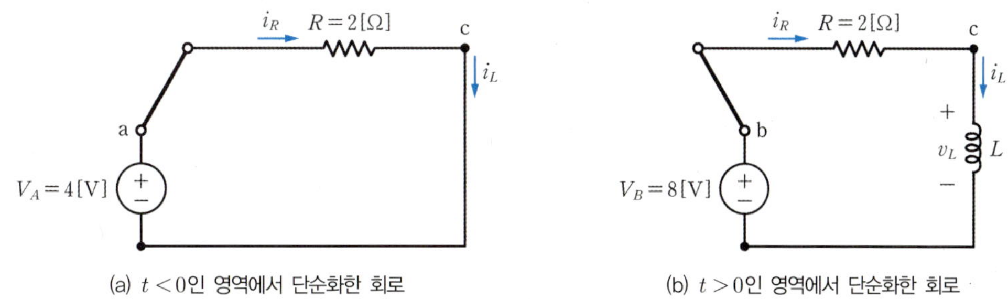

(a) $t<0$인 영역에서 단순화한 회로

(b) $t>0$인 영역에서 단순화한 회로

그림 7-22 시간에 따른 회로도의 변화

먼저 $t<0$인 영역에서 회로를 해석해보자. $t<0$일 때, 이 회로는 아주 오래전부터 직류 전원만 인가되고 있는 상태이므로 인덕터에 인가되는 전류도 변화가 없는 상태이다. 그러므로 인덕터는 단락된 도선처럼 동작한다. 긴 시간 동안 직류 상태이므로 과도 응답은 고려하지 않아도 되고 정상 상태 응답만 고려한다. 따라서 회로를 인덕터에 영향을 끼치는 요소만 정리해 그리면 [그림 7-22(a)]와 같다. 즉, 2[Ω]의 저항에 4[V]의 전원이 인가되고 있는 상태이다. 그러므로 $t<0$인 영역에서 i_L의 완전 응답은 2[A]이다. 즉, 정상 상태 응답이 2[A]가 되고 이것이 완전 응답이 된다. 이를 식 (7.38)과 같이 나타낼 수 있다.

$$i_L(t) = 2, \quad t<0 \tag{7.38}$$

이제 $t>0$인 영역에서 회로를 해석해보자. 해당 영역에서 인덕터에 영향을 끼치는 요소만 정리해 그리면 [그림 7-22(b)]와 같다. 이 회로는 앞서 다룬 [그림 7-5]와 같은 형태의 회로이다. 따라서 $i_L(t)$에 관한 미분 방정식을 세우면 식 (7.39)와 같다.

$$\frac{di_L(t)}{dt} + \frac{2}{2}i_L(t) = \frac{8}{2} \tag{7.39}$$
$$\frac{di_L(t)}{dt} + i_L(t) = 4$$

이제 이 1차 미분 방정식의 과도 응답은 식 (7.23)을 활용해 다음과 같이 구할 수 있다.

$$i_{L,T}(t) = Ae^{-\frac{R}{L}t} = Ae^{-t} \tag{7.40}$$

식 (7.40)의 우변이 상수이므로 [표 7-1]에 따라 정상 상태 응답은 상수 B가 된다.

$$i_{L,SS}(t) = B \quad (B\text{는 상수}) \tag{7.41}$$

식 (7.41)을 식 (7.39)에 대입해 정상 상태 응답을 구하면 다음과 같다.

$$i_{L,SS}(t) = 4 \tag{7.42}$$

완전 응답은 과도 응답과 정상 상태 응답의 합으로 구할 수 있으므로 식 (7.43)과 같다.

$$i_L(t) = i_{L,T}(t) + i_{L,SS}(t) = Ae^{-t} + 4 \tag{7.43}$$

이제 미지수 A를 구해보자. $t = 0$에서 변화가 일어났으므로 $t = 0$을 경계 조건으로 생각한다. 인덕터 전류 i_L은 연속이므로 다음 식이 성립한다.

$$i_L(0-) = i_L(0) = i_L(0+) \tag{7.44}$$

$t < 0$일 때, 식 (7.44)에 의해서 $i_L = 2\,[\mathrm{A}]$이므로 $i_L(0+) = 2\,[\mathrm{A}]$다. 이를 식 (7.43)에 대입하면 상수 A는 다음과 같이 구할 수 있다.

$$i_L(0+) = Ae^{-(0+)} + 4$$
$$2 = A + 4$$
$$\therefore A = -2$$

따라서 최종적인 완전 응답은 $i_L(t) = -2e^{-t} + 4$이다.

Basic check

[그림 7-21]에서 $R = 4\,[\mathrm{k\Omega}]$, $L = 2\,[\mathrm{mH}]$, $V_A = 12\,[\mathrm{V}]$, $V_B = 4\,[\mathrm{V}]$이다. $t < 0$일 때, 인덕터에 흐르는 전류 i_L을 구하라.

답

$t < 0$일 때, 이 회로는 아주 오래전부터 직류 전원만 인가되고 있는 상태이므로 인덕터에 흐르는 전류도 변화가 없는 상태이다. 그러므로 인덕터는 단락된 도선으로 동작하고 완전 응답도 정상 상태 응답을 통해서 구할 수 있다. 따라서 [그림 7-22(a)]와 같이 정리되므로 i_L은 다음과 같이 구할 수 있다.

$$i_L = \frac{12\,[\mathrm{V}]}{4\,[\mathrm{k\Omega}]} = 3\,[\mathrm{mA}]$$

예제 7-11

다음 회로에서 $i_S = 2\,[\mathrm{mA}]$, $R = 4\,[\mathrm{k\Omega}]$, $C = 5\,[\mu\mathrm{F}]$일 때, 주어진 물음에 답하라.

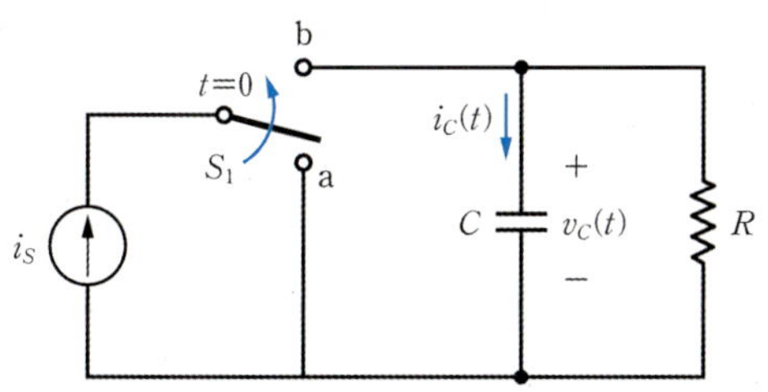

그림 7-23 [예제 7-11]의 회로

(a) 경계 조건을 구하기 위해서 $t < 0$일 때, 커패시터에 인가되는 전압 v_C를 구하라.

(b) $t > 0$일 때, v_C를 구하기 위한 미분 방정식을 구하라.

(c) (b)에서 구한 미분 방정식의 과도 응답 $v_{C,T}(t)$를 구하라.

(d) (b)에서 구한 미분 방정식의 정상 상태 응답 $v_{C,SS}(t)$를 구하라.

(e) (b)에서 구한 미분 방정식의 완전 응답 $v_C(t)$를 구하라.

풀이

[그림 7-24]는 풀이를 위해 [그림 7-23]을 시간 영역에 따라 구분해서 그린 회로이다.

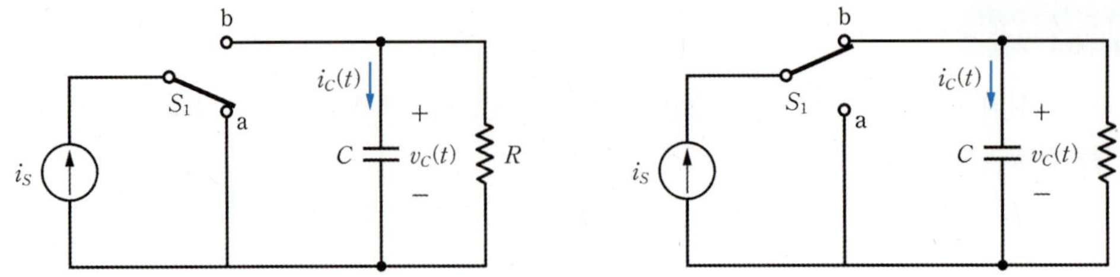

(a) 스위치가 단자 a와 연결된 경우

(b) 스위치가 단자 b와 연결된 경우

그림 7-24 [예제 7-11]의 풀이를 위한 회로

(a) 경계 조건을 구하기 위해서 $t < 0$일 때의 회로를 그리면 [그림 7-24(a)]와 같다. 커패시터와 저항은 전원 연결이 되지 않은 무전원 회로와 같은 상황으로 충분한 시간이 흐른 상태이므로 v_C는 무전원 회로의 정상 상태 응답인 0[V]이다. 따라서 $t < 0$일 때, v_C는 다음과 같다.

$$t < 0, \qquad v_C(t) = 0\,[\mathrm{V}]$$

(b) $t > 0$일 때, 스위치가 b와 연결되면 [그림 7-24(b)]와 같다. 이 회로에 대해서 노드 b에서 노드 해석을 진행하면 다음과 같다.

$$i_C(t) + \frac{v_C(t)}{R} = i_S \qquad \cdots ①$$

커패시터의 전류와 전압 관계식은 식 ②와 같다.

$$i_C(t) = C\frac{dv_C(t)}{dt} \qquad \cdots ②$$

식 ①, ②를 합쳐서 $v_C(t)$만의 식으로 정리하면 다음과 같은 1차 미분 방정식을 구할 수 있다.

$$\frac{dv_C(t)}{dt} + \frac{1}{RC}v_C(t) = \frac{i_S}{C}$$

$$\frac{dv_C(t)}{dt} + \frac{1}{4\times10^3\times5\times10^{-6}}v_C(t) = \frac{2\times10^{-3}}{5\times10^{-6}}$$

$$\frac{dv_C(t)}{dt} + 50v_C(t) = 400 \qquad \cdots ③$$

(c) 식 ③의 과도 응답은 식 (7.6)에 의해서 다음과 같이 구할 수 있다.

$$v_{C,T}(t) = Ae^{-50t}$$

(d) 식 ③의 우변이 상수이므로 [표 7-1]에 따라 정상 상태 응답은 상수 B가 된다.

$$v_{C,SS}(t) = B \quad (B\text{는 상수}) \qquad \cdots ④$$

식 ④를 식 ③에 대입해 정리하면 다음과 같다.

$$\frac{d(B)}{dt} + 50(B) = 400$$

$$B = 8$$

$$\therefore v_{C,SS}(t) = 8$$

(e) 완전 응답은 과도 응답과 정상 상태 응답의 합으로 구할 수 있으므로 식 ⑤와 같다.

$$v_C(t) = v_{C,T}(t) + v_{C,SS}(t) = Ae^{-50t} + 8 \qquad \cdots ⑤$$

이제 미지수 A를 구해보자. v_C는 연속이므로 $t = 0$에서 연속임을 경계 조건으로 이용해 다음과 같은 식을 구한다.

$$v_C(0-) = v_C(0+)$$

(a)에서 $t < 0$일 때, $v_C = 0\,[\mathrm{V}]$이므로 $v_C(0+) = 0\,[\mathrm{V}]$이다. 이를 식 ⑤에 대입하면 다음과 같다.

$$v_C(0+) = Ae^{-50 \cdot (0+)} + 8$$

$$0 = A + 8$$

$$\therefore A = -8$$

따라서 최종적인 완전 응답은 $v_C(t) = -8e^{-50t} + 8$이다.

예제 7-12

다음 회로에서 $V_A = 12\,[\mathrm{V}]$, $V_B = 8\,[\mathrm{V}]$, $R = 2\,[\Omega]$, $L = 6\,[\mathrm{F}]$일 때, 주어진 물음에 답하라.

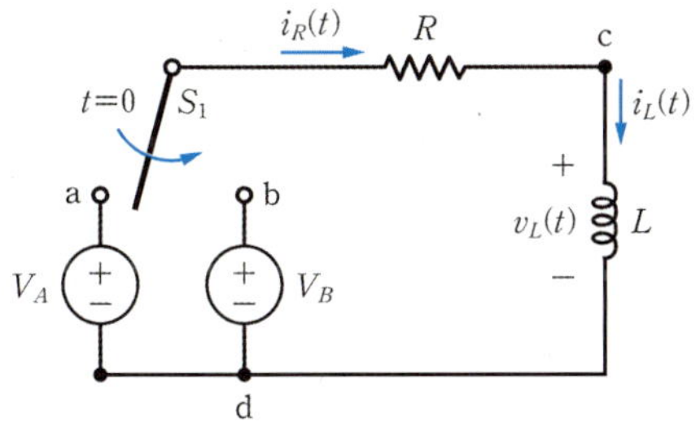

그림 7-25 [예제 7-12]의 회로

(a) 경계 조건을 구하기 위해서 $t < 0$일 때, 인덕터에 흐르는 전류 $i_L(t)$를 구하라.

(b) $t > 0$일 때, $i_L(t)$를 구하기 위한 미분 방정식을 구하라.

(c) (b)에서 구한 미분 방정식의 과도 응답 $i_{L,T}(t)$를 구하라.

(d) (b)에서 구한 미분 방정식의 과도 응답 $i_{L,SS}(t)$를 구하라.

(e) (b)에서 구한 미분 방정식의 완전 응답 $i_L(t)$를 구하라.

풀이

[그림 7-26]은 풀이를 위해 [그림 7-25]를 시간 영역에 따라 구분해서 그린 회로이다.

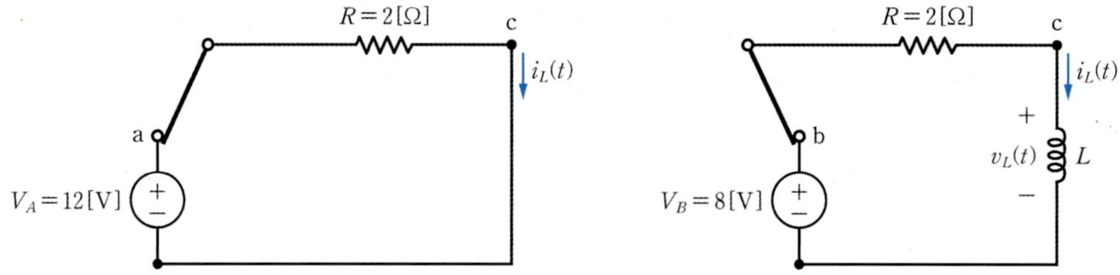

(a) 스위치가 단자 a와 연결된 경우 (b) 스위치가 단자 b와 연결된 경우

그림 7-26 [예제 7-12]의 풀이를 위한 회로

(a) $t < 0$일 때, 스위치가 단자 a와 연결되고 직류 전류로 인해서 인덕터가 단락된 도선인 것을 고려해 $i_L(t)$에 영향을 끼치는 것들만으로 회로를 간략하게 그리면 [그림 7-26(a)]와 같다. R에 흐르는 전류가 $i_L(t)$와 같으므로 $i_L(t)$는 다음과 같이 구할 수 있다.

$$t < 0, \quad i_L(t) = \frac{V_A}{R_1} = \frac{12}{6} = 2\,[\mathrm{A}]$$

(b) $t < 0$일 때, 회로는 [그림 7-26(b)]와 같다. 이 회로에 대해서 노드 c에서 노드 해석을 진행하면 다음과 같다.

$$\frac{V_B - v_L(t)}{R} = i_L(t)$$

$$\frac{8 - v_L(t)}{2} = i_L(t) \qquad \cdots ①$$

인덕터의 전류와 전압 관계식은 식 ②와 같다.

$$v_L(t) = L\frac{di_L(t)}{dt}$$

$$v_L(t) = 6 \cdot \frac{di_L(t)}{dt} \qquad \cdots ②$$

식 ①, ②를 합쳐서 $i_L(t)$만의 식으로 정리하면 다음과 같은 1차 미분 방정식을 구할 수 있다.

$$\frac{di_L(t)}{dt} + \frac{1}{3}i_L(t) = \frac{4}{3} \qquad \cdots ③$$

(c) 식 ③의 과도 응답은 식 (7.8)에 의해서 다음과 같이 구할 수 있다.

$$i_{L,T}(t) = Ae^{-\frac{1}{3}t}$$

(d) 식 ③의 우변이 상수이므로 [표 7-1]에 따라 정상 상태 응답은 상수 B가 된다.

$$i_{L,SS}(t) = B \quad (B\text{는 상수}) \qquad \cdots ④$$

식 ④를 식 ③에 대입해 정리하면 다음과 같다.

$$\frac{d(B)}{dt} + \frac{1}{3}(B) = \frac{4}{3}$$
$$B = 4$$
$$\therefore\ i_{L,SS}(t) = 4$$

(e) 완전 응답은 과도 응답과 정상 상태 응답의 합으로 구할 수 있으므로 식 ⑤와 같다.

$$i_L(t) = i_{L,T}(t) + i_{L,SS}(t) = Ae^{-\frac{1}{3}t} + 4 \qquad \cdots ⑤$$

이제 미지수 A를 구해보자. $i_L(t)$는 연속이므로 $t=0$에서 연속임을 경계 조건으로 이용해 다음과 같은 식을 구한다.

$$i_L(0-) = i_L(0+)$$

(a)에서 $t < 0$일 때, $i_L = 2\,[\mathrm{A}]$이므로 $v_C(0+) = 2\,[\mathrm{A}]$이다. 이를 식 ⑤에 대입하면 다음과 같다.

$$i_L(0+) = Ae^{-\frac{1}{3}\cdot(0+)} + 4$$
$$2 = A + 4$$
$$\therefore\ A = -2$$

따라서 최종적인 완전 응답은 $i_L(t) = -2e^{-\frac{1}{3}t} + 4$이다.

LESSON 7.3

2차 미분 방정식

기본 개념 | 2차 미분 방정식 | 특성 방정식

1. 2차 미분 방정식의 형태

어떤 회로가 커패시터와 인덕터를 모두 포함하거나, 커패시터나 인덕터 중 하나만 있더라도 복잡한 형태라면 2차 이상의 미분 방정식 풀이가 필요하다. 2차 미분 방정식의 표준형은 식 (7.45)와 같이 고차 미분항부터 좌변에 적고 나머지 항을 우변에 적어서 나타낸다.

$$\frac{d^2x(t)}{dt^2}+a\frac{dx(t)}{dt}+bx(t)=f(t) \quad (a,\ b\text{는 상수}) \tag{7.45}$$

2차 미분 방정식의 풀이도 1차 미분 방정식과 마찬가지로 과도 응답과 정상 상태 응답을 구하고 완전 응답을 구하는 방식으로 진행된다.

2. 2차 미분 방정식의 풀이

2차 미분 방정식의 과도 응답 구하기

과도 응답을 구하기 위해서 식 (7.45)에서 $f(t)=0$ 인 경우의 식을 식 (7.46)처럼 구한다.

$$\frac{d^2x(t)}{dt^2}+a\frac{dx(t)}{dt}+bx(t)=0 \tag{7.46}$$

2차 미분 방정식의 과도 응답을 구하는 다른 방법으로는 가상해를 이용하는 방법이 있다. 2차 미분 방정식의 과도 응답도 지수 함수 형태임이 알려져 있으므로 가상해 Ae^{st} (A, s는 상수)를 이용하면 된다. 이에 따라 가상해를 식 (7.46)에 대입하면 다음과 같다.

$$\frac{d^2}{dt^2}(Ae^{st}) + a\frac{d}{dt}(Ae^{st}) + bAe^{st} = 0$$
$$s^2 Ae^{st} + asAe^{st} + bAe^{st} = 0$$
$$(s^2 + as + b)Ae^{st} = 0 \tag{7.47}$$

식 (7.47)에서 e^{st}는 0이 될 수 없고, A가 0이면 무의미한 해가 되어서 0이 되면 안된다. 그러므로 식 (7.48)이 만족되어야 한다. 이 식의 해가 미분 방정식의 과도 응답 특성을 결정하므로 특성 방정식이라고 한다.

$$s^2 + as + b = 0 \tag{7.48}$$

이것은 s에 관한 특성 방정식의 해를 구하는 것과 같으므로 다음과 같이 근의 공식으로 구할 수 있다.

$$s = \frac{-a \pm \sqrt{a^2 - 4b}}{2} \tag{7.49}$$

식 (7.49)가 인수분해가 된다면 쉽게 구할 수 있다. 만약 식 (7.48)의 두 근이 s1, s2라면 우리는 과도 응답을 다음과 같은 형태로 구할 수 있다.

$$x_T(t) = A_1 e^{s_1 t} + A_2 e^{s_2 t} \tag{7.50}$$

여기서 A_1, A_2는 임의의 상수로 미분 방정식 풀이의 마지막 단계인 경계 조건을 넣을 때 구해진다.

Basic check

$\frac{d^2x(t)}{dt^2} + 3\frac{dx(t)}{dt} + 2x(t) = 4$인 미분 방정식의 과도 응답 $x_T(t)$를 구하라.

답

주어진 미분 방정식은 $f(t) = 4$인 형태이다. 과도 응답이므로 $f(t) = 0$인 형태로 식 ①과 같이 정리할 수 있다.

$$\frac{d^2x(t)}{dt^2} + 3\frac{dx(t)}{dt} + 2x(t) = 0 \quad \cdots ①$$

식 ①을 식 (7.48)과 비교하면 다음과 같이 쓸 수 있다.

$$s^2 + 3s + 2 = 0 \quad \cdots ②$$

식 ②는 식 ③으로 쉽게 인수분해된다.

$$(s+1)(s+2)=0 \qquad \cdots ③$$

그러므로 $s = -1$ 혹은 -2이다. 이를 식 (7.50)에 대입하면 과도 응답은 $x_T(t) = A_1 e^{-t} + A_2 e^{-2t}$이다.

2차 미분 방정식의 과도 응답의 종류

2차 미분 방정식의 과도 응답을 구할 때 식 (7.49)의 근의 종류에 따라서 네 가지 응답의 형태가 나오게 된다.

1 s가 서로 다른 두 실근인 경우 (과제동된 경우)

두 개의 실수로 된 지수의 항들의 합들로 표현된다. [그림 7-27(a)]와 같은 응답으로 나타난다.

$$x_T(t) = A_1 e^{s_1 t} + A_2 e^{s_s t} \tag{7.51}$$

2 s가 중근을 갖는 경우 (임계 제동된 경우)

[그림 7-27(b)]와 같은 응답으로 나타난다.

$$x_T(t) = A_1 e^{s_1 t} + A_2 t e^{s_1 t} \tag{7.52}$$

3 s가 실수부 σ와 허수부 ω를 모두 가지는 경우 (제동된 경우)

정현파의 크기가 점점 줄어드는 [그림 7-27(c)]와 같은 응답으로 나타난다.

$$x_T(t) = e^{-\sigma t}(A_1 e^{j\omega t} + A_2 e^{-j\omega t}) \tag{7.53}$$

4 s가 허수부 ω만 가지는 경우 (비제동된 경우)

[그림 7-27(d)]와 같은 정현파 응답으로 나타난다.

$$x_T(t) = A_1 e^{j\omega t} + A_2 e^{-j\omega t} \tag{7.54}$$

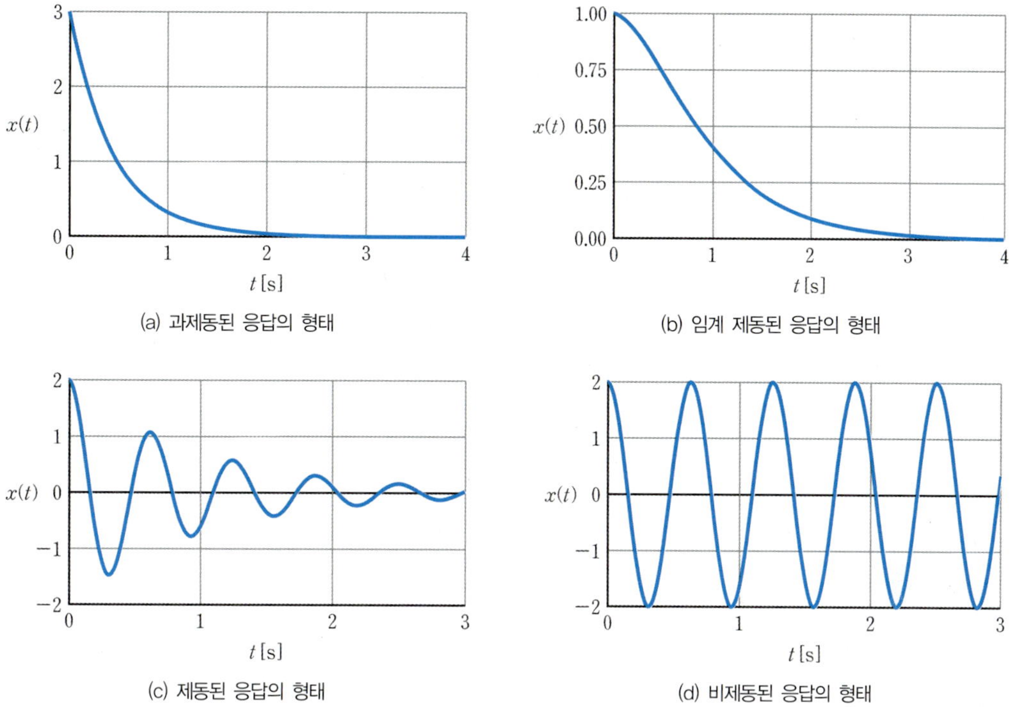

그림 7-27 2차 미분 방정식의 과도 응답의 형태

Basic check

미분 방정식 $\frac{d^2x(t)}{dt^2}+4\frac{dx(t)}{dt}+4x(t)=10$의 과도 응답 $x_T(t)$는 어떤 형태인가?

답

식 (7.48)을 이용해서 주어진 미분 방정식의 특성 방정식을 구해보자.

$$s^2+4s+4=0$$
$$(s+2)^2=0$$
$$\therefore s=-2$$

이와 같이 중근이 나오므로 주어진 미분 방정식은 임계 제동된 형태이다.

정상 상태 응답 구하기

2차 미분 방정식의 정상 상태 응답은 1차 미분 방정식의 정상 상태 응답을 구하는 방법과 유사하게 [표 7-1]을 활용해 구한다. 다음 미분 방정식을 예로 들어서 알아보자.

$$\frac{d^2x(t)}{dt^2}+3\frac{dx(t)}{dt}+2x(t)=4 \tag{7.55}$$

$f(t)=4$인 상수 형태이므로 [표 7-1]에 따라서 정상 상태 응답 $x_{SS}(t)$를 상수 B로 표현할 수 있다.

$$x_{SS}(t)=B \tag{7.56}$$

식 (7.56)을 식 (7.55)에 대입해 정리하면 다음과 같다.

$$\frac{d^2B}{dt^2}+3\frac{dB}{dt}+2B=4 \tag{7.57}$$

$$0+0+2B=4$$

$$B=2$$

$$\therefore\ x_{SS}(t)=2$$

Basic check

미분 방정식 $\frac{d^2x(t)}{dt^2}+5\frac{dx(t)}{dt}+6x(t)=30$의 정상 상태 응답 $x_{SS}(t)$를 구하라.

답

주어진 미분 방정식은 $f(t)=30$인 상수이므로 [표 7-1]에 따라 정상 상태 응답 $x_{SS}(t)$는 상수 B가 된다. 상수 B를 미분 방정식에 대입하면 $\frac{d^2B}{dt^2}+5\frac{dB}{dt}+6B=30$이다. 이를 정리하면 $6B=30$, 즉 $B=5$다. 따라서 $x_{SS}(t)=5$다.

예제 7-13

미분 방정식 $\frac{d^2x(t)}{dt^2}+7\frac{dx(t)}{dt}+12x(t)=6e^{-2t}$의 정상 상태 응답 $x_{SS}(t)$를 구하라.

풀이

주어진 미분 방정식은 $f(t)=6e^{-2t}$인 지수 함수 형태이므로 [표 7-1]에 따라 정상 상태 응답 $x_{SS}(t)$를 다음과 같이 나타낼 수 있다.

$$x_{SS}(t)=Ae^{-2t} \quad (A\text{는 상수})$$

TIP 지수 함수의 t 앞의 값은 $f(t)$의 t 앞의 값과 동일하게 두어야 한다.

미분 방정식에 대입해 정리하면 다음과 같다.

$$\frac{d^2(Ae^{-2t})}{dt^2} + 7\frac{d(Ae^{-2t})}{dt} + 12(Ae^{-2t}) = 6e^{-2t}$$
$$4Ae^{-2t} - 14Ae^{-2t} + 12Ae^{-2t} = 6e^{-2t}$$
$$2Ae^{-2t} = 6e^{-2t}$$
$$\therefore A = 3$$

따라서 최종적인 완전 응답은 $x_{SS}(t) = 3e^{-2t}$이다.

완전 응답 형태 구하기와 경계 조건 적용을 통한 최종답 구하기

2차 미분 방정식의 완전 응답도 1차 미분 방정식의 완전 응답과 마찬가지로 과도 응답과 정상 상태 응답을 더해서 구한다. 식 (7.58)의 미분 방정식을 예로 들어서 완전 응답을 구해보자.

$$\frac{d^2x(t)}{dt^2} + 3\frac{dx(t)}{dt} + 2x(t) = 4 \tag{7.58}$$

식 (7.50)에 의해서 주어진 미분 방정식의 과도 응답은 $x_T(t) = A_1e^{-t} + A_2e^{-2t}$이고, 식 (7.57)에 의해서 주어진 미분 방정식의 정상 상태 응답은 $x_{SS}(t) = 2$이다. 그러므로 완전 응답의 형태는 다음과 같다.

$$x(t) = x_T(t) + x_{SS}(t) = A_1e^{-t} + A_2e^{-2t} + 2 \tag{7.59}$$

식 (7.59)를 보면 해를 완벽하게 구한 것 같지만 A_1과 A_2는 여전히 정해진 값이 아니다. 1차 미분 방정식과 마찬가지로 보통 A_1, A_2를 구하기 위해서는 문제에 특정한 **경계 조건**이 주어진다. 단, 미지수가 두 개이기 때문에 두 가지 경계 조건이 주어져야 한다. 예를 들어, "$t=0$일 때, $x(t) = 4$고, $\frac{dx(t)}{dt} = 6$이다"와 같은 식으로 정보가 주어진다.

먼저 첫 번째 경계 조건인 "$t=0$일 때, $x(t) = 4$"를 식 (7.59)에 대입하면 다음과 같다.

$$A_1e^{-0} + A_2e^{-2\cdot 0} + 2 = 4 \tag{7.60a}$$
$$A_1 + A_2 = 2 \tag{7.60b}$$

두 번째 경계 조건 "$\frac{dx(0)}{dt} = 6$"을 식 (7.59)에 대입하면 다음과 같다.

$$-A_1e^{-0} - 2A_2e^{-2\cdot 0} = 6 \tag{7.61a}$$
$$-A_1 - 2A_2 = 6 \tag{7.61b}$$

식 (7.60b)와 식 (7.61b)를 연립하면 A_1과 A_2는 다음과 같이 구해진다.

$$A_1 = 10, \quad A_2 = -8 \tag{7.62}$$

그러므로 최종적인 완전 응답은 다음과 같다.

$$x(t) = 10e^{-t} - 8e^{-2t} + 2 \tag{7.63}$$

예제 7-14

미분 방정식이 $\frac{d^2x(t)}{dt^2} + 8\frac{dx(t)}{dt} + 12x(t) = 36$이고 $x(0) = 3$, $\frac{dx(0)}{dt} = 6$일 때, 주어진 물음에 답하라.

(a) 과도 응답 $x_T(t)$를 구하라.

(b) 정상 상태 응답 $x_{SS}(t)$를 구하라.

(c) 경계 조건을 적용해 완전 응답 $x(t)$를 구하라.

풀이

(a) 과도 응답이므로 $f(t) = 0$인 식 ①과 같은 형태로 정리할 수 있다.

$$\frac{d^2x_T(t)}{dt^2} + 8\frac{dx_T(t)}{dt} + 12x_T(t) = 0 \quad \cdots ①$$

식 (7.48)을 이용해서 특정 방정식을 구하면 다음과 같다.

$$s^2 + 8s + 12 = 0$$
$$(s+2)(s+6) = 0$$
$$\therefore s = -2, \ -6$$

식 (7.50)에 의해서 과도 응답은 $x_T(t) = A_1e^{-2t} + A_2e^{-6t}$이다.

(b) 주어진 미분 방정식은 $f(t) = 36$인 상수 형태이므로 [표 7-1]에 따라 정상 상태 응답 $x_{SS}(t)$를 다음과 같이 나타낼 수 있다.

$$x_{SS}(t) = B \quad (B\text{는 상수}) \quad \cdots ②$$

식 ②를 식 ①에 대입해 정리하면 다음과 같다.

$$\frac{d^2B}{dt^2} + 8\frac{dB}{dt} + 12B = 36$$
$$0 + 0 + 12B = 36$$
$$\therefore B = 3$$

따라서 정상 상태 응답은 $x_{SS}(t) = 3$이다.

(c) 완전 응답은 과도 응답과 정상 상태 응답의 합이므로 식 ③과 같다.

$$x(t) = x_T(t) + x_{SS}(t) = A_1 e^{-2t} + A_2 e^{-6t} + 3 \qquad \cdots ③$$

식 ③에 첫 번째 경계 조건 "$x(0) = 3$"을 대입하면 식 ④가 구해진다.

$$A_1 e^{-2 \cdot 0} + A_2 e^{-6 \cdot 0} + 3 = 3$$

$$A_1 + A_2 = 0 \qquad \cdots ④$$

이번에는 식 ③에 두 번째 경계 조건 "$\frac{dx(t)}{dt}\big|_{t=0} = 6$"을 대입하면 식 ⑤가 구해진다.

$$-2A_1 e^{-2 \cdot 0} - 6A_2 e^{-6 \cdot 0} = 6$$

$$-2A_1 - 6A_2 = 6 \qquad \cdots ⑤$$

식 ④와 식 ⑤를 연립해 풀면 $A_1 = \frac{3}{2}$, $A_2 = -\frac{3}{2}$이다.

따라서 완전 응답은 $x(t) = \frac{3}{2}e^{-2t} - \frac{3}{2}e^{-6t} + 3$이다.

Level up! **2차 미분 방정식의 과도 응답의 지수와 정상 상태 응답의 지수가 같을 때는 어떻게 풀어야 할까?**

2차 미분 방정식의 과도 응답의 지수와 정상 상태 응답의 지수가 같은 경우에는 1차 미분 방정식과 마찬가지로 정상 상태 응답을 다음과 같이 지수 함수 앞에 t를 곱해주는 형태로 두고 푼다.

$$x_{SS}(t) = Bte^{-2t}$$

LESSON 7.4

시변 RLC 회로

✓ 기본 개념 | RLC 회로 | 2차 방정식을 적용한 회로 해석

2차 방정식을 활용한 RLC 회로의 해석

이제 시간에 따른 변화가 있는 저항(R), 인덕터(L), 커패시터(C)가 있는 RLC 회로를 2차 미분 방정식을 활용해 해석하는 방법에 대해서 알아보자. [그림 7-28]의 RLC 회로를 예로 살펴보자.

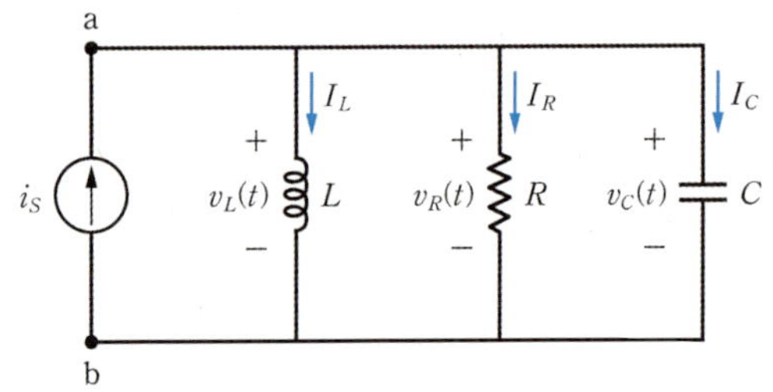

그림 7-28 저항과 커패시터와 인덕터가 있는 회로

노드 b를 기준 노드로 정하고 노드 a에서 노드 해석을 적용하면 다음과 같다.

$$i_S(t) = i_L(t) + i_R(t) + i_C(t) \tag{7.64}$$

연속인 변수인 인덕터의 전류나 커패시터의 전압으로 정리하는 것이 편리한데 여기서는 인덕터의 전류로 정리한다. 이 식들을 i_L만의 식으로 정리해보자. 저항, 커패시터, 인덕터가 모두 병렬 연결되어 있으므로 $v_L = v_R = v_C$와 커패시터의 전류와 전압의 관계식 $i_C(t) = C\dfrac{dv_C(t)}{dt}$를 식 (7.64)에 대입하면 다음과 같다.

$$i_S(t) = i_L(t) + \frac{v_C(t)}{R} + C\frac{dv_C(t)}{dt} \tag{7.65}$$

식 (7.65)에 인덕터의 전류와 전압 관계식을 다음과 같이 적용할 수 있다.

$$v_C(t) = v_L(t) = L\frac{di_L(t)}{dt} \tag{7.66}$$

식 (7.66)을 식 (7.65)에 대입하면 식 (7.67)과 같다.

$$i_S(t) = i_L(t) + \frac{L\dfrac{di_L(t)}{dt}}{R} + C\frac{d\left(L\dfrac{di_L(t)}{dt}\right)}{dt} \tag{7.67}$$

식 (7.67)을 정리하면 다음과 같은 2차 미분 방정식을 얻을 수 있다.

$$i_S(t) = i_L(t) + \frac{L}{R}\frac{di_L(t)}{dt} + LC\frac{d^2 i_L(t)}{dt^2} \tag{7.68}$$

이 식을 일반적인 미분 방정식의 형태로 정리하면 다음과 같다.

$$\frac{d^2 i_L(t)}{dt^2} + \frac{1}{RC}\frac{di_L(t)}{dt} + \frac{i_L(t)}{LC} = \frac{i_S(t)}{LC} \tag{7.69}$$

예제 7-15

[그림 7-28]에서 $i_S = 0.5\,[\text{A}]$, $R = 0.2\,[\Omega]$, $C = 0.5\,[\text{F}]$, $L = 0.125\,[\text{H}]$, $i_L(0) = 3.5\,[\text{A}]$, $v_C(0) = 6\,[\text{V}]$이다. $t > 0$일 때, 주어진 물음에 답하라.

(a) 인덕터에 흐르는 전류 i_L에 관한 2차 미분 방정식을 구하라.

(b) 구해진 미분 방정식의 완전 응답을 구하라.

풀이

(a) 식 (7.69)에 의해서 다음 식을 얻을 수 있다.

$$\frac{d^2 i_L(t)}{dt^2} + 10\frac{di_L(t)}{dt} + 16 i_L(t) = 8 \qquad \cdots ①$$

(b) 먼저 식 ①의 과도 응답을 구하기 위해 특성 방정식을 구하면 다음과 같다.

$$s^2 + 10s + 16 = 0$$
$$(s+2)(s+8) = 0$$
$$\therefore s = -2,\ -8$$

식 (7.50)에 의해서 과도 응답은 $i_{L,T}(t) = A_1 e^{-2t} + A_2 e^{-8t}$다.

이제 정상 상태 응답을 구해보자. 식 ③의 우변이 상수이므로 [표 7-1]에 따라 정상 상태 응답은 상수 B가 된다.

$$v_{C,SS}(t) = B \quad (B\text{는 상수}) \qquad \cdots ②$$

식 ②를 식 ①에 대입해 정리하면 다음과 같다.

$$\frac{d^2B}{dt^2} + 10\frac{dB}{dt} + 16B = 8$$

$$0 + 0 + 16B = 8$$

$$\therefore B = 0.5$$

따라서 정상 상태 응답은 $i_{L,SS}(t) = 0.5$다.

완전 응답은 과도 응답과 정상 상태 응답의 합이므로 식 ③과 같다.

$$i_T(t) = i_{L,T}(t) + i_{L,SS}(t) = A_1e^{-2t} + A_2e^{-8t} + 0.5 \qquad \cdots ③$$

식 ③에 첫 번째 경계 조건 경계 조건 "$i_L(0) = 3.5$"을 대입하면 식 ④가 구해진다.

$$A_1e^{-2\cdot 0} + A_2e^{-8\cdot 0} + 0.5 = 3.5$$

$$A_1 + A_2 = 3 \qquad \cdots ④$$

이번에는 식 ③에 두 번째 경계 조건 "$v_C(0) = 6$"을 활용해 A_1, A_2에 관한 식을 얻어보자. 경계 조건은 v_C에 관한 것이고 구한 식은 i_L에 관한 것이므로 이를 연결하기 위해서 $v_C(t) = v_L(t) = 0.125\frac{di_L(t)}{dt}$임을 활용한다.

$$v_C(t) = 0.125(-2A_1e^{-2t} - 8A_2e^{-8t}) = -0.25A_1e^{-2t} - A_2e^{-8t} \qquad \cdots ⑤$$

경계 조건 $v_C(0)$를 식 ⑤에 대입하면 식 ⑥이 구해진다.

$$-0.25A_1e^{-2\cdot 0} - A_2e^{-8\cdot 0} = 6$$

$$-0.25A_1 - A_2 = 6 \qquad \cdots ⑥$$

식 ④와 식 ⑥을 연립해 풀면 $A_1 = 12$, $A_2 = -9$다.
따라서 완전 응답은 $i_T(t) = 12e^{-2t} - 9e^{-8t} + 0.5$다.

CHAPTER 07

개념복습

개념 정리하기

• 시변 회로 관련식

구분	RL 회로	RC 회로
연속인 변수	흐르는 전류 i_L	양단에 인가되는 전압 v_C
전류와 전압의 관계식	$v_L(t) = L\dfrac{di_L(t)}{dt}$	$i_C(t) = C\dfrac{dv_C(t)}{dt}$
1차 미분 방정식	$\dfrac{di_{L,T}(t)}{dt} + \dfrac{R}{L}i_{L,T}(t) = 0$	$\dfrac{dv_C(t)}{dt} + \dfrac{1}{RC}i_L(t) = \dfrac{v_s}{RC}$
시상수	$\tau = \dfrac{L}{R}$	$\tau = RC$

구분	RLC 회로
2차 미분 방정식	$\dfrac{d^2 i_L(t)}{dt^2} + \dfrac{1}{RC}\dfrac{di_L(t)}{dt} + \dfrac{i_L(t)}{LC} = \dfrac{i_S(t)}{LC}$
특성 방정식	$s^2 + as + b = 0$

개념 점검하기 다음 문제에서 옳은 것을 골라라.

(1) 1차 미분 방정식의 해에서 변화 직후의 응답을 나타내는 것은 (과도, 정상 상태) 응답이다.

(2) 1차 미분 방정식의 해에서 변화 이후에 충분한 시간이 지난 후의 응답을 나타내는 것은 (과도, 정상 상태) 응답이다.

(3) RL 회로에서 경계 조건은 인덕터의 (전압, 전류)을/를 활용해야 한다.

(4) RC 회로에서 경계 조건은 커패시터의 (전압, 전류)을/를 활용해야 한다.

(5) RL 회로의 시상수는 ($\dfrac{L}{R}$, RC)이고, RC 회로의 시상수는 ($\dfrac{L}{R}$, RC)이다.

(6) RLC 회로에서 특성 방정식의 해가 서로 다른 두 개의 실근이 나오면 (제동, 과제동)되었다고 한다.

(7) RLC 회로에서 특성 방정식의 해가 서로 다른 두 개의 실근이 나오면 (임계 제동, 비제동)되었다고 한다.

CHAPTER 07

연습문제

기본 문제

7.1 다음 회로에서 $V_0 = 10\,[\mathrm{V}]$, $R_1 = 4\,[\Omega]$, $R_2 = 4\,[\Omega]$, $L = 2\,[\mathrm{H}]$일 때, 주어진 물음에 답하라.

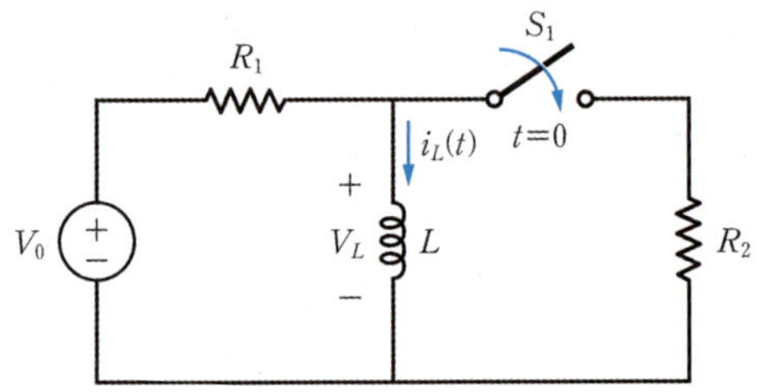

그림 7-29

(a) 인덕터에 흐르는 전류 $i_L(0)$를 구하라.

(b) $t > 0$일 때, $i_L(t)$에 관한 미분 방정식을 구하라.

(c) $t > 0$일 때, $i_L(t)$에 관한 과도 응답을 구하라. 단, 과도 응답은 지수항 앞에 미지수를 포함해도 된다.

(d) $t > 0$일 때, $i_L(t)$에 관한 정상 상태 응답을 구하라.

(e) $t > 0$일 때, $i_L(t)$에 관한 완전 응답을 구하라.

7.2 다음 회로에서 $V_0 = 12\,[\mathrm{V}]$, $R_1 = 6\,[\Omega]$, $R_2 = 3\,[\Omega]$, $C = 0.5\,[\mathrm{F}]$일 때, 주어진 물음에 답하라.

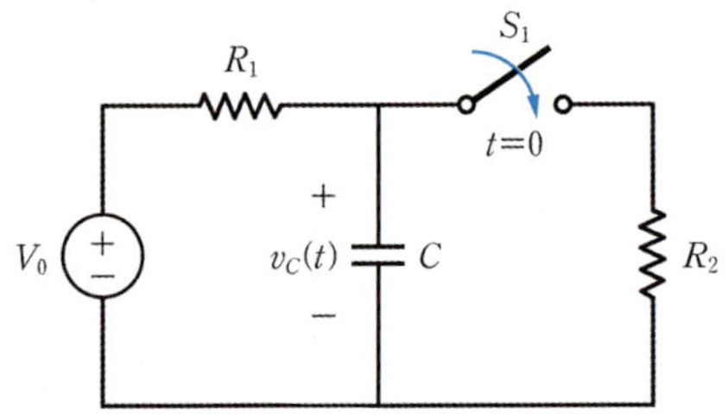

그림 7-30

(a) 커패시터에 인가되는 전압 $v_C(0)$를 구하라.

(b) $t > 0$일 때, $v_C(0)$에 관한 미분 방정식을 구하라.

(c) $t > 0$일 때, $v_C(t)$에 관한 과도 응답을 구하라. 단, 과도 응답은 지수항 앞에 미지수를 포함해도 된다.

(d) $t > 0$일 때, $v_C(t)$에 관한 정상 상태 응답을 구하라.

(e) $t > 0$일 때, $v_C(t)$에 관한 완전 응답을 구하라.

7.3 다음 회로 (a)의 인덕터에 흐르는 전류 $i_L(t)$가 (b)와 같을 때, 인덕터에 인가되는 전압 $v_L(t)$의 파형을 그려라. 단, $L = 2\,[\text{mH}]$다.

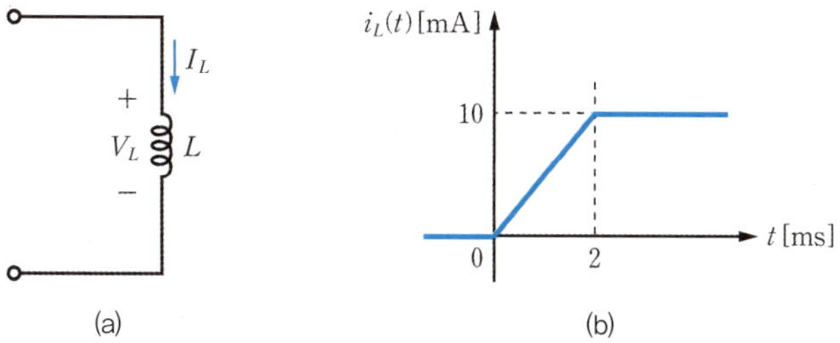

그림 7-31

7.4 다음 회로 (a)의 커패시터에 인가되는 전압 $v_C(t)$가 (b)와 같을 때, 커패시터에 흐르는 전류 $i_C(t)$의 파형을 그려라. 단, $C = 40\,[\mu\text{F}]$이다.

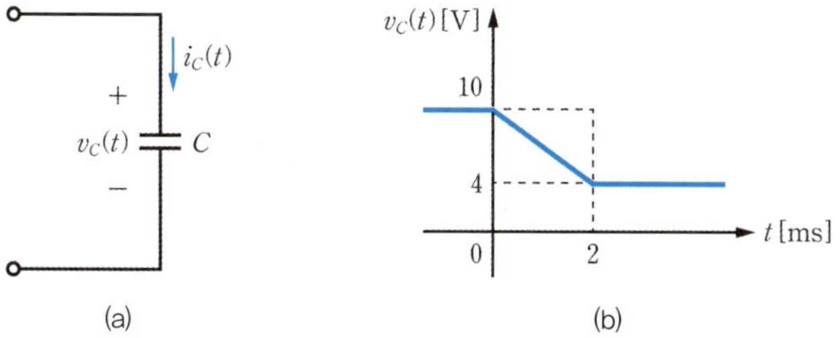

그림 7-32

7.5 다음 회로에서 $V_0 = 9\,[\text{V}]$, $R_1 = 8\,[\Omega]$, $R_2 = 6\,[\Omega]$, $R_3 = 12\,[\Omega]$, $L = 4\,[\text{H}]$일 때, 주어진 물음에 답하라.

(a) 인덕터에 흐르는 전류 $i_L(0)$를 구하라.

(b) $t > 0$일 때, $i_L(t)$에 관한 미분 방정식을 구하라.

(c) $t > 0$일 때, $i_L(t)$에 관한 과도 응답과 시정수를 구하라. 단, 과도 응답은 지수항 앞에 미지수를 포함해도 된다.

(d) $t > 0$일 때, $i_L(t)$에 관한 정상 상태 응답을 구하라.

(e) $t > 0$일 때, $i_L(t)$에 관한 완전 응답을 구하라.

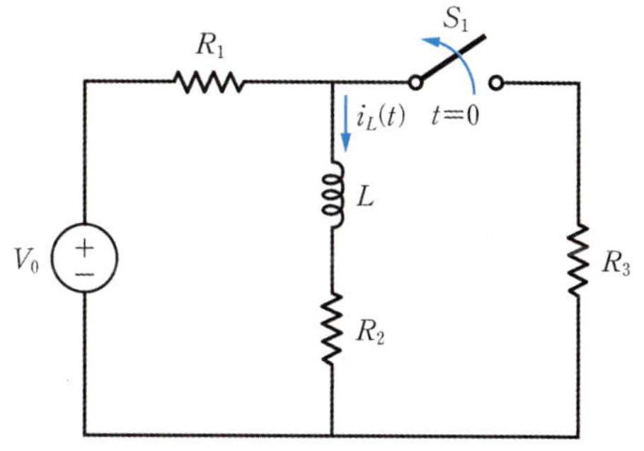

그림 7-33

7.6 다음 회로에서 $V_0 = 10\,[\mathrm{V}]$, $R_1 = 8\,[\Omega]$, $R_2 = 6\,[\Omega]$, $R_3 = 8\,[\Omega]$, $C = 2\,[\mathrm{F}]$일 때, 주어진 물음에 답하라.

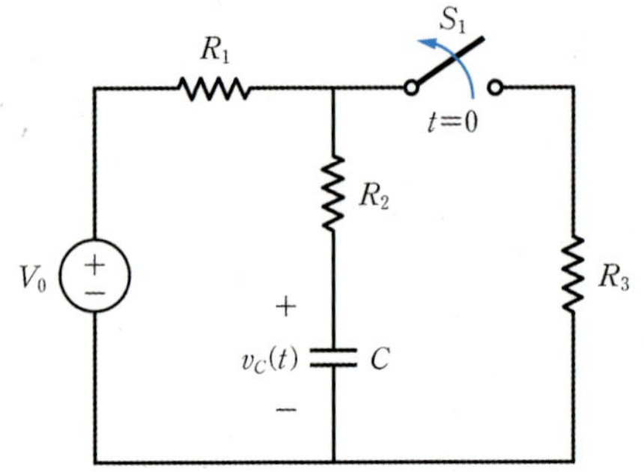

그림 7-34

(a) 커패시터에 인가되는 전압 $v_C(0)$를 구하라.

(b) $t > 0$일 때, $v_C(0)$에 관한 미분 방정식을 구하라.

(c) $t > 0$일 때, $v_C(t)$에 관한 과도 응답과 시정수를 구하라. 단, 과도 응답은 지수항 앞에 미지수를 포함해도 된다.

(d) $t > 0$일 때, $v_C(t)$에 관한 정상 상태 응답을 구하라.

(e) $t > 0$일 때, $v_C(t)$에 관한 완전 응답을 구하라.

7.7 다음 회로에서 $V_0 = 24\,[\mathrm{V}]$, $R_1 = 6\,[\mathrm{k}\Omega]$, $R_2 = 6\,[\mathrm{k}\Omega]$, $L = 3\,[\mathrm{mH}]$이고, $t = 0$일 때 스위치 S_1을 노드 a에서 노드 b로 이동했다. 주어진 물음에 답하라.

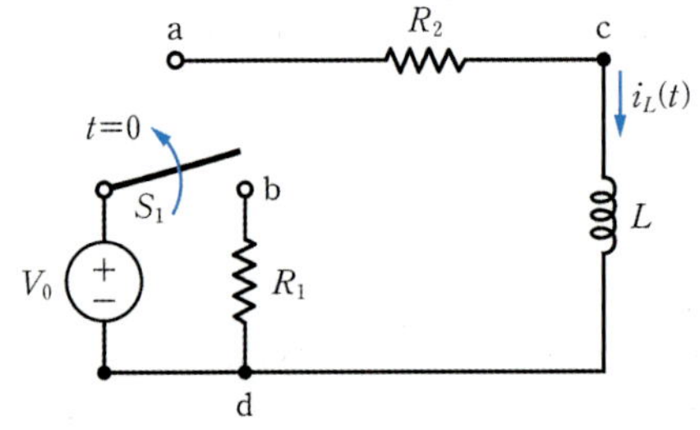

그림 7-35

(a) $t = 0$일 때, 인덕터에 흐르는 전류 $i_L(t)$를 구하라.

(b) 충분한 시간이 흐른 후에 $i_L(t)$를 구하라.

7.8 다음 회로에서 $V_A = 10\,[\text{V}]$, $V_B = 15\,[\text{V}]$, $R_1 = 6\,[\Omega]$, $R_2 = 6\,[\Omega]$, $R_3 = 12\,[\Omega]$, $C = 4\,[\text{F}]$이고, $t = 0$일 때 스위치 S_1을 노드 a에서 노드 b로 이동했다. 주어진 물음에 답하라.

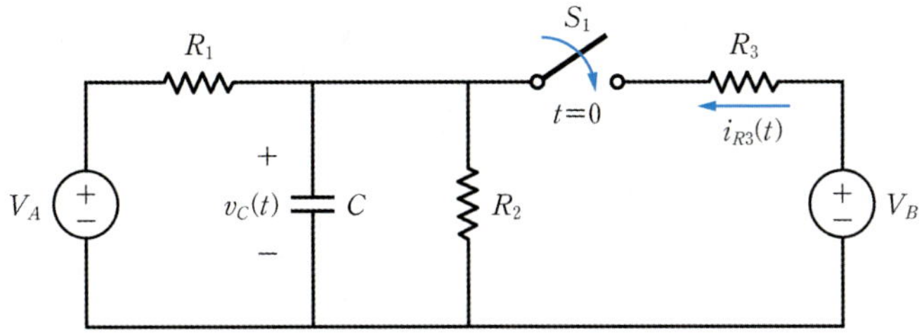

그림 7-36

(a) $t = 0$일 때, 커패시터에 인가되는 전압 $v_C(t)$를 구하라.

(b) 충분한 시간이 흐른 후에 $v_C(t)$를 구하라.

(c) 충분한 시간이 흐른 후에 R_3에 흐르는 전류 $i_{R3}(t)$를 구하라.

도전 문제

7.9 다음 회로에서 $i_S = 3\,[\text{A}]$, $V_0 = 10\,[\text{V}]$, $R_1 = 3\,[\Omega]$, $R_2 = 6\,[\Omega]$, $R_3 = 3\,[\Omega]$, $C = \frac{1}{18}\,[\text{F}]$일 때, 주어진 물음에 답하라.

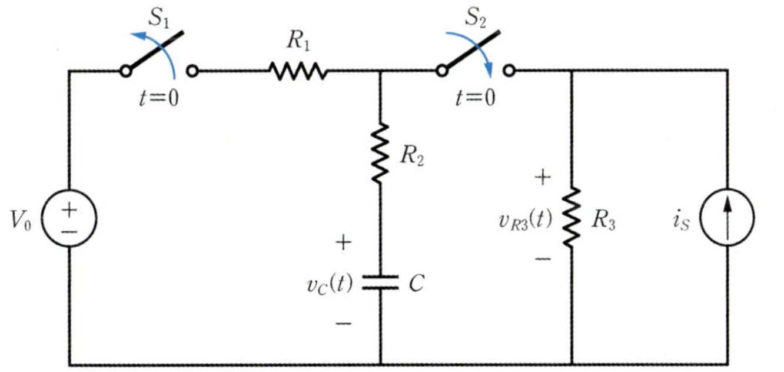

그림 7-37

(a) 커패시터에 인가되는 전압 $v_C(0)$를 구하라.

(b) $t > 0$일 때, $v_C(0)$에 관한 미분 방정식을 구하라.

(c) $t > 0$일 때, $v_C(t)$에 관한 과도 응답과 시정수를 구하라. 단, 과도 응답은 지수항 앞에 미지수를 포함해도 된다.

(d) $t > 0$일 때, $v_C(t)$에 관한 정상 상태 응답을 구하라.

(e) $t > 0$일 때, $v_C(t)$에 관한 완전 응답을 구하라.

(f) $t > 0$일 때, R_3에 인가되는 전압 $v_{R3}(t)$를 구하라.

7.10 다음 회로에서 $V_0 = 8\,[\mathrm{V}]$, $R = 12\,[\Omega]$, $C = 0.125\,[\mathrm{F}]$, $L = 4\,[\mathrm{H}]$, $i_S = 4e^{-3t}\,[\mathrm{A}]$일 때, 주어진 물음에 답하라.

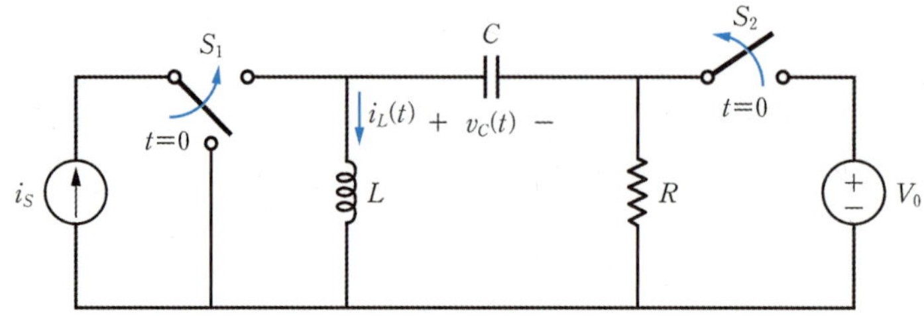

그림 7-38

(a) 인덕터에 흐르는 전류 $i_L(0)$와 커패시터에 인가되는 전압 $v_C(0)$를 구하라.

(b) $t > 0$일 때, $v_C(t)$에 관한 미분 방정식을 구하라.

(c) $t > 0$일 때, $v_C(t)$에 관한 과도 응답과 시정수를 구하라. 단, 과도 응답은 지수항 앞에 미지수를 포함해도 된다.

(d) $t > 0$일 때, $v_C(t)$에 관한 정상 상태 응답을 구하라.

(e) $t > 0$일 때, $v_C(t)$에 관한 완전 응답을 구하라.

7.11 다음 회로에서 $V_0 = 8\,[\mathrm{V}]$, $R_1 = 4\,[\Omega]$, $R_2 = 4\,[\Omega]$, $C = \dfrac{3}{32}\,[\mathrm{F}]$, $L = \dfrac{2}{3}\,[\mathrm{H}]$일 때, 주어진 물음에 답하라.

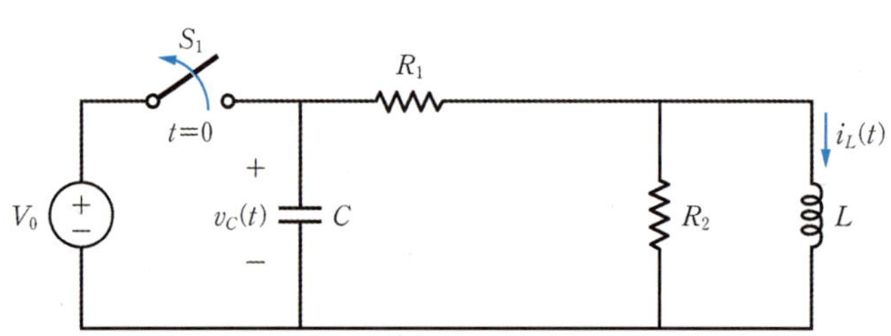

그림 7-39

(a) 인덕터에 흐르는 전류 $i_L(0)$와 커패시터에 인가되는 전압 $v_C(0)$를 구하라.

(b) $t > 0$일 때, $v_C(t)$에 관한 미분 방정식을 구하라.

(c) $t > 0$일 때, $v_C(t)$에 관한 과도 응답과 시정수를 구하라. 단, 과도 응답은 지수항 앞에 미지수를 포함해도 된다.

(d) $t > 0$일 때, $v_C(t)$에 관한 정상 상태 응답을 구하라.

(e) $t > 0$일 때, $v_C(t)$에 관한 완전 응답을 구하라. 단, 지수항 앞에 미지수를 포함해도 된다.

(f) $t > 0$일 때, $i_L(t)$에 관한 완전 응답을 구하라. 단, 지수항 앞에 미지수를 포함해도 된다.

(g) $t > 0$일 때, $v_C(t)$와 전류 $i_L(t)$를 미지수 없이 구하라.

기출 문제

7.12 다음 회로에서 스위치 S는 $t=0$일 때 개방된다. 스위치 S가 닫혀있을 때 회로의 시정수 τ_1 [sec]과 $t>0$에서 스위치 S가 개방된 회로의 시정수 τ_2 [sec]는? (2024 국가공무원 9급)

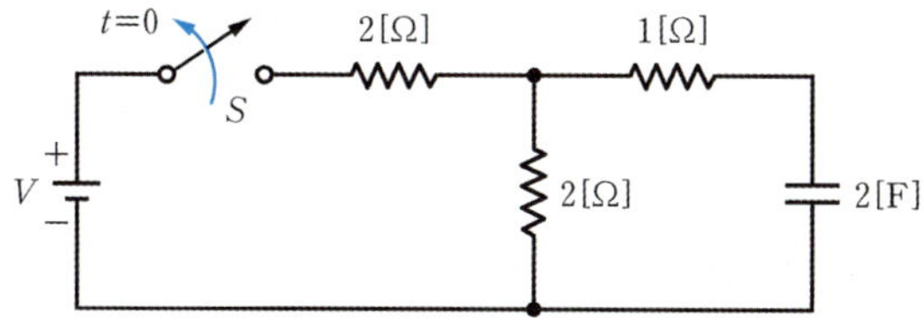

그림 7-40

	τ_1 [sec]	τ_2 [sec]		τ_1 [sec]	τ_2 [sec]
①	4	4	②	4	6
③	6	4	④	6	6

7.13 다음 회로에서 스위치 SW가 $t=0$에서 동작해 닫힌 상태를 유지할 때, 초기 전류 $i(0^+)$ [A]와 정상 상태 전류 $i(\infty)$ [A]는? 단, 인덕터의 초기 전류는 0이다. (2025 국가공무원 9급)

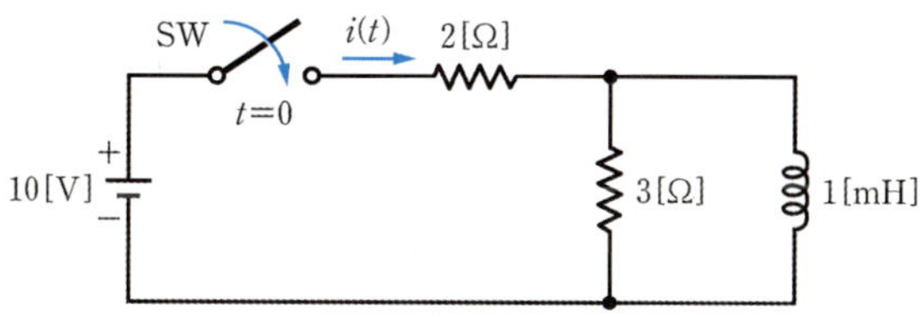

그림 7-41

	$i(0^+)$ [A]	$i(\infty)$ [A]		$i(0^+)$ [A]	$i(\infty)$ [A]
①	0	2	②	0	5
③	2	2	④	2	5

7.14 다음 회로에서 스위치 S가 충분히 긴 시간 동안 닫혀있다가 $t=0$에서 개방된 직후의 커패시터 전압 $V_C(0^+)$ [V]는? (2022 국가공무원 9급)

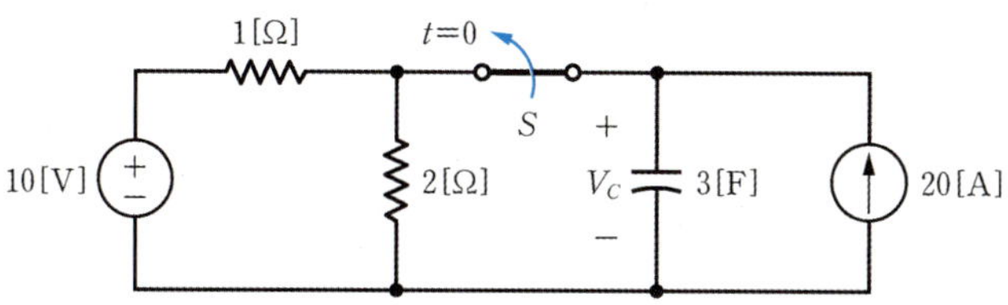

그림 7-42

① 10 ② 15 ③ 20 ④ 25

7.15 다음 회로에서 $t=0$인 순간에 스위치 S를 노드 a에서 노드 b로 이동했다. 충분한 시간이 흐른 후에 전류 i_L[A]은? (2022 국가공무원 9급)

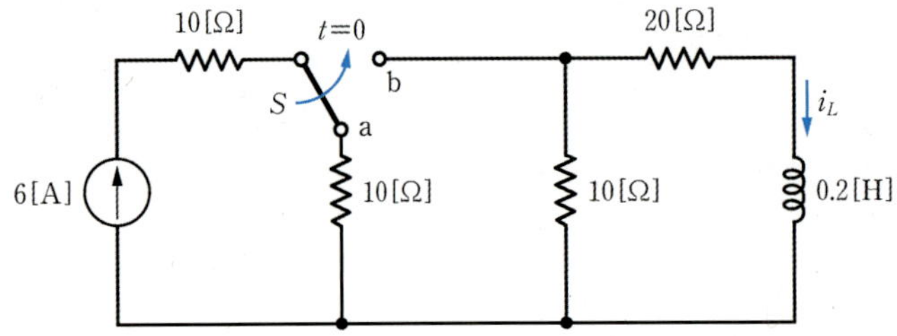

그림 7-43

① 0　　② 2　　③ 4　　④ 6

7.16 다음 회로 (a)의 인덕터에 흐르는 전류 $i(t)$가 그림 (b)와 같을 때, 인덕터 양단에 걸리는 전압 $v(t)$의 파형으로 옳은 것은? 단, $L=2$ [H]다. (2023 국가공무원 7급)

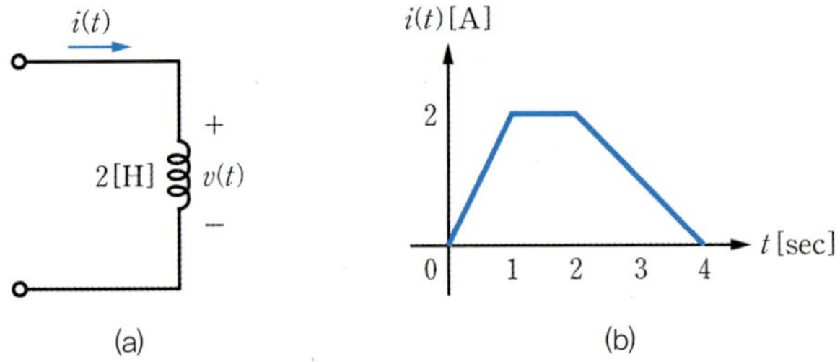

그림 7-44

①
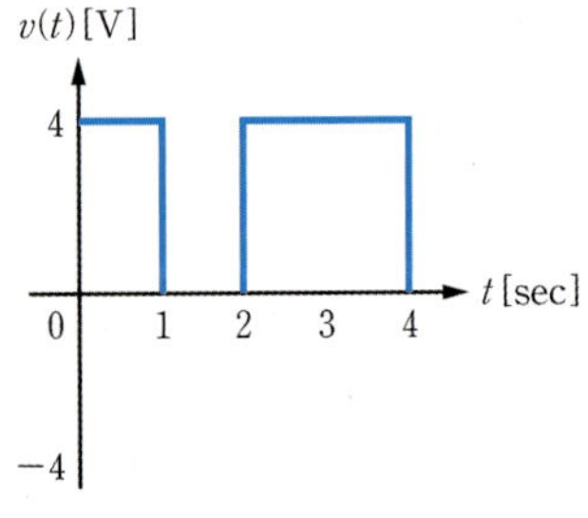

②
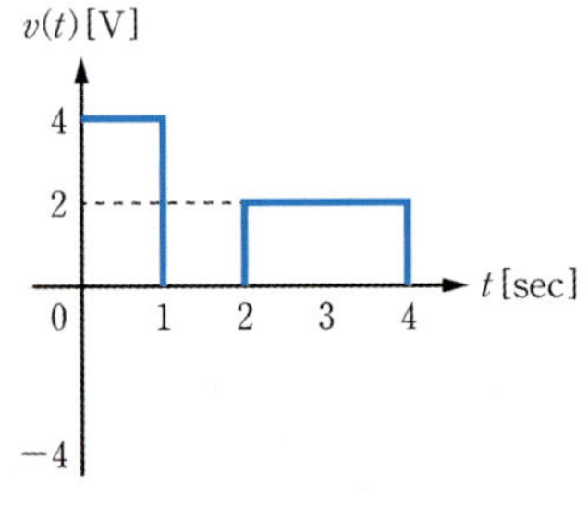

③
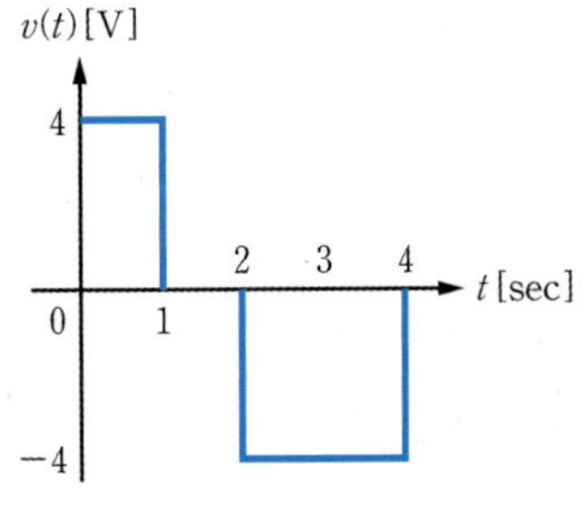

④
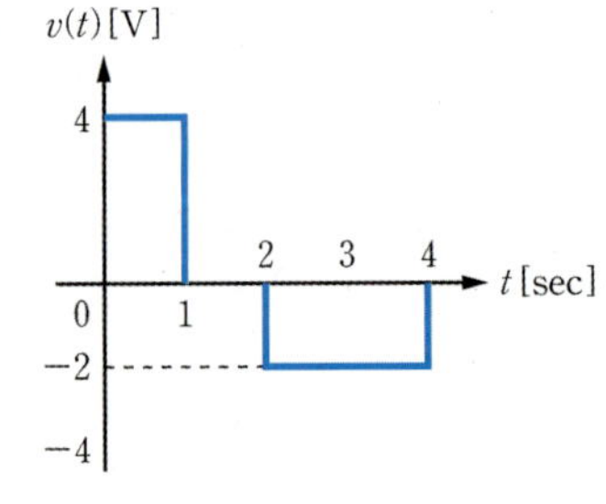

7.17 다음 회로 (a)에서 50 [μF]인 커패시터의 양단 전압 $v(t)$가 그림 (b)와 같을 때, 전류 $i(t)$의 파형으로 옳은 것은? (2022 국가공무원 9급)

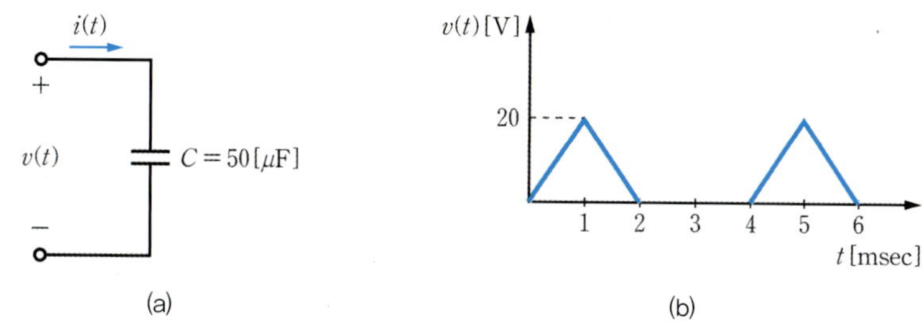

그림 7-45

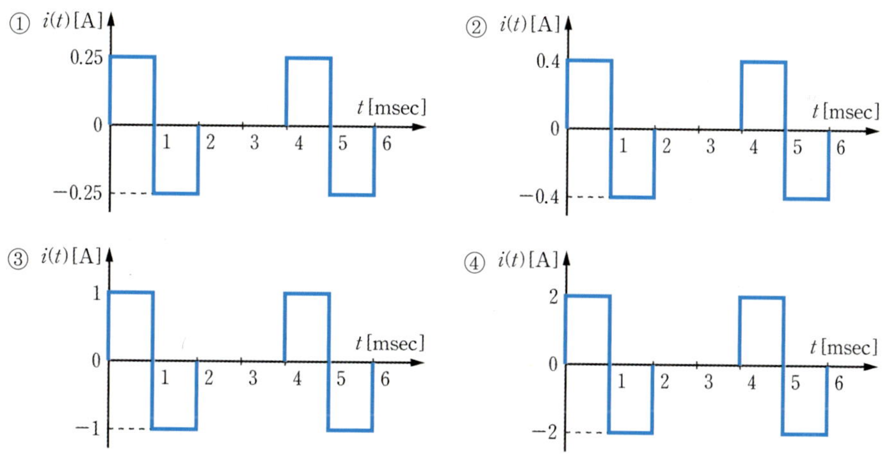

7.18 다음 회로에서 스위치 S는 $t=0$일 때 개방된다. $t \geq 0$에서 커패시터 전압 $v_c(t)$ [V]는? (2024 지방공무원 9급)

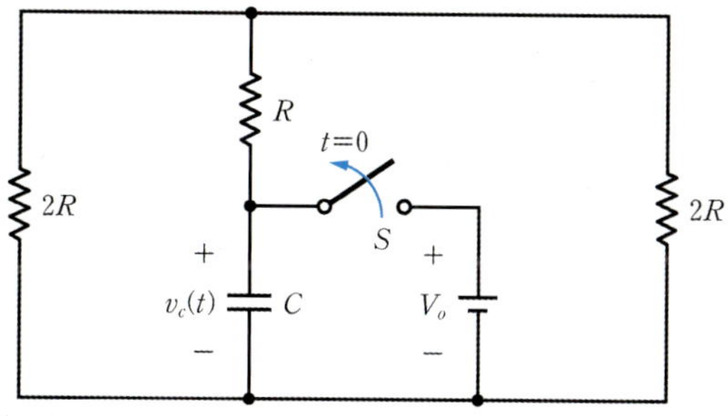

그림 7-46

① $V_o e^{-\frac{1}{RC}t}$　② $V_o e^{-\frac{1}{2RC}t}$　③ $V_o(1-e^{-\frac{1}{RC}t})$　④ $V_o(1-e^{-\frac{1}{2RC}t})$

7.19 다음 회로는 $t = 0\,[\mathrm{sec}]$에서 스위치가 닫히기 전까지 직류 정상 상태로 동작하고 있었다. $t = 0\,[\mathrm{sec}]$에서 스위치가 닫힌 이후 전류 $i(t)\,[\mathrm{A}]$의 과도 응답은? (2023 국가공무원 7급)

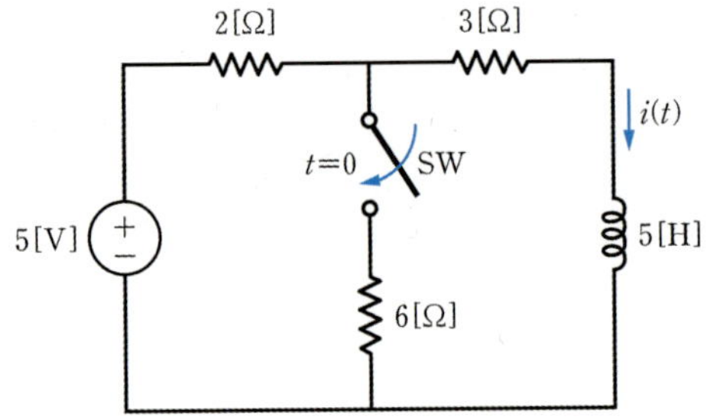

그림 7-47

① $\frac{5}{6}e^{-1.2t}$　② $\frac{5}{6}e^{-0.9t}$　③ $\frac{1}{6}e^{-1.2t}$　④ $\frac{1}{6}e^{-0.9t}$

7.20 다음 회로에서 $t = 0$일 때, 스위치 S_1은 개방되고 스위치 S_2는 닫힌다. $t \geq 0$에서 전압 $v_c(t)\,[\mathrm{V}]$의 과도 응답 특성은? (2024 지방공무원 9급)

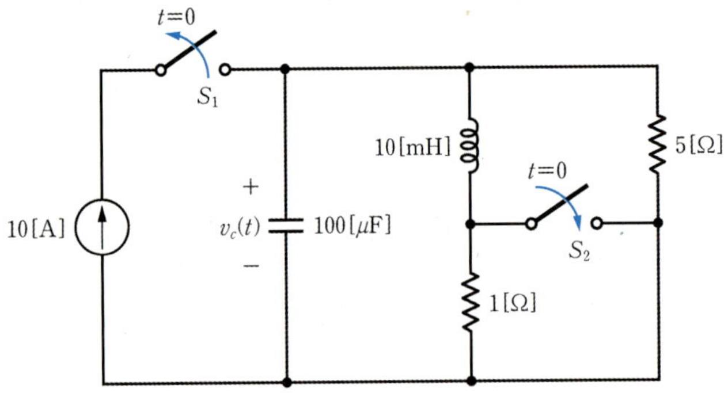

그림 7-48

① 무감쇠　② 과감쇠　③ 부족감쇠　④ 임계감쇠

7.21 다음 회로에서 스위치 SW를 $t = 0$에서 닫았을 때, 전류 $i(t)\,[\mathrm{A}]$의 과도 응답 특성은? (2025 국가공무원 9급)

① 무감쇠
② 과감쇠
③ 부족감쇠
④ 임계감쇠

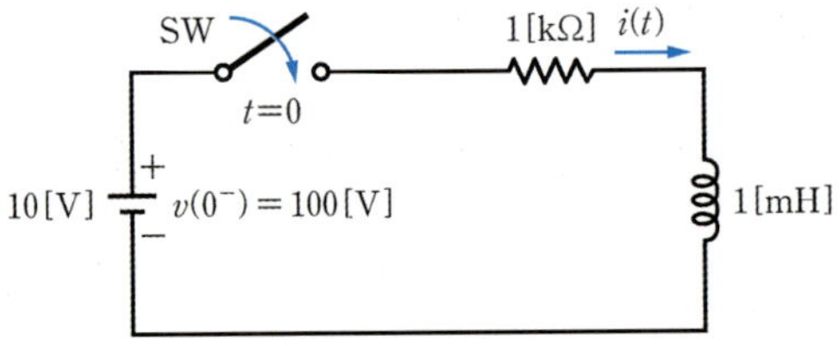

그림 7-49

7.22 다음 회로에서 스위치 S가 충분히 긴 시간 동안 닫혀있다가 $t = 0$에서 개방되었다. $t > 0$에서 RLC 병렬 회로가 임계 제동이 되기 위한 저항 $R[\Omega]$은? (2023 국가공무원 9급)

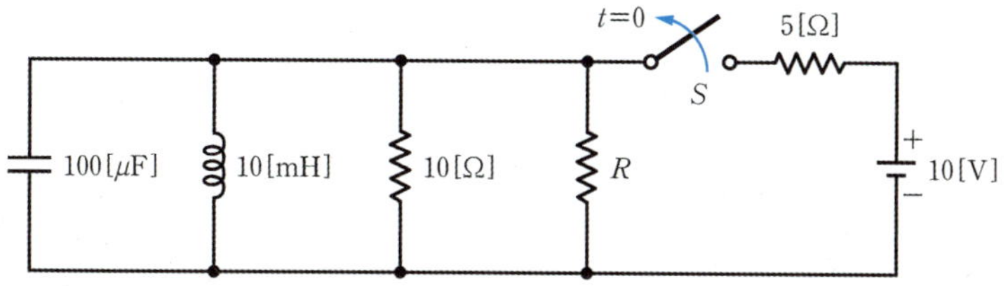

그림 7-50

① 4 ② 6 ③ 8 ④ 10

7.23 다음 회로에서 스위치 S가 충분히 긴 시간 동안 닫혀있다가 $t = 0$에서 개방되었다. $t > 0$일 때의 전류 $i(t)$ [A]는? (2023 국가공무원 9급)

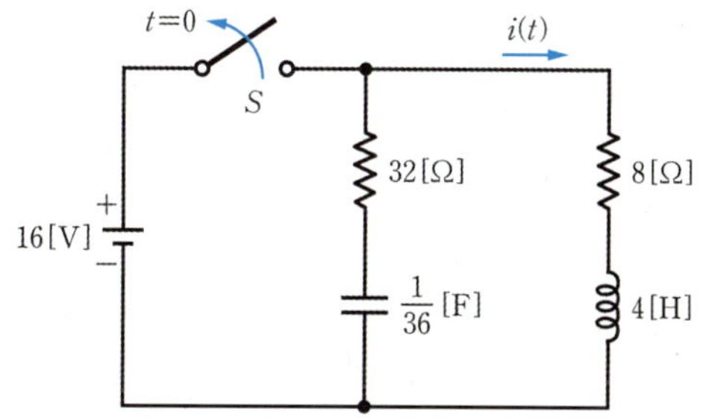

그림 7-51

① $\frac{1}{4}e^{-t} + \frac{7}{4}e^{-9t}$ ② $\frac{7}{4}e^{-t} + \frac{1}{4}e^{-9t}$

③ $\frac{9}{4}e^{-t} - \frac{1}{4}e^{-9t}$ ④ $-\frac{1}{4}e^{-t} + \frac{9}{4}e^{-9t}$

CHAPTER

08

교류 회로

CONTENTS

학습목표

- 정현파의 수학적 표현을 이해하고, 시간 영역 함수와 페이저 간의 상호 변화를 이해한다.
- $R \cdot L \cdot C$ 소자의 임피던스를 유도하고, 페이저 기법을 활용해 정현파 정상 상태에서 회로를 해석한다.
- 실횻값, 평균 전력, 복소 전력 및 역률을 정의하고 계산해 회로의 전력 특성을 평가한다.
- 회로와 회로에 연결된 부하 임피던스의 관계를 분석해 최대 전력 전달 조건을 도출하고, 실제 회로 설계에 적용한다.

수업 맛보기

이 장에서는 교류 회로 해석의 핵심이 되는 정현파 정상 상태 응답과 교류 전력 개념을 다룬다. 먼저 정현파 신호의 특성과 이를 간단히 표현하는 페이저를 배우고, $R \cdot L \cdot C$ 소자의 임피던스를 통해 시간 영역의 미분과 적분을 간단한 연산으로 바꾸어 회로를 해석하는 방법을 익힌다. 이어서 교류 회로에서 실제로 소비되는 평균 전력과 실횻값을 계산하는 법을 학습한다. 또한 전력의 흐름을 복소수로 표현하는 복소 전력과 효율을 나타내는 역률 개념을 이해하고, 부하에 최대 전력을 전달하기 위한 조건을 학습한다. 이 과정을 통해 복잡한 교류 회로를 간단히 해석하고 전력 전달을 최적화하는 능력을 기른다. 페이저와 시간 영역 함수의 관계, 페이저와 복소수의 수학적인 상호 변환을 정확히 학습하고 새롭게 나오는 전력 개념들을 숙지하도록 한다.

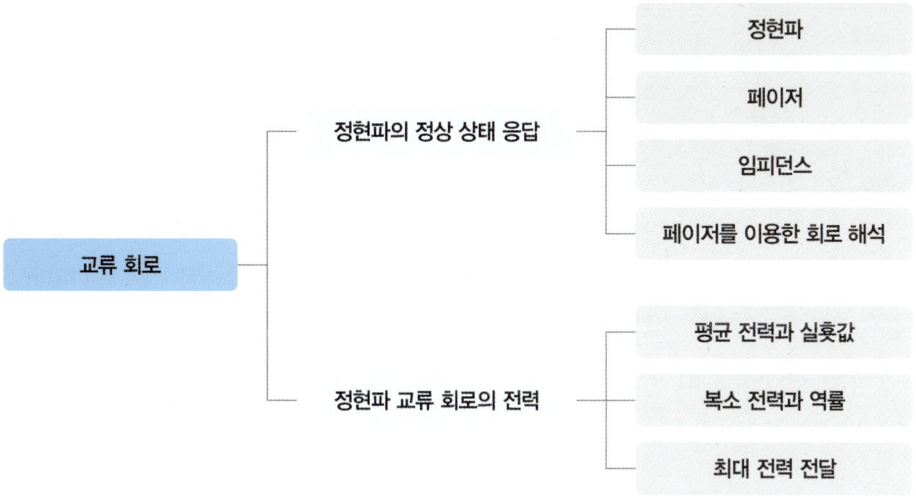

LESSON 8.1

정현파의 정상 상태 응답

✔ 기본 개념 | 교류 | 정현파 | 위상차 | 페이저 | 임피던스 | 공진

1. 정현파

교류와 정현파

전류는 시간에 의한 변화 여부에 따라 크게 직류와 교류로 나눌 수 있다. [그림 8-1(a)]처럼 시간에 따라 변하지 않는 전류를 **직류** direct current, DC 라고 하고, [그림 8-1(b)]처럼 크기와 방향(부호)이 주기적으로 바뀌는 전류를 **교류** alternating current, AC 라고 한다.

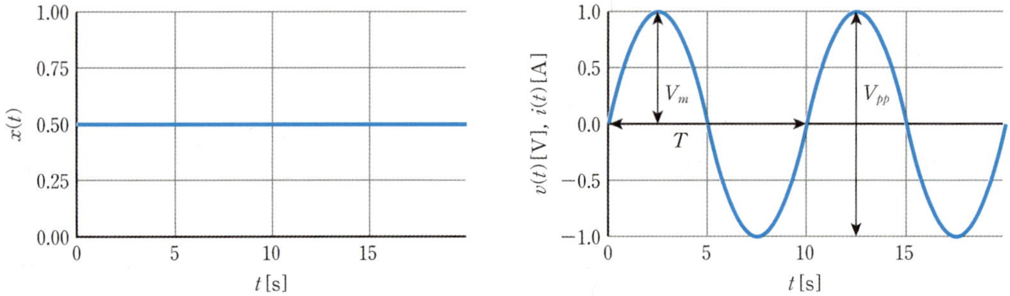

(a) 직류　　(b) 교류

그림 8-1 직류와 교류의 비교

교류의 가장 대표적인 함수는 정현파 함수이다. 정현파는 sin 함수 혹은 cos 함수를 의미한다. 정현파에서 같은 모양이 반복되는 시간을 **주기** T라고 한다. **진동수(주파수)** f는 1초 동안 주기가 몇 번 반복되는지를 의미하며, 단위는 [Hz]이고 헤르츠라 읽는다. 진동수와 주기의 관계는 식 (8.1)과 같다.

$$f = \frac{1}{T} \tag{8.1}$$

각속도 ω는 진동수에 2π를 곱한 값으로 단위는 [rad/s]이고 [rad]는 라디안이라 읽는다. 각속도와 진동수의 관계는 식 (8.2)와 같다.

$$\omega = 2\pi f \tag{8.2}$$

교류인 [그림 8-1(b)]에는 V_m과 V_{pp} 표기가 있는데, 일반적으로 파형의 크기를 나타낼 때는 m을 첨자로 붙여서 나타내고 피크에서 피크까지의 크기peak-to-peak를 나타낼 때는 pp를 첨자로 붙여서 나타낸다.

예를 들어, 식 (8.3)과 같은 정현파 식이 있을 때 V_m은 2 [V]이고 t 앞에 있는 6π [rad/s]이 각속도가 된다. 진동수 f는 각속도를 2π로 나눈 3 [Hz]가 된다.

$$v(t) = 2\sin(6\pi t)\ [\mathrm{V}] \tag{8.3}$$

Basic check

[그림 8-1(b)]를 보고 주어진 물음에 답하라.

(a) 주기 T를 구하라.
(b) 주파수 f와 각속도 ω를 구하라.
(c) V_m과 V_{pp}를 구하라.

답

(a) $T = 10\ [\mathrm{s}]$

(b) $f = \dfrac{1}{T} = \dfrac{1}{10} = 0.1\ [\mathrm{Hz}]$, $\omega = 2\pi f = 2\pi \times 0.1 = 0.2\pi\ [\mathrm{rad/s}]$

(c) $V_m = 1\ [\mathrm{V}]$, $V_{pp} = 2\ [\mathrm{V}]$

예제 8-1

$v(t) = 10\sin(4t)\ [\mathrm{V}]$일 때, 주어진 물음에 답하라.

(a) 각속도 ω와 주파수 f를 구하라. (b) 주기 T를 구하라. (c) V_m과 V_{pp}를 구하라.

풀이

(a) 정현파에서 sin 함수 안의 t 앞에 있는 숫자가 각속도이므로 $\omega = 4\ [\mathrm{rad/s}]$이다.
식 (8.2)에 의해서 진동수는 $f = \dfrac{\omega}{2\pi} = \dfrac{4}{2\pi} \simeq 0.6366\ [\mathrm{Hz}]$이다.

(b) 식 (8.1)에 의해서 주기는 $T = \dfrac{1}{f} = \dfrac{1}{\frac{4}{2\pi}} = \dfrac{\pi}{2} \simeq 1.571\ [\mathrm{s}]$이다.

(c) $V_m = 10\ [\mathrm{V}]$, $V_{pp} = 20\ [\mathrm{V}]$

위상차

위상차의 개념을 이해하기 위해 식 (8.4)를 예를 들어서 살펴보자.

$$v(t) = \sin(4\pi t)\ [\text{V}] \tag{8.4a}$$

$$v(t) = \sin(4\pi t - 45°)\ [\text{V}] \tag{8.4b}$$

$$v(t) = \sin(4\pi t + 45°)\ [\text{V}] \tag{8.4c}$$

[그림 8-2]처럼 교류 전압에서 sin 함수 안에 $+45°$가 있으면 음의 방향으로 45°만큼 이동하고 $-45°$가 있으면 양의 방향으로 45°만큼 이동한다. 이렇듯 같은 주파수의 두 주기 신호가 시간상 얼마나 어긋나 있는지를 각도로 나타낸 값이 **위상차**이다. 예를 들어, $v_1(t) = \sin(\omega t + \phi_1)$이고 $v_2(t) = \sin(\omega t + \phi_2)$일 때 $\phi_1 - \phi_2$만큼의 위상차가 있다고 한다. $\phi_1 - \phi_2$가 양이면 v_2가 v_1보다 **지연**lag되었다고 하고 음이면 v_2가 v_1보다 **선행**lead한다고 말한다.

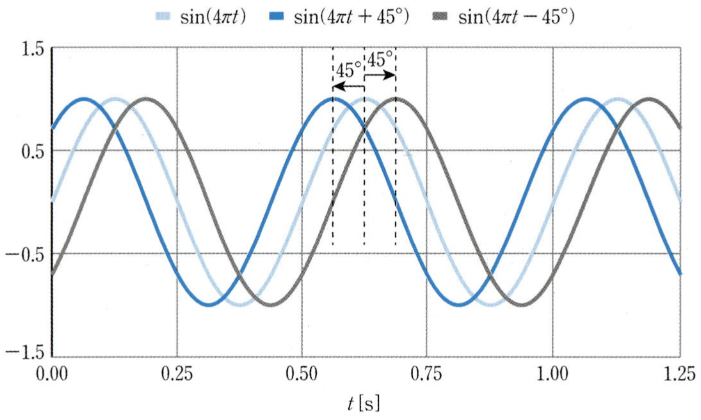

그림 8-2 교류 신호들의 위상차

Basic check

전압 $v_1(t) = 3\sin(5\pi t)$ [V], $v_2(t) = 3\sin(5\pi t + 90°)$ [V]일 때, 주어진 물음에 답하라.

(a) v_1과 v_2의 위상차($\phi_1 - \phi_2$)를 구하라.

(b) v_2는 v_1보다 선행인가 지연인가?

답

(a) $\phi_1 - \phi_2 = 0° - 90° = -90°$

(b) $\phi_1 - \phi_2$가 음이므로 선행이다.

2. 페이저

정현파 정상 상태 응답의 복잡성

전원이 정현파일 경우 다음과 같이 $f(t)$가 정현파인 미분 방정식이 나타난다.

$$\frac{dx(t)}{dt} + 2x(t) = \sin(t) \tag{8.5}$$

미분 방정식 식 (8.5)의 정상 상태 응답을 구하기 위해서는 $x_{SS}(t)$를 $A\sin(t) + B\cos(t)$의 형태로 두고 대입해서 계수를 구해야 한다. 이 과정에서 복잡한 삼각 함수의 풀이가 요구된다. 따라서 대부분의 경우에 이러한 정상 상태 응답을 직접적인 대입을 통해 풀지 않고 이어서 다룰 페이저를 활용해 푼다.

페이저

[그림 8-3]과 같이 정현파 전원이 있는 회로를 살펴보자.

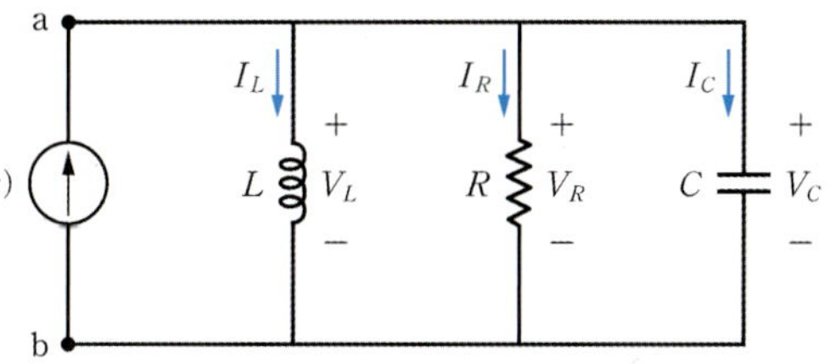

그림 8-3 정현파 전원 회로

전류 전원이 $5\cos(2t)$인데 함수 안의 t 앞의 숫자를 통해서 전원의 각속도가 2임을 알 수 있다. 이 경우에 인덕터, 저항, 커패시터에 흐르는 전류와 인가되는 전압을 측정하면 순서대로 다음 식과 같다.

$$i_L(t) = 5\cos(2t - 90°) \tag{8.6a}$$

$$i_R(t) = 5\cos(2t) \tag{8.6b}$$

$$i_C(t) = 5\cos(2t + 90°) \tag{8.6c}$$

$$v_L(t) = v_R(t) = v_C(t) = 10\cos(2t) \tag{8.6d}$$

모든 소자들의 전류와 전압의 각속도가 2로 전원과 동일하다. 즉, 전원의 각속도와 동일한 각속도의 전류와 전압이 각 소자에 나타나는 것이다. 각속도는 전원과 같으므로 개별 소자의 전류와 전압을 그 크기와 위상만으로 표시해도 된다. 이런 식으로 크기와 위상만을 가진 벡터로 표시하는 것을 **페이저**phasor라고 하며, 식 (8.7)과 같이 크기 A와 위상 ϕ로 나타낸다.

$$A \angle \phi \tag{8.7}$$

페이저는 일반적으로 대문자로 표시하는 경우가 많다. 예를 들어, $i_L(t)$를 페이저로는 I_L로 나타낸다. ϕ는 일반적으로 $-180° \sim 180°$의 값으로 기술한다. 식 (8.7)에서 A는 정현파의 크기로 결정하는 경우도 있으나, 8.2절에서 다룰 실횻값으로 결정하는 경우도 있다. 이 절에서는 정현파의 크기로 하는 경우로 설명한다.

Basic check

[그림 8-3]의 전원과 각 소자에 흐르는 전류와 인가되는 전압을 페이저로 나타내라.

답

우선 전원을 페이저로 나타내면 $I_S = 5\angle 0°$다. 각 소자에 흐르는 전류와 인가되는 전압을 식 (8.7)의 크기와 위상을 이용해 페이저로 나타내면 다음과 같다.

$$I_L = 5\angle -90°, \quad I_R = 5\angle 0°, \quad I_C = 5\angle 90°$$
$$V_L = V_R = V_C = 10\angle 0°$$

주의 페이저의 크기를 8.2절에서 다룰 실횻값으로 표시하는 경우도 있다.

페이저의 곱셈과 나눗셈

페이저 간의 곱셈과 나눗셈은 일반 사칙연산과는 다르다. 예를 들어, $V_1 = V_{m1}\angle\phi_1$, $V_2 = V_{m2}\angle\phi_2$일 때 **곱셈은 크기는 곱하고 위상은 더하는 방식**인 식 (8.8)과 같이 계산한다.

$$V_1 V_2 = V_{m1} V_{m2} \angle \phi_1 + \phi_2 \tag{8.8}$$

나눗셈은 페이저의 크기는 나누고 위상은 빼는 방식인 식 (8.9)와 같이 계산한다.

$$V_1 / V_2 = \frac{V_1}{V_2} = \frac{V_{m1}}{V_{m2}} \angle \phi_1 - \phi_2 \tag{8.9}$$

Basic check

$V_1 = 5\angle 0°$, $V_2 = 2\angle 60°$일 때, 주어진 물음에 답하라.

(a) $V_1 V_2$를 구하라.

(b) V_1 / V_2를 구하라.

답

(a) $V_1 V_2 = 5 \times 2\angle(0° + 60°) = 10\angle 60°$

(b) $V_1 / V_2 = 5/2\angle(0° - 60°) = 2.5\angle -60°$

페이저의 덧셈과 뺄셈

페이저의 덧셈과 뺄셈은 페이저를 일반적인 복소수 표현으로 변형한 후에 진행한다. 식 (8.10)은 페이저를 일반적인 복소수 표현으로 변형하는 공식이다.

$$A\angle\phi = A\cos(\phi) + jA\sin(\phi) \tag{8.10}$$

예를 들어, $3\angle 60°$은 식 (8.10)에 의해서 $1.5 + j1.5\sqrt{3}$으로 나타낼 수 있다. 복소수를 페이저로 바꿀 때는 다음 식을 활용한다.

$$A + jB = \sqrt{A^2 + B^2}\angle\tan^{-1}\frac{B}{A} \tag{8.11}$$

예를 들어, $1 + j1$은 식 (8.11)에 의해서 $\sqrt{1^2+1^2}\angle\tan^{-1}\frac{1}{1} = \sqrt{2}\angle 45°$로 나타낼 수 있다.

Basic check

$V_1 = 5\angle 0°$, $V_2 = 2\angle 60°$일 때, 주어진 물음에 답하라.

(a) V_1과 V_2를 복소수로 표현하라.

(b) $V_1 + V_2$를 복소수로 표현하라.

(c) (b)의 결과를 페이저 형태로 표현하라.

답

(a) 식 (8.10)을 적용해 표현하면 다음과 같다.

$$V_1 = 5\angle 0° = 5\cos(0°) + j5\sin(0°) = 5 \times 1 + j5 \times 0 = 5$$

$$V_2 = 2\angle 60° = 2\cos(60°) + j2\sin(60°) = 2 \times \frac{1}{2} + j2 \times \frac{\sqrt{3}}{2} = 1 + j\sqrt{3}$$

(b) $V_1 + V_2 = 5 + 1 + j\sqrt{3} = 6 + j\sqrt{3}$

(c) 식 (8.11)을 적용해 페이저 형태로 표현하면 다음과 같다.

$$6 + j\sqrt{3} = \sqrt{6^2 + \sqrt{3}^2}\angle\tan^{-1}\frac{\sqrt{3}}{6} \simeq \sqrt{39}\angle 16.10° = 6.245\angle 16.10°$$

예제 8-2

$V_1 = 2\angle 0°$, $V_2 = 3\angle 30°$, $V_3 = 4\angle 90°$일 때, 주어진 물음에 답하라.

(a) $V_1 V_2 / V_3$를 구하라.

(b) $V_1 + V_2 + V_3$를 페이저 형태로 표현하라.

풀이

(a) 식 (8.8)과 식 (8.9)를 적용하면 다음과 같다.

$$V_1 V_2 / V_3 = \frac{2 \times 3}{4} \angle (0° + 30° - 90°) = 1.5 \angle -60°$$

(b) V_1, V_2, V_3를 각각 복소수 형태로 나타낸 후 더하면 다음과 같다.

$$V_1 = 2\angle 0° = 2\cos(0°) + j2\sin(0°) = 2 \times 1 + j2 \times 0 = 2$$

$$V_2 = 3\angle 30° = 3\cos(30°) + j3\sin(30°) = 2 \times \frac{\sqrt{3}}{2} + j3 \times \frac{1}{2} = \sqrt{3} + j\frac{3}{2}$$

$$V_3 = 4\angle 90° = 4\cos(90°) + j4\sin(90°) = 4 \times 0 + j4 \times 1 = j4$$

$$V_1 + V_2 + V_3 = 2 + \sqrt{3} + j\frac{3}{2} + j4 = 2 + \sqrt{3} + j\frac{11}{2}$$

이를 식 (8.11)을 적용해 페이저 형태로 표현하면 다음과 같다.

$$V_1 + V_2 + V_3 \simeq 6.65 \angle 55.84°$$

대부분의 공학용 계산기에 페이저와 복소수를 계산하는 기능이 있으므로 실제로는 간편하게 계산할 수 있다.

3. 임피던스

임피던스

직류 회로에서 커패시터는 개방된 회로로, 인덕터는 단락된 회로로 취급하고 나머지 저항만 다루면 되기 때문에 전압과 전류의 관계를 옴의 법칙으로 쉽게 해석할 수 있다. 하지만 정현파가 흐르는 교류 회로에서는 시간에 따라 전압과 전류가 변하기 때문에 인덕터와 커패시터가 중요한 역할을 한다. 인덕터는 전류의 변화를 방해하고 커패시터는 전압의 변화를 방해한다. 이 과정에서 전압과 전류 사이에 위상차가 생기게 되는데, 단순한 저항 개념만으로는 이를 간편하게 설명할 수 없고 복잡한 미분 방정식의 풀이가 필요해진다.

따라서 정현파 회로에서는 저항과 인덕터와 커패시터를 모두 하나의 통합된 개념으로 표현할 필요가 있다. 이때 필요한 것이 **임피던스**impedance로 정현파가 인가되는 교류 회로에서 저항의 역할을 일반화한 개념이다. 임피던스는 정현파 회로에서 전류의 흐름을 방해하는 정도를 나타내는 물리량으로 다음과 같이 복소수로 표현된다.

$$Z = R + jX \tag{8.12}$$

여기서 R은 저항으로 임피던스의 실수 성분이고, X는 임피던스의 허수 성분으로 **리액턴스**reactance라고 한다. 임피던스는 복소수이지만, 그 크기는 실수와 허수 성분 모두 저항과 같은 차원을 가지므로 단위는 $[\Omega]$을 사용한다.

Basic check

$Z = 3 + j4$일 때, 주어진 물음에 답하라.

(a) 저항 R을 구하라.
(b) 리액턴스 X를 구하라.
(c) 임피던스의 크기 $|Z|$를 구하라.

답

(a) $R = 3\,[\Omega]$
(b) $X = 4\,[\Omega]$ (리액턴스는 j를 제외한 부분을 의미하므로 $j4$로 쓰지 않도록 주의)
(c) $|Z| = \sqrt{R^2 + X^2} = \sqrt{3^2 + 4^2} = 5\,[\Omega]$

인덕터의 임피던스

정현파가 인가되는 교류 회로에서 인덕터의 임피던스는 다음과 같다.

$$Z_L = j\omega L \tag{8.13}$$

인덕터의 임피던스는 실수 성분을 가지지 않고 **양의 허수 성분**만으로 이루어져 있는데 이 인덕터의 리액턴스를 다음과 같이 나타내고 **유도 리액턴스**inductive reactance라고 한다.

$$X_L = \omega L \tag{8.14}$$

유도 리액턴스는 각속도(혹은 이에 비례하는 진동수)에 비례하고 인덕턴스에도 비례한다. 직류 상황은 진동수가 0, 즉 각속도가 0인 상황으로 볼 수 있는데, 이때 인덕터의 임피던스도 0이 된다.

임피던스가 0인 것은 단락된 도선을 의미하는데 6.2절 인덕터의 전류와 전압 관계에서 배운 내용과 부합하는 것을 알 수 있다.

Basic check

어떤 교류의 각속도 또는 진동수가 다음과 같을 때 주어진 물음에 답하라.

(a) $\omega = 20\,[\mathrm{rad/s}]$, $L = 3\,[\mathrm{H}]$일 때, 인덕터의 임피던스 Z_L을 구하라.

(b) $f = 60\,[\mathrm{Hz}]$, $L = 2\,[\mathrm{H}]$일 때, 인덕터의 임피던스 Z_L을 구하라.

답

(a) $Z_L = j\omega L = j20 \times 3 = j60\,[\Omega]$

(b) $Z_L = j\omega L = j2\pi f L = j2\pi \times 60 \times 2 = j240\pi\,[\Omega] \simeq j753.98\,[\Omega]$

Basic check

인덕터에 인가되는 전원의 $\omega = 10\,[\mathrm{rad/s}]$이고 인덕터의 임피던스는 $Z_L = j40\,[\Omega]$일 때, 인덕터의 인덕턴스를 구하라.

답

$Z_L = j\omega L$이므로 주어진 값들을 대입하면 $j40 = j10L$이다. 따라서 $L = 4\,[\mathrm{H}]$이다.

커패시터의 임피던스

정현파가 인가되는 교류 회로에서 커패시터의 임피던스는 다음과 같다.

$$Z_C = \frac{1}{j\omega C} = -j\frac{1}{\omega C} \tag{8.15}$$

커패시터의 임피던스는 실수 성분을 가지지 않고 **음의 허수 성분**만으로 이루어져 있는데, 이 커패시터의 리액턴스를 다음과 같이 나타내고 **용량 리액턴스**capacitive reactance라고 한다.

$$X_C = \frac{1}{\omega L} \tag{8.16}$$

용량 리액턴스는 각속도(혹은 이에 비례하는 진동수)와 커패시턴스에 반비례한다. 진동수가 0인 직류 상황에서 커패시터의 임피던스는 무한대가 된다. 임피던스가 무한대인 것은 개방된 도선을 의미하는데 6.1절 커패시터의 전류와 전압 관계에서 배운 내용과 부합하는 것을 알 수 있다.

Basic check

어떤 교류의 각속도 또는 진동수가 다음과 같을 때 주어진 물음에 답하라.

(a) $\omega = 20\,[\mathrm{rad/s}]$, $C = 5\,[\mathrm{F}]$일 때, 커패시터의 임피던스 Z_C를 구하라.

(b) $f = 60\,[\mathrm{Hz}]$, $C = 2\,[\mathrm{mH}]$일 때, 커패시터의 임피던스 Z_C를 구하라.

답

(a) $Z_C = \dfrac{1}{j\omega C} = \dfrac{1}{j20 \times 5} = -j0.01\,[\Omega]$

(b) $Z_C = \dfrac{1}{j\omega C} = \dfrac{1}{j2\pi f C} = \dfrac{1}{j2\pi \times 60 \times 0.002} \simeq -j1.326\,[\Omega]$

Basic check

커패시터에 인가되는 전원의 각속도가 $\omega = 10\,[\mathrm{rad/s}]$, 커패시터의 임피던스가 $Z_C = -j20\,[\Omega]$일 때, 커패시터의 커패시턴스를 구하라.

답

$Z_C = \dfrac{1}{j\omega C}$이므로 주어진 값들을 대입하면 $-j20 = \dfrac{1}{j10C}$이다.

여기서 C를 이항해 계산하면 다음과 같다.

$$C = \frac{1}{j10 \times (-j20)} = 0.005\,[\mathrm{F}] = 5\,[\mathrm{mF}]$$

임피던스의 직·병렬 연결

임피던스가 직렬 또는 병렬 연결된 경우에는 저항과 동일한 방식으로 각각 다음과 같이 합성 임피던스를 계산할 수 있다.

$$\text{직렬 연결 : } Z_T = Z_1 + Z_2 + Z_3 + \cdots + Z_n \tag{8.17a}$$

$$\text{병렬 연결 : } Z_T = \frac{1}{\dfrac{1}{Z_1} + \dfrac{1}{Z_2} + \dfrac{1}{Z_3} + \cdots + \dfrac{1}{Z_n}} \tag{8.17b}$$

예제 8-3

다음 회로에서 $\omega = 2\,[\text{rad/s}]$, $R = 12\,[\Omega]$, $C = \frac{1}{2}\,[\text{F}]$, $L = 3\,[\text{F}]$일 때, 주어진 물음에 답하라.

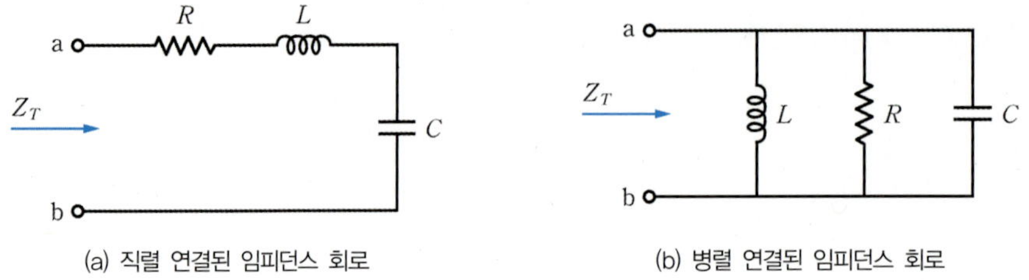

그림 8-4 [예제 8-3]의 회로

(a) [그림 8-4(a)]에서 단자 a와 b 사이의 합성 임피던스의 크기 $|Z_T|$를 구하라.

(b) [그림 8-4(b)]에서 단자 a와 b 사이의 합성 임피던스의 크기 $|Z_T|$를 구하라.

풀이

(a) 식 (8.13)과 식 (8.15)에 맞춰 임피던스로 변환하면 되는데, $\omega = 2\,[\text{rad/s}]$이므로 각 소자의 임피던스를 복소수 형태로 나타내면 다음과 같다.

$$Z_L = j\omega L = j2 \times 3 = j6$$

$$Z_C = \frac{1}{j\omega C} = \frac{1}{j2 \times \frac{1}{2}} = -j$$

저항은 저항값을 그대로 활용하면 된다.

$$Z_R = R = 12$$

이제 식 (8.17a)를 이용해 임피던스의 합을 구한다.

$$Z_T = Z_R + Z_L + Z_C = 12 + j6 + (-j) = 12 + j5$$

따라서 합성 임피던스의 크기는 다음과 같다.

$$|Z_T| = \sqrt{12^2 + 5^2} = 13\,[\Omega]$$

(b) (a)에서 구한 임피던스 값과 식 (8.17b)를 이용해 다음과 같이 합성 임피던스를 구한다.

$$Z_T = \frac{1}{\frac{1}{Z_R} + \frac{1}{Z_L} + \frac{1}{Z_C}} = \frac{1}{\frac{1}{12} + \frac{1}{6j} + \frac{1}{-j}} = \frac{12}{1 - j2 + j12} = \frac{12}{1 + j10}$$

$$= \frac{12}{1 + j10} \times \frac{1 - j10}{1 - j10} = \frac{12 - j120}{1 + 100} = \frac{12(1 - j10)}{101}$$

Z_T의 크기를 구하기 위해서 절댓값으로 정리하면 다음과 같다.

$$|Z_T| = \frac{12}{101}\sqrt{1^2 + (-10)^2} = \frac{12}{\sqrt{101}} \simeq 1.194\,[\Omega]$$

임피던스와 위상차

임피던스와 위상차의 관계를 알아보기 위해 [그림 8-5]를 예로 들어 살펴보자.

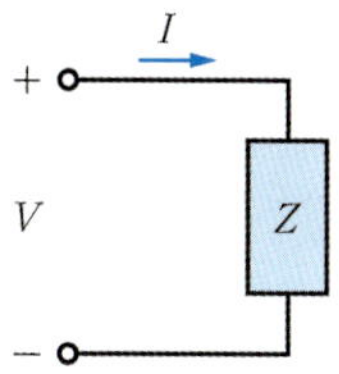

그림 8-5 임피던스에 인가되는 전압과 흐르는 전류

정현파 교류가 [그림 8-5]의 임피던스에 인가될 때, 전압 페이저 V와 전류 페이저 I를 다음과 같이 페이저로 나타낼 수 있다.[1]

$$V = V_{rms}\angle\theta_v, \qquad I = I_{rms}\angle\theta_i \tag{8.18}$$

이렇게 페이저로 나타낸 전압·전류 페이저와 임피던스는 저항에 적용되는 옴의 법칙과 유사하게 식 (8.19)를 만족한다.

$$Z = \frac{V}{I} \tag{8.19}$$

식 (8.18)을 식 (8.19)에 대입하면 식 (8.20)을 만족한다.

$$Z = \frac{V}{I} = \frac{V_{rms}\angle\theta_v}{I_{rms}\angle\theta_i} = \frac{V_{rms}}{I_{rms}}\angle\theta_v - \theta_i = |Z|\angle\phi \tag{8.20}$$

식 (8.20)에서 임피던스의 절댓값을 정리하면 식 (8.21a), 위상을 정리하면 식 (8.21b)와 같다.

$$|Z| = \frac{V_{rms}}{I_{rms}} \tag{8.21a}$$

$$Z\text{의 위상} = \phi \tag{8.21b}$$

1 식 (8.18)의 아래 첨자 rms는 실횻값을 나타내는 방법 중 하나이다. 정현파의 크기를 $\sqrt{2}$로 나눈 것으로 8.2절에서 자세히 배운다.

식 (8.21)의 정리를 통해 **전압과 전류의 실횻값의 비율이 Z의 크기를 결정하고 위상차가 Z의 위상을 결정**한다는 것을 알 수 있다. 식 (8.21)과 식 (8.12)를 하나의 식으로 정리하면 다음과 같다.

$$|Z|\angle\phi = R + jX \tag{8.22}$$

식 (8.22)를 저항에 대한 식으로 정리하면 식 (8.23a), 리액턴스에 대한 식으로 정리하면 식 (8.23b)와 같다.

$$R = |Z|\cos(\phi) \tag{8.23a}$$

$$X = |Z|\sin(\phi) \tag{8.23b}$$

Basic check

[그림 8-5]에서 $V = 8\sqrt{2}\angle 0°$, $I = 2\angle 45°$일 때, 저항 R과 리액턴스 X를 구하라.

답

식 (8.19)에 의해서 임피던스 Z는 다음과 같다.

$$Z = \frac{V}{I} = \frac{8\sqrt{2}\angle 0°}{2\angle 45°} = 4\sqrt{2}\angle -45°$$

전압과 전류의 위상차 ϕ는 45°이고, 식 (8.23)에 의해서 저항과 리액턴스를 구할 수 있다.

$$R = |Z|\cos(\phi) = 4\sqrt{2}\cos(45°) = 4\sqrt{2} \times \frac{1}{\sqrt{2}} = 4\,[\Omega]$$

$$X = |Z|\sin(\phi) = 4\sqrt{2}\sin(45°) = 4\sqrt{2} \times \frac{1}{\sqrt{2}} = 4\,[\Omega]$$

공진

교류 전원에 연결된 RLC 회로에서 특정 주파수에서 인덕터의 유도 리액턴스와 커패시터의 용량 리액턴스가 크기가 같고, 부호가 반대가 되어 서로 상쇄되는 현상을 **공진**resonance이라 한다. 공진이 일어나는 진동수를 **공진 주파수**라고 하고 단순하게 R, L, C가 직렬로 연결되거나 병렬로 연결된 식에서는 다음 식으로 구할 수 있다.

$$f_0 = \frac{1}{2\pi\sqrt{LC}} \tag{8.24}$$

만약 복잡하게 연결된 임피던스에서는 임피던스를 계산해 리액턴스 성분이 0이 되는 주파수가 공진 주파수가 된다. 직렬 RLC 회로에서는 공진 주파수에서 전류 크기가 커지고 병렬 RLC 회로에서는 공진 주파수에서 전류 크기가 가장 작다.

Basic check

인덕터와 커패시터가 직렬로 있는 임피던스에서 $L = 2\,[\text{H}]$, $C = 0.125\,[\text{F}]$일 때, 공진 주파수 f_0를 구하라.

답

식 (8.24)에 의해서 공진 주파수는 다음과 같다.

$$f_0 = \frac{1}{2\pi\sqrt{LC}} = \frac{1}{2\pi\sqrt{2 \times 0.125}} = \frac{1}{2\pi \times 0.5} = \frac{1}{\pi}\,[\text{Hz}] \simeq 0.318\,[\text{Hz}]$$

4. 페이저를 이용한 정현파의 정상 상태 응답

정현파 전원 회로의 정상 상태 응답

7장에서 배운 바와 같이, 정상 상태 응답은 일정 시간이 지난 후의 응답이다. 저항, 인덕터, 커패시터로 이루어진 회로에 정현파 전원이 인가되면 일정 시간이 지난 후에 일정한 정현파 응답이 나타나게 된다. 이것이 정현파 전원 회로의 정상 상태 응답이 된다.

정현파 전원 회로의 정상 상태 응답을 직접 미분 방정식을 세워서 해석할 수도 있지만, 이렇게 하면 지나치게 복잡해진다. 하지만 앞서 배운 페이저와 임피던스를 사용하면 직류 회로와 동일한 방법으로 간단하게 계산할 수 있다.

페이저와 임피던스를 사용해 정현파 전원 회로의 정상 상태 응답을 해석하는 방법을 알아보자.

페이저와 임피던스를 사용해 정현파 전원 회로의 정상 상태 응답 해석하는 방법

1. **전원의 페이저 변환** : 시간 영역의 정현파 전원을 페이저로 변환해 각속도를 확인한다.
2. **회로 소자들의 임피던스로의 변환** : 저항, 인덕터, 커패시터를 페이저로 변환한다.
3. **회로 해석** : 노드 해석, 메시 해석과 같은 기존의 해석 방법을 적용해 페이저 해를 구한다.
4. **해의 시간 영역으로의 변환** : 페이저 해를 시간 영역의 정현파로 변환한다.

[그림 8-6]의 회로에서 각 소자에 인가되는 전압과 전류의 정상 상태 응답을 페이저와 임피던스를 이용해서 구해보자.

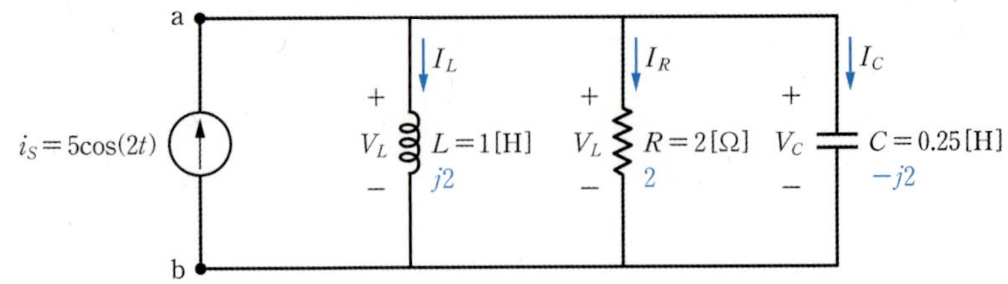

그림 8-6 정현파 전원 회로의 페이저와 임피던스 활용 해석

1 전원의 페이저 변환

전원인 전류 전원 $i_S = 5\cos(2t)$를 페이저로 나타내면 $I_S = 5\angle 0°$, 각속도는 $\omega = 2$ [rad/s]다.

2 회로 소자들의 임피던스로의 변환

인덕터와 커패시터는 $\omega = 2$ [rad/s]인 것을 활용해 식 (8.12)와 식 (8.13)에 맞춰 임피던스로 변환한다. 저항은 저항값을 그대로 활용하면 된다.

$$Z_L = j\omega L = j2 \times 1 = j2 \tag{8.25a}$$

$$Z_C = \frac{1}{j\omega C} = \frac{1}{j2 \times \frac{1}{4}} = -j2 \tag{8.25b}$$

$$Z_R = R = 2 \tag{8.25c}$$

3 회로 해석

b를 기준 노드로 정하고 a에서 노드 해석을 적용하면 식 (8.26)과 같다.

$$I_S = I_L + I_R + I_C \tag{8.26}$$

임피던스는 옴의 법칙을 적용하는 저항과 같은 방식으로 다룰 수 있으므로 식 (8.27)과 같이 적용할 수 있다.

$$5\angle 0° = \frac{V_a}{j2} + \frac{V_a}{2} + \frac{V_a}{-j2} \tag{8.27}$$

식 (8.27)을 정리하면 V_a는 다음과 같다.

$$V_a = 5\angle 0°(j2 + 2 + (-j2)) = 5\angle 0° \times 2 = 10\angle 0° \tag{8.28}$$

이 회로에서 인덕터, 저항, 커패시터가 모두 병렬이므로 각 소자에 인가되는 전압은 다음과 같다.

$$V_L = V_R = V_C = V_a = 10\angle 0° \tag{8.29}$$

각 소자에 흐르는 전류는 옴의 법칙을 적용해 구한다.

$$I_L = \frac{V_a}{Z_L} = \frac{10\angle 0^\circ}{j2} = \frac{10\angle 0^\circ}{2\angle 90^\circ} = 5\angle -90^\circ \tag{8.30a}$$

$$I_R = \frac{V_a}{Z_R} = \frac{10\angle 0^\circ}{2} = \frac{10\angle 0^\circ}{2\angle 0^\circ} = 5\angle 0^\circ \tag{8.30b}$$

$$I_C = \frac{V_a}{Z_C} = \frac{10\angle 0^\circ}{-j2} = \frac{10\angle 0^\circ}{2\angle -90^\circ} = 5\angle 90^\circ \tag{8.30c}$$

4 해의 시간 영역으로의 변환

구해진 페이저 식을 시간 영역으로 변환한다. 이때 처음에 cos 함수를 페이저로 변환했기 때문에 페이저 식을 시간 영역으로 변환할 때 cos 함수로 변환한다. ω는 전원의 ω와 동일하게 하면 된다. 식 (8.29)의 각 소자에 인가되는 전압은 식 (8.31)과 같고, 식 (8.30)의 각 소자에 흐르는 전류는 식 (8.32)와 같다.

$$v_L(t) = v_R(t) = v_C(t) = v_a(t) = 10\cos(2t) \tag{8.31}$$

$$i_L(t) = 5\cos(2t - 90^\circ) \tag{8.32a}$$

$$i_R(t) = 5\cos(2t) \tag{8.32b}$$

$$i_C(t) = 5\cos(2t + 90^\circ) \tag{8.32c}$$

이처럼 정현파 전원 회로에서 페이저와 임피던스를 활용하면 미분 방정식의 풀이 없이도 정상 상태 응답을 간편하게 구할 수 있다.

예제 8-4

다음 회로에서 $R = 8\,[\Omega]$, $C = \frac{1}{32}\,[\mathrm{F}]$, $L = 4\,[\mathrm{F}]$, $v_0 = 48\sin(4t + 60^\circ)\,[\mathrm{V}]$일 때, 주어진 물음에 답하라.

(a) v_0에 대한 페이저 V_0를 구하라.

(b) 저항, 인덕터, 커패시터의 임피던스를 구하라.

(c) v_R, v_L, v_C를 페이저 형태로 표현하라.

(d) v_R, v_L, v_C를 시간 영역의 함수 형태로 표현하라.

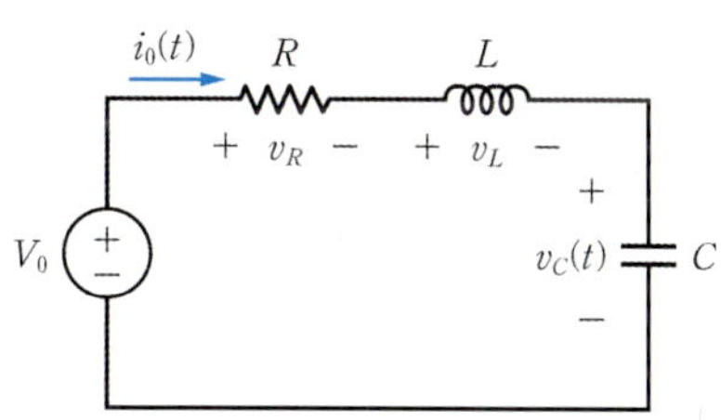

그림 8-7 [예제 8-4]의 회로

풀이

(a) $V_0 = 48\angle 60°$

(b) 식 (8.13), (8.15)에 맞춰 임피던스로 변환하면 되는데, $\omega = 4\,[\text{rad/s}]$이므로 각 소자의 임피던스를 복소수 형태로 나타내면 다음과 같다.

$$Z_L = j\omega L = j4 \times 4 = j16$$
$$Z_C = \frac{1}{j\omega C} = \frac{1}{j4 \times \dfrac{1}{32}} = -j8$$

저항은 저항값을 그대로 활용하면 된다.

$$Z_R = R = 8$$

(c) 각 소자에 인가되는 전압을 구하기 위해 회로에 흐르는 전류를 I_0라 하고 메시 해석을 적용하면 다음과 같은 식을 얻을 수 있다.

$$V_0 = V_R + V_L + V_C$$
$$48\angle 60° = 8I_0 + j16I_0 + (-j8I_0)$$
$$48\angle 60° = 8(1+j)I_0$$

이 식을 정리하여 I_0를 구하면 다음과 같다.

$$I_0 = \frac{48\angle 60°}{8(1+j)} = \frac{48\angle 60°}{8\sqrt{2}\angle 45°} = 3\sqrt{2}\angle 15°$$

I_0에 식 (8.20)을 적용하여 개별 소자에 인가된 전압을 구한다.

$$V_R = I_0 Z_R = 3\sqrt{2}\angle 15° \times 8 = 24\sqrt{2}\angle 15°$$
$$V_L = I_0 Z_L = 3\sqrt{2}\angle 15° \times j16 = 3\sqrt{2}\angle 15° \times 16\angle 90° = 48\sqrt{2}\angle 105°$$
$$V_C = I_0 Z_C = 3\sqrt{2}\angle 15° \times (-j8) = 3\sqrt{2}\angle 15° \times 8\angle -90° = 24\sqrt{2}\angle -75°$$

(d) 구해진 페이저 식을 시간 영역으로 변환한다. 이때 처음에 sin 함수를 페이저로 변환했기 때문에 페이저 식을 시간 영역으로 변환할 때 sin 함수로 변환한다. ω는 전원의 ω와 동일하게 $4\,[\text{rad/s}]$로 하면 된다.

$$v_R(t) = 24\sqrt{2}\sin(4t + 15°)\,[\text{V}]$$
$$v_L(t) = 48\sqrt{2}\sin(4t + 105°)\,[\text{V}]$$
$$v_C(t) = 24\sqrt{2}\sin(4t - 75°)\,[\text{V}]$$

LESSON 8.2 정현파 교류 회로의 전력

✓ 기본 개념 | 평균 전력 | 실횻값 | 복소 전력 | 역률 | 최대 전력 전달

1. 평균 전력과 실횻값

정현파 교류의 평균 전력

[그림 8-8]의 회로에는 정현파 교류 전압 $v(t) = V_m\cos(\omega t + \theta_v)$이 인가되어 정현파 교류 전류 $i(t) = I_m\cos(\omega t + \theta_i)$가 흐르고 있다(여기서 θ_v와 θ_i는 전압과 전류의 위상을 의미한다).

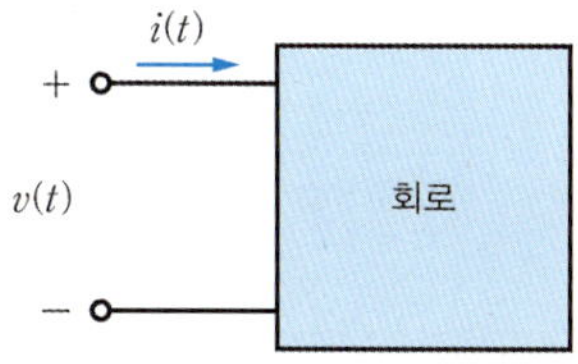

그림 8-8 정현파 교류가 인가되는 회로

이 회로에서 시간 t에서 소비되는 전력을 **순시 전력** instantaneous power 이라 하고, $p(t)$로 나타낸다. 순시 전력은 식 (8.33)과 같이 구할 수 있다.

$$p(t) = v(t)\,i(t) \tag{8.33}$$

[그림 8-8]에 식 (8.33)을 적용하면 다음과 같다.

$$\begin{aligned} p(t) &= v(t)i(t) = V_m\cos(\omega t + \theta_v)I_m\cos(\omega t + \theta_i) \\ &= \frac{V_m I_m}{2}\cos(\theta_v - \theta_i) + \frac{V_m I_m}{2}\cos(2\omega t + \theta_v + \theta_i) \end{aligned} \tag{8.34}$$

TIP 이때 사용한 삼각 함수 공식은 $\cos A\cos B = \frac{1}{2}\cos(A - B) + \frac{1}{2}\cos(A + B)$이다.

식 (8.34)에서 우변의 첫 번째 항은 시간에 따라 변하지 않는 상수이고 두 번째 항은 각속도가 2ω인 정현파이다. [그림 8-9]처럼 식 (8.34)를 그래프로 그리면 $p(t)$는 일정한 값인 $\frac{V_m I_m}{2}$ $\cos(\theta_v - \theta_i)$를 기준으로 식 (8.34) 우변의 두 번째 항에 의해서 위아래로 움직인다.

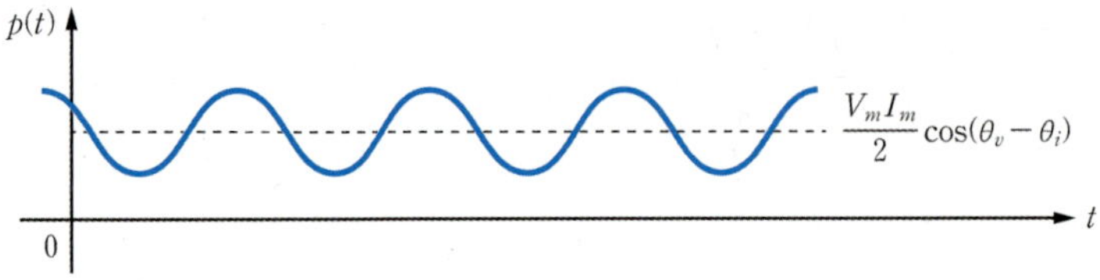

그림 8-9 정현파 교류 회로의 전력

순시 전력 $p(t)$는 식 (8.34)처럼 시간에 따라서 다른 값을 가진다. 이때 시간에 대해 평균적인 전력을 **평균 전력**average power 또는 **유효 전력**이라고 한다. 평균 전력은 $p(t)$가 주기 함수이므로 하나의 주기 동안 $p(t)$를 적분하고 이를 다시 $p(t)$의 주기 T로 나누어 평균 전력을 구하면 식 (8.34)와 같다.

$$P_{av} = \frac{V_m I_m}{2}\cos(\phi) \quad (\text{단, } \phi = \theta_v - \theta_i) \tag{8.35}$$

Level up! **평균 전력의 계산**

$v(t) = V_m\cos(\omega t + \theta_v)$와 $i(t) = I_m\cos(\omega t + \theta_i)$가 정현파이므로 주기 T를 가진다. 이에 대한 곱인 $p(t)$도 T를 주기로 가지는 주기 함수이다. 따라서 $p(t)$를 구간 T로 적분하고 이를 다시 T로 나누어 주어서 평균 전력 P_{av}를 구한다.

$$\begin{aligned}
P_{av} &= \frac{1}{T}\int_0^T V_m\cos(\omega t + \theta_v) I_m\cos(\omega t + \theta_i)dt \\
&= \frac{V_m I_m}{T}\int_0^T \frac{\cos(2\omega t + \theta_v + \theta_i) + \cos(\theta_i - \theta_i)}{2}dt \\
&= \frac{V_m I_m}{T}\left(\int_0^T \frac{\cos(2\omega t + \theta_v + \theta_i)}{2}dt + \int_0^T \frac{\cos(\theta_i - \theta_i)}{2}dt\right)
\end{aligned}$$

여기서 우변 괄호 안의 첫 번째 항을 주기 T로 적분하면 0이 되고 두 번째 항의 적분 안의 항은 t와 무관한 상수이다.

$$\begin{aligned}
P_{av} &= \frac{V_m I_m}{T}\left(0 + \frac{\cos(\theta_i - \theta_i)}{2}\int_0^T dt\right) \\
&= \frac{V_m I_m}{T}\frac{\cos(\theta_i - \theta_i)}{2}T
\end{aligned}$$

$$= \frac{V_m I_m}{2}\cos(\theta_i - \theta_i)$$

$$= \frac{V_m I_m}{2}\cos(\phi) \ \ (\text{여기서 } \phi = \theta_i - \theta_i)$$

따라서 평균 전력 P_{av}는 전압과 전류의 크기와 위상차에 의해서 결정되는 것을 알 수 있다.

Basic check

[그림 8-8]에서 정현파 전압은 $v(t) = 10\cos(100t + 15°)$이고, 정현파 전류는 $i(t) = 5\cos(100t + 75°)$이다. 회로에서 소모되는 평균 전력 P_{av}를 구하라.

답

$V_m = 10$, $I_m = 5$, $\theta_v = 15°$, $\theta_i = 75°$이다.

이를 식 (8.35)에 대입하면 다음과 같다.

$$P_{av} = \frac{V_m I_m}{2}\cos(\phi) = \frac{10 \times 5}{2}\cos(15° - 75°) = \frac{10 \times 5}{2} \times \frac{1}{2} = 12.5\,[\mathrm{W}]$$

실횻값

교류에서는 전압과 전류가 시간에 따라서 계속 변화한다. 따라서 직류로 환산했을 때 동일한 효과를 내는 값을 정의하는데 이 값을 **실횻값** root mean square, rms 이라고 한다. 실횻값은 한 주기 동안의 값의 제곱 평균에 제곱근을 취한 값이다. 보통 첨자로 rms나 eff를 붙여서 나타낸다. 예를 들어, 전압의 실횻값은 V_{rms} 혹은 V_{eff}로 나타낸다. 식 (8.36)은 각각 전압과 전류의 실횻값을 구하는 식이다.

$$V_{rms} = V_{eff} = \sqrt{\frac{1}{T}\int_0^T v^2(t)dt} \tag{8.36a}$$

$$I_{rms} = I_{eff} = \sqrt{\frac{1}{T}\int_0^T i^2(t)dt} \tag{8.36b}$$

정현파 교류 전압은 $v(t) = V_m\cos(\omega t + \theta_v)$, 정현파 교류 전류는 $i(t) = I_m\cos(\omega t + \theta_i)$로 나타난 경우 실횻값은 각각 다음과 같이 구할 수 있다.

$$V_{rms} = \frac{V_m}{\sqrt{2}} \tag{8.37a}$$

$$I_{rms} = \frac{I_m}{\sqrt{2}} \tag{8.37b}$$

식 (8.35)에서 평균 전력을 실횻값을 이용해서 나타내면 식 (8.38)이 되고, 이를 최종적으로 정리하면 식 (8.39)와 같다.

$$P_{av} = \frac{V_m I_m}{2}\cos(\phi) = \frac{V_m}{\sqrt{2}}\frac{I_m}{\sqrt{2}}\cos(\phi) \tag{8.38}$$

$$P_{av} = V_{rms} I_{rms} \cos(\phi) \tag{8.39}$$

Basic check

[그림 8-5]에서 $v(t) = 20\cos(60t)$이고 $i(t) = 4\cos(60t + 120°)$일 때, 주어진 물음에 답하라.

(a) $v(t)$와 $i(t)$의 실횻값을 구하라.

(b) (a)의 결과를 이용해 평균 전력 P_{av}를 구하라.

답

(a) 식 (8.37)에 의해서 V_{rms}와 I_{rms}는 다음과 같다.

$$V_{rms} = \frac{V_m}{\sqrt{2}} = \frac{20}{\sqrt{2}} = 10\sqrt{2} = 14.142\,[\mathrm{V}]$$

$$I_{rms} = \frac{I_m}{\sqrt{2}} = \frac{4}{\sqrt{2}} = 2\sqrt{2} = 2.828\,[\mathrm{A}]$$

(b) 식 (8.38)에 의해서 P_{av}는 다음과 같다.

$$P_{av} = V_{rms} I_{rms} \cos(\phi) = 10\sqrt{2} \times 2\sqrt{2}\cos(0° - 120°) = -20\,[\mathrm{W}]$$

2. 복소 전력과 역률

복소 전력

직류 회로에서는 전력이 단순히 전류와 전압의 곱으로 나타난다. 그러나 교류 회로에서는 전압과 전류가 시간에 따라서 계속 변하고 위상차 ϕ가 존재하기 때문에 단순하게 표현할 수 없다. 교류 회로에서는 전류와 전압이 동시에 양수 또는 음수일 때는 실제 전력이 전달되지만 그렇지 않을 때는 에너지가 저장되었다가 되돌아오기도 한다.

따라서 교류 회로의 전력을 표현할 때는 평균적으로 소비되는 전력인 평균 전력 P와 저장되고 방출되는 전력인 **무효 전력** reactive power Q를 함께 고려해야 한다. 이를 아우르는 개념을 **복소 전력** complex power 이라고 한다. 복소 전력 S는 복소수로 식 (8.40)과 같이 나타낼 수 있다.

$$S = P + jQ \tag{8.40}$$

여기서 P는 유효 전력으로 S의 실수부를 의미하며 평균적으로 실제 소모되는 전력으로 단위는 [W]이다. Q는 무효 전력으로 S의 허수부를 의미하며 에너지가 저장되었다가 되돌아오는 전력을 의미하고 단위는 [VAR] volt-ampere reactive 이다.

복소 전력 S의 크기를 **피상 전력** $|S|$라 하고 단위는 [VA]다. 피상 전력은 식 (8.41)로 구할 수 있다.

$$|S| = \sqrt{P^2 + Q^2} \tag{8.41}$$

복소 전력과 페이저

정현파 교류 전압 $v(t) = V_m \cos(\omega t + \theta_v)$이 인가되어 정현파 교류 전류 $i(t) = I_m \cos(\omega t + \theta_i)$가 흐르는 상황에서 전압과 전류 페이저를 식 (8.42)와 같이 나타낼 수 있다. 이때 페이저의 크기는 일반적으로 **실횻값**으로 나타낸다.

$$V = \frac{V_m}{\sqrt{2}} \angle \theta_v = V_{rms} \angle \theta_v \tag{8.42a}$$

$$I = \frac{I_m}{\sqrt{2}} \angle \theta_i = I_{rms} \angle \theta_i \tag{8.42b}$$

이때 복소 전력은 페이저로 식 (8.43)과 같이 정의된다.

$$S = VI^* \tag{8.43}$$

TIP 위 식에서 *은 켤레 복소수를 의미하는데 복소수에서 허수부의 기호를 반대로 한다는 의미이다. 예를 들어, $I = 2 + j3$이면 $I^* = 2 - j3$이다. 또한 $I = 5\angle 60°$라면 $I^* = 5\angle -60°$이다.

[그림 8-10]은 복소 전력 S, 피상 전력 $|S|$, 평균 전력 P, 무효 전력 Q의 관계를 나타낸 것이고 식 (8.44)와 같이 삼각 함수로 구할 수 있다.

$$\text{유효 전력 } P = |S| \cos(\phi) \tag{8.44a}$$

$$\text{무효 전력 } Q = |S| \sin(\phi) \tag{8.44b}$$

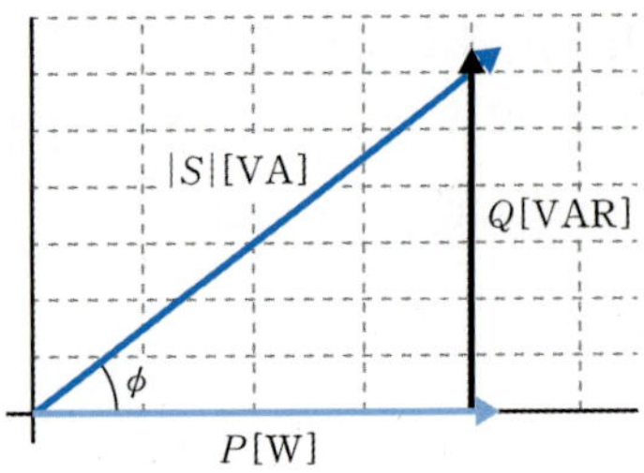

그림 8-10 교류에서의 전력 삼각형

Basic check

회로에 인가되는 전압 페이저와 흐르는 전류 페이저가 각각 $V = 4 + j3$, $I = 3 - j2$일 때, 주어진 물음에 답하라. 단, V와 I는 실횻값이다.

(a) 복소 전력 S를 구하라.
(b) 유효 전력 P와 무효 전력 Q를 구하라.

답

(a) 식 (8.43)에 의해서 S는 다음과 같다.

$$S = VI^* = (4 + j3)(3 + j2) = 6 + 17j\,[\text{VA}]$$

(b) 유효 전력과 무효 전력은 식 (8.40)에 의해서 다음과 같다.

$$P = 6\,[\text{W}], \qquad Q = 17\,[\text{VAR}]$$

예제 8-5

전원의 $v(t) = 12\cos(10t)$이고 $i(t) = 2\cos(10t + 60°)$일 때, 주어진 물음에 답하라. 단, 페이저의 크기는 실횻값으로 구하라.

(a) v와 i에 대한 페이저 V와 I를 구하라.
(b) 전원이 공급하는 복소 전력 S를 구하라.
(c) 피상 전력 $|S|$, 유효 전력 P, 무효 전력 Q를 구하라.

풀이

(a) 식 (8.37)에 의해서 v와 i에 대한 페이저는 다음과 같다.

$$V = \frac{12}{\sqrt{2}}\angle 0° = 6\sqrt{2}\angle 0°, \qquad I = \frac{2}{\sqrt{2}}\angle 60° = \sqrt{2}\angle 60°$$

(b) 식 (8.43)에 의해서 S는 다음과 같다.

$$S = VI^* = 6\sqrt{2}\angle 0°(\sqrt{2}\angle -60°) = 12\angle -60°$$

(c) (b)에서 구한 S에 의해 $|S|$는 다음과 같다.

$$|S| = |12\angle -60°| = 12$$

P와 Q는 식 (8.44)를 이용해 다음과 같이 구할 수 있다.

$$P = |S|\cos(\phi) = 12\cos(-60°) = 6\,[\mathrm{W}]$$
$$Q = |S|\sin(\phi) = 12\sin(-60°) = -6\sqrt{3} \simeq -10.392\,[\mathrm{VAR}]$$

임피던스에서 소모되는 전력

임피던스에서 소모되는 전력을 알아보기 위해서 식 (8.43)을 다음과 같이 전개한다.

$$\begin{aligned} S = VI^* &= V_{rms}\angle\theta_v (I_{rms}\angle\theta_i)^* = V_{rms}\angle\theta_v\, I_{rms}\angle -\theta_i \\ &= V_{rms} I_{rms}\angle\theta_v - \theta_i = V_{rms} I_{rms}\angle\phi \end{aligned} \tag{8.45}$$

식 (8.45)의 양변에 절댓값을 취하면 다음과 같이 복소 전력 S의 크기(피상 전력)에 대한 식을 구할 수 있다.

$$|S| = V_{rms} I_{rms} \tag{8.46}$$

식 (8.21a)를 정리해 식 (8.46)에 대입하면 다음과 같다.

$$|S| = V_{rms} I_{rms} = \frac{V_{rms}^2}{|Z|} \tag{8.47}$$

식 (8.47)을 식 (8.44a)에 대입해 임피던스에서 소모되는 유효 전력 P에 대한 식을 구하면 다음과 같다.

$$P = \frac{V_{rms}^2}{|Z|}\cos(\phi) = \frac{V_{rms}^2}{|Z|^2}R \tag{8.48}$$

식 (8.47)을 식 (8.44b)에 대입해 임피던스에서 소모되는 무효 전력 Q에 대한 식을 구하면 다음과 같다.

$$Q = \frac{V_{rms}^2}{|Z|}\sin(\phi) = \frac{V_{rms}^2}{|Z|^2}X \tag{8.49}$$

식 (8.48)과 식 (8.49)를 통해서 유효 전력은 저항에서 소모되는 전력이고, 무효 전력은 리액턴스에 의해서 저장·방출되는 전력임을 알 수 있다.

Basic check

회로에 인가되는 전압 페이저와 임피던스가 각각 $V = 10\angle 0°\,[\text{V}]$, $Z = 8 + j6\,[\Omega]$일 때, 피상 전력 $|S|$, 유효 전력 P, 무효 전력 Q를 구하라. 단, 전압 페이저의 크기는 rms값이다.

답

먼저 임피던스의 크기를 구하면 다음과 같다.

$$|Z| = \sqrt{R^2 + X^2} = \sqrt{8^2 + 6^2} = 10\,[\Omega]$$

식 (8.47)에 의해 $|S|$는 다음과 같다.

$$|S| = \frac{V_{rms}^2}{|Z|} = \frac{10^2}{10} = 10\,[\text{VA}]$$

P와 Q는 각각 식 (8.48), (8.49)를 이용해 다음과 같이 구할 수 있다.

$$P = \frac{V_{rms}^2}{|Z|^2}R = \frac{10^2}{10^2} \times 8 = 8\,[\text{W}]$$

$$Q = \frac{V_{rms}^2}{|Z|^2}X = \frac{10^2}{10^2} \times 6 = 6\,[\text{VAR}]$$

역률

교류 회로에서는 전압과 전류 사이에 위상차가 있게 되는데 전달하는 피상 전력보다 실제로 사용할 수 있는 전력인 유효 전력이 더 작아지게 된다. 이때 전력 전달의 효율성을 나타내는 지표를 **역률** power factor, pf 이라 하고, 식 (8.50)과 같이 정의된다.

$$pf = \frac{P}{|S|} \tag{8.50}$$

식 (8.50)은 정현파 교류 회로에서 식 (8.51)과 같이 위상차를 이용해서 정의될 수 있다.

$$pf = \cos(\phi) \tag{8.51}$$

역률은 $0 \le pf \le 1$의 값을 가진다. **$pf = 1$이면** 전압과 전류의 위상차가 $0°$인 것으로 **모든 전력이 유효 전력으로 전달**됨을 의미한다. **$pf = 0$인 경우**는 전압과 전류의 위상차가 $90°$이고 **유효 전력은 없고** 전력은 저장·방출만 이루어진다. $0 < pf < 1$인 경우는 피상 전력의 일부만 유효 전력이 되는 상황이다.

전력망에서는 **가능하면 역률을 1에 가깝게** 해 소비 전력을 높여서 낭비되는 전력을 줄이려고 노력한다. 이를 위해서 무효 전력을 줄여야 하는데, 식 (8.49)처럼 무효 전력의 크기가 리액턴스가 커질수록 커지므로, 리액턴스를 줄이려고 한다.

Basic check

어떤 회로에서 전압과 전류가 각각 다음과 같을 때 역률을 구하라.

(a) $v(t) = 3\cos(60t)$, $i(t) = 0.1\cos(60t + 60°)$

(b) $V = 10\angle 15°$, $I = 2\angle -30°$

답

(a) $\phi = \theta_v - \theta_i = 0° - 60° = -60°$이므로 $pf = \cos(\phi) = \cos(-60°) = 0.5$

(b) $\phi = \theta_v - \theta_i = 15° - (-30°) = 45°$이므로 $pf = \cos(\phi) = \cos(45°) = \dfrac{1}{\sqrt{2}} \simeq 0.707$

3. 최대 전력 전달

교류에서는 최대 전력 전달을 위해서 저항과 함께 리액턴스도 고려해야 한다. [그림 8-11]을 예로 들어 살펴보자.

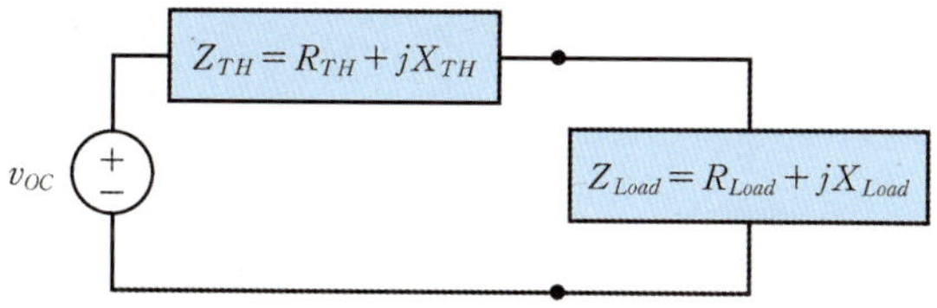

그림 8-11 교류에서의 최대 전력 전달

[그림 8-11]의 테브난 임피던스 Z_{TH}를 $R_{TH} + jX_{TH}$로, 부하 임피던스 Z_{Load}는 $R_{Load} + jX_{Load}$로 나타낼 때, 최대의 전력을 전달받기 위한 조건은 식 (8.52)와 같다.

$$R_{Load} = R_{TH},\ X_{Load} = -X_{TH} \tag{8.52}$$

따라서 최대 전력을 전달받기 위한 로드 임피던스는 식 (8.53)과 같다.

$$Z_{Load} = R_{TH} - jX_{TH} \tag{8.53}$$

식 (8.53)은 식 (8.54)와 같이 켤레 복소수 표시로 적을 수 있다.

$$Z_{Load} = Z_{TH}^{*} \tag{8.54}$$

이때 전달되는 최대 전력은 식 (8.55)와 같다.

$$P_{\max} = \frac{|V_{TH,rms}|^2}{4R_{TH}} \tag{8.55}$$

Basic check

[그림 8-11]에서 $Z_{TH} = 25 + j15\,[\Omega]$일 때, 최대 전력을 전달받기 위한 부하 임피던스 Z_{Load}를 구하라.

답

식 (8.53)에 의해서 로드 임피던스는 $Z_{Load} = 25 - j15$다.

예제 8-6

[그림 8-12]에서 $v_{OC}(t) = 4\cos(20t)$, $R = 4\,[\Omega]$, $C = 5\,[\text{mF}]$일 때, 다음 물음에 답하라.

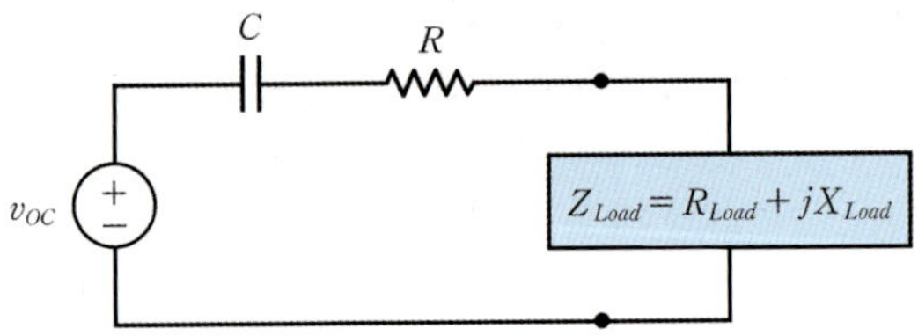

그림 8-12 [예제 8-6]의 회로

(a) C에 대한 임피던스 Z_C를 구하라.

(b) 최대 전력을 전달받기 위한 Z_{Load}을 구하라.

(c) 최대 전력을 전달받기 위한 Z_{Load}을 직렬 연결된 저항 R_{Load}와 직렬 연결된 인덕터의 인덕턴스 L로 구현하려고 한다. R_{Load}와 L을 구하라.

(d) 전달되는 최대 전력 $P_{\max}$를 구하라.

풀이

(a) $\omega = 20$이므로, Z_C는 다음과 같다.

$$Z_C = \frac{1}{j\omega C} = \frac{1}{j20 \times 0.005} = -j10\,[\Omega]$$

(b) Z_{Load}는 식 (8.53)에 의해서 다음과 같이 구할 수 있다.

$$Z_{Load} = R_{TH} - jX_{TH} = 4 + j10$$

(c) R_{Load}는 Z_{Load}의 실수부를 그대로 사용하면 되므로 $R_{Load} = 4\,[\Omega]$이다.

Z_{Load}의 허수가 인덕터로 구현되므로 다음과 같이 식을 세울 수 있다.

$$j10 = j\omega L$$
$$j10 = j20L$$
$$\therefore\ L = 0.5\,[\mathrm{F}]$$

(d) 최대 전력을 구하기 위해 V_{TH}의 실횻값을 구하면 다음과 같다.

$$V_{TH,rms} = \frac{4}{\sqrt{2}}\,[\mathrm{V}]$$

$P_{\max}$는 식 (8.55)에 의해서 다음과 같이 구할 수 있다.

$$P_{\max} = \frac{|V_{TH,rms}|^2}{4R_{TH}} = \frac{\left|\frac{4}{\sqrt{2}}\right|^2}{4 \times 4} = 0.5\,[\mathrm{W}]$$

Level up! **최대 전력 전달 조건 구하기**

[그림 8-11]에서 회로에서 흐르는 전체 전류와 부하에 흐르는 전류 I_{Load}는 같다.

$$I_{Load} = \frac{V_{OC}}{(R_{TH} + jX_{TH}) + (R_{Load} + jX_{Load})}$$

$$I_{Load,rms} = \frac{V_{OC}}{\sqrt{2}\sqrt{(R_{TH} + R_{Load})^2 + (X_{TH} + X_{Load})^2}}$$

식 (8.48)에서 $\dfrac{V_{rms}^2}{|z|^2}$가 I_{rms}^2과 같으므로 부하에서 소모되는 전력은 다음과 같이 구할 수 있다.

$$P_{Load} = \left(\frac{V_{OC}}{\sqrt{2}\sqrt{(R_{TH} + R_{Load})^2 + (X_{TH} + X_{Load})^2}}\right)^2 R_{Load}$$

$$P_{Load} = \frac{R_{Load}V_{OC,rms}^2}{(R_{TH} + R_{Load})^2 + (X_{TH} + X_{Load})^2} \quad \cdots ①$$

P_{Load}의 최댓값은 P_{Load}를 X_{Load}과 R_{Load}에 대한 극대점$\left(\dfrac{\partial P_{Load}}{\partial X_{Load}} = \dfrac{\partial P_{Load}}{\partial R_{Load}} = 0\right)$을 찾아서 구할 수 있다.

먼저 식 ①을 미분하여 $\frac{\partial P_{Load}}{\partial X_{Load}}=0$을 적용해보자.

$$\frac{\partial P_{Load}}{\partial X_{Load}} = \frac{\partial}{\partial X_{Load}}\left(\frac{R_{Load}V_{OC,rms}^2}{(R_{TH}+R_{Load})^2+(X_{TH}+X_{Load})^2}\right)$$

$$= \frac{-2(X_{TH}+X_{Load})R_{Load}V_{OC,rms}^2}{[(R_{TH}+R_{Load})^2+(X_{TH}+X_{Load})^2]^2} \quad \cdots ②$$

식 ②가 0인 경우에 다음 식을 만족한다.

$$X_{Load} = -X_{TH} \quad \cdots ③$$

이제 식 ①에 식 ③을 대입하고 양변을 미분하여 $\frac{\partial P_{Load}}{\partial R_{Load}}=0$을 적용하자.

$$\frac{\partial P_{Load}}{\partial R_{Load}} = \frac{\partial}{\partial R_{Load}}\left(\frac{R_{Load}V_{OC,rms}^2}{(R_{TH}+R_{Load})^2+(X_{TH}+X_{Load})^2}\right)$$

$$= \frac{[(R_{TH}+R_{Load})^2+(X_{TH}+X_{Load})^2-2(R_{TH}+R_{Load})R_{Load}]V_{OC,rms}^2}{[(R_{TH}+R_{Load})^2+(X_{TH}+X_{Load})^2]^2} \quad \cdots ④$$

식 ④에 식 ③을 적용하여 정리하면 다음과 같다.

$$\frac{\partial P_{Load}}{\partial R_{Load}} = \frac{(R_{TH}+R_{Load})(R_{TH}-R_{Load})V_{OC,rms}^2}{[(R_{TH}+R_{Load})^2+(X_{TH}+X_{Load})^2]^2} \quad \cdots ⑤$$

식 ⑤는 다음 식이 만족될 때 0이 된다.

$$R_{Load} = R_{TH} \quad \cdots ⑥$$

그러므로 최대 전력 전달에 관한 식 (8.52)는 식 ③과 식 ⑥으로 증명된다.

이때 전달되는 최대 전력은 식 ①에 식 ②와 식 ⑥을 대입하여 다음과 같이 구할 수 있다.

$$P_{Load} = \frac{R_{Load}V_{OC,rms}^2}{(R_{TH}+R_{Load})^2+(X_{TH}+X_{Load})^2} = \frac{R_{TH}V_{OC,rms}^2}{(R_{TH}+R_{TH})^2+(X_{TH}-X_{TH})^2} = \frac{V_{OC,rms}^2}{4R_{TH}}$$

CHAPTER 08

개념복습

개념 정리하기

개념	식
진동수와 주기의 관계	$f = \frac{1}{T}$
페이저 곱의 계산	$V_1 V_2 = V_{m1} V_{m2} \angle \phi_1 + \phi_2$
페이저 나누기의 계산	$V_1 / V_2 = \frac{V_{m1}}{V_{m2}} \angle \phi_1 - \phi_2$
페이저의 복소수로의 변형	$A \angle \phi = A\cos(\phi) + jA\sin(\phi)$
복소수의 페이저로의 변형	$A + jB = \sqrt{A^2 + B^2} \angle \tan^{-1}\frac{B}{A}$
임피던스, 저항, 리액턴스 관계	$Z = R + jX,\ R = \|Z\|\cos(\phi),\ X = \|Z\|\sin(\phi)$
커패시터의 임피던스	$Z_C = \frac{1}{j\omega C}$
인덕터의 임피던스	$Z_L = j\omega L$
평균 전력	$P_{av} = \frac{V_m I_m}{2}\cos(\phi) = V_{rms} I_{rms} \cos(\phi)$ (단, $\phi = \theta_v - \theta_i$)
실횻값	$V_{rms} = \frac{V_m}{\sqrt{2}}$
복소 전력, 유효 전력, 무효 전력, 피상 전력의 관계	$S = P + jQ = VI^*$
유효 전력	$P = \|S\|\cos(\phi) = \frac{V_{rms}^2}{\|Z\|^2} R$
무효 전력	$Q = \|S\|\sin(\phi) = \frac{V_{rms}^2}{\|Z\|^2} X$
피상 전력	$\|S\| = \sqrt{P^2 + Q^2}$
역률	$pf = \frac{P}{\|S\|} = \cos(\phi)$
최대 전력 전달 조건	$Z_{Load} = R_{TH} - jX_{TH}$
최대 전력	$P_{\max} = \frac{\|V_{TH,rms}\|^2}{4R_{TH}}$

개념 점검하기 다음 문제에서 옳은 것을 골라라.

(1) 진동수는 주기에 (비례, 반비례)한다.

(2) 페이저 곱의 계산에서 크기는 곱하고 위상은 (더, 곱)한다.

(3) 인덕터의 임피던스는 ($j\omega L$, $\dfrac{1}{j\omega C}$)이다.

(4) 커패시터의 리액턴스는 (양, 음)이다.

(5) 실횻값은 정현파의 크기를 (2, $\sqrt{2}$)로 나눈 것이다.

(6) 유효 전력은 복소 전력의 (실수, 허수) 성분이다.

(7) 무효 전력은 피상 전력에 ($\sin(\phi)$, $\cos(\phi)$)를 곱한 것이다.

(8) 역률은 전압과 전류의 위상차의 (sin, cos)값이다.

(9) 최대 전력 전달을 위해서 부하의 임피던스는 회로의 (테브난 임피던스, 테브난 임피던스의 켤레 복소수)와 같다.

CHAPTER 08

연습문제

기본 문제

8.1 $V_1 = 12\angle 0°$, $V_2 = 18\angle 60°$, $I = 4\angle 45°$, $Z = 3\angle 90°$일 때, 주어진 물음에 답하라.

(a) $\dfrac{V_1 I}{Z}$를 페이저 형태로 구하라.

(b) $V_1 + V_2$를 페이저 형태로 구하라.

8.2 다음 회로에서 $\omega = 4\,[\text{rad}]$인 정현파 전압이 단자 a와 b 사이에 인가되고 있고, $R = 10\,[\Omega]$, $C = 0.05\,[\text{F}]$, $L = 2\,[\text{H}]$일 때, 합성 임피던스 Z_T를 복소수 형태로 구하라.

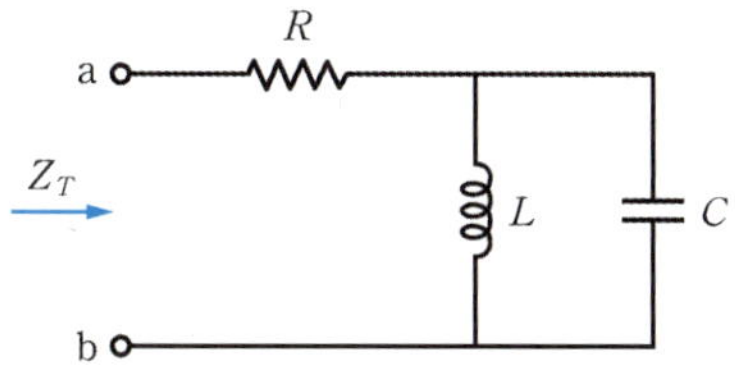

그림 8-13

8.3 어떤 임피던스에 인가되는 전압이 $v(t) = 110\sqrt{2}\cos(2\pi \times 60t)$, 흐르는 전류가 $i(t) = 10\cos(2\pi \times 60t + 60°)$일 때, 이 임피던스 Z와 임피던스를 구성하는 저항 R과 리액턴스 X를 구하라.

8.4 다음 회로에서 $v_0 = 20\cos(10t)\,[\text{V}]$, $R = 2\,[\Omega]$, $C = 0.1\,[\text{F}]$일 때, 주어진 물음에 답하라.

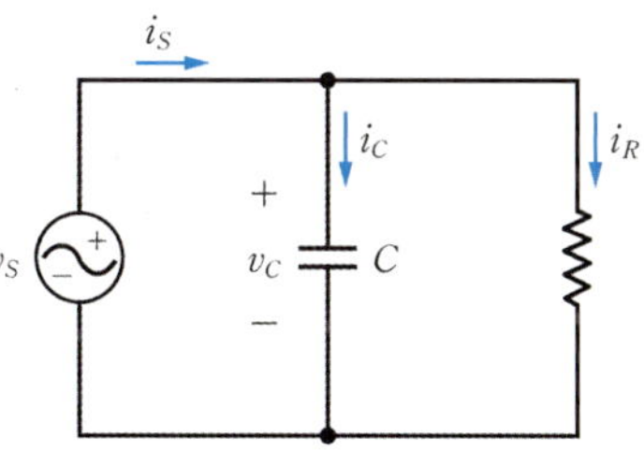

그림 8-14

(a) 커패시터를 임피던스로 나타내라.

(b) 회로에 흐르는 전체 전류를 페이저 I_S와 시간 영역의 함수 $i_S(t)$로 나타내라.

(c) 저항에 흐르는 전류를 페이저 I_R과 시간 영역의 함수 $i_R(t)$로 나타내라.

8.5 어떤 임피던스에 인가되는 전압이 $v(t) = 110\sqrt{2}\cos(2\pi \times 60t)$, 흐르는 전류가 $i(t) = 10\cos(2\pi \times 60t + 60°)$일 때, 주어진 물음에 답하라. 단, 페이저의 크기는 실횻값으로 구하라.

(a) v와 i에 대한 페이저 V와 I를 구하라.

(b) 복소 전력 S를 구하라.

(c) 피상 전력 $|S|$, 유효 전력 P, 무효 전력 Q를 구하라.

8.6 다음 회로에서 $\omega = \frac{30}{\pi}$ [Hz], $P = 400$ [W], $pf = 0.8$, $R = 120$ [Ω]일 때, 주어진 물음에 답하라.

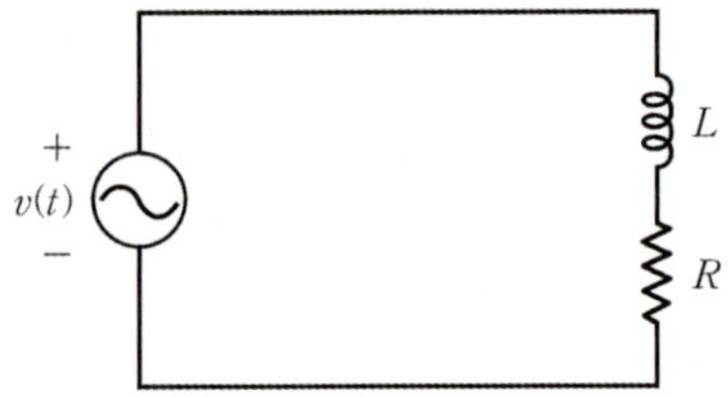

그림 8-15

(a) 피상 전력 $|S|$를 구하라.

(b) 무효 전력 Q를 구하라.

(c) 저항과 인덕터로 구성되는 임피던스의 저항과 리액턴스 성분의 비를 구하라.

(d) 인덕터의 인덕턴스 L을 구하라.

8.7 다음 회로에서 $R_1 = 10$ [Ω], $R_2 = 15$ [Ω], $R_3 = 5$ [Ω], $R_4 = 8$ [Ω], $R_5 = 6$ [Ω], $R_6 = 6$ [Ω]일 때, 주어진 물음에 답하라.

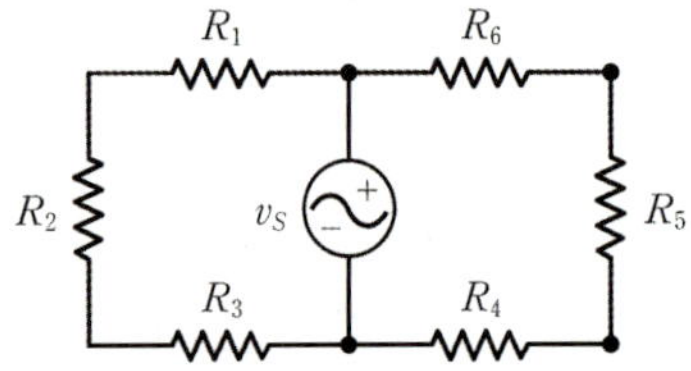

그림 8-16

(a) $v(t) = 5\cos(2\pi \times 10t)$일 때, 전원 v_S가 부하 전체에 공급하는 평균 전력 P_{av}를 구하라.

(b) $v(t) = 2 + 3\cos(2\pi \times 10t)$일 때, 전원 v_S가 부하 전체에 공급하는 평균 전력 P_{av}를 구하라.

8.8 다음 회로에서 $v_0 = 8\cos(2t)$ [V], $R = 4$ [Ω], $C = 0.2$ [F], $L = 2$ [H]일 때, 주어진 물음에 답하라.

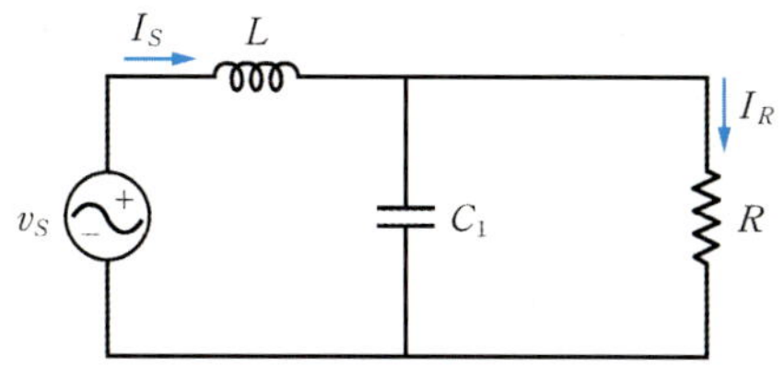

그림 8-17

(a) 저항과 커패시터와 인덕터로 구성된 부하 전체의 합성 임피던스 Z_T를 구하라.

(b) 회로에 흐르는 전체 전류를 페이저 I_S와 시간 영역의 함수 $i_S(t)$로 나타내라.

(c) 저항에 흐르는 전류를 페이저 I_R과 시간 영역의 함수 $i_R(t)$로 나타내라.

(d) 전원이 공급하는 전체 복소 전력 S를 구하라.

(e) 저항에서 소비되는 유효 전력 P_R과 무효 전력 Q_R을 구하라.

(f) 커패시터에서 소비되는 유효 전력 P_C와 무효 전력 Q_C를 구하라.

8.9 주어진 물음에 답하라.

(a) 실효 전력 250 [VA], 유효 전력 200 [W]인 단상 교류 회로의 역률 pf는?

(b) 실효 전력 300 [VA], 피상 전력 2000 [VAR]인 단상 교류 회로의 역률 pf는?

8.10 다음 회로에서 $v_0 = 4\cos(5t)$ [V], $R = 4$ [Ω], $C = 0.2$ [F]일 때, 역률이 1이 되게 하는 인덕턴스 L을 구하라.

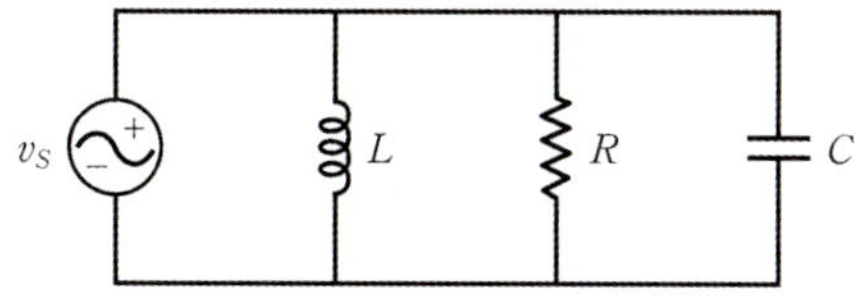

그림 8-18

8.11 다음 회로에서 $v_S(t) = 20\cos(10t)$, $R = 4$[kΩ], $L = 4$ [mF]일 때, 최대 전력을 전달받기 위한 Z_{Load}와 전달받는 최대 유효 전력 $P_{Load,\max}$를 구하라.

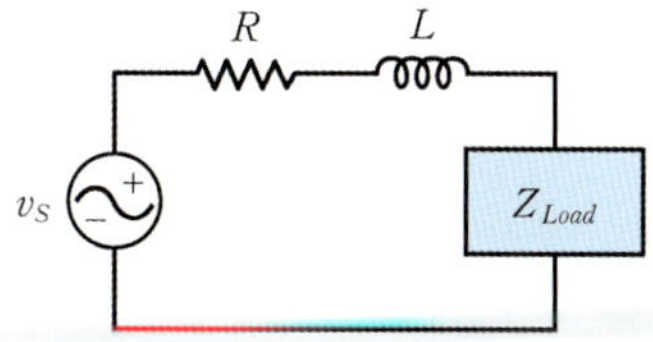

그림 8-19

도전 문제

8.12 다음 회로에서 $L = 3\,[\mathrm{H}]$, $C = 0.1\,[\mathrm{F}]$, $R_1 = 4\,[\Omega]$, $R_2 = 6\,[\Omega]$일 때, 공진 주파수 f_0를 구하라.

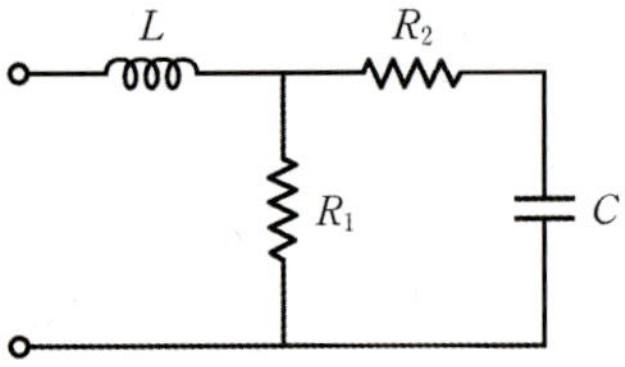

그림 8-20

8.13 다음 회로에서 $v_S(t) = 100\sin(6t)\,[\mathrm{V}]$, $C = \dfrac{1}{60}\,[\mathrm{F}]$, $R_1 = 20\,[\Omega]$, $R_2 = 40\,[\Omega]$, $R_3 = 20\,[\Omega]$일 때, R_2에서 소모되는 평균 전력 P_{R2}를 구하라.

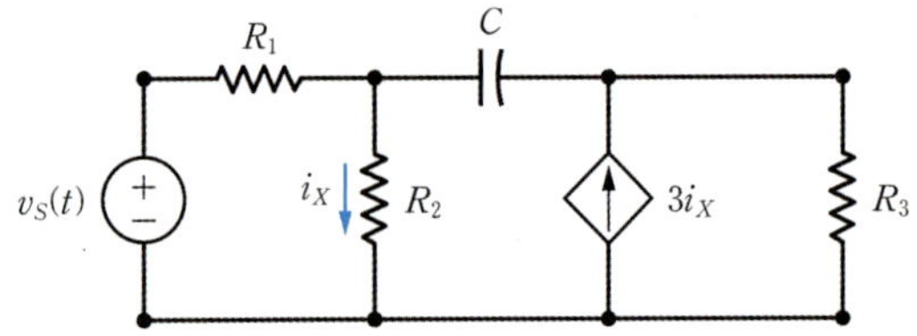

그림 8-21

8.14 다음 회로에서 $i_S(t) = 5\cos(2t)\,[\mathrm{A}]$, $L = 0.5\,[\mathrm{H}]$, $C = 1\,[\mathrm{F}]$, $R = 1\,[\Omega]$, $A = 0.5\,[\Omega]$일 때, 주어진 물음에 답하라.

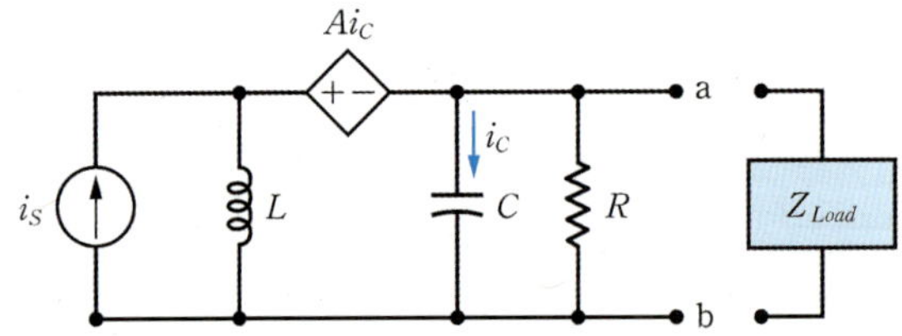

그림 8-22

(a) 단자 a와 b 사이의 테브난 등가 회로를 구하라.

(b) 최대 전력을 전달받기 위해 Z_{Load}를 단자 a와 b 사이에 연결할 때, Z_{Load}와 전달받는 최대 유효 전력 $P_{Load,\max}$를 구하라.

기출 문제

8.15 다음 회로에서 저항 R에서 소비되는 전력에 대한 설명으로 옳지 않은 것은? 단, V와 I는 각각 전압 $v(t)$와 전류 $i(t)$의 실효치이다. (2025 국가공무원 7급)

① 피상 전력은 $2VI$다.
② 평균 유효 전력은 VI다.
③ 전압과 전류의 위상은 같다.
④ 순시 전력 주파수는 전압 주파수의 2배이다.

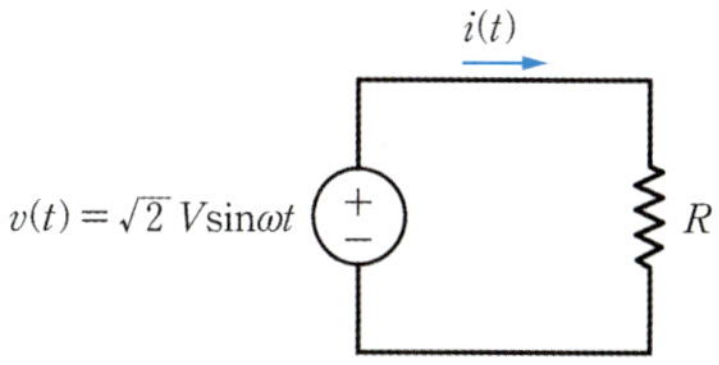

그림 8-23

8.16 다음 회로에서 저항 $R[\Omega]$과 리액턴스 $X[\Omega]$는? 단, $v(t) = 40\sin(120\pi t)$ [V], $i(t) = 2\sin(120\pi t - 30°)$ [A]이다. (2025 국가공무원 9급)

	$R[\Omega]$	$X[\Omega]$
①	$5\sqrt{3}$	5
②	$5\sqrt{3}$	$5\sqrt{3}$
③	$10\sqrt{3}$	10
④	$10\sqrt{3}$	$10\sqrt{3}$

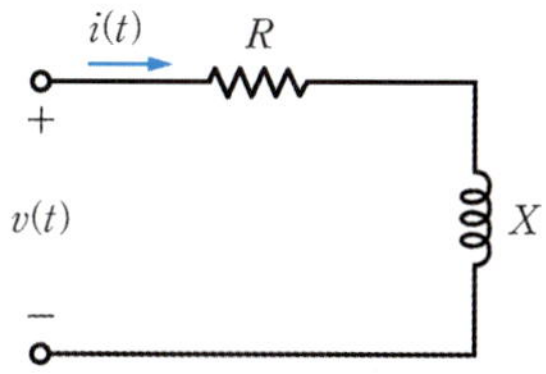

그림 8-24

8.17 다음 회로가 정상 상태에서 동작할 때, 인덕터에 흐르는 전류 $i_L(t)$의 최댓값 [A]과 전압 $v(t)$와 전류 $i_L(t)$의 위상차[°]는? (2024 국가공무원 9급)

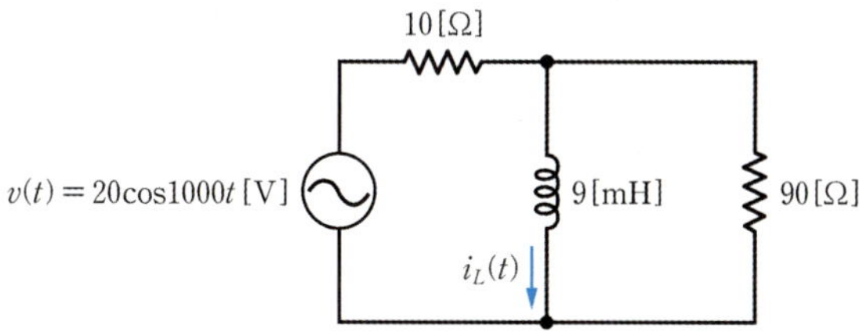

그림 8-25

	최댓값[A]	위상차[°]
①	$\sqrt{2}$	45
②	$\sqrt{2}$	60
③	$2\sqrt{2}$	45
④	$2\sqrt{2}$	60

8.18 다음 회로에서 $I_o = \frac{1}{\sqrt{2}}\angle -45°$ [A]일 때, 임피던스 Z[Ω]는? (2022 국가공무원 7급)

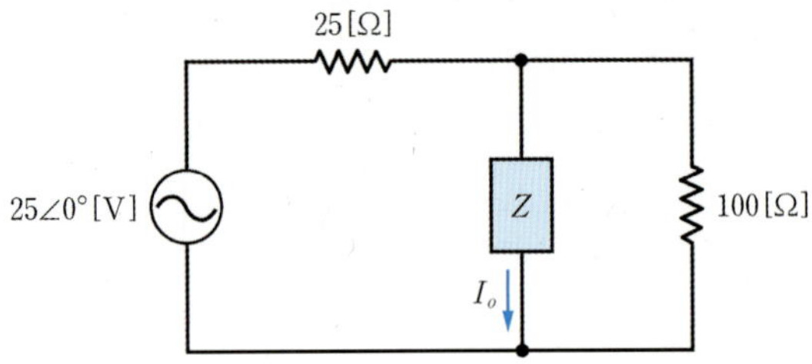

그림 8-26

① $j20$ ② $j25$ ③ $j50$ ④ $j100$

8.19 교류 전력에 대한 설명으로 옳지 않은 것은? (2025 국가공무원 9급)

① 순시 전력은 복소 전력의 크기이다.

② 유효 전력은 저항에서 실제로 소비되는 전력이다.

③ 피상 전력은 전압 실횻값과 전류 실횻값의 곱이다.

④ 무효 전력은 리액턴스에서 전원과 교환되는 전력이다.

8.20 다음 회로에서 교류 전류의 진폭 I_m[A]이 최소가 되는 주파수 f[Hz]와 이 주파수에서 전류의 진폭 I_m[A]은? 단, $v(t) = 100\sin(2\pi ft)$ [V]이고, $i(t) = I_m\sin(2\pi ft + \theta)$ [A]이다. (2025 국가공무원 9급)

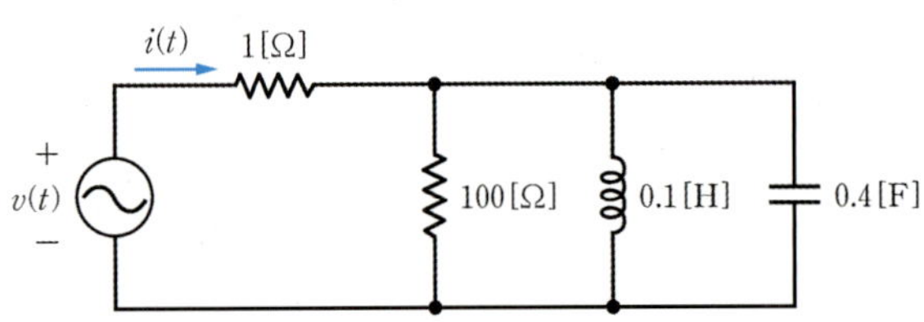

그림 8-27

	f[Hz]	I_m[A]
①	$\frac{1}{0.4\pi}$	20
②	$\frac{1}{0.4\pi}$	100
③	$\frac{1}{0.2\pi}$	20
④	$\frac{1}{0.2\pi}$	100

8.21 저항 $10\,[\Omega]$에 비정현파 전류 $i_s(t) = 3\sin(\omega t) + \sin(3\omega t)\,[\mathrm{A}]$가 흐를 때, 전류의 실횻값 $I_s\,[\mathrm{A}]$와 저항의 평균 전력 $P\,[\mathrm{W}]$는? 단, ω는 각주파수이다. (2025 국가공무원 9급)

	$I_s\,[\mathrm{A}]$	$P\,[\mathrm{W}]$
①	$\sqrt{5}$	50
②	$\sqrt{5}$	100
③	$\sqrt{10}$	50
④	$\sqrt{10}$	100

8.22 유효 전력 $800\,[\mathrm{W}]$, 무효 전력 $600\,[\mathrm{VAR}]$인 단상 교류 회로의 역률은? (2025 국가공무원 9급)

① 0.3 ② 0.4 ③ 0.6 ④ 0.8

8.23 다음 회로에서 유효 전력은 $720\,[\mathrm{W}]$, 역률은 0.6일 때, 무효 전력 $Q\,[\mathrm{VAR}]$와 인덕턴스 $L\,[\mathrm{mH}]$은? 단, $v(t)$의 주파수는 $\dfrac{1000}{\pi}\,[\mathrm{Hz}]$이다. (2025 국가공무원 9급)

	$Q\,[\mathrm{VAR}]$	$L\,[\mathrm{mH}]$
①	540	40
②	540	80
③	960	40
④	960	80

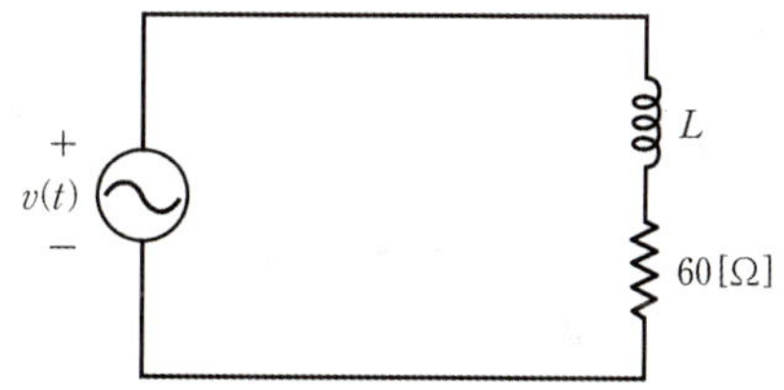

그림 8-28

8.24 저항 $10\,[\Omega]$에 비정현파 전류 $i_s(t) = 3\sin(\omega t) + \sin(3\omega t)\,[\mathrm{A}]$가 흐를 때, 전류의 실횻값 $I_s\,[\mathrm{A}]$와 저항의 평균 전력 $P\,[\mathrm{W}]$는? 단, ω는 각주파수이다. (2025 국가공무원 9급)

	$I_s\,[\mathrm{A}]$	$P\,[\mathrm{W}]$
①	$\sqrt{5}$	50
②	$\sqrt{5}$	100
③	$\sqrt{10}$	50
④	$\sqrt{10}$	100

8.25 다음 회로에서 전원측에서 본 역률이 1일 때, 커패시턴스 C[F]는? (2024 국가공무원 9급)

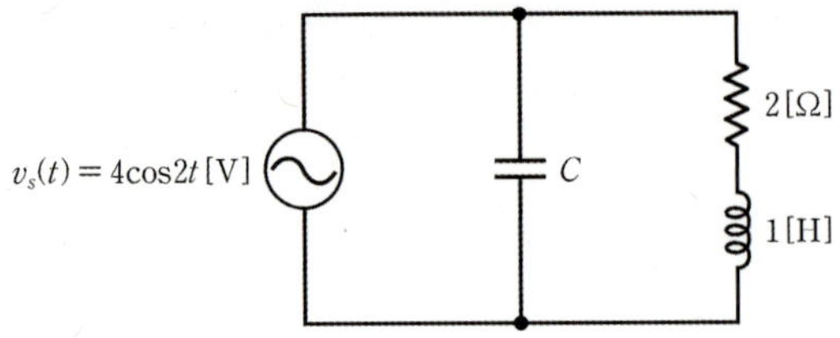

그림 8-29

① $\frac{1}{8}$ ② $\frac{1}{4}$ ③ $\frac{1}{2}$ ④ 1

8.26 다음 회로에서 전압 $v(t) = 5 + 3\cos(t + 45°) + \cos(2t + 60°)$ [V]일 때, 전원이 부하 전체에 공급하는 평균 전력[W]은? (2024 국가공무원 9급)

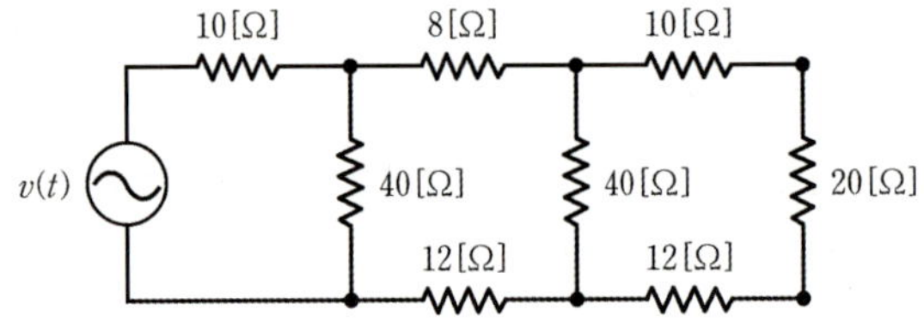

그림 8-30

① 1 ② 5 ③ 10 ④ 20

8.27 다음 회로에서 순저항 부하 R_L[Ω]에 전달되는 최대 평균 전력 P[W]는? 단, 인덕터를 통해 흐르는 전류와 커패시터 양단에 걸리는 전압의 초깃값은 모두 0이다. (2023 국가공무원 7급)

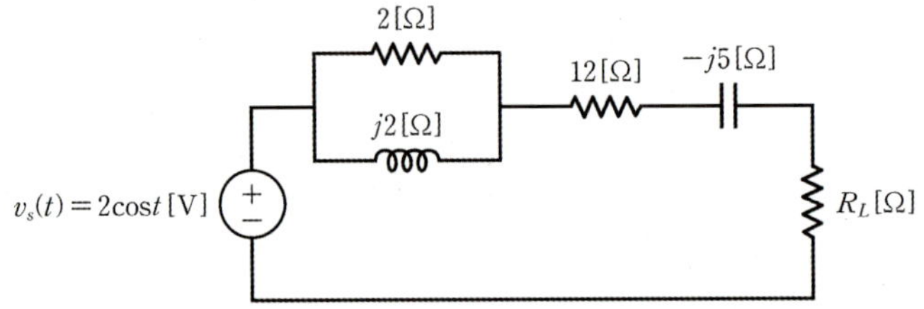

그림 8-31

① $\frac{1}{2}$ ② $\frac{1}{4}$ ③ $\frac{1}{6}$ ④ $\frac{1}{8}$

CHAPTER

09

2-포트 회로망

CONTENTS

학습목표

- 행렬의 정의와 기본 연산(덧셈, 곱셈, 역행렬 등)을 설명하고 계산한다.
- 2-포트 회로망의 구조와 주요 파라미터의 의미와 측정 방법을 이해한다.
- 임피던스 파라미터와 어드미턴스 파라미터의 관계 및 변환(역행렬)을 적용해 회로망 특성을 구할 수 있다.
- 2-포트 회로망이 직렬 · 병렬 · 캐스케이드로 연결될 때 전체 파라미터를 계산하고 해석할 수 있다.

수업 맛보기

이 장에서는 행렬의 정의에서 시작해서 행렬의 덧셈, 곱셈, 역행렬 등 기본 연산을 익혀 회로 해석의 수학적 기초를 다진다. 이어서 2-포트 회로망을 임피던스 파라미터(Z), 어드미턴스 파라미터(Y), 전송 파라미터(T) 등 2×2 파라미터로 회로를 표현하는 법을 익히고, 직렬 · 병렬 · 캐스케이드 연결 시 전체 파라미터를 합성하는 방법을 배운다. 행렬 계산을 도구로 삼아서 2-포트 회로망의 분석을 체계적으로 수행하는 능력을 기른다. 공학 수학 수업에서 행렬을 다루므로 이 장에서는 꼭 필요한 내용만 학습한다.

LESSON 9.1

행렬 계산의 기초

기본 개념 | 행렬 | 단위 행렬 | 역행렬

1. 행렬의 정의와 기본 연산

행렬의 정의와 표기

수나 식을 직사각형 모양으로 배열한 것을 **행렬**matrix이라고 한다. 배열된 수나 식을 원소라고 하고, **가로줄을 행**, **세로줄을 열**이라고 부른다. 예를 들어, 식 (9.1)은 2개의 행과 3개의 열을 가진 A 행렬이다.

$$A = \begin{pmatrix} a_{11} & a_{12} & a_{13} \\ a_{21} & a_{22} & a_{23} \end{pmatrix} \tag{9.1}$$

m개의 행과 n개의 열을 가지면 우리는 $m \times n$ 행렬이라고 한다. 그러므로 식 (9.1)의 A 행렬은 2×3 행렬이다. 그리고 각 원소는 그 원소의 행과 열을 이용해서 표현한다. 즉, a_{ij}는 i행의 j열에 있는 원소를 의미한다. 예를 들어, a_{23}은 2행 3열에 위치한 원소를 의미한다. 행렬은 대문자, 원소는 소문자로 나타내는 것이 일반적이다. 행렬의 행과 열의 개수가 같을 때 정방 행렬이라고 한다. 예를 들어, 2×2 행렬은 2차 정방 행렬이라고 한다.

Basic check

행렬 $B = \begin{pmatrix} 1 & 2 \\ 3 & 4 \\ 5 & 6 \end{pmatrix}$일 때, 주어진 물음에 답하라.

(a) 행렬 B의 $m \times n$ 행렬이라고 할 때, m과 n을 구하라.

(b) 행렬 B의 2행 1열에 위치한 원소를 구하라.

답

(a) $m = 3$, $n = 2$

(b) 3

행렬의 덧셈과 뺄셈

크기가 같은 두 행렬이 있을 때, 같은 위치의 원소끼리 더하거나 빼서 그 합과 차를 구할 수 있다. 예를 들어, 2×2 행렬인 두 개의 행렬이 식 (9.2)와 같다고 하자.

$$A=\begin{pmatrix}a_{11} & a_{12}\\ a_{21} & a_{22}\end{pmatrix},\qquad B=\begin{pmatrix}b_{11} & b_{12}\\ b_{21} & b_{22}\end{pmatrix} \tag{9.2}$$

두 행렬의 덧셈 $A+B$는 식 (9.3)과 같이 구할 수 있다.

$$\begin{pmatrix}a_{11} & a_{12}\\ a_{21} & a_{22}\end{pmatrix}+\begin{pmatrix}b_{11} & b_{12}\\ b_{21} & b_{22}\end{pmatrix}=\begin{pmatrix}a_{11}+b_{11} & a_{12}+b_{12}\\ a_{21}+b_{21} & a_{22}+b_{22}\end{pmatrix} \tag{9.3}$$

두 행렬의 뺄셈 $A-B$는 식 (9.4)와 같이 구할 수 있다.

$$\begin{pmatrix}a_{11} & a_{12}\\ a_{21} & a_{22}\end{pmatrix}-\begin{pmatrix}b_{11} & b_{12}\\ b_{21} & b_{22}\end{pmatrix}=\begin{pmatrix}a_{11}-b_{11} & a_{12}-b_{12}\\ a_{21}-b_{21} & a_{22}-b_{22}\end{pmatrix} \tag{9.4}$$

행렬의 덧셈과 뺄셈을 할 때는 두 행렬의 크기가 반드시 동일해야 한다.

Basic check

행렬 $A=\begin{pmatrix}1 & 2\\ 3 & 4\end{pmatrix}$, $B=\begin{pmatrix}2 & 4\\ 6 & 8\end{pmatrix}$일 때, 다음 물음에 답하라.

(a) $A+B$를 구하라.
(b) $A-B$를 구하라.

답

(a) $A+B=\begin{pmatrix}1 & 2\\ 3 & 4\end{pmatrix}+\begin{pmatrix}5 & 6\\ 7 & 8\end{pmatrix}=\begin{pmatrix}6 & 8\\ 10 & 12\end{pmatrix}$

(b) $A-B=\begin{pmatrix}1 & 2\\ 3 & 4\end{pmatrix}-\begin{pmatrix}5 & 6\\ 7 & 8\end{pmatrix}=\begin{pmatrix}-4 & -4\\ -4 & -4\end{pmatrix}$

행렬의 스칼라 곱

실수(또는 복소수) k를 행렬 A에 곱하면 식 (9.5)와 같이 모든 원소에 k가 곱해진다.

$$k\begin{pmatrix}a_{11} & a_{12}\\ a_{21} & a_{22}\end{pmatrix}=\begin{pmatrix}ka_{11} & ka_{12}\\ ka_{21} & ka_{22}\end{pmatrix} \tag{9.5}$$

Basic check

행렬 $A=\begin{pmatrix}3 & -2\\0 & 1\end{pmatrix}$일 때, $4A$를 구하라.

답 $4A=4\begin{pmatrix}3 & -2\\0 & 1\end{pmatrix}=\begin{pmatrix}4\times 3 & 4\times(-2)\\4\times 0 & 4\times 1\end{pmatrix}=\begin{pmatrix}12 & -8\\0 & 4\end{pmatrix}$

행렬의 곱

두 행렬의 곱은 앞 행렬의 열의 수와 뒤 행렬의 행의 수가 같을 때만 정의된다. 이때 그 곱은 앞 행렬의 행과 뒤 행렬의 열을 짝지어 곱하고 더해서 계산한다. 식 (9.6a)는 2×2 행렬과 2×1 행렬의 곱을, 식 (9.6b)는 2×2 행렬 두 개의 곱을 각각 나타낸 것이다.

$$AB=\begin{pmatrix}a_{11} & a_{12}\\a_{21} & a_{22}\end{pmatrix}\begin{pmatrix}b_1\\b_2\end{pmatrix}=\begin{pmatrix}a_{11}b_1+a_{12}b_2\\a_{21}b_1+a_{22}b_2\end{pmatrix} \tag{9.6a}$$

$$AB=\begin{pmatrix}a_{11} & a_{12}\\a_{21} & a_{22}\end{pmatrix}\begin{pmatrix}b_{11} & b_{12}\\b_{21} & b_{22}\end{pmatrix}=\begin{pmatrix}a_{11}b_{11}+a_{12}b_{21} & a_{11}b_{12}+a_{12}b_{22}\\a_{21}b_{11}+a_{22}b_{21} & a_{21}b_{12}+a_{22}b_{22}\end{pmatrix} \tag{9.6b}$$

행렬의 곱은 식 (9.6)처럼 앞 행렬의 열과 뒤 행렬의 열을 짝지어서 곱한 후 그 값들을 더하는 식으로 구한다. 결과 행렬의 한 칸(예 i행 j열)을 구하려면, 앞 행렬 A의 i번째 행과 뒤 행렬 B의 j번째 열을 순서대로 짝지어서 곱해서 모두 더한다. 예를 들어, [그림 9-1]처럼 결과 행렬의 1행 1열은 앞 행렬의 1행과 뒤 행렬의 1열을 같은 순서대로 짝지어서 곱한 후 더해서 구한다.

$$AB=\begin{pmatrix}\boxed{a_{11}\quad a_{12}}\\a_{21}\quad a_{22}\end{pmatrix}\begin{pmatrix}b_{11} & b_{12}\\b_{21} & b_{22}\end{pmatrix}=\begin{pmatrix}\boxed{a_{11}b_{11}+a_{12}b_{21}} & a_{11}b_{12}+a_{12}b_{22}\\a_{21}b_{11}+a_{22}b_{21} & a_{21}b_{12}+a_{22}b_{22}\end{pmatrix}$$

그림 9-1 행렬의 곱 예시

여기서 유의해야 할 점은 **행렬의 곱은 식 (9.7)처럼 교환 법칙이 성립하지 않는다**는 점이다.

$$AB\neq AB \tag{9.7}$$

Basic check

행렬 $A=\begin{pmatrix}1 & 0\\2 & 1\end{pmatrix}$, $B=\begin{pmatrix}2\\3\end{pmatrix}$일 때, AB를 구하라.

답

AB는 식 (9.6a)를 이용해 다음과 같이 구할 수 있다.

$$AB = \begin{pmatrix} 1 & 0 \\ 2 & 1 \end{pmatrix}\begin{pmatrix} 2 \\ 3 \end{pmatrix} = \begin{pmatrix} 1\times 2+0\times 3 \\ 2\times 2+1\times 3 \end{pmatrix} = \begin{pmatrix} 2 \\ 7 \end{pmatrix}$$

Basic check

행렬 $A = \begin{pmatrix} 1 & -2 \\ 3 & -4 \end{pmatrix}$, $B = \begin{pmatrix} 1 & 3 \\ -5 & 0 \end{pmatrix}$일 때, 주어진 물음에 답하라.

(a) AB를 구하라.
(b) BA를 구하라.

답

(a) AB는 식 (9.6b)를 이용해 다음과 같이 구할 수 있다.

$$AB = \begin{pmatrix} 1 & -2 \\ 3 & -4 \end{pmatrix}\begin{pmatrix} 1 & 3 \\ -5 & 0 \end{pmatrix} = \begin{pmatrix} 1\times 1+(-2)\times(-5) & 1\times 3+(-2)\times 0 \\ 3\times 1+(-4)\times(-5) & 3\times 3+(-4)\times 0 \end{pmatrix} = \begin{pmatrix} 11 & 3 \\ 23 & 9 \end{pmatrix}$$

(b) BA는 식 (9.6b)를 이용해 다음과 같이 구할 수 있다.

$$BA = \begin{pmatrix} 1 & 3 \\ -5 & 0 \end{pmatrix}\begin{pmatrix} 1 & -2 \\ 3 & -4 \end{pmatrix} = \begin{pmatrix} 1\times 1+3\times 3 & 1\times(-2)+3\times(-4) \\ (-5)\times 1+0\times 3 & (-5)\times(-2)+0\times(-4) \end{pmatrix} = \begin{pmatrix} 10 & -14 \\ -5 & 10 \end{pmatrix}$$

이를 통해 식 (9.7)처럼 (a)와 (b)의 답이 같지 않음을 알 수 있다.

2. 단위 행렬과 역행렬

단위 행렬

행과 열의 크기가 같은 정방 행렬에서 대각선에 있는 원소는 1이고 나머지는 0인 행렬을 단위 행렬이라고 한다. 식 (9.8)은 단위 행렬들의 예시를 나타내며, 보통 E나 I로 나타낸다.

$$E = \begin{pmatrix} 1 & 0 \\ 0 & 1 \end{pmatrix}, \begin{pmatrix} 1 & 0 & 0 \\ 0 & 1 & 0 \\ 0 & 0 & 1 \end{pmatrix}, \cdots \tag{9.8}$$

사칙연산에서 어떤 수에 1을 곱하면 값의 변화가 없는 것처럼 어떤 행렬에 단위 행렬을 곱하면 그 행렬은 변화가 없다. 이를 식 (9.9)와 같이 나타낸다.

$$AE = EA = A \tag{9.9}$$

Basic check

행렬 $A=\begin{pmatrix}1 & -2\\3 & -4\end{pmatrix}$, $E=\begin{pmatrix}1 & 0\\0 & 1\end{pmatrix}$일 때, 주어진 물음에 답하라.

(a) AE를 구하라.
(b) BA를 구하라.

답

(a) $AE=\begin{pmatrix}1 & -2\\3 & -4\end{pmatrix}\begin{pmatrix}1 & 0\\0 & 1\end{pmatrix}=\begin{pmatrix}1\times1+(-2)\times0 & 1\times0+(-2)\times1\\3\times1+(-4)\times0 & 3\times0+(-4)\times1\end{pmatrix}=\begin{pmatrix}1 & -2\\3 & -4\end{pmatrix}$

(b) $EA=\begin{pmatrix}1 & 0\\0 & 1\end{pmatrix}\begin{pmatrix}1 & -2\\3 & -4\end{pmatrix}=\begin{pmatrix}1\times1+0\times(-2) & 1\times(-2)+0\times(-4)\\0\times1+1\times3 & 0\times(-2)+1\times(-4)\end{pmatrix}=\begin{pmatrix}1 & -2\\3 & -4\end{pmatrix}$

이를 통해 식 (9.9)처럼 (a)와 (b)의 답이 모두 A와 같음을 알 수 있다.

역행렬

역행렬은 행렬 곱셈에서 나눗셈의 역할을 하는 행렬이다. 정방 행렬 A와 곱했을 때 단위 행렬 E가 나오는 행렬을 A의 역행렬(A^{-1})이라고 한다. 이를 식으로 나타내면 식 (9.10)과 같다.

$$AA^{-1}=A^{-1}A=E \tag{9.10}$$

역행렬 A^{-1}을 구하기 위해서 행렬식을 알아보자. 2차 정방 행렬 $A=\begin{pmatrix}a & b\\c & d\end{pmatrix}$일 때, 그 행렬식은 식 (9.11)과 같다.

$$A\text{의 행렬식 : } ad-bc \tag{9.11}$$

행렬 A의 역행렬이 존재하려면 A가 정방 행렬이어야 하고 식 (9.12)를 만족해야 한다.

$$ad-bc\neq 0 \tag{9.12}$$

만약 A의 역행렬이 존재한다면 그 역행렬은 식 (9.13)과 같다.

$$A^{-1}=\frac{1}{ad-bc}\begin{pmatrix}d & -b\\-c & a\end{pmatrix} \tag{9.13}$$

지금까지 배운 행렬의 여러 연산 특성을 통해 다양한 행렬 연산이 가능하다.

Basic check

주어진 행렬의 역행렬이 존재하는지 판단하고 존재한다면 그 역행렬을 구하라.

(a) $A=\begin{pmatrix}3 & 4\\ 6 & 8\end{pmatrix}$　　　　(b) $B=\begin{pmatrix}4 & 6\\ 3 & 5\end{pmatrix}$

답

(a) $ad-bc=3\times 8-4\times 6=0$이므로 역행렬이 존재하지 않는다.

(b) $ad-bc=4\times 5-6\times 3=2\neq 0$이므로 역행렬이 존재한다.

$$B^{-1}=\frac{1}{ad-bc}\begin{pmatrix}d & -b\\ -c & a\end{pmatrix}=\frac{1}{2}\begin{pmatrix}5 & -6\\ -3 & 4\end{pmatrix}=\begin{pmatrix}2.5 & -3\\ -1.5 & 2\end{pmatrix}$$

예제 9-1

행렬 $A=\begin{pmatrix}4 & -2\\ -3 & 1\end{pmatrix}$, $B=\begin{pmatrix}1 & 2\\ 0 & 3\end{pmatrix}$일 때, $AB+3A+EB+BA^{-1}$을 구하라.

풀이

먼저 A의 역행렬을 구하면 다음과 같다.

$$A^{-1}=\frac{1}{4\times 1-(-2)\times(-3)}\begin{pmatrix}1 & 2\\ 3 & 4\end{pmatrix}=\frac{1}{-2}\begin{pmatrix}1 & 2\\ 3 & 4\end{pmatrix}=\begin{pmatrix}-0.5 & -1\\ -1.5 & -2\end{pmatrix} \qquad \cdots ①$$

식 (9.9)에 따라 $EB=B$고, 이 식과 식 ①을 문제에 대입하면 다음과 같다.

$$\begin{aligned}AB+3A+EB+BA^{-1}&=AB+3A+B+BA^{-1}\\ &=\begin{pmatrix}4 & -2\\ -3 & 1\end{pmatrix}\begin{pmatrix}1 & 2\\ 0 & 3\end{pmatrix}+3\begin{pmatrix}4 & -2\\ -3 & 1\end{pmatrix}+\begin{pmatrix}1 & 2\\ 0 & 3\end{pmatrix}+\begin{pmatrix}1 & 2\\ 0 & 3\end{pmatrix}\begin{pmatrix}-0.5 & -1\\ -1.5 & -2\end{pmatrix}\\ &=\begin{pmatrix}4 & 2\\ -3 & -3\end{pmatrix}+\begin{pmatrix}12 & -6\\ -9 & 3\end{pmatrix}+\begin{pmatrix}1 & 2\\ 0 & 3\end{pmatrix}+\begin{pmatrix}-3.5 & -5\\ -4.5 & -6\end{pmatrix}\\ &=\begin{pmatrix}13.5 & -7\\ -16.5 & -3\end{pmatrix}\end{aligned}$$

LESSON 9.2

2-포트 회로망의 기초

✔ 기본 개념 | 2-포트 회로망 | Z 파라미터 | Y 파라미터 | T 파라미터 | 시상수 | 스위치

1. 2-포트 회로망의 개요

2-포트 회로망

2-포트 회로망 2-port network 이란 **두 쌍의 단자(입력 포트, 출력 포트)로 외부와 신호나 전력을 주고 받는 선형 네트워크**를 의미한다. 일반적으로 사용되는 변수는 [그림 9-2]와 같이 입력 포트의 전압 V_1과 전류 I_1, 출력 포트의 전압 V_2와 전류 I_2가 사용된다. 이때 전류의 부호는 회로망 안으로 유입되는 경우를 양으로 한다. 이러한 2-포트 회로망은 복잡한 회로의 연결을 포트 변수 간의 2×2 행렬로 표현해 간편하게 회로망을 분석할 수 있게 해준다.

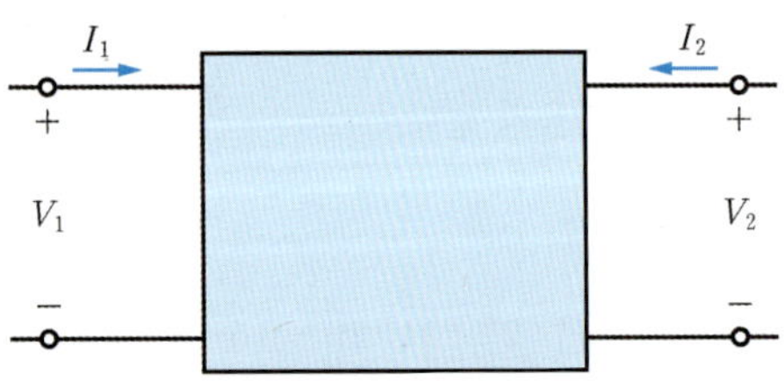

그림 9-2 2-포트 회로망의 변수 정의

2-포트 회로망의 종류

2-포트 회로망에서는 일반적으로 2-포트 회로망을 표현하기 위한 2×2 행렬을 파라미터 행렬이라고 부르른다. [표 9-1]에 2-포트 회로망에 사용되는 여섯 가지 모델을 정리했다.

표 9-1 2-포트 회로망의 여섯 가지 모델

이름	출력	파라미터 행렬	입력
임피던스 Z	$\begin{pmatrix} V_1 \\ V_2 \end{pmatrix}$	$Z = \begin{pmatrix} Z_{11} & Z_{12} \\ Z_{21} & Z_{22} \end{pmatrix}$	$\begin{pmatrix} I_1 \\ I_2 \end{pmatrix}$
어드미턴스 Y	$\begin{pmatrix} I_1 \\ I_2 \end{pmatrix}$	$Y = \begin{pmatrix} Y_{11} & Y_{12} \\ Y_{21} & Y_{22} \end{pmatrix}$	$\begin{pmatrix} V_1 \\ V_2 \end{pmatrix}$
전송 T	$\begin{pmatrix} V_1 \\ I_1 \end{pmatrix}$	$T = \begin{pmatrix} A & B \\ C & D \end{pmatrix}$	$\begin{pmatrix} V_2 \\ -I_2 \end{pmatrix}$
역전송 T'	$\begin{pmatrix} V_2 \\ I_2 \end{pmatrix}$	$T' = \begin{pmatrix} A' & B' \\ C' & D' \end{pmatrix}$	$\begin{pmatrix} V_1 \\ -I_1 \end{pmatrix}$
혼합 h	$\begin{pmatrix} V_1 \\ I_2 \end{pmatrix}$	$h = \begin{pmatrix} h_{11} & h_{12} \\ h_{21} & h_{22} \end{pmatrix}$	$\begin{pmatrix} I_1 \\ V_2 \end{pmatrix}$
역혼합 g	$\begin{pmatrix} I_1 \\ V_2 \end{pmatrix}$	$g = \begin{pmatrix} g_{11} & g_{12} \\ g_{21} & g_{22} \end{pmatrix}$	$\begin{pmatrix} V_1 \\ I_2 \end{pmatrix}$

2. 임피던스 파라미터와 어드미턴스 파라미터

임피던스(Z) 파라미터

임피던스 파라미터impedance parameter**는 2-포트 회로망의 각 포트 전압을 포트 전류의 선형 결합으로 나타낸 표현**으로, 포트 전류를 입력 변수, 포트 전압을 출력 변수로 둔다. 임피던스 파라미터는 Z-파라미터로 표현하며 식 (9.14)의 관계를 가진다.

$$\begin{pmatrix} V_1 \\ V_2 \end{pmatrix} = \begin{pmatrix} Z_{11} & Z_{12} \\ Z_{21} & Z_{22} \end{pmatrix} \begin{pmatrix} I_1 \\ I_2 \end{pmatrix} \tag{9.14}$$

식 (9.14)를 전개하면 다음과 같다.

$$V_1 = Z_{11} I_1 + Z_{12} I_2 \tag{9.15a}$$

$$V_2 = Z_{21} I_1 + Z_{22} I_2 \tag{9.15b}$$

식 (9.15)를 바탕으로 Z-파라미터의 각 원소를 구하면 다음과 같다.

$$Z_{11} = \left. \frac{V_1}{I_1} \right|_{I_2 = 0} \tag{9.16a}$$

$$Z_{12} = \left. \frac{V_1}{I_2} \right|_{I_1 = 0} \tag{9.16b}$$

$$Z_{21} = \left. \frac{V_2}{I_1} \right|_{I_2=0} \tag{9.16c}$$

$$Z_{22} = \left. \frac{V_2}{I_2} \right|_{I_1=0} \tag{9.16d}$$

식 (9.16)에서 전류가 0이라는 의미는 해당 포트가 개방되었다는 의미이다. 예를 들어, Z_{11}은 포트 2 개방 시 포트 1의 자기 임피던스를 의미한다.

예제 9-2

[그림 9-3]에서 $R_1 = 2\,[\Omega]$, $R_2 = 2\,[\Omega]$, $R_3 = 1\,[\Omega]$일 때, 회로망의 Z-파라미터를 구하라.

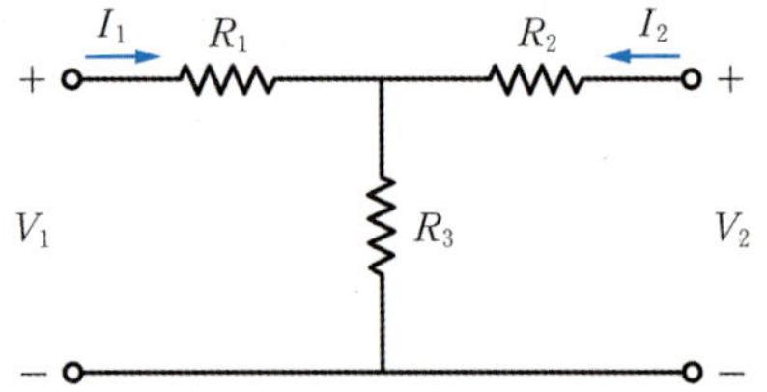

그림 9-3 [예제 9-2]의 회로

풀이

[그림 9-4]는 Z_{11}과 Z_{21}을 구하기 위해 [그림 9-3]의 I_2의 값을 0으로 설정한 회로이다.

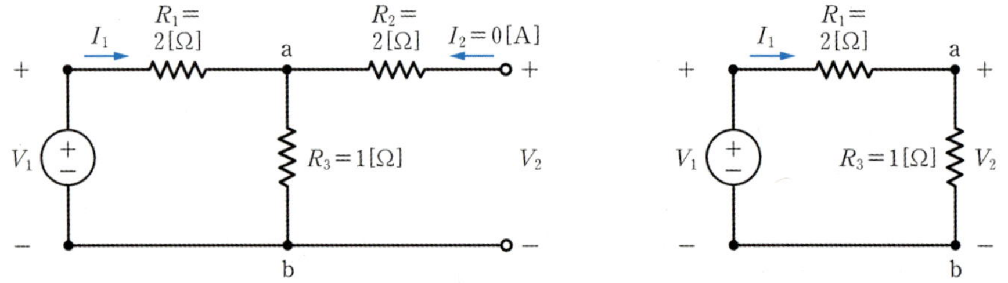

그림 9-4 [예제 9-2]의 풀이를 위한 회로 ①

$I_2 = 0\,[\mathrm{A}]$인 상황에서의 Z_{11}과 Z_{21}을 구한 다음, $I_1 = 0\,[\mathrm{A}]$인 상황에서의 Z_{22}와 Z_{12}를 구하면 된다. 먼저 $I_2 = 0\,[\mathrm{A}]$에서의 Z_{11}부터 구해보자. $Z_{11} = \left. \frac{V_1}{I_1} \right|_{I_2=0}$ 이므로 이에 맞춰서 표시하면 [그림 9-4(a)]와 같다. $I_2 = 0\,[\mathrm{A}]$이므로 포트 2는 개방되어 있다. 포트 1에 실제로 V_1이라는 전원이 연결된 것은 아니지만 마치 V_1이라는 전원이 있는 것처럼 생각하고 Z_{11}을 구해도 동일한 결과가 나온다. Z_{11}은 이 상황에서 V_1과 I_1의 비이다. $I_2 = 0\,[\mathrm{A}]$이므로 R_2에는 전류가 흐르지 않는다. 그러므로 R_1과 R_3는 직렬 연결처럼 생각할 수 있다. 따라서 V_1 전원에 R_1과 R_3가 직렬 연결된 회로로 생각할

수 있다. 옴의 법칙에 의해서 $V_1 = (R_1 + R_3)I_1$이고, Z_{11}을 다음과 같이 구할 수 있다.

$$Z_{11} = \left.\frac{V_1}{I_1}\right|_{I_2=0} = R_1 + R_3 = 2 + 1 = 3$$

Z_{21}은 $Z_{21} = \left.\frac{V_2}{I_1}\right|_{I_2=0}$ 식을 만족하는데 Z_{11}과 동일하게 $I_2 = 0\,[\mathrm{A}]$인 상황에서 구해야 하므로 Z_{21}을 두 번째로 구해보자. [그림 9-4(a)]에서 $I_2 = 0\,[\mathrm{A}]$이므로 R_2에는 전류가 흐르지 않고, R_2에 인가되는 전압은 $0\,[\mathrm{V}]$이다. 그러므로 V_2는 R_3에 인가되는 전압인 V_{ab}와 같다. 이를 다시 그리면 [그림 9-4(b)]와 같다. 따라서 R_3에는 I_1이 흐르고 옴의 법칙에 의해서 $V_2 = R_3 I_1$이고, Z_{21}을 다음과 같이 구할 수 있다.

$$Z_{21} = \left.\frac{V_2}{I_1}\right|_{I_2=0} = R_3 = 1$$

[그림 9-5]는 Z_{22}와 Z_{12}를 구하기 위해 [그림 9-3]의 I_1의 값을 0으로 설정한 회로이다.

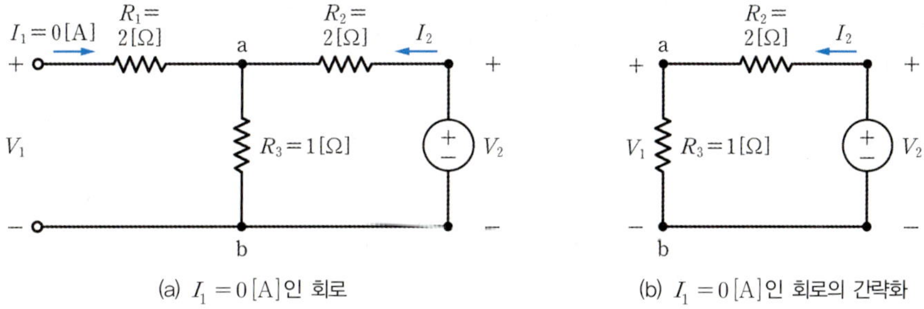

그림 9-5 [예제 9-2]의 풀이를 위한 회로 ②

이제 $I_1 = 0\,[\mathrm{A}]$인 Z_{22}와 Z_{12}를 구해보자. Z_{22}는 $Z_{22} = \left.\frac{V_2}{I_2}\right|_{I_1=0}$이므로 이에 맞춰서 표시하면 [그림 9-5(a)]와 같다. $I_1 = 0\,[\mathrm{A}]$이므로 포트 1은 개방되어 있다. 포트 2에 실제로 V_2라는 전원이 연결된 것은 아니지만 마치 V_2라는 전원이 있는 것처럼 생각하고 Z_{22}를 구해도 동일한 결과가 나온다. Z_{22}는 이 상황에서 V_2와 I_2의 비이다. $I_1 = 0\,[\mathrm{A}]$이므로 R_1에는 전류가 흐르지 않는다. 그러므로 R_2와 R_3는 직렬 연결처럼 생각할 수 있다. 따라서 V_2 전원에 R_2와 R_3가 직렬 연결된 회로로 생각할 수 있다. 옴의 법칙에 의해서 $V_2 = (R_2 + R_3)I_2$고, Z_{22}를 다음과 같이 구할 수 있다.

$$Z_{22} = \left.\frac{V_2}{I_2}\right|_{I_1=0} = R_2 + R_3 = 2 + 1 = 3$$

이제 $Z_{12} = \left.\frac{V_1}{I_2}\right|_{I_1=0}$를 만족하는 Z_{22}를 구해보자. [그림 9-5(a)]에서 $I_1 = 0\,[\mathrm{A}]$이므로 R_1에는 전류가 흐르지 않고, R_1에 인가되는 전압은 $0\,[\mathrm{V}]$다. 그러므로 V_1은 R_3에 인가되는 전압인 V_{ab}와 같다. 이를 다시 그리면 [그림 9-5(b)]와 같다. R_3에는 I_2가 흐르고 옴의 법칙에 의해서 $V_1 = R_3 I_2$다.

따라서 Z_{12}를 다음과 같이 구할 수 있다.

$$Z_{12} = \left.\frac{V_1}{I_2}\right|_{I_1=0} = R_3 = 1$$

앞에서 구한 Z값들을 모두 이용해 Z-파라미터를 구하면 다음과 같다.

$$Z = \begin{pmatrix} 3 & 1 \\ 1 & 3 \end{pmatrix}$$

Level up! **임피던스 값이 모두 두 배가 되면 Z-파라미터는 어떻게 될까?**

회로의 모든 임피던스 값이 k배가 되면 그 Z-파라미터도 k배가 된다. 예를 들어, [그림 9-3]에서 저항값이 모두 두 배가 되어서 $R_1 = 4\,[\Omega]$, $R_2 = 4\,[\Omega]$, $R_3 = 2\,[\Omega]$이 되면 그 Z-파라미터 값의 모든 원소는 처음 값의 두 배가 된다. 따라서 Z-파라미터는 다음과 같다.

$$Z = 2\begin{pmatrix} 3 & 1 \\ 1 & 3 \end{pmatrix} = \begin{pmatrix} 6 & 2 \\ 2 & 6 \end{pmatrix}$$

어드미턴스(Y) 파라미터

어드미턴스 파라미터admittance parameter**는 2-포트 회로망의 각 포트 전류를 포트 전압의 선형 결합으로 나타낸 표현**으로, 포트 전압을 입력 변수, 포트 전류를 출력 변수로 둔다. 어드미턴스 파라미터는 Y-파라미터로 표현하며 식 (9.17)의 관계를 가진다.

$$\begin{pmatrix} I_1 \\ I_2 \end{pmatrix} = \begin{pmatrix} Y_{11} & Y_{12} \\ Y_{21} & Y_{22} \end{pmatrix}\begin{pmatrix} V_1 \\ V_2 \end{pmatrix} \tag{9.17}$$

식 (9.17)을 전개하면 다음과 같다.

$$I_1 = Y_{11}V_1 + Y_{12}V_2 \tag{9.18a}$$

$$I_2 = Y_{21}V_1 + Y_{22}V_2 \tag{9.18b}$$

식 (9.18)을 바탕으로 Y-파라미터의 각 원소를 구하면 다음과 같다.

$$Y_{11} = \left.\frac{I_1}{V_1}\right|_{V_2=0} \tag{9.19a}$$

$$Y_{12} = \left. \frac{I_1}{V_2} \right|_{V_1 = 0} \quad (9.19b)$$

$$Y_{21} = \left. \frac{I_2}{V_1} \right|_{V_2 = 0} \quad (9.19c)$$

$$Y_{22} = \left. \frac{I_2}{V_2} \right|_{V_1 = 0} \quad (9.19d)$$

식 (9.19)에서 전압이 0이라는 의미는 해당 포트가 단락되었다는 의미이다. 예를 들어, Y_{11}은 포트 2 단락 시 포트 1의 자기 어드미턴스를 의미한다.

예제 9-3

[그림 9-3]에서 $R_1 = 2\,[\Omega]$, $R_2 = 2\,[\Omega]$, $R_3 = 1\,[\Omega]$일 때, 회로망의 Y-파라미터를 구하라.

풀이

[그림 9-6]은 Y_{11}과 Y_{21}을 구하기 위해 [그림 9-3]의 V_2의 값을 0으로 설정한 회로이다.

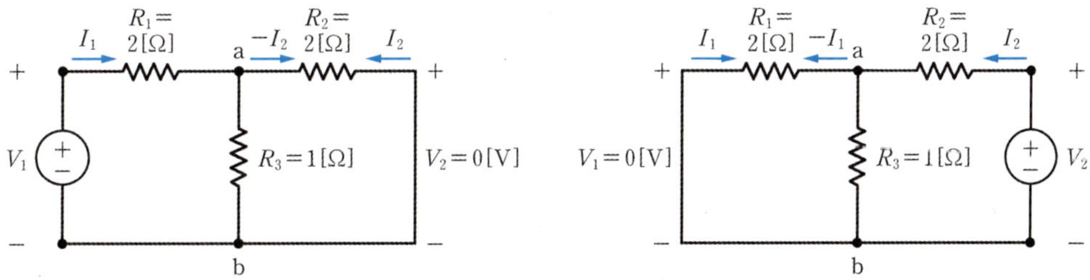

(a) $V_2 = 0\,[\mathrm{V}]$인 회로

(b) $V_1 = 0\,[\mathrm{V}]$인 회로

그림 9-6 [예제 9-3]의 풀이를 위한 회로

Y-파라미터는 $V_2 = 0\,[\mathrm{V}]$인 상황에서의 Y_{11}과 Y_{21}을 구한 다음, $V_1 = 0\,[\mathrm{V}]$인 상황에서의 Y_{22}와 Y_{12}를 구하면 된다.

먼저 $V_2 = 0\,[\mathrm{V}]$에서의 Y_{11}부터 구해보자. $Y_{11} = \left. \frac{I_1}{V_1} \right|_{V_2 = 0}$ 이므로 이에 맞춰서 표시하면 [그림 9-6(a)]와 같다. $V_2 = 0\,[\mathrm{V}]$이므로 포트 2는 단락되어 있다. 포트 1에 실제로 V_1이라는 전원이 연결된 것은 아니지만 마치 V_1이라는 전원이 있는 것처럼 생각하고 Y_{11}을 구해도 동일한 결과가 나온다. Y_{11}은 이 상황에서 I_1과 V_1의 비이다. $V_2 = 0\,[\mathrm{V}]$이므로 R_2와 R_3는 병렬 연결처럼 생각할 수 있다. R_2와 R_3의 병렬 합성 저항은 다시 R_1과 직렬 연결이다. 그러므로 옴의 법칙에 의해서 식 ①과 같이 나타낼 수 있다.

$$V_1 = (R_1 + R_2 // R_3) I_1 \quad \cdots ①$$

따라서 Y_{11}을 다음과 같이 구할 수 있다.

$$Y_{11} = \left.\frac{I_1}{V_1}\right|_{V_2=0} = \frac{1}{R_1 + (R_2//R_3)} = \frac{1}{2+(2//1)} = \frac{1}{2+\cfrac{1}{\cfrac{1}{2}+\cfrac{1}{1}}} = \frac{1}{2+\cfrac{2}{3}} = \frac{3}{8}$$

Y_{21}은 식 (9.19c)를 만족하는데 Y_{11}과 동일하게 $V_2 = 0\,[\mathrm{V}]$인 상황에서 구해야 하므로 Y_{21}을 두 번째로 구해보자. [그림 9-6(a)]에서 R_1에 흐르는 전류 I_1이 병렬 연결된 R_2와 R_3로 나누어져 흐르게 되는데 이때 R_2로 갈라져서 흐르는 전류가 $-I_2$이다. 먼저 I_1은 식 ①을 이용해 다음과 같이 구할 수 있다.

$$I_1 = \frac{V_1}{R_1 + R_2//R_3}$$

이 전류가 갈라져서 $-I_2$가 되므로 $-I_2$는 식 ②와 같이 구할 수 있다.

$$-I_2 = I_1 \times \frac{\cfrac{1}{R_2}}{\cfrac{1}{R_2}+\cfrac{1}{R_3}} = \frac{V_1}{R_1 + R_2//R_3} \times \frac{\cfrac{1}{R_2}}{\cfrac{1}{R_2}+\cfrac{1}{R_3}} = \frac{V_1}{R_1 + \cfrac{1}{\cfrac{1}{R_2}+\cfrac{1}{R_3}}} \times \frac{\cfrac{1}{R_2}}{\cfrac{1}{R_2}+\cfrac{1}{R_3}}$$

$$= \frac{V_1}{2+\cfrac{1}{\cfrac{1}{2}+\cfrac{1}{1}}} \times \frac{\cfrac{1}{2}}{\cfrac{1}{2}+\cfrac{1}{1}} = \frac{V_1}{\cfrac{8}{3}} \times \frac{1}{3} = \frac{V_1}{8} \qquad \cdots ②$$

식 ②를 식 (9.19c)에 대입해 정리하면 다음과 같다.

$$Y_{21} = \left.\frac{I_2}{V_1}\right|_{V_2=0} = -\frac{1}{8}$$

이제 $V_2 = 0\,[\mathrm{V}]$인 Y_{22}와 Y_{12}를 구해보자. Z_{22}는 $Y_{22} = \left.\frac{I_2}{V_2}\right|_{V_1=0}$ 이므로 이에 맞춰서 표시하면 [그림 9-6(b)]와 같다. $V_1 = 0\,[\mathrm{V}]$이므로 포트 1은 단락되어 있다. 포트 2에 실제로 V_2라는 전원이 연결된 것은 아니지만 마치 V_2라는 전원이 있는 것처럼 생각하고 Y_{22}를 구해도 동일한 결과가 나온다. Y_{22}는 이 상황에서 I_2와 V_2의 비이다. $V_1 = 0\,[\mathrm{V}]$이므로 R_1과 R_3는 병렬 연결처럼 생각할 수 있다. R_1과 R_3의 병렬 합성 저항은 다시 R_2와 직렬 연결이다. 그러므로 옴의 법칙에 의해서 식 ③과 같이 나타낼 수 있다.

$$V_2 = (R_2 + R_1//R_3)I_2 \qquad \cdots ③$$

따라서 Y_{22}를 다음과 같이 구할 수 있다.

$$Y_{22} = \frac{I_2}{V_2}\bigg|_{V_1=0} = \frac{1}{R_2 + (R_1//R_3)} = \frac{1}{2 + (2//1)} = \frac{1}{2 + \cfrac{1}{\cfrac{1}{2} + \cfrac{1}{1}}} = \frac{1}{2 + \cfrac{2}{3}} = \frac{3}{8}$$

Y_{12}는 식 (9.19b)를 만족하는데 Y_{22}과 동일하게 $V_2 = 0\,[\mathrm{V}]$인 상황에서 구한다. [그림 9-6(a)]에서 R_2에 흐르는 전류 I_2가 병렬 연결된 R_1과 R_3로 나누어져 흐르게 되는데 이때 R_1으로 갈라져서 흐르는 전류가 $-I_1$이다. 먼저 I_2는 식 ③을 이용해 다음과 같이 구할 수 있다.

$$I_2 = \frac{V_2}{R_2 + R_1//R_3}$$

이 전류가 갈라져서 $-I_1$이 되므로 $-I_1$은 식 ④와 같이 구할 수 있다.

$$-I_1 = I_2 \times \frac{\cfrac{1}{R_1}}{\cfrac{1}{R_1} + \cfrac{1}{R_3}} = \frac{V_2}{R_2 + R_1//R_3} \times \frac{\cfrac{1}{R_1}}{\cfrac{1}{R_1} + \cfrac{1}{R_3}} = \frac{V_2}{R_2 + \cfrac{1}{\cfrac{1}{R_1} + \cfrac{1}{R_3}}} \times \frac{\cfrac{1}{R_1}}{\cfrac{1}{R_1} + \cfrac{1}{R_3}}$$

$$= \frac{V_2}{2 + \cfrac{1}{\cfrac{1}{2} + \cfrac{1}{1}}} \times \frac{\cfrac{1}{2}}{\cfrac{1}{2} + \cfrac{1}{1}} = \frac{V_2}{\cfrac{8}{3}} \times \frac{1}{3} = \frac{V_2}{8} \qquad \cdots ④$$

식 ④를 식 (9.19b)에 대입해 정리하면 다음과 같다.

$$Y_{12} = \frac{I_1}{V_2}\bigg|_{V_1=0} = -\frac{1}{8}$$

앞에서 구한 Y값들을 모두 이용해 Y-파라미터를 구하면 다음과 같다.

$$Y = \begin{pmatrix} \frac{3}{8} & -\frac{1}{8} \\ -\frac{1}{8} & \frac{3}{8} \end{pmatrix}$$

Level up! **임피던스 값이 모두 두 배가 되면 Y-파라미터는 어떻게 될까?**

회로의 모든 임피던스값이 k배가 되면 그 Y-파라미터는 $\frac{1}{k}$배가 된다. 예를 들어, [그림 9-3]에서 저항값이 모두 두 배가 되어서 $R_1 = 4\,[\Omega]$, $R_2 = 4\,[\Omega]$, $R_3 = 2\,[\Omega]$이 되면 그 Y-파라미터 값의 모든 원소는 처음 값의 반이 된다. 따라서 Y-파라미터는 다음과 같다.

$$Y = \frac{1}{2}\begin{pmatrix} \frac{3}{8} & -\frac{1}{8} \\ -\frac{1}{8} & \frac{3}{8} \end{pmatrix} = \begin{pmatrix} \frac{3}{16} & -\frac{1}{16} \\ -\frac{1}{16} & \frac{3}{16} \end{pmatrix}$$

Z-파라미터와 Y-파라미터의 관계

Z-파라미터는 Y-파라미터와 다음과 같은 역행렬의 관계를 갖는다.

$$Z = Y^{-1} \tag{9.20a}$$

$$Y = Z^{-1} \tag{9.20b}$$

Basic check

(a) $Z = \begin{pmatrix} 2 & 5 \\ 1 & 3 \end{pmatrix}$일 때, Y를 구하라.

(b) $Y = \begin{pmatrix} 4 & 5 \\ 2 & 3 \end{pmatrix}$일 때, Z를 구하라.

답

(a) 식 (9.20b)에 의해서 다음과 같이 구할 수 있다.

$$Y = Z^{-1} = \frac{1}{2\times 3 - 5\times 1}\begin{pmatrix} 3 & -5 \\ -1 & 2 \end{pmatrix} = \begin{pmatrix} 3 & -5 \\ -1 & 2 \end{pmatrix}$$

(b) 식 (9.20a)에 의해서 다음과 같이 구할 수 있다.

$$Z = Y^{-1} = \frac{1}{4\times 3 - 5\times 2}\begin{pmatrix} 3 & -5 \\ -2 & 4 \end{pmatrix} = \begin{pmatrix} 1.5 & -2.5 \\ -1 & 2 \end{pmatrix}$$

3. 전송 파라미터와 기타 파라미터

전송(T) 파라미터

전송 파라미터 transmission parameter **는 2-포트 회로망을 전송 선로처럼 연쇄** cascade **연결해 해석할 때 가장 편리한 표현** 방식으로, 포트 1의 전압과 전류를 포트 2의 전압과 전류로 직접 나타낸다. 전송 파라미터는 T로 표현하며 식 (9.21)의 관계를 가진다.

$$\begin{pmatrix} V_1 \\ I_1 \end{pmatrix} = \begin{pmatrix} A & B \\ C & D \end{pmatrix} \begin{pmatrix} V_2 \\ -I_2 \end{pmatrix} \tag{9.21}$$

식 (9.21)을 전개하면 다음과 같다.

$$V_1 = AV_2 + B(-I_2) \tag{9.22a}$$

$$I_1 = CV_2 + D(-I_2) \tag{9.22b}$$

식 (9.22)를 바탕으로 T-파라미터의 각 원소를 구하면 다음과 같다.

$$A = \left.\frac{V_1}{V_2}\right|_{-I_2=0} \tag{9.23a}$$

$$B = \left.\frac{V_1}{-I_2}\right|_{V_2=0} \tag{9.23b}$$

$$C = \left.\frac{I_1}{V_2}\right|_{-I_2=0} \tag{9.23c}$$

$$D = \left.\frac{I_1}{-I_2}\right|_{V_2=0} \tag{9.23d}$$

식 (9.23)에서 $-I_2$가 0이라는 의미는 포트 2가 개방되었다는 의미이고, V_2가 0이라는 것은 포트 2가 단락되었다는 의미이다.

예제 9-4

[그림 9-3]에서 $R_1 = 2\,[\Omega]$, $R_2 = 2\,[\Omega]$, $R_3 = 1\,[\Omega]$일 때, 회로망의 T-파라미터를 구하라.

풀이

$-I_2 = 0\,[\text{A}]$인 상황에서의 A와 C를 구한 다음, $V_2 = 0\,[\text{V}]$인 상황에서의 D와 B를 구하면 된다. 먼저 $-I_2 = 0\,[\text{A}]$에서의 A부터 구해보자. $A = \left.\dfrac{V_1}{V_2}\right|_{-I_2=0}$ 이므로 이에 맞춰서 포트 2가 개방된 회로는 [그림 9-4(a)]와 같다. R_2에는 전류가 흐르지 않고, R_2에 인가되는 전압은 $0\,[\text{V}]$이므로, [그림 9-4(b)]와 같이 V_2는 R_3에 인가되는 전압인 V_{ab}와 같다. R_1과 R_3가 직렬 연결이므로 V_1이 R_1과 R_3에 저항의 비로 분배되어 다음 식이 성립된다.

$$V_2 = V_1 \times \frac{R_3}{R_1 + R_3}$$

그러므로 A를 다음과 같이 구할 수 있다.

$$A = \left.\frac{V_1}{V_2}\right|_{-I_2=0} = \frac{R_1 + R_3}{R_3} = \frac{2+1}{1} = 3$$

다음으로 A와 같이 $-I_2 = 0\,[\text{A}]$로 동일한 조건인 C를 구해보자. [그림 9-4(b)]에서 R_3에 흐르는 전류가 I_1이므로 옴의 법칙에 의해서 $V_2 = R_3 I_1$이다. 이를 식 (9.23c)에 적용하면 다음과 같이 구할 수 있다.

$$C = \left.\frac{I_1}{V_2}\right|_{-I_2=0} = \frac{1}{R_3} = \frac{1}{1} = 1$$

이제 $V_2 = 0$인 상황에서의 D와 B를 구해보자. $V_2 = 0\,[\text{V}]$이므로 [그림 9-6(a)]와 같다. R_1에 흐르는 전류 I_1이 병렬 연결된 R_2와 R_3에 나뉘어 흐르므로 R_2에 흐르는 전류 $-I_2$는 다음과 같이 구할 수 있다.

$$-I_2 = I_1 \times \frac{\dfrac{1}{R_2}}{\dfrac{1}{R_2} + \dfrac{1}{R_3}} = I_1 \times \frac{\dfrac{1}{2}}{\dfrac{1}{2} + \dfrac{1}{1}} = I_1 \times \frac{1}{3} = \frac{I_1}{3}$$

따라서 D는 다음과 같이 구할 수 있다.

$$D = \left.\frac{I_1}{-I_2}\right|_{V_2=0} = 3$$

마지막으로 B를 구해보자. [예제 9-3]의 식 ②에 의해서 $-I_2 = \frac{V_1}{8}$임을 알 수 있다. 따라서 B는 다음과 같이 구할 수 있다.

$$B = \left.\frac{V_1}{-I_2}\right|_{V_2=0} = 8$$

앞에서 구한 $A \sim D$를 모두 이용해 T-파라미터를 구하면 다음과 같다.

$$T = \begin{pmatrix} 3 & 8 \\ 1 & 3 \end{pmatrix}$$

기타 파라미터들

이외에도 [표 9-1]과 같이 역전송 T', 혼합 h, 역혼합 g 파라미터들이 있다. 이 파라미터들 역시 앞서 배운 파라미터와 같은 방식으로 포트를 개방 혹은 단락한 회로를 통해 구할 수 있다.

Level up! 혼합(h) 파라미터의 개념

혼합 파라미터는 h-파라미터로 표현하며 다음과 같은 관계를 가진다.

$$\begin{pmatrix} V_1 \\ I_2 \end{pmatrix} = \begin{pmatrix} h_{11} & h_{12} \\ h_{21} & h_{22} \end{pmatrix} \begin{pmatrix} I_1 \\ V_2 \end{pmatrix}$$

이 식을 전개하면 다음과 같다.

$$V_1 = h_{11} I_1 + h_{12} V_2$$
$$I_2 = h_{21} I_1 + h_{22} V_2$$

이 식들을 바탕으로 h-파라미터의 각 원소를 구하면 다음과 같다.

$$h_{11} = \left.\frac{V_1}{I_1}\right|_{V_2=0}, \quad h_{12} = \left.\frac{V_1}{V_2}\right|_{I_1=0}, \quad h_{21} = \left.\frac{I_2}{I_1}\right|_{V_2=0}, \quad h_{22} = \left.\frac{I_2}{V_2}\right|_{I_1=0}$$

위 식에서 V_2가 0이라는 의미는 포트 2가 단락되었다는 의미이고, I_1이 0이라는 것은 포트 1이 개방되었다는 의미이다.

LESSON 9.3

2-포트 회로망의 응용

✓ 기본 개념 | 회로망의 직렬 연결 | 회로망의 병렬 연결 | 회로망의 캐스케이드 연결

1. 2-포트 회로망의 직·병렬 연결

2-포트 회로망의 직렬 연결

[그림 9-7]처럼 회로망 a와 회로망 b가 연결되어있을 때, 식 (9.24)를 만족하면 회로망이 직렬 연결되었다고 한다.

$$\begin{pmatrix} V_1 \\ V_2 \end{pmatrix} = \begin{pmatrix} V_{1a} \\ V_{2a} \end{pmatrix} + \begin{pmatrix} V_{1b} \\ V_{2b} \end{pmatrix} \tag{9.24a}$$

$$\begin{pmatrix} I_1 \\ I_2 \end{pmatrix} = \begin{pmatrix} I_{1a} \\ I_{2b} \end{pmatrix} = \begin{pmatrix} I_{1b} \\ I_{2b} \end{pmatrix} \tag{9.24b}$$

식 (9.24a)는 개별 회로망의 포트의 전압의 합이 전체 회로망의 포트의 전압이 된다는 의미이고, 식 (9.24b)는 전체 회로망의 포트의 전류는 개별 회로의 포트의 전류들과 같다는 뜻이다. 예를 들어, 회로망 a의 포트 1의 전압 V_{1a}와 회로망 b의 포트 1의 전압 V_{1b}가 전체 회로망의 포트 1의 전압 V_1과 같고, 회로망 a의 포트 1의 전류 I_{1a}와 회로망 b의 포트 1의 전류 I_{1b}가 전체 회로망의 포트 1의 전류 I_1과 같다는 뜻이다.

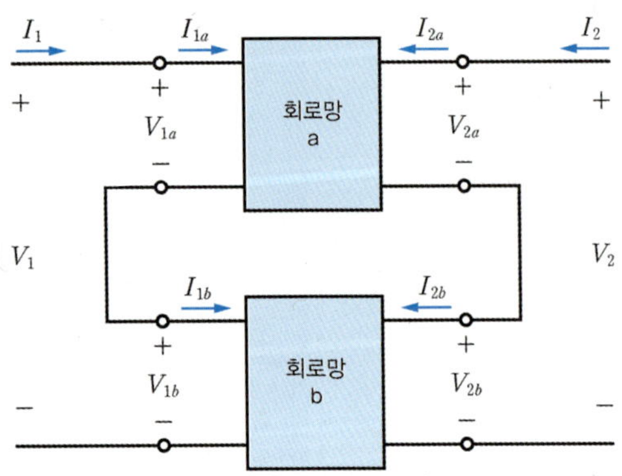

그림 9-7 2-포트 회로망의 직렬 연결

2-포트 회로망이 직렬 연결되어 있으면 이 회로에서는 임피던스 파라미터가 식 (9.25)를 만족시킨다.

$$Z_T = Z_1 + Z_2 \tag{9.25}$$

따라서 개별 회로망의 임피던스 파라미터를 알면 이 회로망이 직렬 연결된 임피던스 파라미터를 간단히 구할 수 있다.

Basic check

직렬 연결된 두 회로망의 $Z_1 = \begin{pmatrix} 6 & 2 \\ 2 & 6 \end{pmatrix}$, $Z_2 = \begin{pmatrix} 2 & 1 \\ 1 & 2 \end{pmatrix}$일 때, 이 두 회로망이 직렬 연결된 전체 회로망의 임피던스 파라미터 Z_T를 구하라.

답 $Z_T = Z_1 + Z_2 = \begin{pmatrix} 6 & 2 \\ 2 & 6 \end{pmatrix} + \begin{pmatrix} 2 & 1 \\ 1 & 2 \end{pmatrix} = \begin{pmatrix} 8 & 3 \\ 3 & 8 \end{pmatrix}$

예제 9-5

[그림 9-8]에서 $R_1 = 10\,[\Omega]$, $R_2 = 20\,[\Omega]$, $R_3 = 20\,[\Omega]$, $R_4 = 20\,[\Omega]$, $R_5 = 40\,[\Omega]$, $R_6 = 40\,[\Omega]$일 때, 주어진 물음에 답하라.

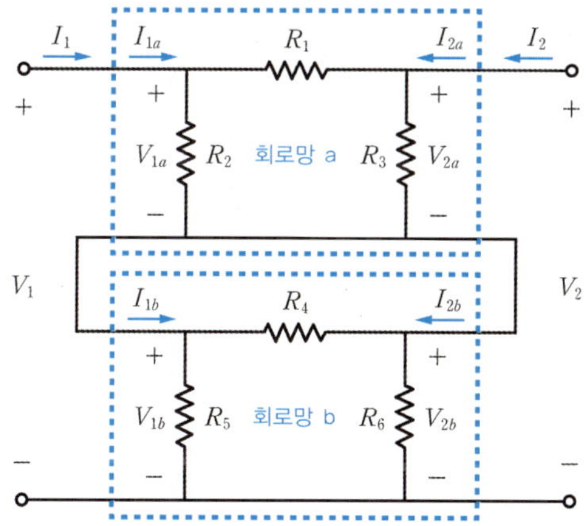

그림 9-8 [예제 9-5]의 회로

(a) 회로망 a의 임피던스 파라미터 Z_a를 구하라.

(b) 회로망 b의 임피던스 파라미터 Z_b를 구하라.

(c) 전체 회로의 임피던스 파라미터 Z_T를 구하라.

풀이

(a) $-I_2 = 0\,[\mathrm{A}]$인 상황에서의 Z_{11}과 Z_{21}을 구한 다음, $I_1 = 0\,[\mathrm{A}]$인 상황에서의 Z_{22}와 Z_{12}를 구하면 된다.

먼저 $-I_{2a} = 0\,[\mathrm{A}]$에서의 Z_{11a}부터 구해보자. Z_{11a}는 $I_{2a} = 0\,[\mathrm{A}]$일 때의 회로이므로 포트 2는 개방되어 있다. 따라서 R_1과 R_3는 직렬 연결이다. 그러므로 포트 1에서 바라본 전체 저항 합성 저항은 식 ①과 같다.

$$R_2 // (R_1 + R_3) = \frac{1}{\dfrac{1}{R_2} + \dfrac{1}{R_1 + R_3}} = \frac{1}{\dfrac{1}{20} + \dfrac{1}{10+20}} = 12 \qquad \cdots ①$$

식 ①에 옴의 법칙을 적용하면 식 ②와 같다.

$$V_{1a} = 12 I_{1a} \qquad \cdots ②$$

따라서 Z_{11a}을 다음과 같이 구할 수 있다.

$$Z_{11a} = \left.\frac{V_{1a}}{I_{1a}}\right|_{I_{2a}=0} = 12$$

Z_{21}도 포트 2가 개방된 상태에서 구하는데 이 경우에 직렬 연결된 R_1과 R_3에 인가되는 전체 전압은 V_{1a}다. 그리고 이 전압이 분배되어서 R_3에 인가되는 전압이 V_{2a}다. 이를 바탕으로 전압 분배식을 적용하여 V_{1a}와 V_{2a}의 관계식을 구하면 식 ③과 같다.

$$V_{2a} = V_{1a} \times \frac{R_3}{R_1 + R_3} = V_{1a} \times \frac{20}{10+20} = \frac{2}{3} V_{1a} \qquad \cdots ③$$

식 ③에 식 ②를 대입하면 다음과 같다.

$$V_{2a} = \frac{2}{3} \times 12 I_{1a} = 8 I_{1a}$$

따라서 Z_{21a}는 다음과 같다.

$$Z_{21a} = \left.\frac{V_{2a}}{I_{1a}}\right|_{I_2=0} = 8$$

Z_{22a}는 I_{1a}가 0인 회로로 포트 1이 개방된 회로이므로, R_1과 R_2는 직렬 연결이다. 따라서 포트 2에서 바라본 전체 저항 합성 저항은 다음과 같다.

$$R_3 // (R_1 + R_2) = \frac{1}{\dfrac{1}{R_3} + \dfrac{1}{R_1 + R_2}} = \frac{1}{\dfrac{1}{20} + \dfrac{1}{10+20}} = 12$$

그러므로 옴의 법칙을 적용하면 식 ④와 같이 나타낼 수 있다.

$$V_{2a} = (R_3 + R_1 // R_2) I_{2a} = 12 I_{2a} \qquad \cdots ④$$

따라서 Z_{22a}는 다음과 같다.

$$Z_{22a} = \left.\frac{V_{2a}}{I_{2a}}\right|_{I_{1a}=0} = 12$$

Z_{12a}도 포트 1이 개방된 상태에서 구하는데 이 경우에 직렬 연결된 R_1과 R_2에 인가되는 전체 전압은 V_{2a}다. 그리고 이 전압이 분배되어서 R_2에 인가되는 전압이 V_{1a}다. 이를 바탕으로 전압 분배식을 적용하여 V_{1a}와 V_{2a}의 관계식을 구하면 식 ⑤와 같다.

$$V_{1a} = V_{2a} \times \frac{R_2}{R_1 + R_2} = V_{2a} \times \frac{20}{10+20} = \frac{2}{3} V_{2a} \qquad \cdots ⑤$$

식 ④에 식 ⑤를 대입하면 다음과 같다.

$$V_{1a} = \frac{2}{3} \times 12 I_{2a} = 8 I_{2a}$$

그러므로 Z_{12a}는 다음과 같다.

$$Z_{12a} = \left.\frac{V_{1a}}{I_{2a}}\right|_{I_{1a}=0} = 8$$

앞에서 구한 원소들을 모두 이용해 Z_a를 구하면 다음과 같다.

$$Z_a = \begin{pmatrix} 12 & 8 \\ 8 & 12 \end{pmatrix}$$

(b) 회로망 b는 회로망 a의 모든 임피던스값이 두 배가 된 것이므로 다음과 같이 구할 수 있다.

$$Z_b = 2Z_a = 2\begin{pmatrix} 12 & 8 \\ 8 & 12 \end{pmatrix} = \begin{pmatrix} 24 & 16 \\ 16 & 24 \end{pmatrix}$$

(c) 전체 회로망은 회로망 a와 회로망 b가 직렬 연결된 회로망이므로 식 (9.25)를 이용해 구할 수 있다.

$$Z_T = Z_a + Z_b = \begin{pmatrix} 12 & 8 \\ 8 & 12 \end{pmatrix} + \begin{pmatrix} 24 & 16 \\ 16 & 24 \end{pmatrix} = \begin{pmatrix} 36 & 24 \\ 24 & 36 \end{pmatrix}$$

2-포트 회로망의 병렬 연결

[그림 9-9]처럼 회로망 a와 회로망 b가 연결되어 있을 때, 식 (9.26)을 만족하면 회로망이 병렬 연결되었다고 한다.

$$\begin{pmatrix} V_1 \\ V_2 \end{pmatrix} = \begin{pmatrix} V_{1a} \\ V_{2a} \end{pmatrix} = \begin{pmatrix} V_{1b} \\ V_{2b} \end{pmatrix} \tag{9.26a}$$

$$\begin{pmatrix} I_1 \\ I_2 \end{pmatrix} = \begin{pmatrix} I_{1a} \\ I_{2b} \end{pmatrix} + \begin{pmatrix} I_{1b} \\ I_{2b} \end{pmatrix} \tag{9.26b}$$

식 (9.26a)는 전체 회로망의 포트의 전압은 개별 회로망의 포트의 전압과 같다는 의미이고, 식 (9.26b)는 전체 회로망의 포트의 전류는 개별 회로망의 포트의 전류의 합과 같다는 뜻이다. 예를 들어, 회로망 a의 포트 1의 전압 V_{1a}와 회로망 b의 포트 1의 전압 V_{1b}가 전체 회로망의 포트 1의 전압 V_1과 같고, 회로망 a의 포트 1의 전류 I_{1a}와 회로망 b의 포트 1의 전류 I_{1b}가 전체 회로망의 포트 1의 전류 I_1과 같다는 뜻이다.

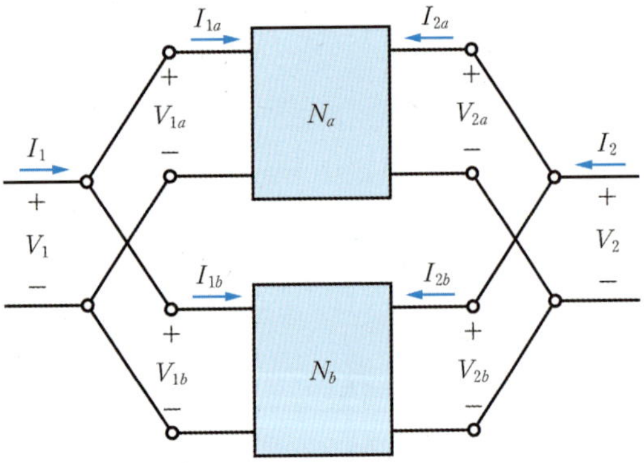

그림 9-9 2-포트 회로망의 병렬 연결

2-포트 회로망이 병렬 연결되어 있으면 이 회로에서는 어드미턴스 파라미터가 식 (9.27)을 만족시킨다.

$$Y_T = Y_1 + Y_2 \tag{9.27}$$

따라서 개별 회로망의 어드미턴스 파라미터를 알면 이 회로망이 병렬 연결된 어드미턴스 파라미터를 간단히 구할 수 있다.

Basic check

병렬 연결된 두 회로망의 $Y_1 = \begin{pmatrix} 5 & -2 \\ -2 & 3 \end{pmatrix}$, $Y_2 = \begin{pmatrix} -3 & 1 \\ 1 & 2 \end{pmatrix}$일 때, 이 두 회로망이 병렬 연결된 전체 회로망의 어드미턴스 파라미터 Y_T를 구하라.

답 $Y_T = Y_1 + Y_2 = \begin{pmatrix} 5 & -2 \\ -2 & 3 \end{pmatrix} + \begin{pmatrix} -3 & 1 \\ 1 & 2 \end{pmatrix} = \begin{pmatrix} 2 & -1 \\ -1 & 5 \end{pmatrix}$

예제 9-6

[그림 9-10]에서 $R_1 = 10\,[\Omega]$, $R_2 = 20\,[\Omega]$, $R_3 = 20\,[\Omega]$, $R_4 = 20\,[\Omega]$, $R_5 = 40\,[\Omega]$, $R_6 = 40\,[\Omega]$일 때, 주어진 물음에 답하라.

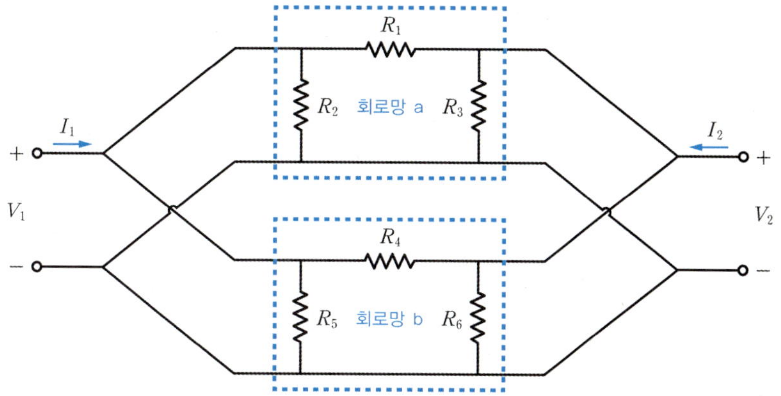

그림 9-10 [예제 9-6]의 회로

(a) 회로망 a의 어드미턴스 파라미터 Y_a를 구하라.

(b) 회로망 b의 어드미턴스 파라미터 Y_b를 구하라.

(c) 전체 회로의 어드미턴스 파라미터 Y_T를 구하라.

풀이

(a) 회로망 a는 [그림 9-8]의 회로망 a와 동일하다. 그러므로 회로망 a의 어드미턴스 파라미터 Y_a는 식 (9.20b)에 의해서 다음과 같이 구할 수 있다.

$$Y_a = Z_a^{-1} = \begin{pmatrix} 12 & 8 \\ 8 & 12 \end{pmatrix}^{-1} = \frac{1}{12 \times 12 - 8 \times 8}\begin{pmatrix} 12 & -8 \\ -8 & 12 \end{pmatrix} = \frac{1}{80}\begin{pmatrix} 12 & -8 \\ -8 & 12 \end{pmatrix} = \begin{pmatrix} 0.15 & -0.1 \\ -0.1 & 0.15 \end{pmatrix}$$

(b) 회로망 b는 회로망 a의 모든 임피던스값이 두 배가 된 것이므로 다음과 같이 구할 수 있다.

$$Y_b = \frac{1}{2}Y_a = \frac{1}{2}\begin{pmatrix} 0.15 & -0.1 \\ -0.1 & 0.15 \end{pmatrix} = \begin{pmatrix} 0.075 & -0.05 \\ -0.05 & 0.075 \end{pmatrix}$$

(c) 전체 회로망은 회로망 a와 회로망 b가 병렬 연결된 회로망이므로 식 (9.27)을 이용해 다음과 같이 구할 수 있다.

$$Y_T = Y_a + Y_b = \begin{pmatrix} 0.15 & -0.1 \\ -0.1 & 0.15 \end{pmatrix} + \begin{pmatrix} 0.075 & -0.05 \\ -0.05 & 0.075 \end{pmatrix} = \begin{pmatrix} 0.225 & -0.15 \\ -0.15 & 0.225 \end{pmatrix}$$

2. 2-포트 회로망의 캐스케이드 연결

2-포트 회로망의 캐스케이드 연결

[그림 9-11]처럼 두 개 이상의 2-포트 회로망을 연속적으로 배치해 한 회로망의 출력 포트가 다음 회로망의 입력 포트와 바로 연결되는 구조를 **캐스케이드**cascade 연결되었다고 한다. 캐스케이드 연결은 신호가 1단, 2단, 3단으로 차례대로 전달되는 연쇄 연결을 의미한다.

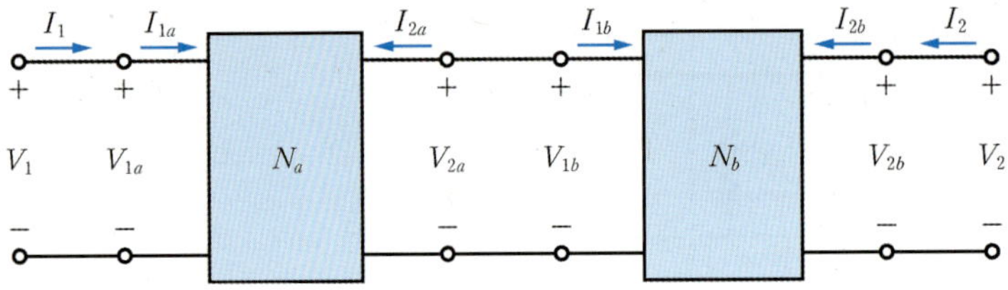

그림 9-11 2-포트 회로망의 캐스케이드 연결

2-포트 회로망이 캐스케이드 연결되어 있으면 이 회로에서는 전송 파라미터가 식 (9.28)을 만족시킨다.

$$T_T = T_1 T_2 \qquad (9.28)$$

따라서 개별 회로망의 임피던스 파라미터를 알면 이 회로망이 직렬 연결된 임피던스 파라미터를 간단히 구할 수 있다.

Basic check

직렬 연결된 두 회로망의 $Z_1 = \begin{pmatrix} 6 & 2 \\ 2 & 6 \end{pmatrix}$, $Z_2 = \begin{pmatrix} 2 & 1 \\ 1 & 2 \end{pmatrix}$일 때, 이 두 회로망이 직렬 연결된 전체 회로망의 임피던스 파라미터 Z_T를 구하라.

답 $Z_T = Z_1 + Z_2 = \begin{pmatrix} 6 & 2 \\ 2 & 6 \end{pmatrix} + \begin{pmatrix} 2 & 1 \\ 1 & 2 \end{pmatrix} = \begin{pmatrix} 8 & 3 \\ 3 & 8 \end{pmatrix}$

예제 9-7

[그림 9-12]에서 $R_1 = 10\,[\Omega]$, $R_2 = 20\,[\Omega]$, $R_3 = 20\,[\Omega]$, $R_4 = 20\,[\Omega]$, $R_5 = 40\,[\Omega]$, $R_6 = 40\,[\Omega]$일 때, 주어진 물음에 답하라.

(a) 회로망 a의 전송 파라미터 T_a를 구하라.

(b) 전체 회로의 전송 파라미터 T_T를 구하라.

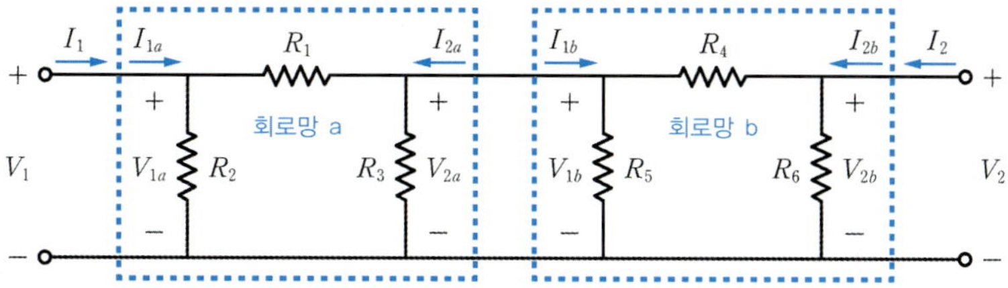

그림 9-12 [예제 9-7]의 회로

풀이

(a) $-I_{2a}=0\,[\mathrm{A}]$인 상황에서의 A와 C를 구한 다음, $V_{2a}=0\,[\mathrm{V}]$인 상황에서의 D와 B를 구하면 된다.

먼저 $-I_{2a}=0\,[\mathrm{A}]$에서의 A부터 구해보자. A_a는 $-I_{2a}=0$일 때의 파라미터이므로 R_1과 R_3는 직렬 연결이다. V_{1a}가 직렬 연결된 R_1과 R_3에 나누어 인가되므로 $V_{2a}=V_{1a}\times\dfrac{R_3}{R_1+R_3}$이다. 따라서 A_a는 다음과 같다.

$$A_a=\left.\frac{V_{a1}}{V_{a2}}\right|_{-I_{a2}=0}=\frac{R_1+R_3}{R_3}=\frac{10+20}{20}=1.5$$

이제 C_a를 구해보자. A_a를 구할 때와 동일한 $-I_{2a}=0\,[\mathrm{A}]$인 회로를 고려하면 I_{1a}의 전류가 R_2와 (R_1+R_3)로 나누어 흐름을 알 수 있다. 따라서 R_1을 지나서 R_3로 흐르는 전류는 식 ①과 같다.

$$I_{1a}\times\frac{\dfrac{1}{R_1+R_3}}{\dfrac{1}{R_2}+\dfrac{1}{R_1+R_3}}=I_{1a}\times\frac{\dfrac{1}{10+20}}{\dfrac{1}{20}+\dfrac{1}{10+20}}=I_{1a}\times\frac{2}{5}=\frac{2}{5}I_{1a}\qquad\cdots ①$$

R_3에서 옴의 법칙을 적용하면 다음과 같다.

$$V_{2a}=R_3\times\frac{2}{5}I_{1a}\qquad\cdots ②$$

식 ②를 식 ①에 대입하여 C_a를 구하면 다음과 같다.

$$C_a=\left.\frac{I_{1a}}{V_{2a}}\right|_{-I_{2a}=0}=\frac{5}{2R_3}=0.125$$

이제 $V_{2a}=0$인 D_a와 B_a를 구해보자. $V_{2a}=0\,[\mathrm{A}]$이므로 [그림 9-13]과 같다.

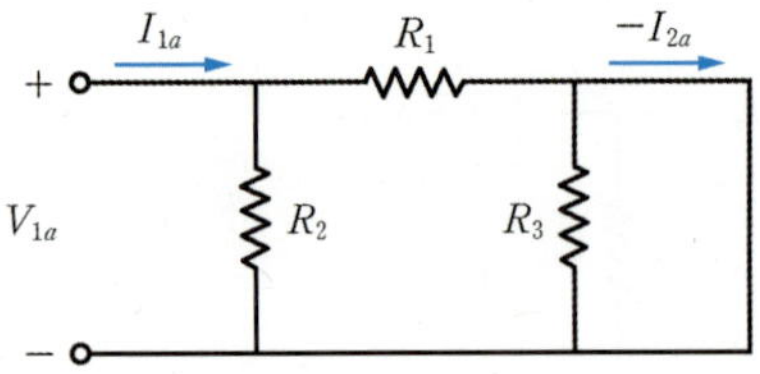

그림 9-13 $V_{a2}=0$인 **회로**

회로망 a의 포트 2는 단락된다. R_3와 평행하게 단락된 도선이 그려졌으므로 R_3에는 전류가 흐르지 않는다. 따라서 $-I_{2a}$는 R_1에 흐르는 전류와 같다. R_1과 R_2가 병렬 연결이므로 다음과 같이 구할 수 있다.

$$-I_{2a}=I_{1a}\times\frac{\frac{1}{R_1}}{\frac{1}{R_2}+\frac{1}{R_1}}=I_{1a}\times\frac{\frac{1}{10}}{\frac{1}{20}+\frac{1}{10}}=I_{1a}\times\frac{2}{3}=\frac{2}{3}I_{1a} \quad \cdots ③$$

식 ③을 정리하여 다음과 같이 D_a를 구할 수 있다.

$$D_a=\left.\frac{I_{1a}}{-I_{2a}}\right|_{V_{2a}=0}=1.5$$

마지막으로 B_a를 구해보자. R_1에 인가된 전압이 V_{1a}이고 흐르는 전류가 $-I_{2a}$이므로 옴의 법칙에 의해서 $V_{1a}=10(-I_{2a})$이다. 따라서 B_a는 다음과 같이 구할 수 있다.

$$B_a=\left.\frac{V_{1a}}{-I_{2a}}\right|_{V_{2a}=0}=10$$

앞에서 구한 $A\sim D$를 모두 이용해 T_a를 구하면 다음과 같다.

$$T_a=\begin{pmatrix}1.5 & 10\\0.125 & 1.5\end{pmatrix}$$

(b) 회로망 a와 b는 캐스케이드 연결이므로 식 (9.28)로 구할 수 있다.

$$T_T=T_aT_b=\begin{pmatrix}1.5 & 10\\0.125 & 1.5\end{pmatrix}\begin{pmatrix}1.5 & 10\\0.125 & 1.5\end{pmatrix}=\begin{pmatrix}3.5 & 30\\0.375 & 3.5\end{pmatrix}$$

CHAPTER 09 개념복습

개념 정리하기

• 행렬 계산의 기호

개념	식
덧셈	$\begin{pmatrix} a_{11} & a_{12} \\ a_{21} & a_{22} \end{pmatrix} + \begin{pmatrix} b_{11} & b_{12} \\ b_{21} & b_{22} \end{pmatrix} = \begin{pmatrix} a_{11}+b_{11} & a_{12}+b_{12} \\ a_{21}+b_{21} & a_{22}+b_{22} \end{pmatrix}$
뺄셈	$\begin{pmatrix} a_{11} & a_{12} \\ a_{21} & a_{22} \end{pmatrix} - \begin{pmatrix} b_{11} & b_{12} \\ b_{21} & b_{22} \end{pmatrix} = \begin{pmatrix} a_{11}-b_{11} & a_{12}-b_{12} \\ a_{21}-b_{21} & a_{22}-b_{22} \end{pmatrix}$
2×2 행렬과 2×1 행렬의 곱	$\begin{pmatrix} a_{11} & a_{12} \\ a_{21} & a_{22} \end{pmatrix}\begin{pmatrix} b_1 \\ b_2 \end{pmatrix} = \begin{pmatrix} a_{11}b_1 + a_{12}b_2 \\ a_{21}b_1 + a_{22}b_2 \end{pmatrix}$
2×2 행렬과 2×2 행렬의 곱	$\begin{pmatrix} a_{11} & a_{12} \\ a_{21} & a_{22} \end{pmatrix}\begin{pmatrix} b_{11} & b_{12} \\ b_{21} & b_{22} \end{pmatrix} = \begin{pmatrix} a_{11}b_{11}+a_{12}b_{21} & a_{11}b_{12}+a_{12}b_{22} \\ a_{21}b_{11}+a_{22}b_{21} & a_{21}b_{12}+a_{22}b_{22} \end{pmatrix}$
역행렬	$A^{-1} = \dfrac{1}{ad-bc}\begin{pmatrix} d & -b \\ -c & a \end{pmatrix}$

• 2-포트 회로망의 종류

이름	출력	파라미터 행렬	입력
임피던스 Z	$\begin{pmatrix} V_1 \\ V_2 \end{pmatrix}$	$Z = \begin{pmatrix} Z_{11} & Z_{12} \\ Z_{21} & Z_{22} \end{pmatrix}$	$\begin{pmatrix} I_1 \\ I_2 \end{pmatrix}$
어드미턴스 Y	$\begin{pmatrix} I_1 \\ I_2 \end{pmatrix}$	$Y = \begin{pmatrix} Y_{11} & Y_{12} \\ Y_{21} & Y_{22} \end{pmatrix}$	$\begin{pmatrix} V_1 \\ V_2 \end{pmatrix}$
전송 T	$\begin{pmatrix} V_1 \\ I_1 \end{pmatrix}$	$T = \begin{pmatrix} A & B \\ C & D \end{pmatrix}$	$\begin{pmatrix} V_2 \\ -I_2 \end{pmatrix}$
역전송 T'	$\begin{pmatrix} V_2 \\ I_2 \end{pmatrix}$	$T' = \begin{pmatrix} A' & B' \\ C' & D' \end{pmatrix}$	$\begin{pmatrix} V_1 \\ -I_1 \end{pmatrix}$
혼합 h	$\begin{pmatrix} V_1 \\ I_2 \end{pmatrix}$	$h = \begin{pmatrix} h_{11} & h_{12} \\ h_{21} & h_{22} \end{pmatrix}$	$\begin{pmatrix} I_1 \\ V_2 \end{pmatrix}$
역혼합 g	$\begin{pmatrix} I_1 \\ V_2 \end{pmatrix}$	$g = \begin{pmatrix} g_{11} & g_{12} \\ g_{21} & g_{22} \end{pmatrix}$	$\begin{pmatrix} V_1 \\ I_2 \end{pmatrix}$

• 2-포트 회로망의 응용

개념	식
행렬의 직렬 연결	$Z_T = Z_1 + Z_2$
행렬의 병렬 연결	$Y_T = Y_1 + Y_2$
행렬의 캐스케이드 연결	$T_T = T_1 T_2$

개념 점검하기 다음 문제에서 옳은 것을 골라라.

(1) $\begin{pmatrix} a & b \\ c & d \end{pmatrix}$의 역행렬은 $ad - bc$가 (0일 때, 0이 아닐 때) 존재한다.

(2) 입력이 전류이고 출력이 전압인 파라미터는 (임피던스, 어드미턴스) 파라미터이다.

(3) 전송 파라미터는 (h, T)로 나타낸다.

(4) 임피던스 파라미터와 어드미턴스 파라미터는 서로 (같은, 역) 행렬이다.

(5) 두 회로망이 직렬 연결되면 각 회로망의 파라미터의 합으로 전체 파라미터가 표현될 수 있는 것은 (Z, Y, T)다/이다.

(6) 두 회로망이 병렬 연결되면 각 회로망의 파라미터의 합으로 전체 파라미터가 표현될 수 있는 것은 (Z, Y, T)다/이다.

(7) 두 회로망이 캐스케이드 연결되면 각 회로망의 파라미터의 곱으로 전체 파라미터가 표현될 수 있는 것은 (Z, Y, T)다/이다.

CHAPTER

09

연습문제

기본 문제

9.1 $A = \begin{pmatrix} 4 & 3 \\ 3 & 4 \end{pmatrix}$, $B = \begin{pmatrix} 2 & 0 \\ 1 & 2 \end{pmatrix}$일 때 주어진 물음에 답하라.

(a) $A+B$를 구하라.

(b) $A-B$를 구하라.

(c) AB를 구하라.

(d) A의 역행렬을 구하라.

9.2 행렬 $A = \begin{pmatrix} 2 & -2 \\ -3 & 2 \end{pmatrix}$, $B = \begin{pmatrix} 3 & 0 \\ 1 & 3 \end{pmatrix}$일 때, $BA + 2A + BE + A^{-1}B$를 구하라.

9.3 다음 회로에서 $R_1 = 1\,[\Omega]$, $R_2 = 2\,[\Omega]$일 때, 주어진 물음에 답하라.

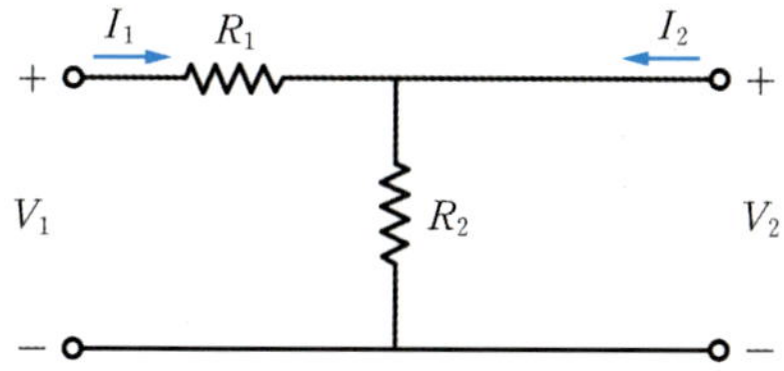

그림 9-14

(a) 회로망의 Z−파라미터를 구하라.

(b) 회로망의 Y−파라미터를 구하라.

(c) 회로망의 T−파라미터를 구하라.

9.4 다음 회로에서 $R = 1\,[\Omega]$, $Z_L = j\,[\Omega]$일 때, 주어진 물음에 답하라.

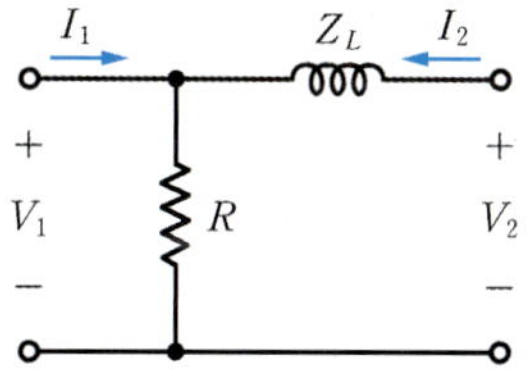

그림 9-15

(a) 회로망의 Z−파라미터를 구하라.

(b) 회로망의 Y−파라미터를 구하라.

(c) 회로망의 T−파라미터를 구하라.

9.5 다음 회로에서 $R = 2\,[\Omega]$, $Z_L = 3j\,[\Omega]$, $k = 2$일 때, 주어진 물음에 답하라.

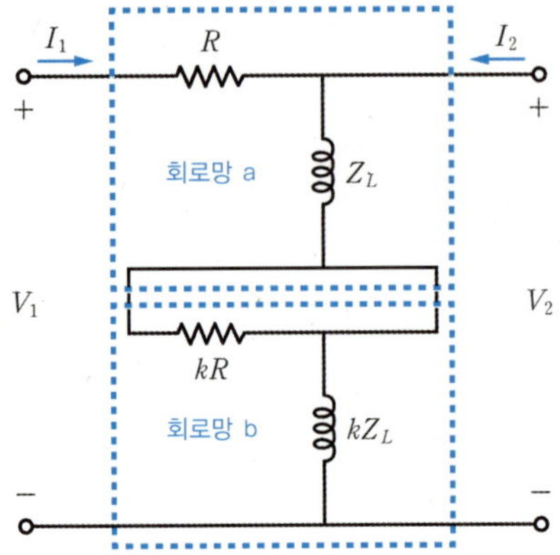

그림 9-16

(a) 회로망 a의 임피던스 파라미터 Z_a를 구하라.

(b) 회로망 b의 임피던스 파라미터 Z_b를 구하라.

(c) 전체 회로망의 임피던스 파라미터 Z_T를 구하라.

9.6 다음 회로에서 회로망 a의 $R = 1\,[\Omega]$, $Z_L = j\,[\Omega]$이고 회로망 b의 $R = 3\,[\Omega]$, $Z_L = 3j\,[\Omega]$일 때, 주어진 물음에 답하라.

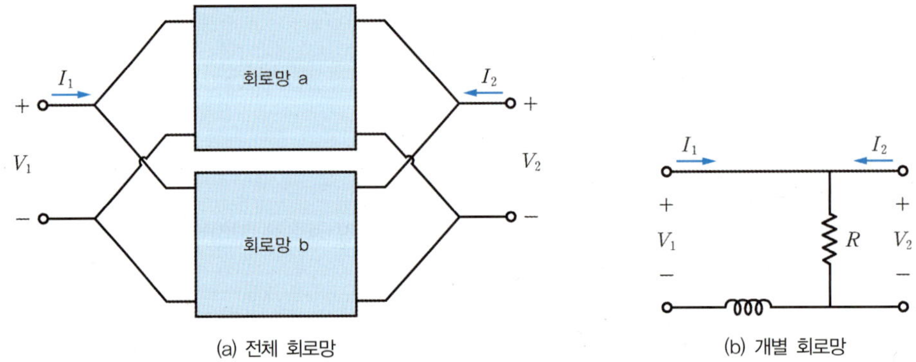

그림 9-17

(a) 회로망 a의 어드미턴스 파라미터 Y_a를 구하라.

(b) 회로망 b의 어드미턴스 파라미터 Y_b를 구하라.

(c) 전체 회로망의 어드미턴스 파라미터 Y_T를 구하라.

9.7 다음 회로에서 $R_a = 1\,[\Omega]$, $Z_{La} = j\,[\Omega]$, $R_b = 2\,[\Omega]$, $Z_{Lb} = j2\,[\Omega]$일 때, 주어진 물음에 답하라.

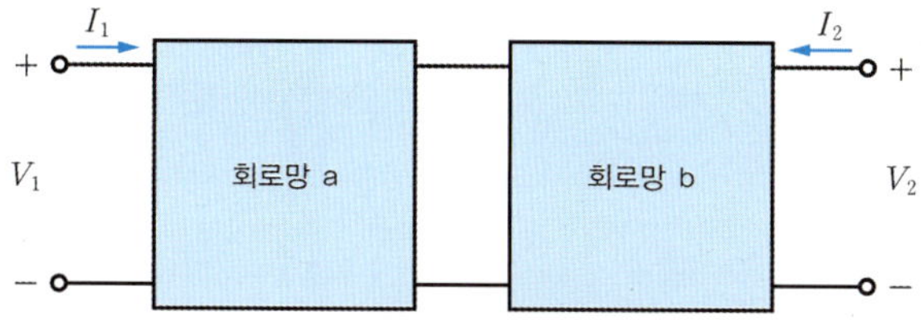

(a) 전체 회로망

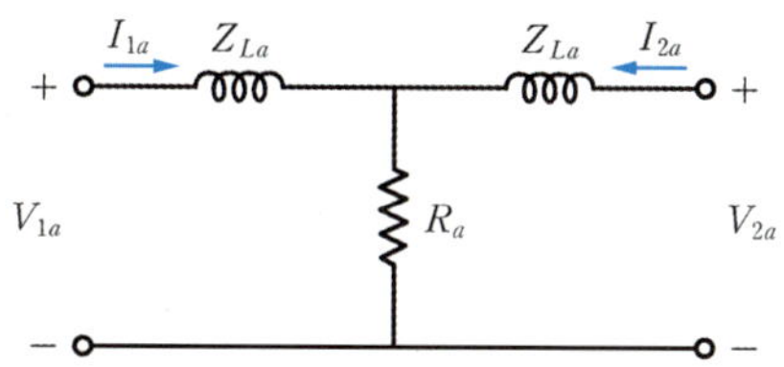

(b) 회로망 a

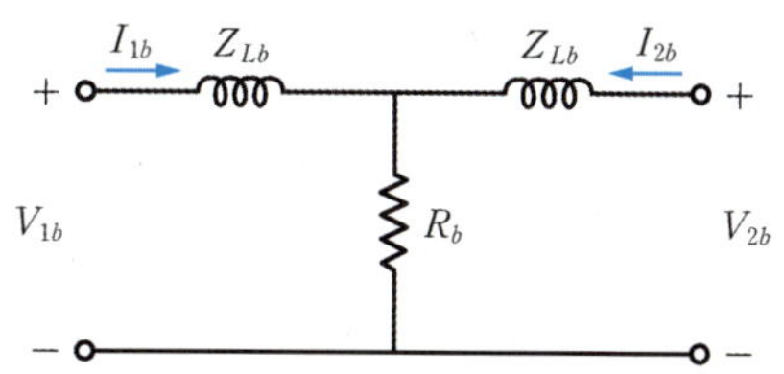

(c) 회로망 b

그림 9-18

(a) 회로망 a의 전송 파라미터 T_a를 구하라.

(b) 회로망 b의 전송 파라미터 T_b를 구하라.

(c) 전체 회로망의 전송 파라미터 T_T를 구하라.

도전 문제

9.8 다음 회로에서 $\omega = 10\,[\mathrm{rad/s}]$, $C = 0.01\,[\mathrm{F}]$, $L = 2\,[\mathrm{H}]$, $R = 10\,[\Omega]$일 때, 전송 파라미터 T를 구하라.

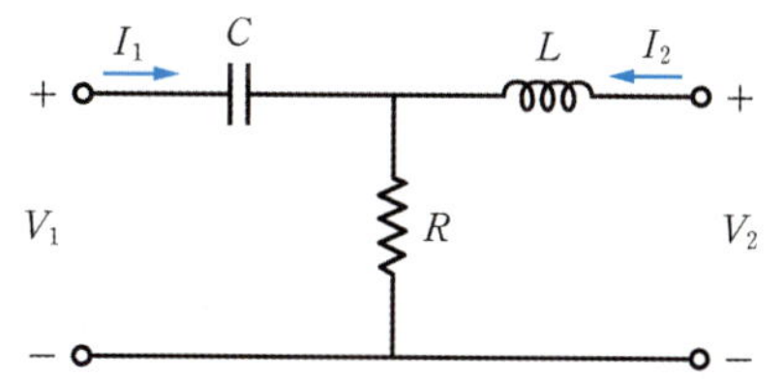

그림 9-19

9.9 다음 회로에서 $R_1 = 2\,[\Omega]$, $R_2 = 4\,[\Omega]$, $R_3 = 2\,[\Omega]$, $C = \frac{3}{32}\,[\mathrm{F}]$일 때, 혼합 파라미터 h를 구하라.

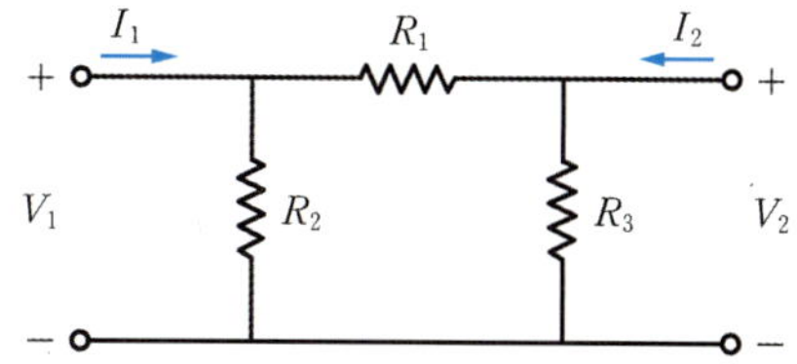

그림 9-20

9.10 다음 회로에서 $V_1 = 5\cos(10t)$ [V], $R = 5$ [Ω]이고 회로망 a의 임피던스 파라미터 $Z_a = \begin{pmatrix} 4 & 2j \\ 2j & 4 \end{pmatrix}$일 때, R에서 소모되는 전력을 구하라.

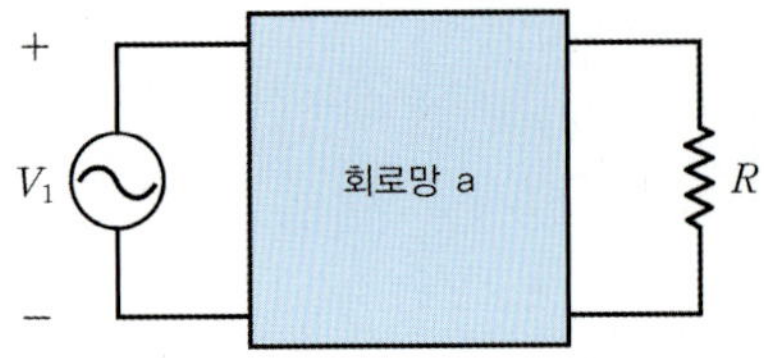

그림 9-21

기출 문제

9.11 다음 회로를 $ABCD$ 파라미터로 나타낼 때, C [S]는? 단, 정현파 교류 전원의 각주파수 $\omega = 1$ [rad/sec]다. (2024 국가공무원 7급)

① j　　② $\frac{1}{2}(-1+j)$

③ $j2$　　④ $1+j2$

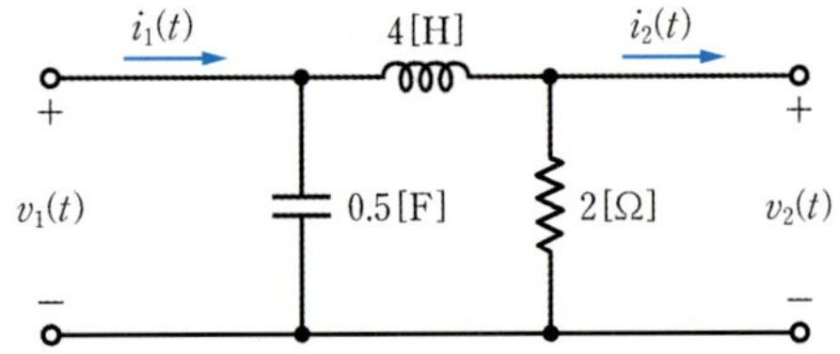

그림 9-22

9.12 다음 회로의 하이브리드 파라미터가 $h_{11} = 50$, $h_{12} = 1$, $h_{21} = -1$, $h_{22} = 0.1$일 때, 저항 R [Ω]의 값은? (2024 국가공무원 7급)

① 10　　② 20

③ 50　　④ 100

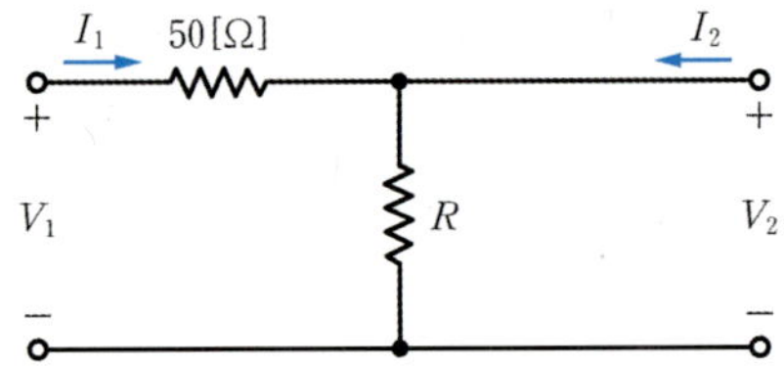

그림 9-23

9.13 임피던스 파라미터가 포함된 다음 회로의 저항 5 [Ω]이 소비하는 전력 P [W]는? (2024 국가공무원 7급)

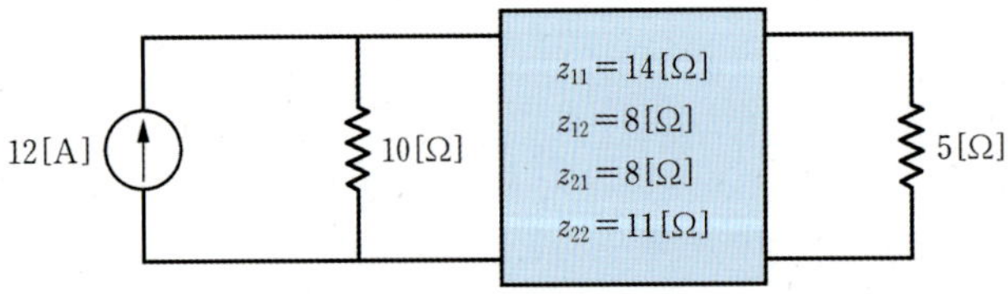

그림 9-24

① 5　　② 20　　③ 40　　④ 45

9.14 다음 종속 연결된 회로망의 전송 파라미터 T는? (2023 국가공무원 7급)

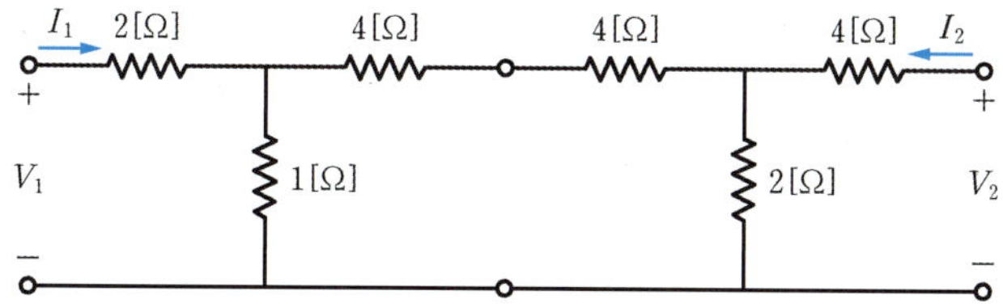

그림 9-25

① $\begin{bmatrix} 3 & 14 \\ 1 & 5 \end{bmatrix}$　② $\begin{bmatrix} 3 & 16 \\ 0.5 & 3 \end{bmatrix}$　③ $\begin{bmatrix} 25 & 122 \\ 4.5 & 22 \end{bmatrix}$　④ $\begin{bmatrix} 16 & 90 \\ 5.5 & 31 \end{bmatrix}$

9.15 임피던스 파라미터가 포함된 다음 회로에서 I_1[A]과 I_2[A]는? (2023 국가공무원 7급)

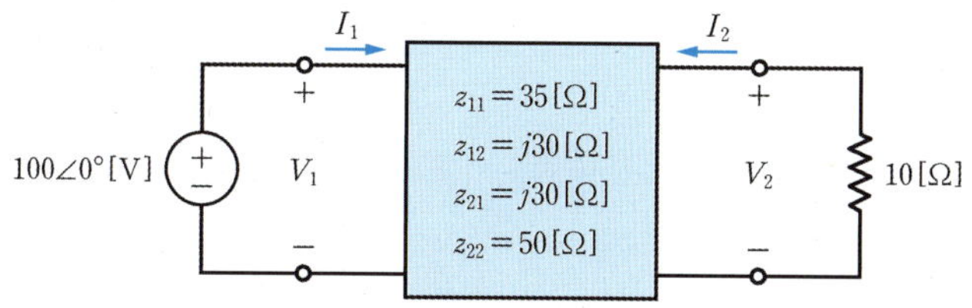

그림 9-26

	I_1[A]	I_2[A]
①	$2\angle 180°$	$1\angle 90°$
②	$2\angle 0°$	$1\angle -90°$
③	$2\angle 180°$	$1\angle -90°$
④	$2\angle 0°$	$1\angle 90°$

9.16 임피던스 파라미터가 포함된 다음 회로에서 최대 전력을 전달하기 위한 부하 임피던스 Z_L[Ω]은? 단, $z_{11}=20[\Omega]$, $z_{12}=50[\Omega]$, $z_{21}=40[\Omega]$, $z_{22}=100[\Omega]$이다. (2022 국가공무원 7급)

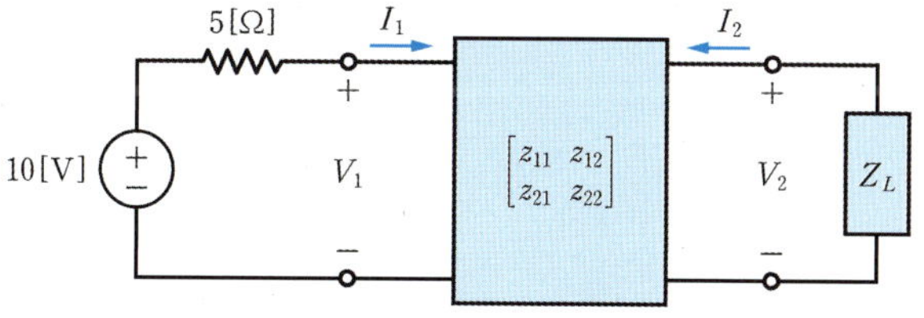

그림 9-27

① 10　② 20　③ 30　④ 40

CHAPTER

10

연산 증폭기

CONTENTS

학습목표

- 연산 증폭기의 개념을 이해하고, 이상적·실제 특성을 이해한다.
- 연산 증폭기를 이용한 비교기 회로를 이용해 입력 전압 크기 비교와 출력 특성을 해석한다.
- 음의 피드백이 적용된 전압 추종기, 반전 증폭기, 비반전 증폭기 회로의 증폭률과 출력 전압 계산을 설명하고 설계한다.
- 여러 입력 신호를 더하는 반전 가산기 · 비반전 가산기 회로를 해석하고 설계한다.

수업 맛보기

이 장에서는 연산 증폭기의 기본 개념부터 다양한 응용까지 단계적으로 학습한다. 먼저 연산 증폭기의 기호와 단자 구성을 파악하고, 이상적 · 실제 특성을 익힌다. 이어서 개방 루프 전압 이득과 입력 · 출력 임피던스의 의미를 이해한다. 다음으로 연산 증폭기를 비교기로 사용해 두 입력 전압을 비교해 낮거나 높은 출력을 얻는 방법을 배운다. 이어서 음의 피드백을 적용한 전압 추종기, 반전 증폭기, 비반전 증폭기 회로를 학습한다. 마지막으로 여러 입력 신호를 합산하는 반전 · 비반전 가산기 회로까지 살펴본다.

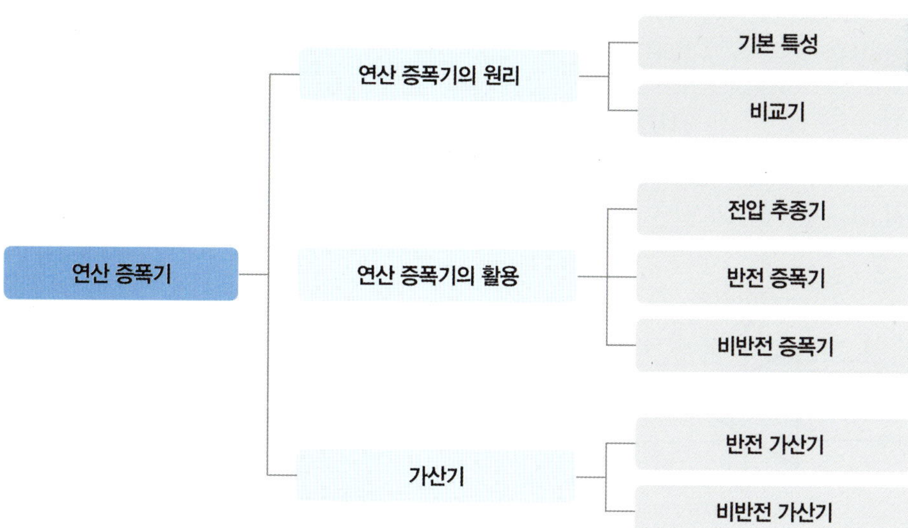

LESSON 10.1

연산 증폭기의 원리

✔ 기본 개념 | 연산 증폭기 | 비교기

1. 연산 증폭기의 기본 특성

기호와 단자 구성

연산 증폭기operational amplifier, Op-Amp는 두 개의 입력 전압의 차이를 크게 증폭해 출력하는 전압 증폭기이다. [그림 10-1]과 같이 삼각형으로 된 기호를 사용하고 입력과 출력, 전원 연결 단자를 표시한다. 전원 연결 단자는 생략해 그리기도 한다. 입력 단자는 두 가지인데, 반전 입력inverting input 단자는 음negative의 기호(−)로 표시되는 단자이고, 비반전 입력non-inverting input 단자는 양positive의 기호(+)로 표시되는 단자이다. 출력 단자는 증폭된 전압이 출력되는 단자이다. 연산 증폭기는 비반전 입력 단자의 전압 V_p와 반전 입력 단자의 전압 V_n의 차이를 식 (10.1)과 같이 증폭시켜서 출력시키는 회로이다.

$$V_{out} = A_{OL}(V_p - V_n) \tag{10.1}$$

식 (10.1)에서 A_{OL}은 개방 루프open loop 전압 이득을 의미하며 일반적으로 매우 큰 값이다.

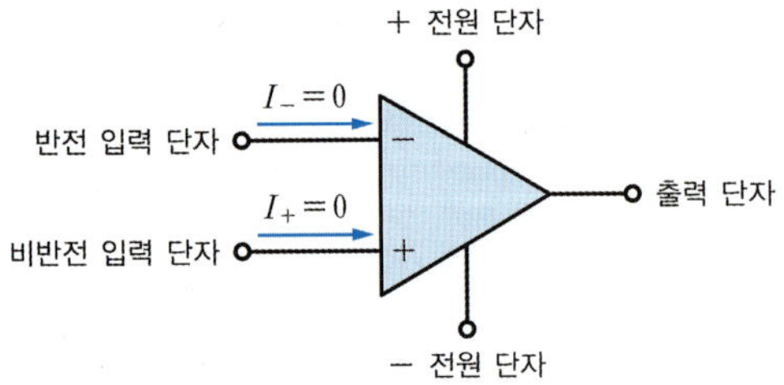

그림 10-1 연산 증폭기의 기호와 단자

이상적인 연산 증폭기의 특성

이상적인 연산 증폭기는 다음과 같은 성질을 갖는 것으로 가정한다.

1. **개방 루프 전압 이득 A_{OL}이 무한대** : 두 입력 단자 사이의 아주 작은 전압 차이도 크게 증폭시킨다.
2. **입력 임피던스가 무한대** : 두 입력 단자의 입력 임피던스가 무한대이고, 따라서 입력 단자들로 흘러들어가는 전류는 0 [A]이다.
3. **출력 임피던스가 0** : 출력 전압을 부하에 전달할 때 출력 전압 전부를 부하에 전달한다.

연산 증폭기의 실제 특성

상용화된 대표적인 연산 증폭기의 실제 이득 A_{OL}은 10^5 [V/V] 수준이다. 또한 출력 전압은 공급되는 전원의 범위를 넘을 수 없으므로 출력 전압의 범위는 이보다 작다. 예를 들어, 특정 제품은 + 전원 단자에 5 [V]가 − 전원 단자에 −5 [V]가 공급된다면 출력 가능한 전압의 범위는 −4.4 [V]에서 4.4 [V]이다. 이렇듯 연산 증폭기의 출력 전압은 공급 전압의 범위 안이 된다. 또한 입력 임피던스가 크긴 하지만 무한하지는 않기 때문에 I_p와 I_n이 작은 값이긴 하지만 0은 아닌 값으로 존재한다. 출력 임피던스 역시 0이 아니고 작은 값으로 존재한다.

Basic check

연산 증폭기의 $A_{OL} = 10^5$, $V_n = 0$ [V], + 전원 단자에 5 [V], − 전원 단자에 −5 [V]가 인가되어 출력 전압의 범위가 −4.4 [V]에서 4.4 [V]일 때, $V_p = 0.00001$ [V]일 때, V_{out}을 구하라.

답 $V_{out} = A_{OL}(V_p - V_n) = 10^5(0.00001 - 0) = 1$ [V]

2. 연산 증폭기를 이용한 비교기

입력 단자들의 전압 차이에 따른 출력 변화

연산 증폭기의 실제 입력 전압에 대한 출력 전압 특성을 살펴보면 [그림 10-2]와 같고, 다음과 같이 동작 범위에 따라서 출력이 달라진다.

1 $V_p - V_n > 0$인 경우 : 출력은 최대 출력 전압

A_{OL}이 매우 큰 값이므로 식 (10.1)에 의해서 이론적으로 큰 V_{out}이 출력되어야 하지만 V_{out}은 공급 전원의 범위를 벗어날 수 없으므로 연산 증폭기가 출력할 수 있는 가장 큰 전압을 출력한다. 예를 들어, A_{OL}이 10^5[V/V]인 경우에 $V_p - V_n$이 1[mV]만 되어도 식 (10.1)에 의해서 100[V]가 출력되어야 한다. 만약 공급 전원이 -5[V]와 5[V]라면 출력할 수 있는 최대 전압은 5[V]보다 조금 작은 전압이 된다. 따라서 $V_p - V_n$이 아주 작은 양의 값이 되더라도 큰 A_{OL}에 의해서 출력할 수 있는 최대 전압이 출력된다. $V_p - V_n$의 값이 증가하더라도 출력할 수 있는 최대 전압은 공급 전압이 정해진 이상 변하지 않으므로 출력 전압은 [그림 10-2]처럼 $V_p - V_n > 0$에서 일정하다.

2 $V_p - V_n < 0$인 경우 : 출력은 최소 출력 전압

$V_p - V_n$이 양일 때와 유사하게 식 (10.1)에 의해서 이론적으로 매우 큰 음의 값을 가지는 V_{out}이 출력되어야 하지만 V_{out}은 공급 전원의 범위를 벗어날 수 없으므로 연산 증폭기가 출력할 수 있는 가장 작은 전압을 출력한다. 만약 공급 전원이 -5[V]와 5[V]라면 출력할 수 있는 최소 전압은 -5[V]보다 조금 큰 전압이 된다. 따라서 $V_p - V_n$이 아주 작은 음의 값이 되더라도 큰 A_{OL}에 의해서 출력할 수 있는 최소 전압이 출력된다. 또한 $V_p - V_n$의 값이 감소하더라도 출력할 수 있는 최소 전압은 공급 전압이 정해진 이상 변하지 않으므로 출력 전압은 [그림 10-2]처럼 $V_p - V_n < 0$에서 일정하다.

3 $V_p - V_n \approx 0$인 경우 : 출력은 입력에 비례

0에 매우 근접한 범위에서만 A_{OL}의 기울기를 가지는 선형적인 출력 전압을 얻을 수 있다. 예를 들어, A_{OL}이 10^5이고 공급 전원이 -5[V]와 5[V]라면 선형적인 출력을 얻을 수 있는 $V_p - V_n$의 범위는 약 50[μV]에서 -50[μV]이다. 실제로는 선형적인 출력이 나오는 영역은 매우 적기 때문에 3 영역으로는 거의 사용되지 않고 해당 영역은 무시된다.

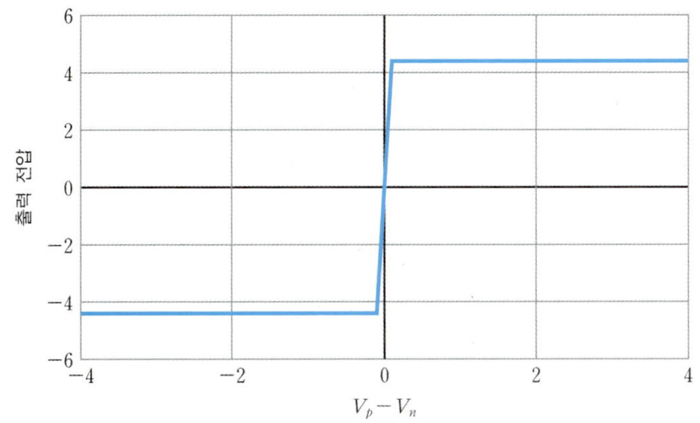

그림 10-2 동작 범위에 따른 연산 증폭기의 출력 전압 특성

Basic check

연산 증폭기의 $A_{OL} = 10^5$, $V_n = 0\,[\mathrm{V}]$, + 전원 단자에 $5\,[\mathrm{V}]$, − 전원 단자에 $-5\,[\mathrm{V}]$가 인가되어 V_{out}의 범위가 $-4.4\,[\mathrm{V}]$에서 $4.4\,[\mathrm{V}]$일 때, 주어진 물음에 답하라.

(a) $V_p = 0.1\,[\mathrm{V}]$일 때, V_{out}을 구하라.

(b) $V_p = -0.01\,[\mathrm{V}]$일 때, V_{out}을 구하라.

답

(a) $V_{out} = A_{OL}(V_p - V_n) = 10^5(0.1 - 0) = 10^4$

(b) $V_p - V_n = -0.01 - 0 = -0.01 < 0$이므로 $V_{out} = -4.4\,[\mathrm{V}]$이다.

연산 증폭기의 비교기 활용

두 전압을 서로 비교해서 어느 쪽이 더 큰지를 판단하고 그 결과를 크거나 낮은 전압으로 내보는 회로를 **비교기**comparator 라고 한다. 연산 증폭기는 V_p와 V_n의 크고 작음에 따라 큰 출력 전압 V_{out}의 변화가 나타난다. 이로 인해 출력 가능한 최대 전압이나 최소 전압이 출력되어 비교기로 활용하기에 적합하다. 예를 들어, V_n에 $1\,[\mathrm{V}]$를 인가시키면 V_p의 값이 $1\,[\mathrm{V}]$보다 큰지 작은지를 V_{out}의 변화로 알 수 있다.

Basic check

연산 증폭기의 A_{OL}이 충분히 크고 V_{out}의 범위가 $-6\,[\mathrm{V}]$에서 $6\,[\mathrm{V}]$일 때, 주어진 물음에 답하라.

(a) $V_p = 0.1\,[\mathrm{V}]$, $V_n = 0.11\,[\mathrm{V}]$일 때, V_{out}을 구하라.

(b) $V_n = 0\,[\mathrm{V}]$, $V_{out} = 6\,[\mathrm{V}]$일 때, V_p는 $0\,[\mathrm{V}]$보다 큰지 작은지 판단하라.

(c) $V_p = 1$ [V], $V_{out} = -6$ [V]일 때, V_n는 1 [V]보다 큰지 작은지 판단하라.

답

(a) $V_p - V_n = 0.1 - 0.11 < 0$이므로 $V_{out} = -6$ [V]이다.

(b) $V_{out} = 6$ [V]이므로 $V_p - V_n > 0$이다. $\therefore V_p > 0$ [V]

(c) $V_{out} = -6$ [V]이므로 $V_p - V_n < 0$이다. $\therefore V_n > 1$ [V]

예제 10-1

연산 증폭기의 A_{OL}이 충분히 크고 V_{out}의 범위가 0 [V]에서 10 [V]일 때, 주어진 물음에 답하라.

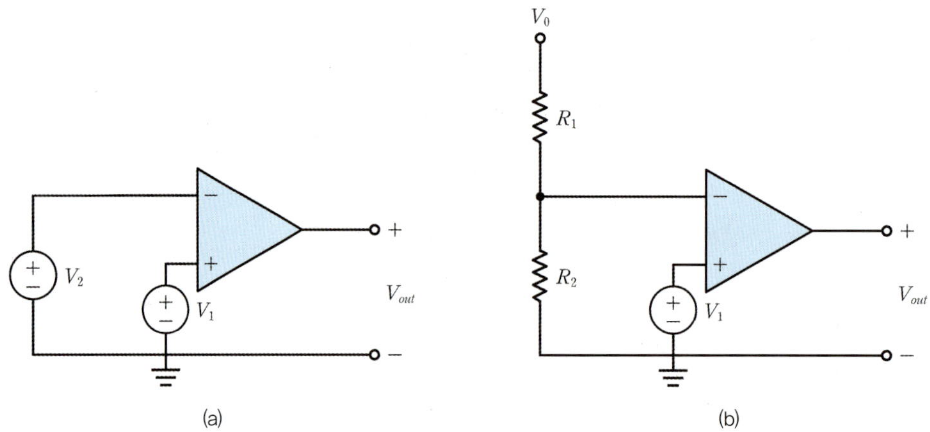

그림 10-3 [예제 10-1]의 회로

(a) [그림 10-3(a)]에서 $V_1 = 4$ [V], $V_2 = 4.01$ [V]일 때, V_{out}을 구하라.

(b) [그림 10-3(b)]에서 $V_0 = 12$ [V], $R_1 = 10$ [kΩ], $R_2 = 5$ [kΩ], $V_1 = 5$ [V]일 때, V_{out}을 구하라.

풀이

(a) $V_p - V_n = V_1 - V_2 = 4 - 4.01 < 0$이므로 $V_{out} = 0$ [V]이다.

(b) 연산 증폭기의 비반전 단자가 V_1 전원과 연결되어 있으므로 $V_p = V_1 = 5$ [V]이다. R_1과 R_2 사이의 노드에 연산 증폭기로 연결되는 도선이 있으나 연산 증폭기의 입력 저항은 매우 크기 때문에 연산 증폭기로 흘러들어가는 전류는 없는 것으로 가정할 수 있다. 그러므로 R_1과 R_2는 직렬 연결이다. V_n은 R_2에 인가되는 전압이므로 다음과 같이 구할 수 있다.

$$V_n = V_0 \times \frac{R_2}{R_1 + R_2} = 12 \times \frac{5k}{10k + 5k} = 4 \text{ [V]}$$

$V_p - V_n = 5 - 4 = 1 > 0$이므로 $V_{out} = 10$ [V]이다.

LESSON 10.2

연산 증폭기의 활용

✔ 기본 개념 | 가상 단락 | 전압 추종기 | 반전 증폭기 | 비반전 증폭기

1. 음의 피드백이 있는 연산 증폭기와 전압 추종기

음의 피드백이 있는 연산 증폭기 회로

연산 증폭기는 출력이 개방된 상태에서 이득이 매우 크기 때문에 작은 입력 전압 차이에도 출력이 최대 출력값이나 최소 출력값으로 나오게 된다. 하지만 **음의 피드백**negative feedback이 있으면 안정된 증폭 동작을 해 다양한 응용을 할 수 있다. 음의 피드백은 출력의 일부를 반전 입력(−)으로 되돌려 보내는 방식인데, 식 (10.2)와 같이 반전 입력 단자의 전압 V_n이 비반전 입력 단자의 전압 V_p와 같아진다.

$$V_p = V_n \tag{10.2}$$

반전 단자와 비반전 단자가 실제 단락되어 있는 것은 아니지만 마치 단락된 것처럼 동일한 전압을 가지기 때문에 이를 **가상 단락**virtual short이라고 한다. 만약 비반전 입력 단자가 접지되어 있으면 반전 입력 단자도 접지된 것과 같아진다. 이를 **가상 접지**virtual ground라고 한다.

전압 추종기

전압 추종기voltage follower는 피드백을 이용한 회로로, 출력 전압이 입력 전압을 그대로 따라가도록 만든 [그림 10−4]와 같은 회로이다. 출력 단자가 반전 입력 단자와 단락되어 있으므로 V_{out}은 V_n과 같다. 그러나 음의 피드백이 있으므로 식 (10.2)를 만족시킨다. 여기서 V_n이 곧 V_{in}이므로 이를 정리하면 식 (10.3)이 된다.

$$V_{out} = V_{in} \tag{10.3}$$

즉, 입력 전압을 그대로 따라가는 출력 전압을 얻을 수 있다. 증폭이 없는 이러한 전압 추종기를 사용하는 것에 의문이 들 것이다. 전압 추종기는 증폭을 하기 위함이 아니라 연산 증폭기의 특징인 큰 입력 저항과 작은 출력 저항을 이용하기 위해 사용한다.

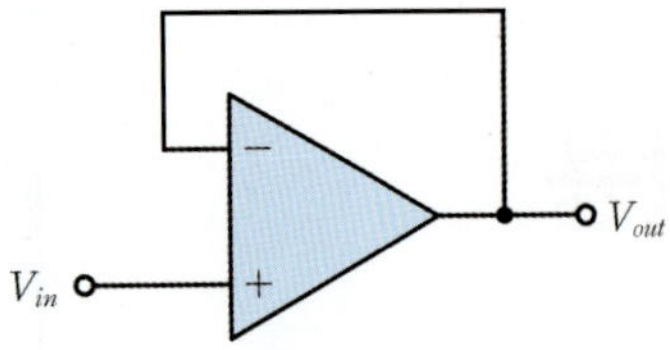

그림 10-4 전압 추종기

Basic check

[그림 10−4]에서 연산 증폭기의 A_{OL}과 V_{out}의 범위가 충분히 크고 $V_{in} = 0.1\,[\mathrm{V}]$일 때, V_{out}을 구하라.

답 $V_{out} = V_{in} = 0.1\,[\mathrm{V}]$

예제 10-2

연산 증폭기의 A_{OL}과 출력 전압 V_{out}의 범위가 충분히 크다. $V_0 = 18\,[\mathrm{V}]$, $R_1 = 6\,[\mathrm{k\Omega}]$, $R_2 = 6\,[\mathrm{k\Omega}]$, $R_3 = 6\,[\mathrm{k\Omega}]$일 때, 주어진 물음에 답하라.

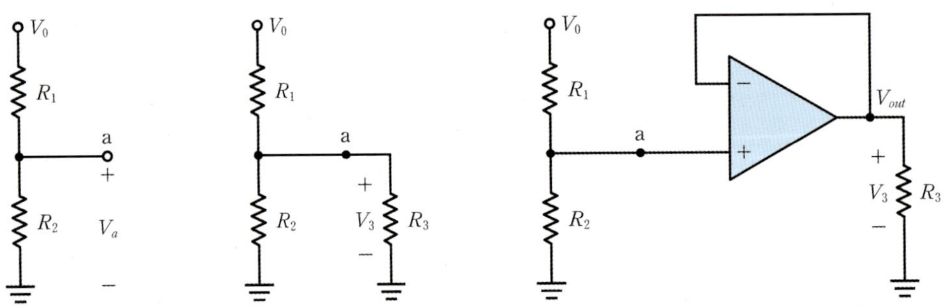

(a) R_3가 없는 회로 (b) R_3가 바로 연결된 회로 (c) 전압 추종기를 통해서 R_3가 연결된 회로

그림 10-5 [예제 10−2]의 회로

(a) [그림 10−5(a)]에 직렬 연결된 저항 회로의 단자 a의 전압 V_a를 구하라.

(b) [그림 10−5(a)]의 단자 a에 R_3가 연결된 [그림 10−5(b)]에서 V_3를 구하라.

(c) [그림 10−5(a)]의 단자 a에 전압 추종기가 연결된 [그림 10−5(c)]에서 V_3를 구하라.

풀이

(a) R_1과 R_2가 직렬 연결이고 V_a는 R_2에 인가되는 전압이므로 다음과 같은 전압 분배식으로 구할 수 있다.

$$V_a = V_0 \times \frac{R_2}{R_1 + R_2} = 18 \times \frac{6k}{6k + 6k} = 9\,[\mathrm{V}]$$

(b) R_3가 추가되면서 R_2와 R_3는 병렬 연결이 된다.

그러므로 $R_2//R_3 = \dfrac{1}{\dfrac{1}{R_2}+\dfrac{1}{R_3}} = \dfrac{1}{\dfrac{1}{6k}+\dfrac{1}{6k}} = 3\,[\mathrm{k}\Omega]$이고, V_3는 다음과 같이 구할 수 있다.

$$V_3 = V_0 \times \frac{R_2//R_3}{R_1 + R_2//R_3} = 18 \times \frac{3k}{6k+3k} = 6\,[\mathrm{V}]$$

(a)의 답과 비교해보면 어떤 노드에 회로(여기서는 저항)가 추가되면서 해당 노드의 전압이 바뀌어서 회로에 전달되는 것을 알 수 있다.

(c) 연산 증폭기의 비반전 입력 단자로는 전류가 흐르지 않는 것으로 가정할 수 있어서 R_1과 R_2는 직렬 연결인 것으로 볼 수 있다. 따라서 (a)의 풀이와 동일하게 $V_a = 9\,[\mathrm{V}]$이다. 이 전압이 전압 추종기를 통해서 V_{out}에 전달되어서 $V_{out} = 9\,[\mathrm{V}]$이다. (a)의 답과 비교해보면 어떤 노드에 회로가 추가 되었지만 (b)와는 다르게 해당 노드의 전압이 바뀌지 않고 그대로 전달되는 것을 알 수 있다. 이렇듯 전압 추종기는 추가되는 회로에 영향을 받지 않고 전압을 전달할 수 있는 버퍼와 같은 역할을 한다.

Level up! 전압 추종기 출력 전압식의 증명

[그림 10-4]에 식 (10.1)을 적용하면 다음과 같다.

$$V_{out} = A_{OL}(V_{in} - V_n) \quad \cdots ①$$

출력 단자가 입력 단자와 단락되어 있으므로 $V_n = V_{out}$이다. 이 식을 식 ①에 대입하면 다음과 같다.

$$V_{out} = A_{OL}(V_{in} - V_{out}) \quad \cdots ②$$

식 ②를 전개하면 다음과 같다.

$$V_{out} = A_{OL}V_{in} - A_{OL}V_{out}$$
$$(1 + A_{OL})V_{out} = A_{OL}V_{in}$$
$$V_{out} = \frac{A_{OL}}{1 + A_{OL}}V_{in}$$

$\dfrac{A_{OL}}{1+A_{OL}}$은 A_{OL}이 클 경우 1로 근사된다. 따라서 $V_{out} \simeq V_{in}$으로 식 (10.3)이 증명된다.

또한 $V_{in} = V_p$고 $V_{out} = V_n$이므로 $V_p = V_n$이 되어서 음의 피드백이 있는 이 회로의 반전 입력 단자의 비반전 입력 단자 사이의 가상 단락도 증명된다.

2. 반전 증폭기

연산 증폭기의 반전 입력 단자를 사용해 입력 신호를 증폭하면 출력 전압이 입력 전압과 위상이 반대가 되는 증폭기를 만들 수 있다. 이러한 회로를 **반전 증폭기**inverting amplifier 라고 한다. 연산 증폭기를 이용한 반전 증폭기는 [그림 10-6]과 같이 출력 단자가 저항을 통해서 입력 단자와 연결되는 음의 피드백이 존재해 식 (10.2)를 만족한다.

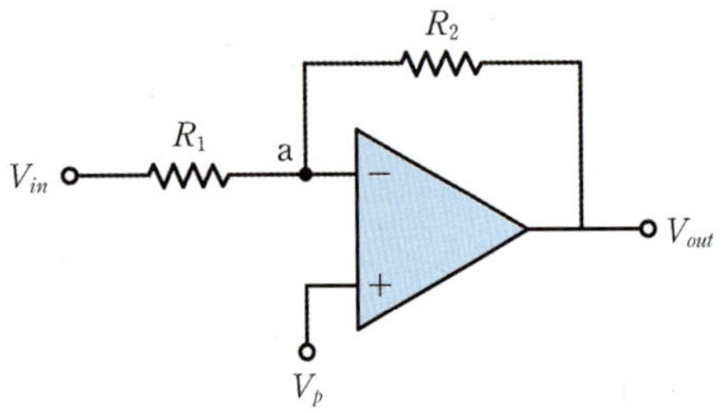

그림 10-6 반전 증폭기 회로

[그림 10-6]에서 입력 전압 V_{in}은 식 (10.4)에 의해 증폭되어 출력된다.

$$V_{out} = -\frac{R_2}{R_1}(V_{in} - V_p) + V_p \tag{10.4}$$

만약 V_p가 접지되어 있다면 식 (10.4)는 식 (10.5)과 같이 간략히 할 수 있다.

$$V_{out} = -\frac{R_2}{R_1}V_{in} \tag{10.5}$$

그러므로 반전 증폭기의 전압 증폭률은 식 (10.6)과 같다.

$$A_v = \frac{V_{out}}{V_{in}} = -\frac{R_2}{R_1} \tag{10.6}$$

전압 증폭률 A_v는 입력 전압을 출력 전압으로 증폭한다는 의미로 단위를 [V/V]를 사용한다. 반전 증폭기의 증폭률은 식 (10.6)과 같이 두 개의 저항의 비로 정해진다. 따라서 아주 큰 증폭률 A_{OL}을 가진 연산 증폭기를 이용해 임의의 증폭률을 가진 증폭기를 만들 수 있다.

Basic check

연산 증폭기의 A_{OL}과 출력 전압의 범위가 충분히 클 때, 주어진 물음에 답하라.

(a) $V_{in} = 0.2\,[\text{V}]$, $V_p = 0\,[\text{V}]$, $R_1 = 10\,[\text{k}\Omega]$, $R_2 = 30\,[\text{k}\Omega]$일 때, V_{out}을 구하라.

(b) $V_{in} = 3.4\,[\text{V}]$, $V_p = 4\,[\text{V}]$, $R_1 = 20\,[\text{k}\Omega]$, $R_2 = 40\,[\text{k}\Omega]$일 때, V_{out}을 구하라.

답

(a) $V_p = 0\,[\text{V}]$이므로 식 (10.5)를 적용하면 $V_{out} = -\dfrac{R_2}{R_1}V_{in} = -\dfrac{30k}{10k} \times 0.2 = -0.6\,[\text{V}]$이다.

(b) 식 (10.4)를 적용하면 $V_{out} = -\dfrac{R_2}{R_1}(V_{in} - V_p) + V_p = -\dfrac{40k}{20k}(3.4 - 4) + 4 = 5.2\,[\text{V}]$이다.

예제 10-3

연산 증폭기의 A_{OL}과 출력 전압의 범위가 충분히 클 때, 주어진 물음에 답하라.

(a) [그림 10-6]에서 $V_p = 0\,[\text{V}]$일 때, 증폭률이 $-4\,[\text{V/V}]$가 되는 R_1, R_2를 구하라. 단, R_1과 R_2의 합은 $100\,[\text{k}\Omega]$이다.

(b) [그림 10-6]에서 $V_p = 0\,[\text{V}]$고 $R_1 = 5\,[\text{k}\Omega]$일 때, 증폭률이 $-50\,[\text{V/V}]$가 되는 R_2를 구하라.

풀이

(a) $V_p = 0\,[\text{V}]$이므로 식 (10.6)에 의해서 $-4 = -\dfrac{R_2}{R_1}$이다. 이것을 정리하면 식 ①과 같다.

$$4R_1 = R_2 \qquad \cdots ①$$

R_1과 R_2 두 저항의 합이 $100\,[\text{k}\Omega]$이므로 $R_1 + R_2 = 100\,[\text{k}\Omega]$이다. 이 식과 식 ①을 연립하면 R_1과 R_2를 다음과 같이 구할 수 있다.

$$R_1 = 20\,[\text{k}\Omega], \qquad R_2 = 80\,[\text{k}\Omega]$$

(b) $V_p = 0\,[\text{V}]$이므로 식 (10.6)에 의해서 $-50 = -\dfrac{R_2}{5k}$고, 이를 정리하면 R_2를 다음과 같이 구할 수 있다.

$$R_2 = 250\,[\text{k}\Omega]$$

예제 10-4

연산 증폭기의 A_{OL}과 출력 전압의 범위가 충분히 크다. $V_{in} = 4.2\,[\mathrm{V}]$, $V_c = 10\,[\mathrm{V}]$, $R_1 = 5\,[\mathrm{k\Omega}]$, $R_2 = 50\,[\mathrm{k\Omega}]$, $R_3 = 30\,[\mathrm{k\Omega}]$, $R_4 = 20\,[\mathrm{k\Omega}]$일 때, V_{out}을 구하라.

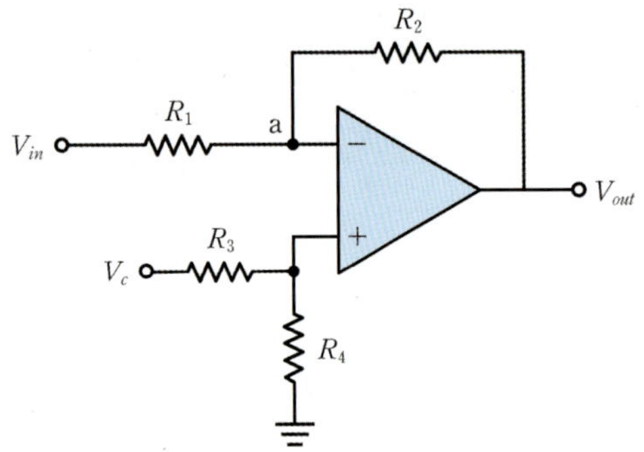

그림 10-7 [예제 10-4]의 회로

풀이

비반전 입력 단자로는 전류가 흐르지 않는 것으로 가정할 수 있기 때문에 R_3와 R_4는 직렬 연결이다. 비반전 입력 단자의 전압 V_p는 R_4에 인가되는 전압과 같으므로 식 ①과 같은 전압 분배식으로 구할 수 있다.

$$V_p = V_c \times \frac{R_4}{R_3 + R_4} = 10 \times \frac{20k}{30k + 20k} = 4\,[\mathrm{V}] \qquad \cdots ①$$

이제 식 (10.4)에 식 ①을 대입해 V_{out}을 구하면 다음과 같다.

$$V_{out} = -\frac{R_2}{R_1}(V_{in} - V_p) + V_p = -\frac{50k}{5k}(4.2 - 4) + 4 = 2\,[\mathrm{V}]$$

Level up! **반전 증폭기 출력 전압식 구하기**

[그림 10-6]에서 R_1에 흐르는 전류 I_1은 비반전 입력 단자로 흐르지 않기 때문에 모두 R_2로 흐른다. 따라서 노드 a에서 노드 해석을 적용하면 식 ①과 같다.

$$\frac{V_{in} - V_a}{R_1} = \frac{V_a - V_{out}}{R_2} \qquad \cdots ①$$

가상 단락에 의해서 $V_a = V_p$이므로 식 ①은 다음과 같이 전개되어 식 ②를 얻을 수 있다.

$$\frac{V_{in} - V_p}{R_1} = \frac{V_p - V_{out}}{R_2}$$

$$R_2(V_{in} - V_p) = R_1(V_p - V_{out})$$

$$R_1 V_{out} = -R_2 V_{in} + (R_1 + R_2) V_p$$

$$V_{out} = -\frac{R_2}{R_1} V_{in} + \left(1 + \frac{R_2}{R_1}\right) V_p$$

$$V_{out} = -\frac{R_2}{R_1}(V_{in} - V_p) + V_p \qquad \cdots ②$$

식 ②가 식 (10.4)와 동일하므로 반전 가산기의 출력 전압식이 증명된다.

3. 비반전 증폭기

연산 증폭기의 비반전 입력 단자에 전압을 인가하면, 출력 전압이 입력 전압과 동일한 위상을 유지하면서 원하는 배율로 증폭되는 회로를 만들 수 있는데 이러한 회로를 **비반전 증폭기**non-inverting amplifier라고 한다. 연산 증폭기를 이용한 비반전 증폭기는 [그림 10-8]과 같이 출력 단자가 저항을 통해서 입력 단자와 연결되는 음의 피드백이 존재해 식 (10.2)를 만족한다.

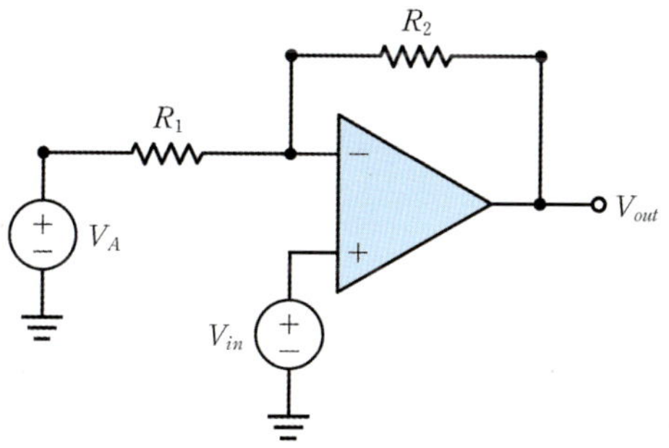

그림 10-8 비반전 증폭기 회로

[그림 10-8]에서 입력 전압 V_{in}은 식 (10.7)에 의해 증폭되어 출력된다.

$$V_{out} = \left(1 + \frac{R_2}{R_1}\right)(V_{in} - V_A) + V_A \qquad (10.7)$$

만약 $V_A = 0\,[\mathrm{V}]$라면 식 (10.7)은 식 (10.8)과 같이 간략히 할 수 있다.

$$V_{out} = \left(1 + \frac{R_2}{R_1}\right) V_{in} \qquad (10.8)$$

그러므로 비반전 증폭기의 전압 증폭률은 식 (10.9)와 같다.

$$A_v = \frac{V_{out}}{V_{in}} = 1 + \frac{R_2}{R_1} \tag{10.9}$$

식 (10.4)처럼 반전 증폭기의 증폭률은 두 개의 저항의 비로 정해진다. 따라서 비반전 증폭기도 반전 증폭기와 마찬가지로 아주 큰 증폭률 A_{OL}을 가진 연산 증폭기를 이용해 임의의 증폭률을 가진 증폭기를 만들 수 있다.

Basic check

연산 증폭기의 A_{OL}과 출력 전압의 범위가 충분히 클 때, 주어진 물음에 답하라.

(a) $V_{in} = 0.3\,[\mathrm{V}]$, $V_A = 0\,[\mathrm{V}]$, $R_1 = 10\,[\mathrm{k\Omega}]$, $R_2 = 40\,[\mathrm{k\Omega}]$일 때, V_{out}을 구하라.

(b) $V_{in} = 1.8\,[\mathrm{V}]$, $V_A = 2\,[\mathrm{V}]$, $R_1 = 15\,[\mathrm{k\Omega}]$, $R_2 = 45\,[\mathrm{k\Omega}]$일 때, V_{out}을 구하라.

답

(a) $V_A = 0\,[\mathrm{V}]$이므로 식 (10.8)을 적용하면 $V_{out} = \left(1 + \frac{R_2}{R_1}\right) V_{in} = \left(1 + \frac{40k}{10k}\right) \times 0.3 = 1.5\,[\mathrm{V}]$ 이다.

(b) 식 (10.7)을 적용하면 $V_{out} = \left(1 + \frac{R_2}{R_1}\right)(V_{in} - V_A) + V_A = \left(1 + \frac{45k}{15k}\right)(1.8 - 2) + 2 = 1.2\,[\mathrm{V}]$ 이다.

예제 10-5

연산 증폭기의 A_{OL}과 출력 전압의 범위가 충분히 클 때, 주어진 물음에 답하라.

(a) [그림 10-8]에서 $V_A = 0\,[\mathrm{V}]$일 때, 증폭률이 $10\,[\mathrm{V/V}]$가 되는 R_1, R_2를 구하라. 단, R_1과 R_2의 합은 $200\,[\mathrm{k\Omega}]$이다.

(b) [그림 10-8]에서 $V_A = 0\,[\mathrm{V}]$고 $R_1 = 6\,[\mathrm{k\Omega}]$일 때, 증폭률이 $15\,[\mathrm{V/V}]$가 되는 R_2를 구하라.

풀이

(a) $V_A = 0\,[\mathrm{V}]$이므로 식 (10.9)에 의해서 $10 = 1 + \frac{R_2}{R_1}$이다. 이것을 정리하면 식 ①과 같다.

$$9R_1 = R_2 \quad \cdots ①$$

R_1과 R_2 두 저항의 합이 $200\,[\mathrm{k\Omega}]$이므로 $R_1 + R_2 = 200\,[\mathrm{k\Omega}]$이다. 이 식과 식 ①을 연립하면 R_1과 R_2를 다음과 같이 구할 수 있다.

$$R_1 = 20\,[\mathrm{k\Omega}], \qquad R_2 = 180\,[\mathrm{k\Omega}]$$

(b) $V_A = 0\,[\mathrm{V}]$이므로 식 (10.9)에 의해서 $15 = 1 + \dfrac{R_2}{6k}$이다. 이를 정리하면 R_2를 다음과 같이 구할 수 있다.

$$R_2 = 84\,[\mathrm{k\Omega}]$$

예제 10-6

연산 증폭기의 A_{OL}과 출력 전압의 범위가 충분히 크다. $V_A = 2\,[\mathrm{V}]$, $V_B = 8\,[\mathrm{V}]$, $R_1 = 10\,[\mathrm{k\Omega}]$, $R_2 = 40\,[\mathrm{k\Omega}]$, $R_3 = 55\,[\mathrm{k\Omega}]$, $R_4 = 25\,[\mathrm{k\Omega}]$일 때, V_{out}을 구하라.

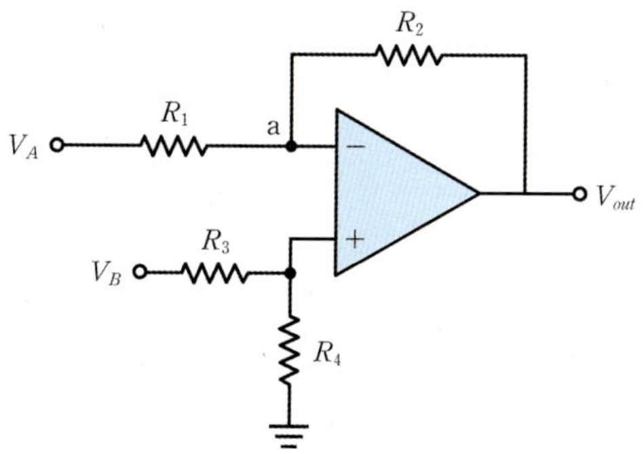

그림 10-9 [예제 10-6]의 회로

풀이

이 회로를 비반전 증폭기 회로로 볼 수 있다. 비반전 입력 단자로는 전류가 흐르지 않는 것으로 가정할 수 있기 때문에 R_3와 R_4는 직렬 연결이다. 비반전 증폭기의 입력 전압은 연산 증폭기의 비반전 입력의 전압이므로 R_4에 인가되는 전압과 같다. 그러므로 식 ①과 같은 전압 분배식으로 구할 수 있다.

$$V_p = V_B \times \frac{R_4}{R_3 + R_4} = 8 \times \frac{25k}{55k + 25k} = 2.5\,[\mathrm{V}] \qquad \cdots ①$$

이제 식 (10.7)에 식 ①을 대입해 V_{out}을 구하면 다음과 같다.

$$V_{out} = \left(1 + \frac{R_2}{R_1}\right)(V_p + V_A) + V_A = \left(1 + \frac{40k}{10k}\right)(2.5 - 2) + 2 = 4.5\,[\mathrm{V}]$$

Level up! 비반전 증폭기 출력 전압식 구하기

[그림 10-8]은 [그림 10-6]에서 단자의 이름만 바뀐 상태이다. 따라서 식 (10.4)에서 V_{in}을 V_A로 바꾸고, V_p를 V_{in}으로 바꿔 식 ①과 같이 정리하면 된다.

$$V_{out} = -\frac{R_2}{R_1}(V_A - V_{in}) + V_{in} \qquad \cdots ①$$

식 ①은 다음과 같이 전개되어 식 ②를 얻을 수 있다.

$$R_1 V_{out} = -R_2(V_A - V_{in}) + R_1 V_{in}$$
$$R_1 V_{out} = (R_1 + R_2)(V_{in} - V_A) + R_1 V_A$$
$$V_{out} = \frac{R_1 + R_2}{R_1}(V_{in} - V_A) + \frac{R_1}{R_1} V_A$$
$$V_{out} = \left(1 + \frac{R_2}{R_1}\right)(V_{in} - V_A) + V_A \qquad \cdots ②$$

식 ②가 식 (10.7)과 동일하므로 비반전 가산기의 출력 전압식이 증명된다.

LESSON 10.3

가산기

✓ 기본 개념 | 반전 가산기 | 비반전 가산기

1. 반전 가산기

반전 가산기 inverting summer는 여러 개의 입력 전압을 하나의 출력 전압으로 더해 입력 전압과 반대 위상으로 증폭하는 회로로 [그림 10-10]와 같은 회로이다. 출력 전압이 R_f를 통해 반전 입력 단자와 연결된 음의 피드백을 가지고 반전 입력 단자에서 개별 입력 전압들로 저항을 통해 연결된다. 즉, 입력이 여러 개인 반전 증폭기와 같은 형태이다.

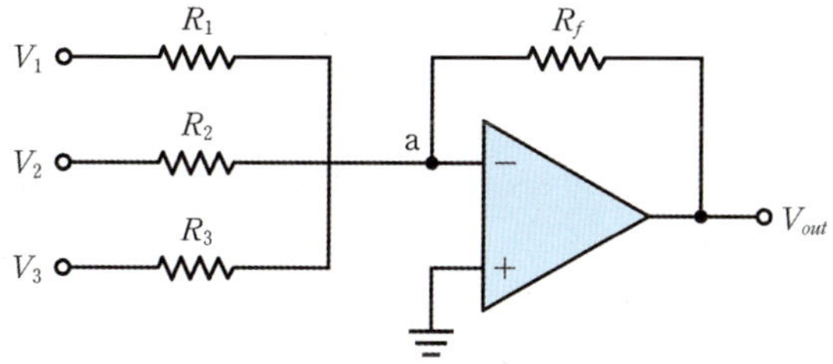

그림 10-10 반전 가산기 회로

반전 가산기의 동작을 이해하기 위해서 중첩 정리를 사용한다. 먼저 입력 전압 중에서 V_1만 인가되고 V_2와 V_3는 접지된 [그림 10-11(a)]를 살펴보자.

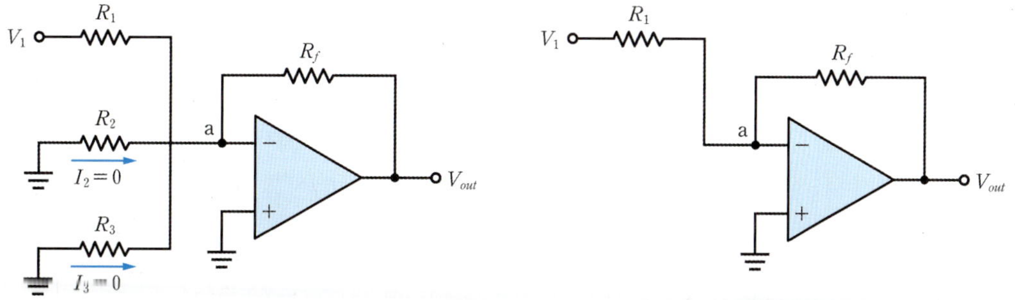

(a) V_2와 V_3의 접지

(b) 간략화된 회로

그림 10-11 중첩 정리가 적용된 반전 가산기 회로

가상 접지에 의해서 반전 입력 단자는 접지가 되어 R_2와 R_3는 양단이 모두 접지가 된 상태이다. R_2와 R_3는 양단의 전압차가 없어서 전류가 흐르지 않는다. 따라서 [그림 10-11(b)]처럼 V_1을 입력으로 가지는 반전 증폭기 회로가 되고 출력은 식 (10.10a)와 같다. V_2 혹은 V_3만 인가되는 경우에도 출력은 V_1만 인가되는 경우와 유사하게 각각 식 (10.10b), 식 (10.10c)와 같다.

$$V_{out1} = \left(-\frac{R_f}{R_1}\right)V_1 \tag{10.10a}$$

$$V_{out2} = \left(-\frac{R_f}{R_2}\right)V_2 \tag{10.10b}$$

$$V_{out2} = \left(-\frac{R_f}{R_3}\right)V_3 \tag{10.10c}$$

그러므로 중첩 원리에 의해서 반전 가산기의 출력 전압은 식 (10.11)과 같다.

$$V_{out} = \left(-\frac{R_f}{R_1}\right)V_1 + \left(-\frac{R_f}{R_2}\right)V_2 + \left(-\frac{R_f}{R_3}\right)V_3 \tag{10.11}$$

이 식은 개별 입력이 개별 입력과 연결된 저항과 R_f의 비율로 비반전 증폭된 합이 출력된다는 것을 의미한다. 만약 식 (10.11)에서 식 (10.12)의 조건을 만족시키면 식 (10.13)과 같이 정리된다.

$$R_1 = R_2 = R_3 = R_f \tag{10.12}$$

$$V_{out} = -(V_1 + V_2 + V_3) \tag{10.13}$$

만약 [그림 10-11]에서 비반전 입력 단자의 전압이 접지가 아니라 V_p의 전압을 갖는다면, 출력 전압은 식 (10.14)와 같다.

$$V_{out} = \left(-\frac{R_f}{R_1}\right)(V_1 - V_p) + \left(-\frac{R_f}{R_2}\right)(V_2 - V_p) + \left(-\frac{R_f}{R_3}\right)(V_3 - V_p) + V_p \tag{10.14}$$

Basic check

[그림 10-10]에서 연산 증폭기의 A_{OL}과 출력 전압의 범위가 충분히 크다. $V_1 = 0.01\,[\text{V}]$, $V_2 = 0.03\,[\text{V}]$, $V_3 = -0.02\,[\text{V}]$, $R_1 = 10\,[\text{k}\Omega]$, $R_2 = 10\,[\text{k}\Omega]$, $R_3 = 10\,[\text{k}\Omega]$, $R_f = 10\,[\text{k}\Omega]$일 때, V_{out}을 구하라.

답

식 (10.12)의 조건을 만족하므로 식 (10.13)에 의해서 출력 전압은 다음과 같다.

$$V_{out} = -(V_1 + V_2 + V_3) = -(0.01 + 0.03 + (-0.02)) = -0.02\,[\mathrm{V}]$$

예제 10-7

[그림 10-10]에서 연산 증폭기의 A_{OL}과 출력 전압의 범위가 충분히 클 때, 주어진 물음에 답하라.

(a) $V_1 = 0.1\,[\mathrm{V}]$, $V_2 = -0.2\,[\mathrm{V}]$, $V_3 = 0.3\,[\mathrm{V}]$, $R_1 = 5\,[\mathrm{k\Omega}]$, $R_2 = 10\,[\mathrm{k\Omega}]$, $R_3 = 15\,[\mathrm{k\Omega}]$, $R_f = 30\,[\mathrm{k\Omega}]$일 때, V_{out}을 구하라.

(b) 비반전 입력 단자가 접지가 아닌 $3\,[\mathrm{V}]$의 전압이 인가되고 있고, $V_1 = 2.8\,[\mathrm{V}]$, $V_2 = 3.3\,[\mathrm{V}]$, $V_3 = 3.1\,[\mathrm{V}]$, $R_1 = 10\,[\mathrm{k\Omega}]$, $R_2 = 20\,[\mathrm{k\Omega}]$, $R_3 = 40\,[\mathrm{k\Omega}]$, $R_f = 40\,[\mathrm{k\Omega}]$일 때, V_{out}을 구하라.

풀이

(a) 식 (10.11)에 의해서 출력 전압은 다음과 같다.

$$\begin{aligned} V_{out} &= \left(-\frac{30k}{5k}\right) \times 0.1 + \left(-\frac{30k}{10k}\right) \times (-0.2) + \left(-\frac{30k}{15k}\right) \times 0.3 \\ &= -0.6 + 0.6 - 0.6 = 0.6\,[\mathrm{V}] \end{aligned}$$

(b) 비반전 입력 단자가 접지가 아니므로 식 (10.14)에 의해서 출력 전압은 다음과 같다.

$$\begin{aligned} V_{out} &= \left(-\frac{40k}{10k}\right)(2.8 - 3) + \left(-\frac{40k}{20k}\right)(3.3 - 3) + \left(-\frac{40k}{40k}\right)(3.1 - 3) + 3 \\ &= 0.8 - 0.6 - 0.1 + 3 = 3.1\,[\mathrm{V}] \end{aligned}$$

2. 비반전 가산기

비반전 가산기non-inverting summer는 여러 개의 입력 전압을 하나의 출력 전압으로 더해 입력 전압과 같은 위상으로 증폭하는 회로로 [그림 10-12]와 같은 회로이다. 출력 전압이 R_f를 통해 반전 입력 단자와 연결된 음의 피드백이 있고, 비반전 입력 단자에서 개별 입력 전압들로 저항을 통해 연결된다. 즉, 입력이 여러 개인 비반전 증폭기와 같은 형태이다.

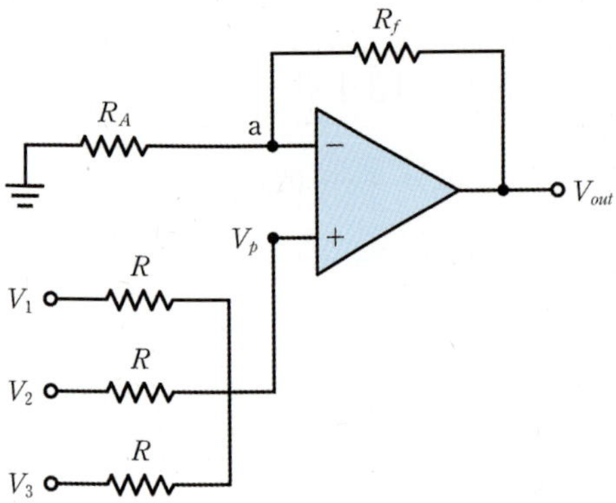

그림 10-12 비반전 가산기 회로

비반전 가산기의 동작을 이해하기 위해서 중첩 정리를 사용한다. 먼저 입력 전압 중에서 V_1만 인가되고 V_2와 V_3는 접지된 [그림 10-13(a)]를 살펴보자.

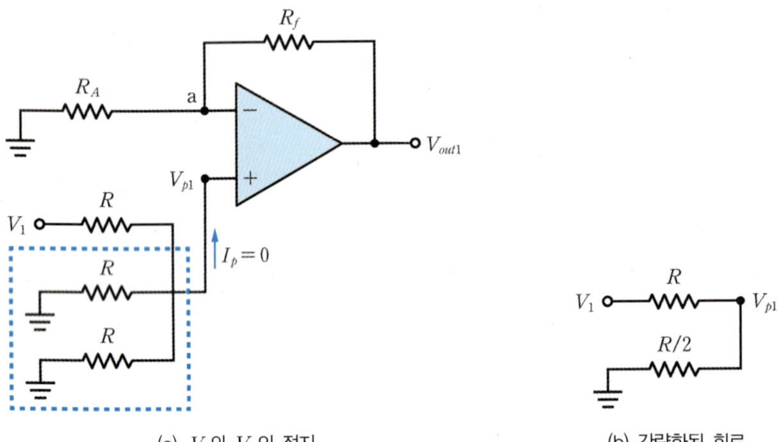

(a) V_2와 V_3의 접지 (b) 간략화된 회로

그림 10-13 중첩 정리가 적용된 반전 가산기 회로

접지된 두 개의 저항은 병렬 연결이 되어 $\frac{R}{2}$의 저항값을 가진다. 따라서 [그림 10-13(a)]의 점선으로 된 사각형 부분은 [그림 10-13(b)]와 같이 합성된 저항 $\frac{R}{2}$이 R_1과 직렬 연결이 된 상태이다. 그러므로 전압 분배식을 이용해서 V_{p1}을 구하면 식 (10.15)와 같다.

$$V_{p1} = V_1 \times \frac{\frac{R}{2}}{R + \frac{R}{2}} = \frac{1}{3} V_1 \tag{10.15}$$

만약 입력이 세 개가 아니라 n개라면 V_{p1}은 식 (10.16)과 같다.

$$V_{p1} = V_1 \times \frac{\frac{R}{n-1}}{R + \frac{R}{n-1}} = \frac{1}{n} V_1 \tag{10.16}$$

이제 이 회로는 입력이 $\frac{1}{n}V_1$인 비반전 증폭기와 같으므로 출력은 식 (10.17a)와 같다. V_2 혹은 V_3만 인가되는 경우에도 출력은 V_1만 인가되는 경우와 유사하게 식 (10.17b)와 식 (10.17c)과 같다.

$$V_{out1} = \left(1 + \frac{R_f}{R_A}\right)\frac{1}{n}V_1 \tag{10.17a}$$

$$V_{out2} = \left(1 + \frac{R_f}{R_A}\right)\frac{1}{n}V_2 \tag{10.17b}$$

$$V_{out3} = \left(1 + \frac{R_f}{R_A}\right)\frac{1}{n}V_3 \tag{10.17c}$$

그러므로 중첩 원리에 의해서 비반전 가산기의 출력 전압은 식 (10.18)과 같다.

$$V_{out} = \left(1 + \frac{R_f}{R_A}\right)\frac{1}{n}(V_1 + V_2 + V_3) \tag{10.18}$$

만약 R_f와 R_A가 입력 전압들의 합 앞의 계수를 1로 만드는 식 (10.19)를 만족한다면 식 (10.18)은 식 (10.20)과 같이 정리된다.

$$R_f = (n-1)R_A \tag{10.19}$$

$$V_{out} = V_1 + V_2 + V_3 \tag{10.20}$$

따라서 입력 선압들의 단순한 합으로 출력 전압을 구할 수 있다.

Basic check

[그림 10-12]에서 연산 증폭기의 A_{OL}과 출력 전압의 범위가 충분히 크다. $V_1 = 0.02\,[\mathrm{V}]$, $V_2 = -0.03\,[\mathrm{V}]$, $V_3 = 0.04\,[\mathrm{V}]$, $R_1 = 10\,[\mathrm{k\Omega}]$, $R_f = 20\,[\mathrm{k\Omega}]$, $R_A = 10\,[\mathrm{k\Omega}]$일 때, V_{out}을 구하라.

답

입력이 3개이므로 $n = 3$이고, R_A와 R_f가 식 (10.19)를 만족하므로 식 (10.20)에 의해서 출력 전압은 다음과 같다.

$$V_{out} = V_1 + V_2 + V_3 = 0.02 - 0.03 + 0.04 = 0.03\,[\mathrm{V}]$$

CHAPTER 10

개념복습

개념 정리하기

개념	식
연산 증폭기 출력 전압식	$V_{out} = A_{OL}(V_p - V_n)$
비교기의 최대 출력 전압	$V_p - V_n > 0$
비교기의 최소 출력 전압	$V_p - V_n < 0$
음의 피드백이 있는 연산 증폭기의 가상 단락	$V_p = V_n$
전압 추종기 출력 전압식	$V_{out} = V_{in}$
반전 증폭기 출력 전압식	$V_{out} = -\frac{R_2}{R_1}(V_{in} - V_p) + V_p$, $V_{out} = -\frac{R_2}{R_1}V_{in}$ ($V_p = 0[\mathrm{V}]$인 경우)
반전 증폭기 증폭률	$A_v = -\frac{R_2}{R_1}$
비반전 증폭기 출력 전압식	$V_{out} = \left(1+\frac{R_2}{R_1}\right)(V_{in} - V_A) + V_A$, $V_{out} = \left(1+\frac{R_2}{R_1}\right)V_{in}$ ($V_A = 0[\mathrm{V}]$인 경우)
비반전 증폭기 증폭률	$A_v = 1+\frac{R_2}{R_1}$
반전 가산기 출력 전압식	$V_{out} = \left(-\frac{R_f}{R_1}\right)V_1 + \left(-\frac{R_f}{R_2}\right)V_2 + \left(-\frac{R_f}{R_3}\right)V_3$
비반전 가산기 출력 전압식	$V_{out} = V_1 + V_2 + V_3$ ($R_f = (n-1)R_A$인 경우)

개념 점검하기 다음 문제에서 옳은 것을 골라라.

(1) 연산 증폭기의 개방 루프 전압 이득은 이상적으로 (0, 무한대)이다.

(2) 연산 증폭기를 비교기로 사용할 때 $V_p - V_n < 0$이면 출력 전압은 (최대 출력, 최소 출력) 전압이다.

(3) 연산 증폭기에 음의 피드백이 있을 때 ($V_p = V_n$, $V_p \neq V_n$)이다.

(4) 전압 추종기의 출력 전압은 입력 전압과 (같, 두 배)다/이다.

(5) 반전 증폭기의 증폭률은 ($\frac{R_2}{R_1}$, $-\frac{R_2}{R_1}$), 비반전 증폭기의 증폭률은 ($1+\frac{R_2}{R_1}$, $-1+\frac{R_2}{R_1}$)이다.

(6) 반전 가산기에서 회로의 모든 저항이 동일하면 출력 전압은 (0, 입력 전압들의 합에 반대의 위상을 취한 것)이다.

(7) 비반전 가산기에서 $R_f = (n-1)R_A$이면 출력 전압은 (0, 입력 전압들의 합)이다.

CHAPTER 10

연습문제

기본 문제

10.1 다음 회로에서 연산 증폭기의 A_{OL}이 충분히 크고 출력 전압의 범위가 -5 [V]에서 5 [V]이다. $V_0 = 6$ [V], $V_1 = 3$ [V], $R_1 = 20$ [kΩ], $R_2 = 10$ [kΩ]일 때, V_{out}을 구하라.

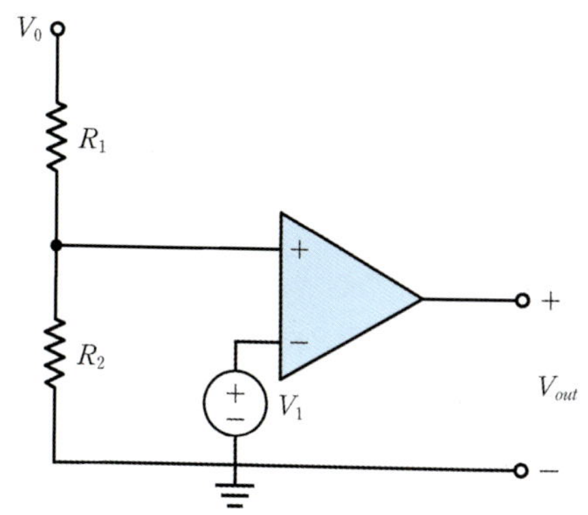

그림 10-14

10.2 다음 회로에서 연산 증폭기의 A_{OL}이 충분히 크고 출력 전압의 범위가 1 [V]에서 9 [V]이다. $V_0 = 6$ [V], $V_1 = 10$ [V], $R_1 = 60$ [kΩ], $R_2 = 40$ [kΩ], $R_3 = 2$ [kΩ]일 때, I_3를 구하라.

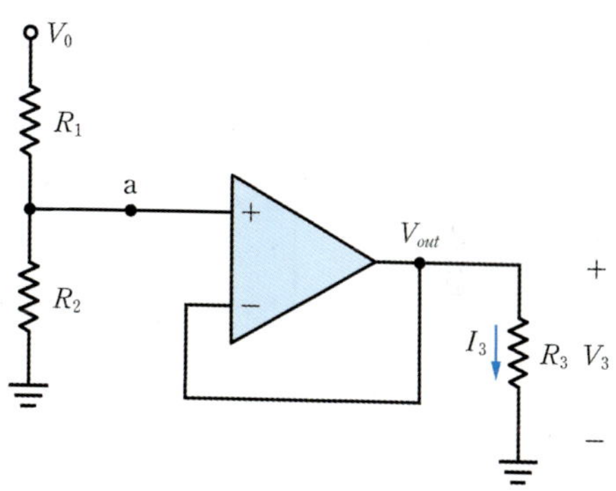

그림 10-15

10.3 다음 회로에서 연산 증폭기의 A_{OL}이 충분히 크고 출력 전압의 범위가 1 [V]에서 9 [V]이다. $V_0 = 10$ [V], $R_1 = 100$ [kΩ], $R_2 = 150$ [kΩ], $R_3 = 20$ [kΩ]이다. R_4가 작은 값에서 큰 값으로 변화하고 있다. 출력 전압이 1 [V]에서 9 [V]로 변화되는 R_4의 값을 구하라.

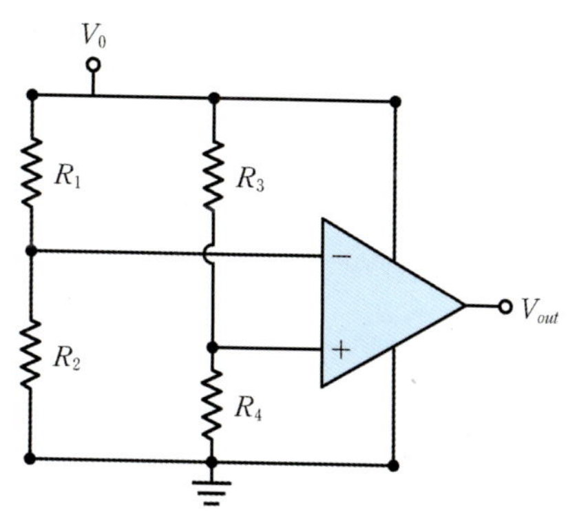

그림 10-16

10.4 다음 회로에서 연산 증폭기의 A_{OL}과 출력 전압의 범위가 충분히 크다. $V_1 = 2.3\,[\mathrm{V}]$, $V_2 = 2.4\,[\mathrm{V}]$, $R_1 = 2\,[\mathrm{k\Omega}]$, $R_2 = 10\,[\mathrm{k\Omega}]$일 때, 주어진 물음에 답하라.

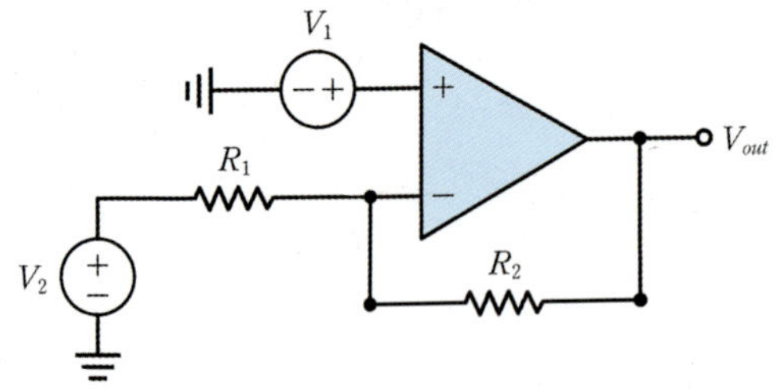

그림 10-17

(a) V_1을 입력으로 생각하고 비반전 증폭기 식을 통해 V_{out}을 구하라.

(b) V_2를 입력으로 생각하고 반전 증폭기 식을 통해 V_{out}을 구하라.

10.5 다음 회로에서 연산 증폭기의 A_{OL}과 출력 전압의 범위가 충분히 크다. $V_1 = 4.5\,[\mathrm{V}]$, $V_2 = 4\,[\mathrm{V}]$, $V_3 = 2.5\,[\mathrm{V}]$, $R_1 = 4\,[\mathrm{k\Omega}]$, $R_2 = 8\,[\mathrm{k\Omega}]$, $R_3 = 3\,[\mathrm{k\Omega}]$, $R_4 = 6\,[\mathrm{k\Omega}]$일 때, V_{out}을 구하라.

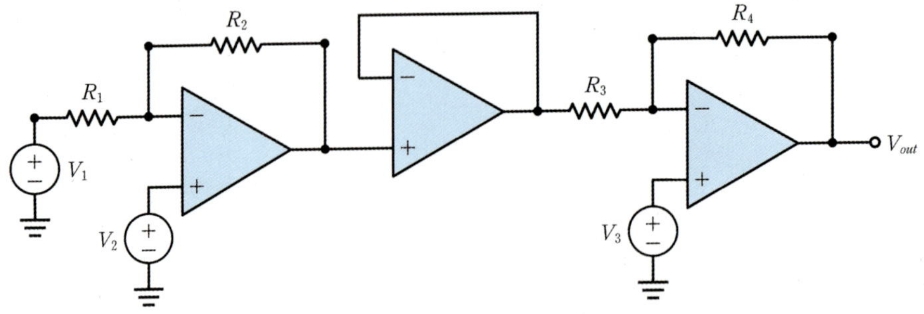

그림 10-18

10.6 다음 회로에서 연산 증폭기의 A_{OL}과 출력 전압의 범위가 충분히 크다. $V_1 = 0.5\,[\mathrm{V}]$, $V_2 = -0.2\,[\mathrm{V}]$, $V_3 = -0.3\,[\mathrm{V}]$, $V_4 = 0.1\,[\mathrm{V}]$, $R_1 = 4\,[\mathrm{k\Omega}]$, $R_2 = 4\,[\mathrm{k\Omega}]$, $R_3 = 3\,[\mathrm{k\Omega}]$, $R_4 = 1\,[\mathrm{k\Omega}]$, $R_f = 12\,[\mathrm{k\Omega}]$일 때, V_{out}을 구하라.

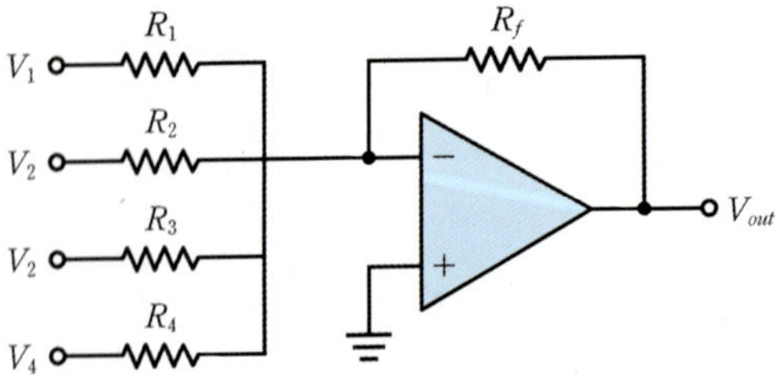

그림 10-19

10.7 다음 회로에서 연산 증폭기의 A_{OL}과 출력 전압의 범위가 충분히 크다. $V_1 = 0.1\,[\mathrm{V}]$, $V_2 = -0.2\,[\mathrm{V}]$, $V_3 = 0.3\,[\mathrm{V}]$, $V_4 = -0.4\,[\mathrm{V}]$, $V_5 = 0.5\,[\mathrm{V}]$, $R = 10\,[\mathrm{k\Omega}]$, $R_A = 4\,[\mathrm{k\Omega}]$, $R_f = 32\,[\mathrm{k\Omega}]$일 때, V_{out}을 구하라.

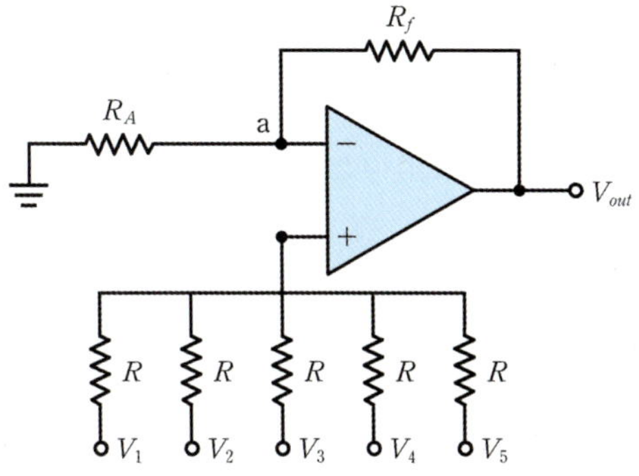

그림 10-20

도전 문제

10.8 다음 회로에서 연산 증폭기의 A_{OL}과 출력 전압의 범위가 충분히 크다. $V_1 = 0.1\,[\mathrm{V}]$, $V_2 = 0.2\,[\mathrm{V}]$, $V_3 = 0.3\,[\mathrm{V}]$, $R_1 = 10\,[\mathrm{k\Omega}]$, $R_2 = 5\,[\mathrm{k\Omega}]$, $R_3 = 20\,[\mathrm{k\Omega}]$, $R_4 = 20\,[\mathrm{k\Omega}]$, $R_5 = 10\,[\mathrm{k\Omega}]$, $R_6 = 30\,[\mathrm{k\Omega}]$일 때, V_{Oa}, V_{Ob}, V_{Oc}를 구하라.

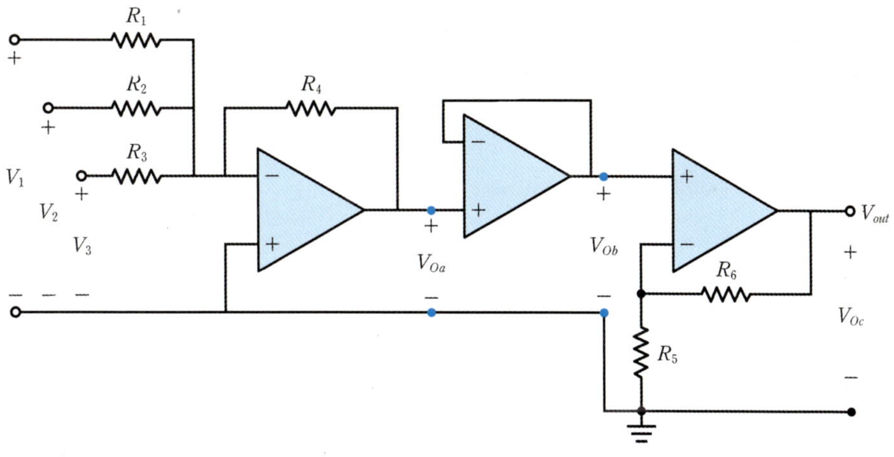

그림 10-21

10.9 다음 회로에서 연산 증폭기의 A_{OL}과 출력 전압의 범위가 충분히 크다. $v_{in}=10\cos(2t)$, $R=2\,[\Omega]$, $C=0.5\,[\mathrm{F}]$일 때, 주어진 물음에 답하라.

(a) v_{in}을 페이저 $\mathbf{v}_{in}$로 나타내고, 커패시터를 임피던스 Z_C로 나타내라.

(b) v_{out}을 페이저 $\mathbf{V}_{out}$으로 나타내라.

(c) v_{out}을 구하라.

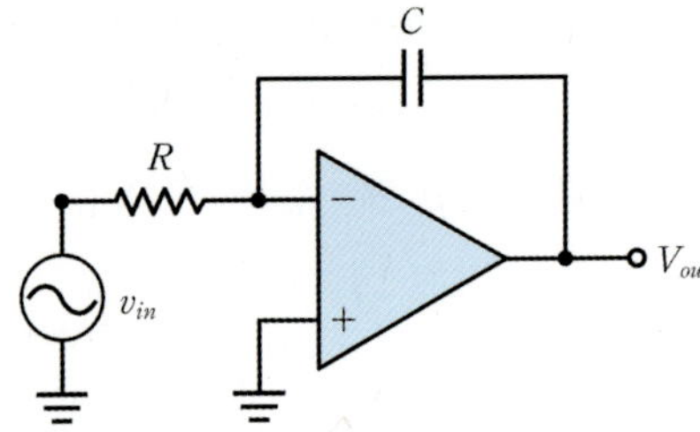

그림 10-22

기출 문제

10.10 다음 회로에서 연산 증폭기의 출력 단자에 연결된 저항이 소비하는 전력 $P\,[\mu\mathrm{W}]$는? 단, 연산 증폭기는 이상적이다. (2024 국가공무원 7급)

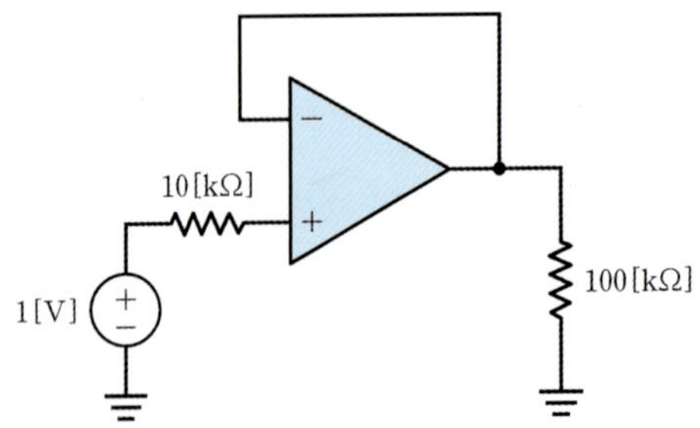

그림 10-23

① 1 ② 10 ③ 100 ④ 1,000

10.11 다음 회로에서 출력 전압 $V_{out}\,[\mathrm{V}]$은? 단, 연산 증폭기는 이상적이다. (2024 국가공무원 7급)

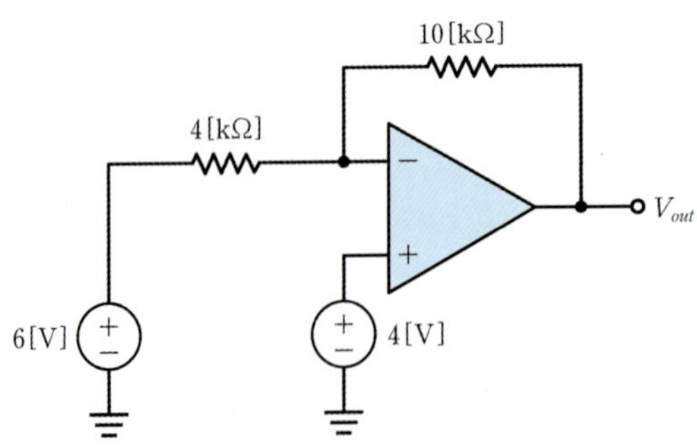

그림 10-24

① −7 ② −5 ③ −3 ④ −1

10.12 다음 연산 증폭기 회로의 출력 전압 $v_o(t)$ [V]는? 단, 연산 증폭기는 이상적이다. (2023 국가공무원 7급)

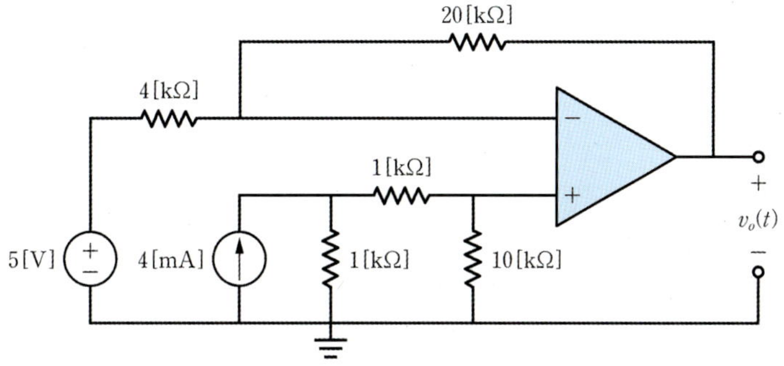

그림 10-25

① −4 ② 4 ③ −5 ④ 5

10.13 다음 회로의 연산 증폭기 동작으로 옳은 것은? 단, 연산 증폭기는 이상적이다. (2023 국가공무원 7급)

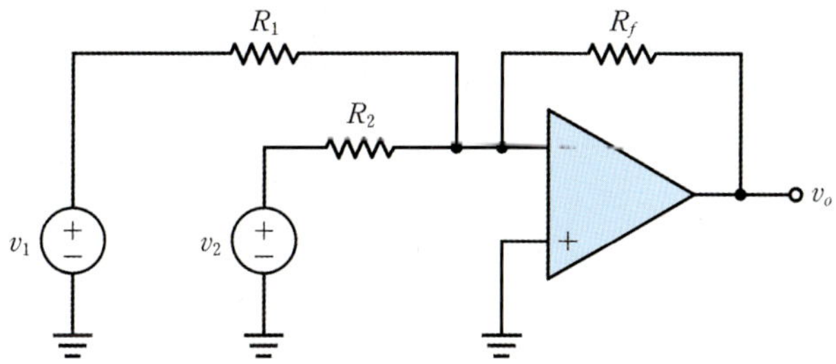

그림 10-26

① 미분기 ② 적분기 ③ 차동 증폭기 ④ 가산 증폭기

찾아보기

ㅋ~ㅎ

숫자

A~C

D~I